国家出版基金资助项目

现代数学中的著名定理纵横谈丛书

丛书主编　王梓坤

CATALAN THEOREM

Catalan 定理

刘培杰数学工作室　编译

哈尔滨工业大学出版社

HARBIN INSTITUTE OF TECHNOLOGY PRESS

内容简介

本书从一道普特南数学竞赛试题谈起,详细介绍了 Catalan 猜想的产生、证明方法及其在数学竞赛试题中的广泛应用. 并且针对学生和专业学者,以不同的角度介绍了 Catalan 猜想的历史与证明历程.

本书可供大、中学生及数学爱好者阅读和收藏.

图书在版编目(CIP)数据

Catalan 定理/刘培杰数学工作室编译. —哈尔滨:
哈尔滨工业大学出版社,2018.3
(现代数学中的著名定理纵横谈丛书)
ISBN 978—7—5603—6666—1

Ⅰ.①C… Ⅱ.①刘… Ⅲ.①数列—研究
Ⅳ.①O171

中国版本图书馆 CIP 数据核字(2017)第 125112 号

策划编辑　刘培杰　张永芹
责任编辑　王勇钢
封面设计　孙茵艾
出版发行　哈尔滨工业大学出版社
社　　址　哈尔滨市南岗区复华四道街 10 号　邮编 150006
传　　真　0451—86414749
网　　址　http://hitpress.hit.edu.cn
印　　刷　牡丹江邮电印务有限公司
开　　本　787mm×960mm　1/16　印张 31.75　字数 339 千字
版　　次　2018 年 3 月第 1 版　2018 年 3 月第 1 次印刷
书　　号　ISBN 978—7—5603—6666—1
定　　价　128.00 元

读书的乐趣

你最喜爱什么——书籍.

你经常去哪里——书店.

你最大的乐趣是什么——读书.

这是友人提出的问题和我的回答. 真的,我这一辈子算是和书籍,特别是好书结下了不解之缘.有人说,读书要费那么大的劲,又发不了财,读它做什么?我却至今不悔,不仅不悔,反而情趣越来越浓.想当年,我也曾爱打球,也曾爱下棋,对操琴也有兴趣,还登台伴奏过.但后来却都一一断交,"终身不复鼓琴".那原因便是怕花费时间,玩物丧志,误了我的大事——求学.这当然过激了一些.剩下来唯有读书一事,自幼至今,无日少废,谓之书痴也可,谓之书橱也可,管它呢,人各有志,不可相强. 我的一生大志,便是教书,而当教师,不多读书是不行的.

读好书是一种乐趣,一种情操;一种向全世界古往今来的伟人和名人求

1

教的方法,一种和他们展开讨论的方式;一封出席各种活动、体验各种生活、结识各种人物的邀请信;一张迈进科学宫殿和未知世界的入场券;一股改造自己、丰富自己的强大力量.书籍是全人类有史以来共同创造的财富,是永不枯竭的智慧的源泉.失意时读书,可以使人重整旗鼓;得意时读书,可以使人头脑清醒;疑难时读书,可以得到解答或启示;年轻人读书,可明奋进之道;年老人读书,能知健神之理.浩浩乎! 洋洋乎! 如临大海,或波涛汹涌,或清风微拂,取之不尽,用之不竭.吾于读书,无疑义矣,三日不读,则头脑麻木,心摇摇无主.

潜能需要激发

我和书籍结缘,开始于一次非常偶然的机会.大概是八九岁吧,家里穷得揭不开锅,我每天从早到晚都要去田园里帮工.一天,偶然从旧木柜阴湿的角落里,找到一本蜡光纸的小书,自然很破了.屋内光线暗淡,又是黄昏时分,只好拿到大门外去看.封面已经脱落,扉页上写的是《薛仁贵征东》.管它呢,且往下看.第一回的标题已忘记,只是那首开卷诗不知为什么至今仍记忆犹新:

日出遥遥一点红,飘飘四海影无踪.

三岁孩童千两价,保主跨海去征东.

第一句指山东,二、三两句分别点出薛仁贵(雪、人贵).那时识字很少,半看半猜,居然引起了我极大的兴趣,同时也教我认识了许多生字.这是我有生以来独立看的第一本书.尝到甜头以后,我便千方百计去找书,向小朋友借,到亲友家找,居然断断续续看了《薛丁山征西》《彭公案》《二度梅》等,樊梨花便成了我心

2

中的女英雄.我真入迷了.从此,放牛也罢,车水也罢,我总要带一本书,还练出了边走田间小路边读书的本领,读得津津有味,不知人间别有他事.

当我们安静下来回想往事时,往往会发现一些偶然的小事却影响了自己的一生.如果不是找到那本《薛仁贵征东》,我的好学心也许激发不起来.我这一生,也许会走另一条路.人的潜能,好比一座汽油库,星星之火,可以使它雷声隆隆、光照天地;但若少了这粒火星,它便会成为一潭死水,永归沉寂.

抄,总抄得起

好不容易上了中学,做完功课还有点时间,便常光顾图书馆.好书借了实在舍不得还,但买不到也买不起,便下决心动手抄书.抄,总抄得起.我抄过林语堂写的《高级英文法》,抄过英文的《英文典大全》,还抄过《孙子兵法》,这本书实在爱得狠了,竟一口气抄了两份.人们虽知抄书之苦,未知抄书之益,抄完毫末俱见,一览无余,胜读十遍.

始于精于一,返于精于博

关于康有为的教学法,他的弟子梁启超说:"康先生之教,专标专精、涉猎二条,无专精则不能成,无涉猎则不能通也."可见康有为强烈要求学生把专精和广博(即"涉猎")相结合.

在先后次序上,我认为要从精于一开始.首先应集中精力学好专业,并在专业的科研中做出成绩,然后逐步扩大领域,力求多方面的精.年轻时,我曾精读杜布(J. L. Doob)的《随机过程论》,哈尔莫斯(P. R. Halmos)的《测度论》等世界数学名著,使我终身受益.简言之,即"始于精于一,返于精于博".正如中国革命一样,必须先有一块根据地,站稳后再开创几块,最后连成一片.

丰富我文采,澡雪我精神

辛苦了一周,人相当疲劳了,每到星期六,我便到旧书店走走,这已成为生活中的一部分,多年如此.一次,偶然看到一套《纲鉴易知录》,编者之一便是选编《古文观止》的吴楚材.这部书提纲挈领地讲中国历史,上自盘古氏,直到明末,记事简明,文字古雅,又富于故事性,便把这部书从头到尾读了一遍.从此启发了我读史书的兴趣.

我爱读中国的古典小说,例如《三国演义》和《东周列国志》.我常对人说,这两部书简直是世界上政治阴谋诡计大全.即以近年来极时髦的人质问题(伊朗人质、劫机人质等),这些书中早就有了,秦始皇的父亲便是受害者,堪称"人质之父".

《庄子》超尘绝俗,不屑于名利.其中"秋水""解牛"诸篇,诚绝唱也.《论语》束身严谨,勇于面世,"己所不欲,勿施于人",有长者之风.司马迁的《报任少卿书》,读之我心两伤,既伤少卿,又伤司马;我不知道少卿是否收到这封信,希望有人做点研究.我也爱读鲁迅的杂文,果戈理、梅里美的小说.我非常敬重文天祥、秋瑾的人品,常记他们的诗句:"人生自古谁无死,留取丹心照汗青""休言女子非英物,夜夜龙泉壁上鸣".唐诗、宋词、《西厢记》《牡丹亭》,丰富我文采,澡雪我精神,其中精粹,实是人间神品.

读了邓拓的《燕山夜话》,既叹服其广博,也使我动了写《科学发现纵横谈》的心.不料这本小册子竟给我招来了上千封鼓励信.以后人们便写出了许许多多的"纵横谈".

从学生时代起,我就喜读方法论方面的论著.我想,做什么事情都要讲究方法,追求效率、效果和效益,方法好能事半而功倍.我很留心一些著名科学家、文学家写的心得体会和经验.我曾惊讶为什么巴尔扎克在51年短短的一生中能写出上百本书,并从他的传记中去寻找答案.文史哲和科学的海洋无边无际,先哲们的明智之光沐浴着人们的心灵,我衷心感谢他们的恩惠.

读书的另一面

以上我谈了读书的好处,现在要回过头来说说事情的另一面.

读书要选择.世上有各种各样的书:有的不值一看,有的只值看20分钟,有的可看5年,有的可保存一辈子,有的将永远不朽.即使是不朽的超级名著,由于我们的精力与时间有限,也必须加以选择.决不要看坏书,对一般书,要学会速读.

读书要多思考.应该想想,作者说得对吗?完全吗?适合今天的情况吗?从书本中迅速获得效果的好办法是有的放矢地读书,带着问题去读,或偏重某一方面去读.这时我们的思维处于主动寻找的地位,就像猎人追找猎物一样主动,很快就能找到答案,或者发现书中的问题.

有的书浏览即止,有的要读出声来,有的要心头记住,有的要笔头记录.对重要的专业书或名著,要勤做笔记,"不动笔墨不读书".动脑加动手,手脑并用,既可加深理解,又可避忘备查,特别是自己的灵感,更要及时抓住.清代章学诚在《文史通义》中说:"札记之功必不可少,如不札记,则无穷妙绪如雨珠落大海矣."

许多大事业、大作品,都是长期积累和短期突击相结合的产物.涓涓不息,将成江河;无此涓涓,何来江河?

爱好读书是许多伟人的共同特性,不仅学者专家如此,一些大政治家、大军事家也如此.曹操、康熙、拿破仑、毛泽东都是手不释卷,嗜书如命的人.他们的巨大成就与毕生刻苦自学密切相关.

王梓坤

第一编
Catalan 猜想

Catalan 猜想与竞赛试题

第 1 章

1.1 引 言

1976 年 12 月 4 日举行的第 37 届普特南数学竞赛上午试题 A_3 为:

试题 1 求方程

$$| p^r - q^s | = 1 \tag{1}$$

的整数解,其中,p, q 是素数,r, s 是大于 1 的正整数,并证明你所得到的解是全部解.

1978 年 1 月号的《美国数学月刊》发表了 A. P. Hillman,G. L. Alexanderson,

L. F. Klosimeki 的总结文章,他们给出的解法为:

我们证明只有一个由 $3^2 - 2^3 = 1$ 所给出的解,即 $(p,r,q,s) = (3,2,2,3)$ 或 $(2,3,3,2)$.

明显的, p 或 q 是 2,假如 $q = 2$,则 p 是一个适合 $p^r \pm 1 = 2^s$ 的奇素数.假如 r 是奇数,则 $\dfrac{p^r \pm 1}{p \pm 1}$ 是奇整数 $p^{r-1} \mp p^{r-2} + p^{r-3} \mp p^{r-4} + \cdots + 1$.因此 $r > 1$,故它大于 1.这就与 2^s 没有这样的因子这个事实相矛盾.

现在我们尝试 r 是一个偶数 $2t$,则 $p^r + 1 = 2^s$,可推出

$$2^s = (p^t)^2 + 1 = (2n+1)^2 + 1 = 4n^2 + 4n + 2$$

这是不可能的,因为对于 $s > 1$ 有 $4 \mid 2^s$,而 $4 \nmid (4n^2 + 4n + 2)$,还有 $r = 2t$ 和 $p^r - 1 = 2^s$,导出

$$(p^t)^2 - 1 = (2n+1)^2 - 1 = 4n^2 + 4n = 4n(n+1) = 2^s$$

因为 n 或 $n+1$ 是奇数,所以仅对 $n=1, s=3, p=3$ 与 $r=2$ 这才是可能的.

我们说这个解答固然简单,但是开始的断言:只有一个由 $3^2 - 2^3 = 1$ 给出的解,这点是怎样想到的?

实际上试题 1 不过是著名的 Catalan 猜想的一个特殊形式.

Catalan(1814—1894),是比利时著名数学家,1814 年 5 月 30 日生于布鲁日.毕业于巴黎多科工艺学校.1856 年任列日大学分析学教授,布鲁塞尔科学院院士,共写有 200 多篇关于各种数学问题的研究报告.

Catalan 曾于 1842 年提出猜想:除开 $8 = 2^3$,$9 = 3^2$ 外,没有两个连续自然数都是正整数的乘幂,即在整数 $x > 1, y > 1, m > 1, n > 1$ 时,除 $m = y = 2, n = x = 3$ 外,方程 $x^m - y^n = 1$ 无解.或者,不定方程 $x^p - y^q = 1$,

p,q 是素数,除开 $p=2,x=3,q=3,y=2$ 外,没有其他的正整数解.

这一猜想是由 Journal fürdie Reine und Angewandte Mathematik 最先从 Catalan 处知道的,并于 1849 年发表.Catalan 当时是巴黎 l'École Polytechnique 的一位老师,由于解决了一个组合问题而出名.仍在使用的术语"Catalan 数"就是关于那个组合问题的.Catalan 的工作是多方面的.在微分几何方面,他证明了对于直纹面,只有当它是平面或为正常的螺旋面的时候,才可能是实的(此即 Catalan 定理).至于这个猜想 Catalan 写道:他至今还未能完全证明它,也从未发表过有关它的任何严肃的部分结果.

其实比 Catalan 提出这一猜想早大约 100 年,Euler 证明了 8 和 9 是仅有的相邻平方数和立方数,即丢番图方程 $x^3-y^2=\pm 1(x>0,y>0)$ 的仅有解,Euler 的证明是精巧的,其中用到了 Fermat 无限递降法及 Gauss 整数环.

如果事先并不知道这个背景去解试题 1 就要从头开始,费一些周折了.

首先去掉绝对值符号,因 p 与 q,r 与 s 的对称性,故不妨设 $p^r>q^s$,可以只考虑方程

$$p^r-q^s=1 \tag{2}$$

的整数解.

显然,p,q 不能全为奇素数,否则,$1=p^r-q^s$ 是偶数,矛盾.

$p\neq q$,否则 $1=p^r-q^s$ 有大于 1 的约数 p,矛盾.

故 p,q 一定有一个是唯一的偶素数 2.

(1)当 $p=2$ 时,如果 $s=2s'$ 是偶数,设 $q=2q'+1$,

5

则

$$q^s + 1 = (2q' + 1)^{2s'} + 1 \equiv 2 \pmod 4$$

而 $p^r = 2^r, r > 1$, 故 $p^r \equiv 0 \pmod 4$. 故 s 只可能是奇素数, $s \geqslant 3$, 并且

$$p^r = 2^r = q^s + 1$$
$$= (q+1)(q^{s-1} - q^{s-2} + \cdots - q + 1)$$

故 $q+1$ 只含素因子 2. 设 $q + 1 = 2^t (t \geqslant 2)$, 则

$$2^t = q^s + 1 = -1 + 2^t s - C_s^2 (2^t)^2 + \cdots + 1$$
$$= 2^t (s - C_s^2 \cdot 2^t + \cdots) \tag{3}$$

因为 $C_s^1 - C_s^2 \cdot 2^t + \cdots$ 与 s 有相同的奇偶性, 故它是奇数, 只能为 1. 于是有 $t = r$, 从而方程(3)化为

$$2^r - (2^r - 1)^s = 1$$

得 $s = 1$, 与要求 $s > 1$ 不符, 故 p 不能取 2.

(2)当 $q = 2$ 时, 则由式(2)得

$$2^s = p^r - 1 = (p-1)(p^{r-1} + p^{r-2} + \cdots + 1)$$

可知 $p - 1$ 仅含素因子 2, 设 $p - 1 = 2^t (t \geqslant 1), t = 2^u \cdot r' (u \geqslant 0, r'$ 是奇数), 则

$$2^s = (2^t + 1)^r - 1$$
$$= 1 + 2^t \cdot r + C_r^2 \cdot (2^t)^2 + \cdots - 1$$
$$= 2^{t+u}[r' + r'(r-1) \cdot 2^{t-1} + \cdots + 1] \tag{4}$$

若 $t \geqslant 2$, 则 $r' + r'(r-1) \cdot 2^{t-1} + \cdots$ 是大于 1 的奇数, 故式(4)不成立, 则 $t = 1$, 即 $p = 3$.

这时, 由式(2)得

$$2^s = 3^r - 1 = (4-1)^r - 1$$
$$= (-1)^r + C_r^1 (-1)^{r-1} \cdot 4 +$$
$$C_r^2 (-1)^{r-2} \cdot 4^2 + \cdots - 1$$

若 r 是奇数, 由上式右边不能被 4 整除, 从而不能成立!

6

若 $r \geqslant 4$ 是偶数,则上式右边等于

$$-4r + 8r(r-1) - \cdots = -4r[1 - 2(r-1) + \cdots]$$

$[1 - 2(r-1) + \cdots]$ 是奇数,它只能为 -1,即 $2^s = 3r - 1 = 4r$.

当 $r \geqslant 4$ 时

$$3^r - 1 = (1+2)^r - 1 \geqslant 2r + C_r^2 \cdot 2^2 = 2r^2 \geqslant 4r$$

故 r 只能为 2,那么 $2^s = 3^2 - 1 = 8$,则 $s = 3$,故方程(2)的解只能是

$$p = 3, q = 2, r = 2, s = 3$$

考虑到对称性,原方程有两组解

$$p = 3, q = 2, r = 2, s = 3$$

和 $\qquad p = 2, q = 3, r = 3, s = 2$

从这个证明可以看出"站得高才能证得简".

1.2　与 Catalan 猜想有关的竞赛题

Catalan 猜想的叙述是初等的,证明是高深的,这正是数学奥林匹克命题的源泉之一,我们用取特例法可得出以下的试题:

试题 2　求方程 $2^m - 3^n = 1$ 在自然数集内的所有解.(苏联数学竞赛题)

解　显然,原方程有一组解 $m = 2, n = 1$,我们将证明这是唯一的一组解.

假设 $m > 2$,我们来讨论 n:

(i)若 n 为偶数,则 $3^n = 3^{2k} = 9^k \equiv 1 \pmod 8$,所以当 n 为偶数时无解.

(ii)若 n 为奇数且 $n > 1$,则

$$3^{2k+1}+1=9^k \cdot 3+1 \equiv 3+1 \equiv 4 \pmod 8$$

而 $2^m \equiv 0 \pmod 8$，所以当 n 为大于 1 的奇数，方程无解.

所以方程仅有解 $m=2, n=1$.

试题 3　求方程 $2^x+1=y^2$ 的自然数解.（美国纽约，1977 年数学竞赛题）

解　将方程改写为 $2^x=(y-1)(y+1)$，则对 x，$y \in \mathbf{N}, y-1, y+1 \in \mathbf{Z}^*$ 都是 2^x 的因数，即 $y-1=2^p$，$y+1=2^q$，其中，$p, q \in \mathbf{Z}^*, p<q$. 因此

$$2^q-2^p=(y+1)-(y-1)=2$$

即 $2^p(2^{q-p}-1)=2$. 注意，$q-p \leqslant 1$，否则奇数 $2^{q-p}>1$ 将是 2 的因数，不可能，所以 $q=p+1$，且 $2^p(2-1)=2$，即 $p=1, q=2$，从而 $y=3$，经验证，$y=3, x=3$ 为方程的解.

本题是 Catalan 猜想当

$$x=y, y=2, m=2, n=x$$

时的特例.

试题 4　求证方程 $(2x)^{2x}-1=y^{z+1}$ 没有自然数解.（民主德国 1980 年数学奥林匹克试题）

证明　设 $x, y, z \in \mathbf{N}$ 满足方程，则

$$[(2x)^x+1][(2x)^x-1]=y^{z+1}$$

且因 $k=(2x)^x+1$ 与 $m=(2x)^x-1$ 为奇数，故

$$(k, m)=(k, k-m)=(k, 2)=1$$

即 k 与 m 互素，由此可得存在 $p, q \in \mathbf{N}$，使得

$$k=p^{z+1}, m=q^{z+1}$$

于是

$$2=p^{z+1}-q^{z+1}=(p-q)(p^z+p^{z-1}q+\cdots+q^z)$$
$$p \geqslant q+1$$

因此

$$2 \geqslant p^z + p^{z-1}q + \cdots + q^z \geqslant p^z + q^z$$
$$\geqslant p + q > 2q \geqslant 2$$

矛盾,所以原方程没有自然数解.

本题是 Catalan 猜想当

$$x = 2x, y = y, n = 2x, m = z + 1$$

时的特例.

试题 5 考虑方程 $x^n + 1 = y^{n+1}$,其中 n 是自然数,而且 $n \geqslant 2$,证明:上面的方程当 x, y 是自然数,而且 x 与 $n+1$ 无公因子时无解.(1980 年芬兰等四国国际数学竞赛试题)

解法 1 注意当 $y = 1$ 时,必定有 $x = 0$,故 x 在自然数集合中无解,因此只要考虑 $y \geqslant 2$ 的情况. 令 $y - 1 = z$,则 $z \geqslant 1$,同时原方程变为

$$x^n = y^{n+1} - 1 = (1 + z)^{n+1} - 1$$
$$= z^{n+1} + C_{n+1}^1 z^n + \cdots + C_{n+1}^n z$$

即

$$x^n = z(z^n + C_{n+1}^1 z^{n-1} + \cdots + C_{n+1}^n) \qquad (5)$$

另证 z 与 $z^n + C_{n+1}^1 z^{n-1} + \cdots + C_{n+1}^1$ 无公因子. 若有公因子,则必定存在一个素数 p,使

$$z = p^\alpha A \qquad (6)$$
$$z^n + C_{n+1}^1 z^{n-1} + \cdots + C_{n+1}^n = p^\beta B \qquad (7)$$

其中,α, β 是自然数,而且 $p \nmid A, p \nmid B$. 从式(6)和(7)可得

$$n + 1 = C_{n+1}^n = (z^n + C_{n+1}^1 z^{n-1} + \cdots + C_{n+1}^n) -$$
$$z(z^{n-1} + C_{n+1}^1 z^{n-2} + \cdots + C_{n+1}^{n-1})$$
$$= p^\beta B - p^\alpha A[z^{n-1} + C_{n+1}^1 z^{n-2} + \cdots + C_{n+1}^{n-1}]$$
$$= p(p^{\beta-1}B - p^{\alpha-1}Az^{n-1} + C_{n+1}^1 z^{n-2} + \cdots + C_{n+1}^{n-1})$$

9

所以 p 是 $n+1$ 的一个因子,从而由式(5)得到

$$x^n = p^\alpha A \cdot p^\beta B = p^{\alpha+\beta} A \cdot B$$

故 $p \mid x^n$.

因为 p 是素数,所以一定有 $p \mid x$,亦即 p 是 x 的一个因子,这样 p 就是 x 和 $n+1$ 的公因子.而这与 x 和 $n+1$ 无公因子的假设相矛盾.现在设

$$z = A' \tag{8}$$

$$z^n + C_{n+1}^1 z^{n-1} + \cdots + C_{n+1}^n = B' \tag{9}$$

那么由上面的结论可知,A' 和 B' 一定是互素的,即它们没有公共的约数,但从式(5)知

$$x^n = A'B'$$

因此如果把 A' 和 B' 分别分解为一些素因子幂的乘积的话,即如果

$$A' = b_1^{d_1} \cdots b_s^{d_s}$$

$$B' = c_1^{e_1} \cdots c_k^{e_k}$$

其中,$b_1, \cdots, b_s$ 是 s 个互异的素数;$c_1, \cdots, c_k$ 也是 k 个互异的素数,并且 $d_1, \cdots, d_s, e_1, \cdots, e_k$ 均是自然数.因为 A' 与 B' 没有公约数,所以集合 $\{b_1, \cdots, b_s\}$ 和集合 $\{c_1, \cdots, c_k\}$ 没有公共的元素.这样从

$$x^n = b_1^{d_1} \cdots b_s^{d_s} c_1^{e_1} \cdots c_k^{e_k}$$

中可以判知,$d_1, \cdots, d_s, e_1, \cdots, e_k$ 这些自然数都可以被 n 除尽,这样,一定有

$$A' = a^n \text{ 和 } B' = b^n$$

其中,a, b 是某两自然数,这样从式(9)得到

$$\frac{(z+1)^n - 1}{z} = B' = b^n \tag{10}$$

但是

$$(z+1)^n < \frac{(z+1)^{n+1} - 1}{z} \tag{11}$$

这是因为 $z \geqslant 1$ 及 $n \geqslant 2$, 故
$$1 < 4 = (1+1)^2 \leqslant (z+1)^n$$
所以
$$z(z+1)^n < (z+1)^{n+1} - 1$$
将上式两边再除以 z 就得到了式(11), 此外我们还要证明
$$\frac{(z+1)^{n+1} - 1}{z} < (z+2)^n \qquad (12)$$
这是因为只要证明
$$z[(z+2)^n - (z+1)^n] > (z+1)^n - 1$$
而
$$\begin{aligned}z[(z+2)^n - (z+1)^n] = z[(z+2)^{n-1} + \\ (z+2)^{n-2}(z+1) + \cdots + \\ (z+2)(z+1)^{n-1} + \\ (z+1)^{n-1}] > zn(z+1)^n\end{aligned}$$
但是因为 $z \geqslant 1$ 及 $n \geqslant 2$, 故
$$(n-1)z - 1 \geqslant 1 \cdot 1 - 1 = 0$$
所以
$$(z+1)^{n-1}[(n-1)z - 1] \geqslant 0 > -1$$
故 $\qquad (z+1)^{n-1}(nz - z - 1) > -1$
即 $\qquad nz(z+1)^{n-1} > (z+1)^{n-1}$
因此
$$z[(z+2)^n - (z+1)^n] > nz(z+1)^{n-1} > \\ (z+1)^n - 1$$
所以式(12)成立, 这样联合式(11)(12)得到
$$(z+1)^n < \frac{(z+1)^{n+1} - 1}{z} < (z+2)^n$$
由式(10)代入, 即得 $(z+1)^n < b^n < (z+2)^n$, 即 $z + 1 < b < z + 2$.

而这与 b 是自然数相矛盾,所以原方程在所作的限制之下无解.

解法 2 先设 $y > 2, y-1$ 有素因子 p,因
$$(y-1) \mid (y^{n+1}-1)$$
故由方程得 $p \mid x$,而 $(x, n+1)=1$,故 $(p, n+1)=1$,又
$$x^n = (y-1)(y^n + y^{n-1} + \cdots + y + 1) \quad (13)$$

由 $y \equiv 1 (\bmod y-1) \Rightarrow \sum_{i=0}^{n} y^i \equiv n+1 (\bmod y-1) \Rightarrow p \mid \sum_{i=0}^{n} y^i$. 由于 p 是 $y-1$ 的任意一个素因子 $\Rightarrow (\sum_{i=0}^{n} y^i, y-1)=1$.

由式(13)可推出
$$\sum_{i=0}^{n} y^i = u^n \quad (u \mid x, u > 0) \quad (14)$$

但由于 $n > 1$ 时,$y^n = \sum_{i=0}^{n} y^i < (y+1)^n$,故式(14)不能成立.

当 $y=1$ 时,方程无正整数解;

当 $y=2$ 时,方程给出
$$x^n = 2^{n+1} - 1 = \sum_{i=0}^{n} 2^i \quad (15)$$

而 $2^n < \sum_{i=0}^{n} 2^i < 3^n$.故式(15)不成立.

1.3 利用 Catalan 猜想编拟的竞赛训练题

我们可以给出几个与 Catalan 猜想有关的简单题

目当作竞赛的训练题.

取 $n=2n+1, y=2, m=r$ 的特例.

试题 6 求证:丢番图方程

$$x^{2n+1} - 2^r = \pm 1 \qquad (16)$$

当 $x > 1$ 时,x, n, r 无整数解.

证明 假设式(16)有整数解 x, n, r,则

$$x^{2n+1} \pm 1 = (x \pm 1)(x^{2n} \mp x^{2n-1} + \cdots \mp x + 1) = 2^r \qquad (17)$$

当 $x > 1$ 时,$x^{2n} \mp x^{2n-1} + \cdots \mp x + 1$ 大于 1 且为奇数,故存在奇数 p,满足

$$p \mid x^{2n} \mp x^{2n-1} + \cdots \mp x + 1$$

而 2^r 不被任何奇素数整除,故式(17)不成立.

取 $y=p$ 为奇素数,$x=2$ 时的特例及取 $x=p$ 为奇素数,$y=2$ 时得到特例:

试题 7 求证:当 $n > 1$ 时,不存在奇素数 p 和正整数 m,使 $p^n + 1 = 2^m$;

当 $n > 2$ 时,不存在奇素数 p 和正整数 m,使 $p^n - 1 = 2^m$.

证明 由上题知,当 $2 \mid n$ 时,结论成立.现设 $2 \nmid n$,此时在

$$p^n + 1 = 2^m \qquad (18)$$

中,由于 $p \geqslant 3, n \geqslant 2$,故 $2^m \geqslant p^2 + 1 \geqslant 10$,显然有 $m \geqslant 2$.

对式(18)取模 4 得

$$2^m \equiv 0 (\bmod 4) \text{ 和 } p^n \equiv 1 (\bmod 4)$$

(因为奇数的平方模 8 余 1),故 $2 \equiv 0 (\bmod 4)$ 矛盾,故结论 1 成立.

设 $n = 2k$,我们有

$$p^{2k} - 1 = 2^m \qquad (19)$$

由式(19)得$(p^k - 1)(p^k + 1) = 2^m$. 故有 $p^k + 1 = 2^s$,
$s > 0, k > 1$, 同理可证.

取 $x = x, y = y, m = y, n = x$ 时得到特例:

试题 8 求证:丢番图方程

$$x^y = y^x + 1$$

只有两组正整数解:$x = 2, y = 1; x = 3, y = 2$.

(i) 如果 x, y 同奇,同偶,则都有 $0 \equiv 1 \pmod 2$,
此情形无解.

(ii) 如果 x 偶 y 奇, $y = 1$ 时, $x^y = y^x + 1$ 在 $x = 2$,
$y \geqslant 3$ 时无解,否则, $x^y = y^x + 1$ 给出 $0 \equiv 2 \pmod 4$,
矛盾.

(iii) 如果 x 奇 y 偶,且 $x > 1$,下面证明

$$x^y = y^x + 1$$

只有一组正整数解 $x = 3, y = 2$.

设 $y = 2^t a, 2 \nmid a, t \geqslant 1$, 当 $t = 1$ 时,原方程可写成

$$(x^a + 1)(x^a - 1) = 2^x a^x \qquad (20)$$

由于$(x^a + 1, x^a - 1) = 2$,因此式(20)给出

$$2^{x-1} \mid (x^a + 1) \text{ 或 } 2^{x-1} \mid (x^a - 1)$$

又因

$$x^a + 1 = (x + 1)(x^{a-1} - x^{a-2} + \cdots - x + 1)$$
$$x^a - 1 = (x - 1)(x^{a-1} + x^{a-2} + \cdots + x + 1)$$

故有 $2^{x-1} \mid (x + 1)$ 或 $2^{x-1} \mid (x - 1)$.

当 $x > 1$ 时, $2^{x-1} \mid (x - 1)$ 显然不可能成立. 由
$2^{x-1} \mid (x + 1)$ 给出 $x = 3$. 由 $3^2 = 2^3 + 1$ 知道 $x = 3$,
$y = 2$ 为一组解. 如果 $y \geqslant 4$,用数学归纳法容易证明
$3^y > y^3 + 1$,因而 $3^y = y^3 + 1$ 无解. 所以, $t = 1$ 时原方
程只有一组解 $x = 3, y = 2$. 下面再证明 $t \geqslant 2$ 时,原方

程无解.当 $t \geqslant 2$ 时,原方程可写成

$$(x^{\frac{y}{2}}+1) \cdot (x^{\frac{y}{2^2}}+1) \cdot \cdots \cdot$$
$$(x^{\frac{y}{2^{t-1}}}+1) \cdot (x^a+1) \cdot (x^a-1)$$
$$=2^{tx}a^x \tag{21}$$

由于 x 为奇数,且 $1 \leqslant k \leqslant t-1$ 时 $\dfrac{y}{2^k}$ 为偶数,因此

$$x^{\frac{y}{2^2}}+1 \equiv 2 (\mathrm{mod}\ 4)$$

$2 \mid (x^{\frac{y}{2^k}}+1)$ 且 $2^2 \nmid x^{\frac{y}{2^k}}+1, 1 \leqslant k \leqslant t-1$

注意到 $(x^a+1, x^a-1)=2$,因此式(21)给出

$$2^{tx-t} \mid (x^a+1) \text{ 或 } 2^{tx-t} \mid (x^a-1)$$

由前面所证即知

$$2^{tx-t} \mid (x+1) \text{ 或 } 2^{tx-t} \mid (x-1)$$

但当 $x \geqslant 3, t \geqslant 2$ 时

$$2^{tx-t}=(2^t)^{x-1} \geqslant 4^{x-1} > x \pm 1$$

故 $$2^{tx-t} \mid (x \pm 1)$$

也就是说,$t \geqslant 2, x>1$ 时,原方程无正整数解.

显然,$x=1$ 时,$y=0$.

综上所述,不定方程 $x^y=y^x+1$ 只有两组正整数解 $x=2, y=1; x=3, y=2$.

取 $x=x+1, m=y, y=x, n=y+1$ 时的特例,得到如下的:

试题9 求出不定方程 $(x+1)^y=x^{y+1}+1$ 的全部正整数解.

解 我们将证明此方程只有两组正整数解.

(1)x 为奇,y 为奇.

(i)$x=1$ 时,$2^y=1^{y+1}+1$ 给出 $x=y=1$.

(ii)$x>1$ 时,$(x+1)^y=x^{y+1}+1$ 给出

$$0 \equiv 2 (\mathrm{mod}\ 4)$$

因此 x 为奇，y 为奇时，方程只有一组解 $x = y = 1$.

(2) x 为奇，y 为偶.

先把不定方程 $(x+1)^y = x^{y+1} + 1$ 作如下变形

$$(x+1)^y - 1 = x^{y+1}$$

$$(x+1)^{y-1} + (x+1)^{y-2} + \cdots + (x+1) + 1 = x^y$$

$$(x+1)[(x+1)^{y-2} + (x+1)^{y-3} + \cdots + (x+1) + 1]$$

$$= (x-1)(x^{y-1} + x^{y-2} + \cdots + x + 1)$$

注意到 y 为偶数时

$$\frac{x^{y-1} + x^{y-2} + \cdots + x + 1}{x+1}$$

$$= x^{y-2} + x^{y-4} + \cdots + x^2 + 1 \qquad (22)$$

可以得到

$$(x+1)^{y-2} + (x+1)^{y-3} + \cdots + (x+1) + 1$$

$$= (x-1)(x^{y-2} + x^{y-4} + \cdots + x^2 + 1) \qquad (23)$$

但式(23)给出 $1 \equiv 0 \pmod 2$，故 x 为奇，y 为偶时方程无解.

(3) x 为偶，y 为奇.

给出 $0 \equiv 1 \pmod 2$，此时原方程也无解.

(4) x 为偶，y 为偶.

(i) $x = 2$ 时，$(x+1)^y = x^{y+1} + 1$ 给出 $3^y = 2^{y+1} + 1$. 设 $y = 2y_1$，可得

$$(3^{y_1} + 1)(3^{y_1} - 1) = 2^{2y_1+1}$$

由 $(3^{y_1} + 1, 3^{y_1} - 1) = 2$ 得

$$3^{y_1} - 1 = 2, y_1 = 1, y = 2, x = 2$$

故 $x = 2$，$y = 2$ 是原方程的一组解，也就是说，$x = 2$ 时原方程只有一组正整数解 $x = y = 2$.

(ii) $x > 2$，$y > 2$ 时，由 $(x+1)^y = x^{y+1} + 1$ 有

$$x^y + C_y^1 x^{y-1} + \cdots + C_y^2 x^2 + C_y^1 x = x^{y+1}$$

因此 $x \mid C_y^1$，即 $x \mid y$。设 $y = mx$，$x = 2^t x_1$，$t \geqslant 1$，$2 \nmid x_1$，$y = 2^t m x_1$。把 $y = 2^t m x_1$ 代入 $(x+1)^y = x^{y+1} + 1$，得

$$(2^t x_1 + 1)^{2^t m x_1} = (2^t x_1)^{2^t m x_1} + 1$$

$$((2^t x_1 + 1)^{2^{t-1} m x_1})^2 - 1 = 2^{2^t t m x_1 + t} \cdot x_1^{2^t m x_1 + 1}$$

又因为

$$((2^t x_1 + 1)^{2^{t-1} m x_1} + 1, (2^t x_1 + 1)^{2^{t-1} m x_1} - 1) = 2$$

所以

$$\begin{cases} (2^t x_1 + 1)^{2^{t-1} m x_1} + 1 = 2^{2^t t m x_1 + t - 1} \\ (2^t x_1 + 1)^{2^{t-1} m x_1} - 1 = 2 b^{2^t m x_1 + 1} \end{cases}$$

或

$$\begin{cases} (2^t x_1 + 1)^{2^{t-1} m x_1} + 1 = 2 b^{2^t m x_1 + 1} \\ (2^t x_1 + 1)^{2^{t-1} m x_1} - 1 = 2^{2^t t m x_1 + t - 1} a^{2^t m x_1} + 1 \end{cases}$$

其中

$$x_1 = ab, (a, b) = 1$$

如果式 (22) 成立，由

$$(2^t x_1 + 1)^{2^{t-1} m x_1} - 1 = 2 b^{2^t m x_1 + 1}$$

有 $2^t x_1 \mid 2 b^{2^t m x_1 + 1}$。显然 $t = 1$，否则 $2 \mid b$，$2 \mid x_1$，此与 $2 \nmid x_1$ 相矛盾。而 $t = 1$ 时 $x_1 \mid b^{2 m x_1 + 1}$。由

$$x_1 = ab, (a, b) = 1$$

有 $x_1 = b$，$a = 1$，从而式 (22) 给出

$$2^{2 m x_1 - 1} - x_1^{2 m x_1 + 1} = 1$$

但 $x = 2 x_1 > 2$，$x_1 > 1$，故此不可能，如果式 (23) 成立，则

$$(2^t x_1 + 1)^{2^{t-1} m x_1} - 1 = 2^{2^t t m x_1 + t - 1} a^{2^t m x_1 + 1}$$

给出

$$2^t x_1 \mid 2^{2^t t m x_1 + t - 1} a^{2^t m x_1 + 1}$$

$$x_1 \mid a^{2^t m x_1 + 1}$$

因此, $x_1 = a$, $b = 1$, 此时式(23)中的

$$(2^t x_1 + 1)^{2^{t-1} m x_1 + 1} = 2b^{2^t m x_1 + 1}$$

变为

$$(2^t x_1 + 1)^{2^{t-1} m x_1} = 1$$

此也不可能.

1.4 几个集训队试题

我们先证明一个有用的引理:

引理 $\left(a - b, \dfrac{a^n - b^n}{a - b}\right) = (a - b, nb^n)$, 其中, a, b 是两个互异的整数.

试题 10 求证:在 $p \mid x$ 时,方程

$$x^2 - 1 = y^p \tag{24}$$

无正整数解,这里 $p > 3$ 是素数.

证明 仍用反证法证明,假设有解,将导致矛盾. 分解式(24)为

$$(x + 1)(x - 1) = y^p \tag{25}$$

当 x 是偶数时, $(x+1, x-1) = 1$, 式(25)化成

$$x + 1 = t_1^p, \quad x - 1 = t_2^p$$

其中, $y = t_1 t_2$, t_1, t_2 是正整数.

从而, $t_1^p - t_2^p = 2$, 这显然是不可能的,故此时无解, 所以 x 必须是奇数. 此时, y 是偶数,并且

$$(x + 1, x - 1) = 2$$

再结合式(25),将有两种情况出现:

① $x + 1 = 2a^p$, $x - 1 = 2^{p-1}b^p$ 或 ② $x + 1 = 2^{p-1}b^p$, $x - 1 = 2a^p$. 这里 $y = 2ab$, $(a, b) = 1$.

18

在 ① 时,两式相减

$$a^p = 2^{p-2}b^p + 1 \qquad (26)$$

也即 $(2b)^p + 4 = 4a^p$. 配方后得到

$$(a^p - 2)^2 + (2b)^p = (a^2)^p$$

也即

$$(a^p - 2)^2 = (a^2 - 2b)\Big[\frac{(a^2)^p - (2b)^p}{a^2 - 2b}\Big]$$

由于

$$\Big(a^2 - 2b, \frac{(a^2)^p - (2b)^p}{a^2 - 2b}\Big) = 1 \text{ 或 } p$$

但从条件 $p \mid x$ 知,$p \mid \dfrac{x-3}{2} = a^p - 2$,故

$$\Big(a^2 - 2b, \frac{(a^2)^p - (2b)^p}{a^2 - 2b}\Big) = 1 \qquad (27)$$

再由式(27),即可知,存在正整数 c,使得

$$a^2 - 2b = c^2 \qquad (28)$$

从式(27)可以看出,a 是奇数,从而 c 也是奇数,于是易知 a,b,c 两两互质.

此时,将式(28)化成

$$a^4 - 2a^2 b = (ac)^2$$

再配方后便可得到

$$(a^2 - b)^2 = b^2 + (ac)^2 \qquad (29)$$

由于 $(b,ac) = 1$,从而 $b, ac, a^2 - b$ 是方程 $x^2 + y^2 = z^2$ 的一组本原解,注意到 ac 是奇数,则方程(29)的解为

$$ac = s^2 - t^2, b = 2st, a^2 - b = s^2 + t^2$$

从而

$$a^2 = (a^2 - b) + b = s^2 + t^2 + 2st = (s+t)^2$$

即

$$a = s + t$$

19

于是 $b=2st=st+st>s+t=a$,但由式(26)可以看出 $a>b$,这样,我们就得到了矛盾.

用同样的方法,在 ② 的情况下可得到类似的矛盾. 所以假设不成立,命题得证.

试题 11 求证:方程

$$(x+1)^p - x^q = 1 \quad (x,p,q \geqslant 2) \qquad (30)$$

仅有一组正整数解 $x=2,p=2,q=3$.

证明 在式(30)的两边 $\bmod (x+1)$,可得

$$-(-1)^q \equiv 1 (\bmod (x+1))$$

从而 q 是奇数,于是式(30)可以化成

$$(x+1)^{p-1} = x^{q-1} - x^{q-2} + \cdots + 1 \qquad (31)$$

在式(31)中 $\bmod (x+1)$,得

$$0 \equiv q (\bmod (x+1))$$

也即是 $x+1 \mid q$,从而 $x+1$ 是奇数,x 是偶数. 再在式(30)的另一种变形

$$(x+1)^{p-1} = x^{q-1} - x^{q-2} + \cdots + 1 \qquad (32)$$

两边 $\bmod x$,便知 $p \equiv 0 (\bmod x)$,那么 $x \mid p$,从而 p 是偶数.

设 $x=2^k \cdot t, k \in \mathbf{N}, t$ 是奇数,$p=2s$,将式(30)化成

$$[(x+1)^s - 1][(x+1)^s + 1] = (2^k \cdot t)^q$$

$((x+1)^s - 1, (x+1)^s + 1) = 2$,那么将出现两种可能:

①$(x+1)^s - 1 = 2a^q, (x+1)^s + 1 = 2^{kq-1}b^q$.

②$(x+1)^s - 1 = 2^{kq-1}b^q, (x+1)^s + 1 = 2a^q$.

其中,a,b 是两个互素的奇数,其积为 t.

在 ① 时,由第一式即知 $x \mid 2a^q$,也即 $2^k \cdot ab \mid 2a^q$,于是,$k=1, b=1$.

此时,将两式相减即得

$$a^q + 1 = 2^{q-2}$$

要使上式成立,只有 $a=1$,从而 $q=3$.此时仅有解 $x=2,p=2,q=3$.

在 ② 时,由第二式可知

$$2^{ks-1}(ab)^s + C_s^1 2^{k(s-1)-1}(ab)^{s-1} + \cdots +$$

$$C_s^{s-1} 2^{k-1} ab + 1 = a^q$$

从而 $a \mid 1$,于是 $a=1$,进而 $(x+1)^s=1$,这显然是不可能的,此时无解.

综上所述,原命题得证.

试题 12　求方程 $x^r - 1 = p^n$ 的满足下述两条件的所有正整数组解 (x, r, p, n)：(1) p 是一个素数；(2) $r \geqslant 2$ 和 $n \geqslant 2$.(1994 年国家集训队测验题)

解法 1　分两种情况讨论:

(i) 当 $x=2$ 时,由于 $r \geqslant 2$,那么 $2^r - 1$ 必是奇数,从而,利用

$$2^r - 1 = p^n \tag{33}$$

可以知道,p 必为奇数.再考虑 n,如果 n 为偶数,由于

$$p = 2k + 1 \quad (k \in \mathbf{N})$$

记

$$n = 2l \quad (l \in \mathbf{N})$$

$$p^n + 1 = (2k+1)^{2l} + 1$$

$$= (4k^2 + 4k + 1)^l + 1$$

$$\equiv 2 \pmod 4 \tag{34}$$

于是,$p^n + 1 \neq 2^r$,从而,n 必为奇数,$n-1$ 为偶数,由于

$$1 - p + p^2 - p^3 + p^4 - p^5 + \cdots + p^{n-3} - p^{n-2} + p^{n-1}$$

$$= \frac{1 - p^{n-1}(-p)}{1 - (-p)} = \frac{1 + p^n}{1 + p} \tag{35}$$

那么

$$2^r = p^n + 1 = (1+p)(1-p+p^2-p^3+\cdots+$$
$$p^{n-3}-p^{n-2}+p^{n-1}) \tag{36}$$

p 是奇素数,则 $1+p \geqslant 4$. 由上式,有

$$1+p = 2^t \quad (t \in \mathbf{N}, t \geqslant 2) \tag{37}$$

即 $p = 2^t - 1$,于是,再利用 $n = 2s+1 (s \in \mathbf{N})$,有

$$p^n + 1 = (2^t-1)^{2s+1}+1$$
$$= (2^t)^{2s+1} - \mathrm{C}_{2s+1}^1 (2^t)^{2s} + \cdots -$$
$$\mathrm{C}_{2s+1}^{2s-1}(2^t)^2 + \mathrm{C}_{2s+1}^{2s} 2^t$$
$$= 2^{2t}m + (2s+1)2^t \quad (m \text{ 是整数}) \tag{38}$$

由式(38)可以知道,p^n+1 能被 2^t 整除,但不能整除 2^{t+1},于是,从式(37)第一个等式可以知道,必定有

$$2^r = p^n + 1 = 2^t \tag{39}$$

又由于 $n \geqslant 8$,式(37)与式(39)矛盾. 这表明当 $x = 2$ 时,原方程没有满足题目条件的解.

(ii) 当 $x \geqslant 3$ 时,利用

$$p^n = x^r - 1 = (x-1)(x^{r-1}+x^{r-2}+\cdots+x+1) \tag{40}$$

可以知道,$x-1$ 是 p 的某个幂次,再考虑到 $x-1 \geqslant 2$,那么,必定有

$$x - 1 = p^m \quad (m \in \mathbf{N}) \tag{41}$$

由式(41)可以推出

$$x \equiv 1 (\bmod p) \tag{42}$$

由式(40),又可以知道 $x^{r-1}+x^{r-2}+\cdots+x+1$ 也是 p 的某个幂次. 而由式(42)可知

$$x^{r-1}+x^{r-2}+\cdots+x+1$$
$$\equiv \underbrace{1+1+\cdots+1+1}_{r \uparrow 1}(\bmod p)$$
$$= r(\bmod p) \tag{43}$$

22

于是 r 必是 p 的倍数.

如果 $p=2$,那么 r 必是偶数.记 $r=2r_1(r_1 \in \mathbf{N})$. 由题目中方程,有

$$2^n = x^r - 1 = (x^{r_1} - 1)(x^{r_1} + 1) \tag{44}$$

那么,$x^{r_1} - 1$ 及 $x^{r_1} + 1$ 都是 2 的幂次,而

$$(x^{r_1} + 1) - (x^{r_1} - 1) = 2$$

则必定有 $x^{r_1} - 1 = 2$.(因为如果 $x^{r_1} - 1 = 2^\alpha$,这里正整数 $\alpha \geqslant 2$,那么,一方面,$x^{r_1} + 1$ 也应是 2 的幂次.另一方面,$x^{r_1} + 1 > x^{r_1} - 1$,因此,必有 $x^{r_1} + 1 = 2^\beta$,这里正整数 $\beta \geqslant \alpha + 1$,从而,可以得到

$$(x^{r_1} + 1) - (x^{r_1} - 1) = 2^\beta - 2^\alpha = 2^\alpha(2^{\beta-\alpha} - 1)$$

上式右端不可能等于 2.矛盾)$x^{r_1} = 3$,又 $x \geqslant 3$,那么, 必有 $x=3, r_1=1, r=2, 2^n = 3^2 - 1 = 8, n=3$.这样,我们得到一组满足题目条件的解

$$x=3, r=2, p=2, n=3 \tag{45}$$

如果 $p \geqslant 3$,由式(41)有

$$x^r - 1 = (p^m + 1)^r = rp^m + \sum_{i=2}^{r} C_r^i (p^m)^i \tag{46}$$

考虑上式右端 $\sum$ 中每一项 $C_r^i(p^m)^i (2 \leqslant i \leqslant r)$,很明显

$$\begin{aligned}
C_r^i(p^m)^i &= \frac{r!}{i!\,(r-i)!}(p^m)^i \\
&= \frac{(r-1)!}{(i-1)!\,(r-i)!}\,\frac{r}{i}(p^m)^i \\
&= C_{r-1}^{i-1} rp^m\,\frac{(p^m)^{i-1}}{i} \tag{47}
\end{aligned}$$

下面证明:对于任意正整数 $i \geqslant 2$

$$i < (p^m)^{i-1} \tag{48}$$

当 $i=2$ 时,显然有

$$2 < p^m \tag{49}$$

当 $i = k \geqslant 2$ 时,有

$$k < (p^m)^{k-1} \tag{50}$$

当 $i = k+1$ 时,利用式(48)和式(49),有

$$k+1 < 2k < 2(p^m)^{k-1} < (p^m)^k \tag{51}$$

从而,式(48)成立.因此,i 的素因子分解式中 p 的幂次小于 $m(i-1)$. 又 C_{r-1}^{i-1} 是正整数,所以,$C_r^i (p^m)^i$ 的素因子分解式中所含 p 的幂次高于 rp^m 中所含 p 的幂次 α,从而 $x^r - 1$ 能被 p^{α} 整除,但不能被 $p^{\alpha+1}$ 整除.由式(51)和题目中方程,有

$$p^{\alpha} < x^r - 1 = p^n \tag{52}$$

因此 $n > \alpha$,矛盾.因此,满足题目的解只有式(45)一组解.

解法 2　分情况讨论:

(i) 当 $x = 2$ 时,易见 p 为奇数.

若 n 为偶数,则 $p^n + 1 \equiv 2 \pmod{4}$,从而 $r = 1$,此时无解.

若 n 为奇数,则

$$2^r = p^n + 1 = (p+1)(p^{n-1} - p^{n-2} + \cdots - p + 1)$$

故可设 $p + 1 = 2^t (t \in \mathbf{N})$,于是

$$\begin{aligned}
p^n + 1 &= (2^t - 1)^n + 1 \\
&= \sum_{i=2}^{n} (-1)^{i-1} C_n^i (2^t)^i + C_n^1 \cdot 2^t \\
&= 2^{2t} \cdot M + 2^t \cdot n
\end{aligned}$$

所以 $p^n + 1$ 能被 2^t 整除,但不能被 2^{t+1} 整除,故此时亦无解.

(ii) 当 $x \geqslant 3$ 时,由 $x^r - 1 = p^n$ 得 $(x-1) \mid p^n$,存在正整数 $t < m$,及 $t + m = n$,使

$$x - 1 = p^t \tag{53}$$

$$x^{r-1} + x^{r-2} + \cdots + 1 = p^m \tag{54}$$

利用式(53),在式(54)两边取 mod p^t 可知 $r \equiv 0 (\bmod\ p^t)$,从而 $p \mid r$. 于是,由 $x^r - 1 = p^n$,也即存在正整数 e,使得

$$(p^t + 1)^p - 1 = p^e$$

利用二项式展开,将上式变形后得

$$p^{t(p-1)} + \sum_{j=2}^{p-1} \frac{\mathrm{C}_p^j}{p}(p^t)^{j-1} + 1 = p^{e-t-1} \tag{55}$$

如果 $t(p-1) - 1 > 0$,那么

$$\text{式}(55)\text{左边} \equiv 1(\bmod\ p)$$

但 p 整除式(55)右边,这是矛盾的,故只有

$$t(p-1) - 1 = 0$$

从而 $t = 1, p = 2$,也即 $x = 3, p = 2$. 于是我们只要求满足

$$3^r - 1 = 2^n \tag{56}$$

的正整数解 (r, n).

由 $n \geqslant 2$,利用式(56)可知 $3^r \equiv 1(\bmod\ 4)$,从而 r 是偶数,设 $r = 2s$,将式(56)化为

$$(3^s - 1) \cdot (3^s + 1) = 2^n$$

从而

$$3^s - 1 = 2^a, 3^s + 1 = 2^b$$

两式相减得

$$2^{b-1} - 2^{a-1} = 1$$

只有 $a = 1, b = 2$,从而 $n = 3, r = 2$.

综上所述,原方程的解为

$$(x, p, r, n) = (3, 2, 2, 3)$$

25

1.5 关于 Catalan 猜想的一些进展

Catalan 猜想表述为：

问题 1 方程

$$x^m - y^n = 1 \quad (x, y, m, n \in \mathbf{N}) \qquad (57)$$

$m > 1, n > 1$，仅有解 $(x, y, m, n) = (3, 2, 2, 3)$，对这个猜想有许多优秀的数论专家进行了研究，如 Lebesgue，Nagell，Selberg，Obath，Cassels，Hyyrö，Hampel，Schinzel，Chein，Rotkiewicz，但他们所使用的方法仍局限于初等方法，这些工作可见 Ribenboim 的专著 *Catalan's Conjecture*（Boston, MA：Academic Press Inc，1994）. 在早期的工作中，Lebesgue 和柯召分别证明了：方程(57)没有适合 $2 \mid n$ 的解 (x, y, m, n)；该方程仅有解 $(x, y, m, n) = (3, 2, 2, 3)$.

根据上述结果，我们可以把 Catalan 猜想中尚未解决的部分剥离出来，表述为：

问题 2 方程

$$x^p - y^q = 1 \quad (x, y \in \mathbf{N}, p, q \in p^*) \qquad (58)$$

其中 p^* 是全体素数及其方幂的集合，无解 (x, y, p, q).

对于方程(58)，Cassels 运用初等数论方法进行了深入的讨论，他证明了：方程(58)的解 (x, y, p, q) 都满足 $q \mid x, p \mid y$. 并且他提出了如下较弱的猜想：

问题 3 方程(58)仅有有限多组解 (x, y, p, q).

1976 年，Tijdeman 运用 Gel'fond-Beck 方法解决

了上述猜想,他证明了:

定理 方程(58)仅存在有限多组解(x,y,p,q),而且这些解都满足 $\max\{p,q\} < C_1$,以及 $x^p < C_2$,关于上述定理中的常数,1976 年 Tangevin 具体算出:$C_1 < e^{241}$ 以及

$$C_2 < \exp \exp \exp 730$$

1992 年,Mighotte 进一步证明了,方程(58)的解(x,y,p,q)都满足 $p < 1.21 \times 10^{26}$ 以及 $q < 1.31 \times 10^{18}$;特别的,当 $q \equiv 3 \pmod 4$ 时,必有 $p < 2.7 \times 10^{24}$ 以及 $q < 1.23 \times 10^{18}$.

另外,运用初等数论方法和代数数论方法可以得到方程(58)解的下界,在这方面,Inkeri,Glass,Meroak,Okada 和 Stenier,Mignotte,Schwarz 等人分别对某些较小的奇素数 p,q 证明了该方程无解. 综合上述结果可知:方程(58)的解(x,y,p,q)都满足 $\min\{p,q\} \geqslant 9$. 1996 年,Mignotte 和 Royp 宣布可将上述下界都改为 $\min\{p,q\} > 10^4$,根据有关 p,q 的下界,Aultonen 和 Inkeri 运用初等方法证明了:方程(58)的解(x,y,p,q)都满足 $x^p > 10^{500}$. 此外,Evertse 运用丢番图逼近方法讨论了方程(57)的解数,他证明了:对于给定的正整数 m,n,该方程至多有 $(m,n)^{\min\{m,n\}}$ 组解.

设 $p_1,p_2,\cdots,p_r$ 是适合 $p_1 < p_2 < \cdots < p_r$ 的素数,$\Phi = \{\pm p_1^{t_1} p_2^{t_2} \cdots p_r^{t_r} \mid t_1,t_2,\cdots,t_r$ 是非负整数$\}$. 1977 年,Vun der poorten 推广了 Tijdeman 的结论,他证明了:方程

$$x^m - y^n = z^l \quad (x,y,z,m,n \in \mathbf{N}, m > 1, n > 1)$$
$$mn > 4, l = \mathrm{l.c.m}(m,n) \qquad (\text{I})$$

27

仅有有限多组解(x,y,z,m,n,l)适合$z \in S$,而且这些
解都满足 $\max\{m,n\} < C_8(p_r)$ 以及 $x^m < C_9(p_r)$. 由
于方程（Ⅰ）中的 l 是 m 与 n 的最小公倍数,所以该方
程可写成

$$(\frac{x}{u})^m - (\frac{y}{v})^n = 1 \quad (x,y,u,v,m,n \in \mathbf{N})$$

g. c. d$(x,u) = $ g. c. d$(y,v) = 1 \quad (m > 1, n > 1, mn > 4)$
（Ⅱ）

对此,1986 年 Shorey 和 Tijdeman 运用同样的方法证
明了:该方程仅存在有限多组解(x,y,u,v,m,n)可使
x,y,u,v 中至少有一数属于 S,而且这些解都是可以
有效计算的. 另外,Tijdeman 还运用丢番图逼近方法,
在 u,v,m,n 给定的条件下,给出了方程（Ⅱ）的解的上
界:$x < C_1^* u^{1+C_2^*(\lg t)^4 \sqrt{t}}$,$y < C_1^* v^{1+C_2^*(\lg t)^4 \sqrt{t}}$,其中 $t = $
$\max\{m,u\}$.

　　大约在 20 世纪中期,Catalan 猜想开始吸引了丢
番图分析领域的专家们. 他们开始发现,对固定的指数
p 和 q,方程 $x^p - y^q = 1$($xz \neq 0$,p,q 是不同的奇素数)
的解(x,y)的个数是有限的. 这是 1929 年 Siegel 发表
的关于曲线上整点的一个一般定理的推论. 方程（Ⅱ）
可以写成类似方程(56)的形式

$$x^m - y^n = 1 \quad (x,y \in \mathbf{Q}, x > 0, y > 0)$$
$$(m,n \in \mathbf{N}, m > 1, n > 1, mn > 4) \quad （Ⅲ）$$

对此,1986 年 Shorey 和 Tijdeman 曾提出如下猜想:

　　方程（Ⅲ）仅存在有限多组解(x,y,m,n),而且这
些解都是可以有效计算的.

　　1994 年以上有关该猜想的全部历史被收录在
Paulo Ribenboim 的专著中. 2002 年 Catalan 猜想被彻

底解决了,是由瑞士数学家 Preda Mihăilesku 用代数数论证明的. 在他的证明中,有关分圆域的一个深刻定理起了决定性的作用,但意想不到的是他的证明没有多少计算,并且他本人并不为这一领域的专家所熟悉.

Mihăilesku,1955 年出生于罗马尼亚. 在苏黎世受过数学教育. 他曾涉足机械工业和金融工程领域,现在德国 Paderborn 大学工作. 像 Bieberbach 猜想、Vander Waerden 猜想的获证一样,爆了一个冷门,由不知名的专家解决了,而不是大家都看好的热门人物.

在证明中,Wieferich 起了意想不到的作用. 1909 年,Wieferich 为证明 Fermat 大定理而研究了一对古怪的同余方程 $p^{q-1} \equiv 1 \pmod{q^2}$,$q^{p-1} \equiv 1 \pmod{p^2}$,满足这两个同余式的一对奇素数称为 Wieferich 对. Mihăilesku 的工作类似于 Kummer 理论之于 Fermat 大定理.

Catalan 猜想面向中学生的历史简介[①]

第

2

章

按顺序写出自然数的大于 1 次幂，得出数列 $1,4,8,9,16,25,27,32,36,49,64,81,\cdots$. 绝非偶然，特别提出其中的数 8,9 为两相连的自然数，那么这就出现一个问题：数列中还存在自然数的相连的幂吗？

这个问题最先由比利时数学家 Catalan 提出. 1844 年他发表猜想，方程

$$x^y - z^t = 1 \qquad (1)$$

在大于 1 的自然数中只有唯一解 $x=3$，$y=2,z=2,t=3$.

这个猜想延续了几乎 160 年，许多有名数学家致力求出它的证明，但未能成功.

① B. CEHREPOB，Б. ФРЕКПН，原载于俄罗斯《量子》2007 年 4 期.

在 2002 年罗马尼亚数学家 Mihăilesku 证明了 Catalan 猜想的正确性. Mihăilesku 的证明很复杂且为非初等的,因此不能在本书中叙述. 然而其结果与许多初等数学的结论与问题有联系,例如从定理的 Mihăilesku 的证明,立刻得到问题 M2032(a) 项(《量子》2007 年 1 期)的答案.

2.1   问题的历史

早在 14 世纪,Helson 证明了方程 $3^x - 2^y = \pm 1$ 在大于 1 的自然数中有唯一解 $x=2, y=3$. 1657 年,比萨的 Frenicle 开始解自然数方程

$$x^2 - p^y = 1$$

其中,$y > 1, p$ 为素数.

1738 年 Euler 证明了方程 $x^3 + 1 = y^2$ 在自然数中有唯一解(关于这方程的解及其应用,参看《量子》2007 年 3 期问题 M2025 的解).

1850 年 Lebesgue 证明了方程 $x^y - z^2 = 1$ 在大于 1 的整数中及条件 $y \neq 3$ 下无解. 在 1921 年 Nagell 完成了对方程

$$x^3 - z^t = 1 \text{ 及 } x^y - z^3 = 1 \quad (y \neq 2)$$

的研究.

结果研究了一般 Catalan 方程(1)有具体指数值的三种情况:

① $x^3 - z^t = 1$;

② $x^y - z^3 = 1$;

③ $x^y - z^2 = 1$.

此外,完全审查第三情况,可借助所谓"Gauss 整数",对此充足的信息包含于 Cehrepob 与 Spivak 的论文《平方和与高斯整数》(《量子》1999 年 3 期)中,但这问题十分不简单.

在 y 是偶数的情况时出现许多复杂性. 对方程 $x^4 - z^t = 1$,Selberg 在 1932 年已给出解答. 而方程 $x^2 - z^t = 1$ 由中国数学家柯召在 1960 年得到最后的解.

我们再考虑 Catalan 方程的某些特殊情况(以出现两个奇数次幂为基础). 细心的读者会注意到,在数学奥林匹克中有时遇到 Catalan 方程的特殊情况的问题,在这种情形下熟练地用初等方法解之显然是有益的. 现先试解下列问题.

练习 1　在大于 1 的整数中解下列方程:

(a) $3^x - 2^y = -1$;

(b) $3^x - 2^y = 1$;

(c) $z^x - 2^y = 1$;

(d) $z^x - 2^y = -1$.

练习 2　求出所有三数组 (a, b, y),其中,$a, y \in \mathbf{N}$,b 为素数,使 $a^2 - b^y = 1$.

2.2　某些预备结论

为了证明 Catalan 猜想,只要对方程
$$x^p - y^q = 1 \tag{2}$$
(其中两自然数 x, y 大于 1,p, q 为不同素数)证之.

练习 3

(a) 证上述断言；

(b*) 设 $x^y - z^t = 1$，其中，$x, z \in \mathbf{N}, y, t \in \mathbf{N} \setminus \{1\}$，$y, t$ 为奇数. 证 x 与 z 为合数[①].

现提出几个记号. 用 (a, b) 表示自然数 a 与 b 的最大公约数. 用 $a \mid b$ 表示 a 是 b 的约数(读作 a 整除 b).

我们需要下列论断：

如果 x 与 y 为互质的自然数，那么：

(a) 对任何奇自然数 n 有 $\left(\dfrac{x^n + y^n}{x + y}, x + y \right) \Big| n$；

(b) 对任何自然数 n 与 $x > y$，有

$$\left(\frac{x^n - y^n}{x - y}, x - y \right) \Big| n$$

练习 4 证上述断言.

这个简单的断言允许把所有适合方程(2)的四数组的集分成两组.

情况 1：如果 $\left(p, \dfrac{x^p - 1}{x - 1} \right) = 1$，则

$$x - 1 = r^q, \frac{x^p - 1}{x - 1} = S^q, y = rS$$

其中，r, S 为某自然数.

情况 2：如果 $\left(p, \dfrac{x^p - 1}{x - 1} \right) = p$，则

$$x - 1 = p^{q-1} a^q, \frac{x^p - 1}{x - 1} = p v^q, y = p a v$$

其中，a, v 为某自然数.

[①] 由已证 Catalan 猜想成立，知练习 3(b*) 命题条件不可能成立. 但按数理逻辑规定，条件不可能成立时命题总认为是正确的，然而命题实际上无意义.

练习 5 证上述等式.

在奇数 q 的情形,考察表示式 $\dfrac{y^q+1}{y+1}$ 可得类似的等式.

练习 6 解方程:

(a) $3^x = y^z + 1$;

(b) $3^x = y^z - 1$,其中 $x, y, z \in \mathbf{N}, z > 1$.

练习 7 (a) 解方程 $(x+1)^y + 1 = x^z$,其中 $x, y, z \in \mathbf{N}, y > 1$;

(b) 解方程 $(x+1)^y = 1 + x^z$,其中 $x, y, z \in \mathbf{N}, y > 1$;

(c) 对所有幂的底不是 1 的情况,证 Catalan 猜想.

2.3 Cassels-Nagell 定理

证明 Catalan 猜想的基础问题发生于 20 世纪中叶,提出问题已超过一百年. Cassels 完成了情况 1 的证明,即对奇数指数,Cassels 证明了下列断言:

定理 设 p, q 为素数,$p > q \geqslant 2$,$a^p - b^q = \pm 1$,其中,a, b 为大于 1 的整数,则 a 被 q 整除,b 被 p 整除.

对于方程 $a^p - b^q = -1$ 的 $q = 2$ 的情形,当陈述与证明定理时,不可解的方程 $a^p - b^2 = 1$ 被最后确定,这时断言 $q \mid a$ 已在 1953 年的著作中证明,而复杂得多的 $p \mid b$ 是再过 7 年才解决的. 对定理在 $q = 2$ 的情形,Nagell 在 1921 年及 1934 年的著作中证明.

练习 8 从 Cassels 定理判断情况 1 的不可能性.

因如果 (x, y, p, q) 是方程(2)的解,p, q 为素数,

那么等式

$$x-1=p^{q-1}a^q, \frac{x^p-1}{x-1}=pv^q, y=pav \quad (3)$$

$$y+1=q^{p-1}b^p, \frac{y^q+1}{y+1}=qu^p, x=qbu$$

对某些自然数 a,v,b,u 成立.

注意,Cassels 定理,除了某些最早的结论,允许断言,对很大的幂的底 Catalan 猜想可以显示不正确.

练习 9[*] 设 $x,y \in \mathbf{N}\backslash\{1\}, z,t \in P\backslash\{2\}, x^z - y^t = 1, (x,y,z,t) \neq (3,2,2,3)$,则 $x,y > 10^6$.

证上述断言.

这样一来,Cassels 定理留下的问题,只是对于数 $x^z > (10^6)^5, y^t > (10^6)^5$ 弄清定理是否成立.注意,不久运用了其等级超过 2^{32} 的数,已变得很复杂.

依靠等式(3)且同时利用有效的代数与分析方法,Mihǎilesku 得出卓越的证明.

2.4　论问题 M2032

问题 M2032(a)项提出了一些减弱 Catalan 猜想的方案,从其中之一导出(b)项.

1956 年在 Tulevik 的数论教程中指出:"还不能证明,三个接连的整数不能是幂 ……". 1960 年在杰出的波兰数学家 Sierpinski 关于算术不可解性的论文中陈述下列问题:"是否存在三个接连的自然数,其中每个是自然数的大于 1 的自然数次幂? " 对这个问题我们宁愿给出关于三自然数组 $(n,n+1,n+2)$ 的一些初步断言.

正则幂是形式为 a^b 的数,其中,$a,b \in \mathbf{N}\setminus\{1\}$.

练习 10 设 $n,n+2$ 是正则幂.证 $(n,n+2)=1$.

练习 11 设 $(2k)^2 - z^m = 1$,其中,$k,z,m \in \mathbf{N}$.证 $m=1$.

练习 12 设 $x^m - (2k-1)^2 = 1$,其中,$x,m,k \in \mathbf{N}$.证 $m=1$.

练习 13 设 $n,n+1,n+2$ 为正则幂.证:

(a)$n+1 \neq t^2$;

(b)$n \not\approx t^2$,其中 $t \in \mathbf{N}$.

对于 Sierpinski 问题,相反的答案已在 1961 年由波兰数学家 A. Makovskiy 给出. 现引述他的证明:不失一般性,可认为上述问题中幂的指数是素数,证方程组

$$\begin{cases} x^p - y^q = 1 \\ y^q - z^r = 1 \end{cases}$$

在自然数 x,y,z 与 p,q,r 中无解.

设 x,y,z,p,q,r 适合方程组,但由 Cassels 定理有 $q \mid x$,$q \mid z$,因此 $q \mid x^p - z^r = 2$,故 $q = 2$,第一方程形如 $x^p = y^2 + 1$.但正如 Lebesgue 所证,这方程对 y 没有整数解.由此马上推出 Sierpinski 问题的答案.

注意,所提出的证明可以不利用 Lebesgue 及 Nagell 的结果:q 与 r 的奇数性可从练习 13 立即推出,而 $q \mid x$,$q \mid z$ 立即与练习 10 导出矛盾.

再注意,在三数组 $(n,n+1,n+2)$ 中可以有两个正则幂:$(5^2,26,3^3)$.作者不知道是否还存在别的有这种特性的三数组.在所有情况,当 $n \leqslant 2\ 147\ 483\ 645$ 时,没有这样的三数组.

2.5　反　素　数

最后讲到反素数——在正则幂的 Catalan 问题中自然会提出. 所谓反素数, 如果它的每个素因数进入分解式中有大于 1 的指数. 易见在自然数序列中不会有四个反素数序列.

练习 14　证上述断言.

解问题 M2032 时考察三自然数组 $(n-1, n, n+1)$, 其中每一个有两个反素数. 我们证明了, 在这些三数组中有无穷多个, 其中 $n-1$ 与 $n+1$ 是反素数; 也有无穷多个, 其中数 n 为反素数. 全部三个数都可以是反素数吗? 作者不知道答案. 在所有情况, 2 000 000 以内的数中, 没有这样的三数组.

37

第二编

柯召方法

关于方程 $x^2-1=y^5$

第 3 章

我们已知方程
$$x^2-1=y^3$$
在 $xy \neq 0$ 时只有一组整数解 $x=3, y=2$. 柯召院士 1960 年 1 月证明了方程
$$x^2-1=y^5 \qquad (1)$$
没有 $xy \neq 0$ 的整数解.

① 由于
$$x^2=(y+1)(y^4-y^3+y^2-y+1)$$
而且
$$(y+1, y^4-y^3+y^2-y+1)=(y+1, 5)$$
得出
$$y+1=x_1^2, \quad y^4-y^3+y^2-y+1=x_2^2$$
$$x=x_1 x_2 \qquad (2)$$
或者
$$y+1=5^{2s-1} x_1^2$$
$$y^4-y^3+y^2-y+1=5 x_2^2$$
$$x=5^s x_1 x_2 \quad (5 \nmid x_1 x_2, s \geqslant 1) \quad (3)$$

如果式（2）成立，显然有
$$x_2^2 = (x_1^2 - 1)^4 - (x_1^2 - 1)^3 +$$
$$(x_1^2 - 1)^2 - (x_1^2 - 1) + 1 \qquad (4)$$

如果 x_1 是一个奇数
$$X = (x_1^2 + 1)^2 - \frac{1}{2}(x_1^2 - 1)$$

是一个整数. 此时得出
$$X^2 = (x_1^2 - 1)^4 - (x_1^2 - 1)^3 + \frac{1}{4}(x_1^2 - 1)^2 \quad (5)$$

因为
$$\frac{3}{4}(x_1^2 - 1)^2 - (x_1^2 - 1) + 1 > 0$$

故从式（4）或（5）得出
$$X^2 < x_2^2$$

因此 $|x_2| > X$. 但是由于
$$(X + 1)^2 = (x_1^2 - 1)^4 - (x_1^2 - 1)^3 +$$
$$\frac{9}{4}(x_1^2 - 1)^2 - (x_1^2 - 1) + 1$$
$$> (x_1^2 - 1)^4 - (x_1^2 - 1)^3 +$$
$$(x_1^2 - 1)^2 - (x_1^2 - 1) + 1$$

得出 $|x_2| < X$. 所以式（2）不能成立.

如果 x_1 是一个偶数，那么 $X + \frac{1}{2}$ 是一个整数，从

上面的论证，易知有 $|x_2| \geqslant X + \frac{1}{2}$. 但在 $|x_1| > 1$ 时，

有
$$(X + \frac{1}{2})^2 = (x_1^2 - 1)^4 - (x_1^2 - 1)^3 +$$
$$\frac{5}{4}(x_1^2 - 1)^2 - \frac{1}{2}(x_1^2 - 1) + \frac{1}{4}$$

Catalan Theorem

$$> (x_1^2-1)^4 - (x_1^2-1)^3 +$$
$$(x_1^2-1)^2 - (x_1^2-1) + 1$$

故有 $|x_2| < X + \dfrac{1}{2}$. 因此必须有 $|x_1|=1$,此时由(2)的第一式只能得出平凡解 $y=0, x=1$.

② 由于
$$y^5 = (x-1)(x+1)$$
而且
$$(x-1, x+1) = (x-1, 2)$$
得出
$$x+1 = y_1^5, x-1 = y_2^5, y = y_1 y_2 \tag{6}$$
或者
$$x \pm 1 = 2^{5l-1} y_1^5, x \mp 1 = 2 y_2^5$$
$$y = 2^t y_1 y_2 \quad (2 \nmid y_1 y_2, t \geqslant 1) \tag{7}$$

如果式(6)成立,我们有
$$y_1^5 - y_2^5 = 2$$
但是除开 $y_1 = 1, y_2 = -1$ 时,上式成立,而且得出式(1)的平凡解 $x=0, y=-1$ 外,在 $y_1 = y_2$ 时有
$$y_1^5 - y_2^5 = 0$$
在 $y_1 = -y_2 \neq \pm 1$ 时,有
$$|y_1^5 - y_2^5| > 2^5$$
而在 $|y_1| \neq |y_2|$ 时,有
$$|y_1^5 - y_2^5| \geqslant (z+1)^5 - z^5 \geqslant 5z^4 \geqslant 5$$
其中 $z = y_1$ 或 y_2. 故此时式(6)均不能成立.

③ 由①和②,知道式(1)的非平凡解必须同时适合式(3)和(7),今由式(3)或(7),应用奇数 x_1 的平方为 8 的倍数加 1 这个性质,得出
$$2^t y_1 y_2 + 1 = 5^{2s-1} x_1^5 \equiv 5 \pmod 8$$

43

即得
$$2^t y_1 y_2 \equiv 4 \pmod 8$$
因为 $y_1 y_2$ 是一个奇数,所以 $t = 2$.

再由式(3)和(7),得出
$$2^9 y_1^s \mp 1 = 2 y_2^s \pm 1 = 5^s x_1 x_2 \equiv 0 \pmod 5 \quad (8)$$
所以
$$y_1 \equiv \mp 2 \pmod 5, \quad y_1 \equiv \pm 2 \pmod 5 \quad (9)$$
此时
$$2 y_2^s \pm 1 \equiv \pm 15 \pmod {5^2}$$
故从式(8)得出 $s = 1$.

因此,从(3)的第一式得出
$$2^2 y_1 y_2 + 1 = 5 x_1^2 \quad (10)$$
设 p 为 $y_1 y_2$ 的质因子.由式(10)得出
$$\left(\frac{5}{p} \right) = \left(\frac{p}{5} \right) = 1$$
所以
$$p \equiv \pm 1 \pmod 5$$
因此
$$y_1 \equiv \pm 1 \pmod 5, \quad y_2 \equiv \pm 1 \pmod 5$$
这和式(9)发生矛盾,因而证明了式(1)没有 $xy \neq 0$ 的整数解.

44

关于方程 $x^2-1=y^{11}$

第

4

章

我们知道[①]方程

$$x^2-1=y^p \quad (p=5,7,13)$$

没有 $xy\neq 0$ 的整数解,柯召院士 1960 年 2 月又证明了

$$x^2-1=y^{11} \qquad (1)$$

亦只有平凡解 $x=\pm 1, y=0$ 和 $x=0$, $y=-1$.

如果式(1)有非平凡解 x,y 存在,显然可设 $x>0, y>0$,在 $(x+1, x-1)=1$ 时,得出

$$x+1=z_1^{11}, x-1=z_2^{11}$$
$$y=z_1z_2 \quad (z_1>z_2>0)$$

其中,z_1, z_2 都是整数.但是这将给出矛

---

① 柯召,关于方程 $x^9-1=y^5$,《四川大学学报》(自然科学版), 1960 年,第一期 27 ~ 29 页.

柯召,关于方程 $x^2-1=y^n$,《四川大学学报》(自然科学版),1960 年,第一期.

盾结果

$$2 = z_1^{11} - z_2^{11} = (z_1 - z_2)(z_1^{10} +$$
$$z_1^9 z_2 + \cdots + z_1 z_2^9 + z_2^{10}) \geqslant 10$$

所以 $(x+1, x-1) = 2$，而由式(1)，只能得出

$$x \pm 1 = 2^{11t-1} y_1^{11}, x \mp 1 = 2 y_2^{11}, y = 2^t y_1 y_2 \quad (2 \nmid y_1 y_2) \tag{2}$$

其中，y_1, y_2 和 t 都是正整数.

另一方面，在

$$\left(y+1, \frac{y^{11}+1}{y+1} \right) = 1 \tag{3}$$

时得出

$$y + 1 = u_1^2, \frac{y^{11}+1}{y+1} = u_2^2, x = u_1 u_2$$

其中，u_1, u_2 都是大于 1 的整数，消去 y 得出

$$u_2^2 = (u_1^2 - 1)^{10} - (u_1^2 - 1)^9 + (u_1^2 - 1)^8 -$$
$$(u_1^2 - 1)^7 + (u_1^2 - 1)^6 - (u_1^2 - 1)^5 +$$
$$(u_1^2 - 1)^4 - (u_1^2 - 1)^3 + (u_1^2 - 1)^2 -$$
$$(u_1^2 - 1) + 1$$

设

$$U_v = (u_1^2 - 1)^5 - \frac{1}{2}(u_1^2 - 1)^4 + \frac{3}{2^3}(u_1^2 - 1)^3 -$$
$$\frac{5}{2^4}(u_1^2 - 1)^2 + \frac{35}{2^7}(u_1^2 - 1) + \frac{v}{2^4}$$

由(2)，知道 y 是一个偶数，所以 u_1 是一个奇数，因而 $u_1^2 - 1 \equiv 0 \pmod 8$. U_v 的各项的分母都是 2 的乘幂，其中最大的显然不能超过 2^4. 所以在 U_v 为整数时，v 必然是一个整数. 现在

$$U_v^2 = (u_1^2 - 1)^{10} - (u_1^2 - 1)^9 + (u_1^2 - 1)^8 -$$
$$(u_1^2 - 1)^7 + (u_1^2 - 1)^6 + \left(\frac{v}{2^3} - \frac{75}{2^7} \right)(u_1^2 - 1)^5 +$$

$$\left(\frac{53}{2^9}-\frac{v}{2^4}\right)(u_1^2-1)^4+\left(\frac{3v}{2^6}-\frac{175}{2^{10}}\right)(u_1^2-1)^3+$$

$$\left(\frac{1\ 225}{2^{14}}-\frac{5v}{2^7}\right)(u_1^2-1)^2-\frac{35v}{1^{10}}(u_1^2-1)+\frac{v^2}{2^8}$$

故有

$$U_v^2-u_2^2=\left(\frac{v}{2^3}+\frac{53}{2^7}\right)(u_1^2-1)^5-$$

$$\left(\frac{v}{2^4}+\frac{459}{2^9}\right)(u_1^2-1)^4+$$

$$\left(\frac{3v}{2^6}+\frac{849}{2^{10}}\right)(u_1^2-1)^3-$$

$$\left(\frac{5v}{2^7}+\frac{15\ 159}{2^{14}}\right)(u_1^2-1)^2+$$

$$\left(\frac{35v}{2^{10}}+1\right)(u_1^2-1)+$$

$$\frac{v^2}{2^8}-1$$

取 $v=-3$,得出

$$U_{-3}^2-u_2^2=\frac{5}{2^7}(u_1^2-1)^5-\frac{363}{2^9}(u_1^2-1)^4+$$

$$\frac{705}{2^{10}}(u_1^2-1)^3-\frac{13\ 239}{2^{14}}(u_1^2-1)^2+$$

$$\frac{919}{2^{10}}(u_1^2-1)-\frac{247}{2^8}$$

显然在 $u_1\geqslant 5$ 时,有 $U_{-3}^2-u_2^2>0$.

取 $v=-4$,得出

$$U_{-4}^2-u_2^2=-\frac{11}{2^7}(u_1^2-1)^5-\frac{331}{2^9}(u_1^2-1)^4+$$

$$\frac{657}{2^{10}}(u_1^2-1)^3-\frac{12\ 599}{2^{14}}(u_1^2-1)^2+$$

$$\frac{884}{2^{10}}(u_1^2-1)-\frac{240}{2^8}$$

显然在 $u_1 \geqslant 2$ 时有 $U_{-4}^2 - u_2^2 < 0$,所以在 $u_1 \geqslant 5$ 时,设有一个整数 v 存在能够使得 u_2 是一个整数,因此 $u_1 < 5$,由于 u_1 是一个大于 1 的奇整数,所以只需考察 $u_1 = 3$ 这一个值,但在 $u_1 = 3$ 时,$y = 8$,则有

$$8^{11} + 1 = 8\ 589\ 934\ 593$$

的个位数为 3,显然不是一个平方数,所以式(1)如有非平凡解存在,式(3)不能成立,必须有

$$\left(y + 1, \frac{y^{11} + 1}{y + 1}\right) = 11 \tag{4}$$

现在由(4)和(1)得出

$$y + 1 = 11^{2s-1} x_1^2, \frac{y^{11} + 1}{y + 1} = 11 x_2^2$$

$$x = 11^s x_1 x_2, 11 \nmid x_1 x_2 \tag{5}$$

其中,x_1, x_2 和 s 都是正整数.

由式(2)知道 x 是一个奇数,所以 x_1 是一个奇数.由式(2)和(5)得出

$$2^t y_1 y_2 = 11^{2s-1} x_1^2 - 1 \equiv 10 (\bmod\ 8)$$

所以 $t = 1$. 再由(2)的第一式和(5)的第三式得出

$$2^{10} y_1^{11} = 11^s x_1 x_3 \pm 1$$

因为 $2^{10} \equiv 1 (\bmod\ 11)$,故有

$$y_1^{11} \equiv y_1 \equiv \pm 1 (\bmod\ 11)$$

把它代入 $2^{10} y^{11} = 11 x_1 x_2 \pm 1$ 得出

$$11^s x_1 x_2 \equiv \pm 2^{10} \mp 1 \equiv \pm 56 \mp 1 \equiv \pm 55 (\bmod\ 11^2)$$

所以 $s = 1$.

设 p 为 $y_1 y_2$ 的质因子,由(5)的第一式

$$(11 x_1)^2 \equiv 11 (\bmod\ p)$$

故有

$$\left(\frac{11}{p}\right) = 1 \tag{6}$$

设 $R(\sqrt{11}\,)$ 为在有理数域上添加 $\sqrt{11}$ 所得出的扩张域,那么 $R(\sqrt{11}\,)$ 是一个欧氏域[①]. 所以适合式(6)的 p 都可以表成

$$a^2 - 11b^2 = \begin{cases} p & p \equiv 1 \pmod 4 \\ -p & p \equiv -1 \pmod 4 \end{cases}$$

的形状,其中 a 和 b 都是整数,由于

$$(a^2 - 11b^2)(c^2 - 11d^2)$$
$$= (ac + 11bd)^2 - 11(ad + bc)^2$$

所以

$$\pm y_2 = \xi^2 - 11\eta^2 \tag{7}$$

其中 ξ 和 η 都是整数. 现在来确定式(7)左边的符号,由(2)的第二式,得出 $2y_2^{11} \equiv 2y_2 \equiv \mp \pmod{11}$,故有

$$y_2 \equiv \pm 5 \pmod{11}$$

由 $\xi^2 \equiv \pm y_2 \pmod{11}$ 得出

$$\left(\frac{\pm y_2}{11}\right) = 1$$

但 $\left(\dfrac{\pm 5}{11}\right) = -1$,故由上式知有

在 $y_2 \equiv 5 \pmod{11}$ 时,$y_2 = \xi^2 - 11\eta^2$ $\quad$ (8)

在 $y_2 \equiv -5 \pmod{11}$ 时,$y_2 = 11\eta^2 - \xi^2$ $\quad$ (9)

由于 $t = 1$,从(2)的第一式和第二式消去 x,得出

$$2^9 y_1^{11} = y_2^{11} \pm 1$$

即得

$$y_2^{11} \equiv \mp 1 \pmod 4 \tag{10}$$

对于奇数 $\xi^2 - 11\eta^2$ 有

$$\xi^2 - 11\eta^2 \equiv 1 \pmod 4$$

---

① 华罗庚,《数论导引》,501 页.

故在 $y_2 \equiv \pm 5 (\mathrm{mod}\ 11)$ 时由式(8)和(9)得出 $y_2 \equiv \pm 1 (\mathrm{mod}\ 4)$，因此

$$y_2^{11} \equiv \pm 1 (\mathrm{mod}\ 4)$$

这和式(10)发生矛盾，证明了式(1)不能有非平凡解存在.

50

关于方程 $x^2-1=y^n$

第 5 章

设 n 是一个大于 1 的整数,显然方程

$$x^2-1=y^n \qquad (1)$$

有平凡解 $x=\pm 1, y=0$,而且在 n 为奇数时,还存在另一平凡解 $x=0, y=-1$。如果有整数 $x\neq 0, y\neq 0$ 能够适合方程(1),我们把它叫作(1)的非平凡解。已知在 $n=2$ 时,方程(1)没有非平凡解;在 $n=3$ 时只有一组非平凡解,$x=3, y=2$;在 $n=5$ 时,也没有非平凡解。一般的猜测是方程(1)的非平凡解只有上面所说的这一组。如果我们能够证明对于任何大于 5 的质数,式(1)都没有非平凡解存在,这个猜测就是正确的。柯召院士 1960 年用初等方法证明了:

定理 1 设质数 $p\equiv 5,7(\bmod 8)$,那么

$$x^2 - 1 = y^p \qquad (2)$$

的非平凡解必须同时适合

$$x \pm 1 = 2^{tp-1} y_1^p, x \mp 1 = 2 y_2^p, y = 2^t y_1 y_2$$

$$2 \nmid y_3 y_2, (y_1, y_2) = 1 \qquad (3)$$

$$y + 1 = x_1^2, \frac{y^p + 1}{y + 1} = x_2^2, x = x_1 x_2, (x_1, x_2) = 1 \quad (4)$$

其中,x_1, x_2, y_1, y_2 和 t 都是大于零的整数.

定理 2　方程

$$x^2 - 1 = y^7 \qquad (5)$$

没有非平凡解.

定理 3　方程

$$x^2 - 1 = y^{13} \qquad (6)$$

没有非平凡解.

定理 1 的证明

我们知道

$$(x + 1, x - 1) \mid 2$$

如果 $(x + 1, x - 1) = 1$,那么由式(2)得出

$$x + 1 = z_1^p, x - 1 = z_2^p, y = z_1 z_2$$

其中,z_1, z_2 都是整数,消去 x,得出

$$z_1^p - z_2^p = 2$$

对于非平凡解,毫无损失的可设 $x > 1$,因而 $z_1 > 0$,$z_2 > 0$,但此时上式左边为

$$(z_1 - z_2)(z_1^{p-1} + z_1^{p-2} z_2 + \cdots + z_1 z_2^{p-2} + z_2^{p-1}) \geqslant p > 2$$

所以 $(x + 1, x - 1) = 2$,现在由式(2)就必须得出式(3).

其次,我们知道

$$\left(y + 1, \frac{y^p + 1}{y + 1}\right) \mid p$$

52

如果$(x+1,\dfrac{y^p+1}{y+1})=p$,那么由式(2)得出

$$y+1=p^{2s-1}u_1^2,\frac{y^p+1}{y+1}=pu_2^2,p\nmid u_1u_2,(u_1,u_2)=1$$

$$\tag{7}$$

其中,u_1,u_2,s 都是正整数.

设 q 是 $y-1$ 的质因子,由(7)的第二式得出

$$pu_2^2=y(y-1)(y^{p-3}+y^{p-5}+\cdots+y^2+1)+1$$

故有

$$\left(\frac{p}{q}\right)=1 \tag{8}$$

再由(7)的第一式得出

$$p^{2s-1}u_1^2=y-1+2$$

故有

$$\left(\frac{2p}{q}\right)=1 \tag{9}$$

由式(8)和(9)得出

$$\left(\frac{2}{q}\right)=(-1)^{\frac{q^2-1}{8}}=1$$

所以

$$q\equiv\pm1(\bmod 8)$$

因而

$$y-1\equiv\pm1(\bmod 8) \tag{10}$$

但从式(3),知道 u_1 是一个奇数,一个奇数的平方是 8 的倍数加 1,故从(7)的第一式得出

$$y-1=p^{2s-1}u_1^2-2\equiv p-2(\bmod 8)$$

由于 $p\equiv 5,7(\bmod 8)$,所以各得

$$y-1\equiv 3,5(\bmod 8) \tag{11}$$

式(10)和(11)的矛盾结果证明了 $\left(y+1,\dfrac{y^p+1}{y+1}\right)=1$,

此时由式(2)就必得出式(4),这就证明了定理 1.

定理 2 的证明

根据定理 1 中的(3)知道 x 是一个奇数,所以从式 (4) 得出 $y = x_1^2 - 1 \equiv 0 (\bmod 8)$. 再由定理 1,我们只需证明在 $y \equiv 0 (\bmod 8)$ 时,方程

$$x_2^2 = y^6 - y^5 + y^4 - y^3 + y^2 - y + 1 \qquad (12)$$

没有 $x_2 > 0, y > 0$ 的整数解,方程(5)就不能有非平凡解存在. 设

$$X = y^3 - \frac{1}{2}y^2 + \frac{3}{2^3}y - c$$

其中 c 是一个整数,由于 $y \equiv 0 (\bmod 8)$,所以 X 是一个整数. 现在

$$X^2 = y^6 - y^5 + y^4 - \left(2c + \frac{3}{2^3}\right)y^3 +$$

$$\left(c + \frac{9}{2^6}\right)y^2 - \frac{3}{2^2}cy + c^2$$

$$X^2 - x_2^2 = \left(\frac{5}{8} - 2c\right)y^3 + \left(c - \frac{55}{2^6}\right)y^2 +$$

$$\left(1 - \frac{3}{4}c\right)y + c^2 - 1$$

在 $c = 0$ 时,由于 $y \geqslant 8$,得出

$$X_0^2 - x_2^2 = \frac{5}{8}y^3 - \frac{55}{64}y^2 + y - 1$$

$$= \frac{5}{8}y^2\left(y - \frac{11}{8}\right) + y - 1 > 0$$

故有 $x_2 < X_0$,在 $c = 1$ 时,由于 $y \geqslant 8$,得出

$$(X_0 - 1)^2 - x_2^2 = -\frac{11}{8}y^3 + \frac{9}{64}y^2 + \frac{1}{4}y$$

$$= \frac{y}{8}\left(-11y^2 + \frac{9}{8}y + 2\right) < 0$$

故又有 $x_2 \geqslant X_0$. 这一个矛盾结果证明了式(12)没有 $x_2 > 0, y > 0$ 的整数解. 定理 2 即已证明.

定理 3 的证明

和定理 2 的证明相类似的,我们只需证明在 $y > 0, x_2 > 0, y \equiv 0 \pmod 8$ 时,方程

$$x_2^2 = y^{12} - y^{11} + y^{10} - y^9 + y^8 - y^7 +$$
$$y^6 - y^5 + y^4 - y^3 + y^2 - y + 1 \quad (13)$$

没有整数解,方程(6)就不能有非平凡解存在. 设

$$X = y^6 - \frac{1}{2}y^5 + \frac{3}{2^3}y^4 - \frac{5}{2^4}y^3 + \frac{35}{2^7}y^2 - \frac{63}{2^8}y + \frac{c}{2^5}$$

由于 $y \equiv 0 \pmod 8$,X 的各项的分母都是 2 的乘幂,其中最大的不超过 2^5,所以在 X 为整数时,c 必然是一个整数. 现在

$$X^2 = y^{12} - y^{11} + y^{10} - y^9 + y^8 - y^7 +$$
$$\left(\frac{c}{2^4} + \frac{281}{2^9}\right)y^6 - \left(\frac{c}{2^5} + \frac{91}{2^8}\right)y^5 +$$
$$\left(\frac{3}{2^7}c + \frac{3\ 745}{2^{14}}\right)y^4 - \left(\frac{5}{2^8}c - \frac{2\ 205}{2^{14}}\right)y^3 +$$
$$\left(\frac{35}{2^{11}}c + \frac{3\ 969}{2^{16}}\right)y^2 - \frac{68}{2^{12}}cy + \frac{c^2}{2^{10}}$$

$$X^2 - x_2^2 = \left(\frac{c}{2^4} - \frac{231}{2^9}\right)y^6 + \left(\frac{165}{2^8} - \frac{c}{2^5}\right)y^5 +$$
$$\left(\frac{3}{2^7}c - \frac{12\ 639}{2^{14}}\right)y^4 + \left(\frac{14\ 179}{2^{14}} - \frac{5}{2^8}c\right)y^3 +$$
$$\left(\frac{35}{2^{11}}c - \frac{61\ 567}{3^{16}}\right)y^2 +$$
$$\left(1 - \frac{63}{2^{12}}c\right)y + \frac{c^2}{2^{10}} - 1$$

在 $c = 7$ 时,得出

55

$$X_0^2 - x_2^2 = -\frac{17}{2^9}y^6 + \frac{109}{2^8}y^5 - \frac{9\,951}{2^{14}}y^4 +$$

$$\frac{11\,939}{2^{14}}y^3 - \frac{53\,727}{2^{16}}y^2 + \frac{3\,655}{2^{12}}y - \frac{975}{2^{10}}$$

在 $y \geqslant 13$ 时，$X_0^2 - x_2^2 < 0$，所以 $X_0 < x_2$.

在 $c = 8$ 时得出

$$\left(X_0 + \frac{1}{2^5}\right)^2 - x_2^2 = \frac{25}{2^9}y^6 + \frac{101}{2^8}y^5 - \frac{9\,567}{2^{14}}y^4 +$$

$$\frac{11\,619}{2^{14}}y^3 - \frac{-52\,607}{2^{16}}y^2 +$$

$$\frac{449}{2^9}y - \frac{15}{2^4}$$

在 $y \geqslant 3$ 时，$\left(X_0 + \frac{1}{2^5}\right)^2 - x_2^2 > 0$，所以，$X_0 + \frac{1}{2^5} > x_2$.

因此，在 $y \geqslant 13$ 时，方程(13) 没有 $x_2 > 0, y > 0$，$y \equiv 0 (\mathrm{mod}\ 8)$ 的整数解. 现在只需考察 $y = 8$ 这一个值，把它代入式(13)，得出

$$\frac{8^{13} + 1}{8 + 1} = \frac{549\,755\,813\,888 + 1}{9} = 61\,083\,979\,321$$

$$= 247\,151^2 + 362\,520 \neq x_2^2$$

所以 $y = 8$ 不是(13) 的一个解. 这就证明了定理 3.

56

关于 Catalan 问题

Catalan 在 1844 年猜测两个连续数除 8,9 外不能同时都是自然数的大于 1 次的乘幂. 设 p,q 为质数,这一猜测是说

$$x^p = y^q + 1 \quad (x > 1, y > 1) \quad (1)$$

除 $x=3, y=2, p=2, q=3$ 外,没有其他整数解. 已知(1)除上述一解外,在 $p = q, p \leqslant 3, q \leqslant 3$ 时无整数解. 故仅需讨论 $p > q \geqslant 5$ 或 $q > p \geqslant 5$ 的情形. 柯召先生 1963 年 7 月 13 日证明了此时有:

定理 1 如果式(1)有整数解,则

$$x = p^{q-1}(qv - 1)^q + 1$$
$$y = q^{p-1}(pu + 1)^p - 1 \quad (2)$$
$$(pu + 1)^p \equiv v^{p-1} \pmod{qv - 1}$$
$$(qv - 1)^q + u^{q-1} \equiv 0 \pmod{pu + 1}$$

$$(3)$$

57

$$\begin{cases} 如\ p^{q-1} \equiv 1 + q\alpha \pmod{q^2}, \\ \qquad 则有 (pu+1)^p \equiv -\alpha^p \pmod{q} \\ 如\ q^{p-1} \equiv 1 + p\beta \pmod{p^2}, \\ \qquad 则有 (qv-1)^q \equiv \beta^q \pmod{p} \end{cases} \tag{4}$$

$$\begin{cases} 在\ p > q\ 时,有\ p \mid \varphi(pu+1), u > 0 \\ 在\ q > p\ 时,有\ q \mid \varphi(qv-1), v > 0 \end{cases} \tag{5}$$

如果 $2^t \parallel q^{p-1}-1, 2^k \parallel u$,则

$$2^k \parallel qv-1,当\ t > k\ 时$$
$$2^{k+1} \parallel qv-1,当\ t = k\ 时 \tag{6}$$
$$2^t \parallel qv-1,当\ t < k\ 时$$

如果 $2^s \parallel p^{q-1}-1, 2^h \parallel v$,则

$$2^h \parallel pu+1,当\ s > h\ 时$$
$$2^{h+1} \parallel pu+1,当\ s = h\ 时$$
$$2^s \parallel pu+1,当\ s < h\ 时$$

其中, u, v, α, β 均为非负整数, $\varphi(n)$ 为 Euler 函数.

A. Rotkiewicz 曾经证明式(1)除上述一解外,有

$$x > 10^6, y > 10^6$$

我们将证明:

定理 2 式(1)除上述一解外,有

$$\min\{x, y\} > 10^{16}$$

所以如果 Catalan 的猜测不成立,那么要找一个反例也是很困难的.

定理 1 的证明

已知由式(1)可推得

$$\begin{cases} x-1 = p^{q-1}y_1^q, \dfrac{x^p-1}{x-1} = py_2^q, y = py_1y_2, (py_1, y_2) = 1 \\ y+1 = q^{p-1}x_1^p, \dfrac{y^q+1}{y+1} = qx_2^p, x = qx_1x_2, (qx_1, x_2) = 1 \end{cases}$$

$$\tag{7}$$

58

其中,x_1,x_2,y_1,y_2 均为正整数. 故有

$$qx_1x_2 - 1 = p^{q-1}y_1^q, \quad py_1y_2 + 1 = q^{p-1}x_1^p$$

各取模 q 和 p,即得 $y_1 = qv - 1$,$x_1 = pu + 1$. 这就证明了式(2).

因 $qv - 1 = y_1 \mid y = q^{p-1}(pu + 1)^p - 1$. 设

$$(pu + 1)^p \equiv a(\bmod qv - 1)$$

则有

$$q^{p-1}a \equiv 1(\bmod qv - 1)$$

用 v^{p-1} 乘两边,即得

$$a \equiv v^{p-1}(\bmod qv - 1)$$

这就是(3)的第一式. 类似的可以证明其第二式.

如果 $p^{q-1} \equiv 1 + q\alpha(\bmod q^2)$,则有

$$(p^{q-1}(qv - 1)^q + 1)^p \equiv -\alpha^p q^p(\bmod q^{p+1})$$

$$(q^{p-1}(pu + 1)^p - 1)^q + 1 \equiv q^p(pu + 1)^p(\bmod q^{p+1})$$

故由(1)(2)两式,得出(4)的第一式. 类似的可以证明(4)的第二式.

设 $p > q$. 由式(2)和(7)得出

$$x_2^p = q^{p-1}(pu + 1)^p \sum_{r=1}^{q-2}(-1)^{r-1}\binom{q}{r}q^{(p-1)(q-r-1)-1} \cdot$$

$$(pu + 1)^{p(q-r-1)} + 1 \tag{8}$$

如 $p \nmid \varphi(pu + 1)$ 或 $u = 0$,则因 $p > q$,必有

$$(p, \varphi(q^{p-1}(pu + 1)^p)) = 1$$

故有整数 a,b 存在使得

$$ap + b\varphi(q^{p-1}(pu + 1)^p) = 1 \tag{9}$$

今由式(8)得出

$$x_2^p \equiv 1(\bmod q^{p-1}(pu + 1)^p) \tag{10}$$

显然由(9)(10)两式推知

$$x_2 = cq^{p-1}(pu + 1)^p + 1 \quad (c \text{ 为正整数})$$

代入式(8),由于 $p > q$,式左边将大于右边.这一矛盾证明了(5)的第一式.类似地可以证明(5)的第二式.

由(1)(2)两式,取 2 的适当乘幂为模,即可得出式(6).

定理 2 的证明

1.设 $p = 5, q = 7$.因 $7^4 - 1 \equiv 0 \pmod{5^2}$,由(4)得出

$$7v - 1 \equiv 0 \pmod 5, v = 5v_1 + 3$$

故有 $7v - 1 = 5(7v_1 + 4)$.由(5)知有

$$7v_1 + 4 = a(7b + 1), ab > 0, 7b + 1 \text{ 为质数}$$

因此 $\qquad b \geqslant 4, a = 7c + 4, c \geqslant 0$

从而推知

$$7v - 1 = 5(7v_1 + 4) = 5(7b + 1)(7c + 4)$$
$$\geqslant 5 \cdot 29 \cdot 4 = 580$$
$$x > y \geqslant (5^6 \cdot 580^7)^{\frac{5}{7}} > 10^{16}$$

设 $p = 7, q = 5$.因 $7^4 - 1 \equiv 0 \pmod{5^2}$,式(4)给出

$$7u + 1 \equiv 0 \pmod 5, u = 5u_1 + 2$$

由(5)知有

$$7u + 1 = 5(7u_1 + 3) \geqslant 5 \cdot 3 \cdot 29 = 435$$
$$y > x \geqslant (5^6 \cdot 435^7 - 1)^{\frac{5}{7}} > 10^{16}$$

2.设 $p = 5, q > 7$.由(5)得出

$$qv - 1 = a(bq + 1), a \geqslant 1, bq + 1 \text{ 为质数}$$

故有

$$a = cq - q - 1 \quad (c \geqslant 0)$$
$$qv - 1 = ((c + 1)q - 1)(bq + 1)$$
$$\geqslant (q - 1)(2q + 1)$$

因此,在 $q \geqslant 17$ 时

$$x > y \geqslant (5^{q-1}(q-1)^q(2q+1)^q)^{\frac{5}{q}} > 10^{16}$$

故仅需考虑 $q = 11$ 和 13.

在 $q = 11$ 和 13,$b \geqslant 4$ 时,有

$$qv - 1 \geqslant (q-1)(4q+1)$$

$$x > y \geqslant (5^{q-1}(q-1)^q(4q-1)^q)^{\frac{5}{q}} > 10^{16}$$

在 $q = 11, b = 2$ 时,如果 $c \geqslant 1$,则有 $x > y \geqslant 5^{\frac{50}{11}} \cdot 23^5 \cdot 21^5 > 10^{16}$,故有 $c = 0, qv - 1 = 230$. 但因 $11^4 \equiv 1 + 3 \cdot 5 \pmod{5^2}$. 由(4) 将有 $230^{11} \equiv 3^{11} \pmod 5$,这是不可能的.

3. 设 $q > p = 7$. 我们常有

$$x > y \geqslant (7^{q-1}(q-1)^q(2q+1)^q)^{\frac{7}{q}} > 10^{16}$$

4. 设 $q = 5, p > 7$. 在 $p > 160$ 时,我们有

$$y > x \geqslant (5^{p-1}(2p+1)^p - 1)^{\frac{5}{p}} > 10^{16}$$

故只需考虑 $11 \leqslant p \leqslant 157$. 但对于 $p = 97, 101, 103, 107, 109, 127, 137, 139, 149, 151, 257, 2p+1$ 均非质数,而

$$y > x \geqslant (5^{p-1}(4p+1)^p - 1)^{\frac{5}{p}} > 10^{16}$$

故仅需考虑 $11 \leqslant p < 89$ 和 $p = 113, 131$.

设 $p = 11, q = 5$,由于 $11^4 \equiv 1 + 5 \cdot 3 \pmod{5^2}$,$5^{10} \equiv 1 + 7 \cdot 11 \pmod{11^2}$,应用式(4),得出

$$u \equiv 1 \pmod 5, v \equiv 0, 4, 5, 6, 8 \pmod{11}$$

因而

$$11u + 1 = 55u_1 + 12, 5v - 1 = 55v_1 + 19, 24, 29, 39, 54$$

在 $u_1 > 6, v_1 > 3$ 时均有 $\min\{x, y\} > 10^{16}$. 故由式(5)和(6),我们仅需考虑下列情形

$$u = 6, 11u + 1 = 67, 5v - 1 = 74, 134, 194, 94, 54$$

因为

$$74^5 + 6^4 \equiv 13, 134^5 + 6^4 \equiv 23, 194^5 + 6^4 \equiv 33$$
$$94^5 + 6^4 \equiv 9, 54^5 + 6^4 \equiv 44 (\bmod 67)$$

故由式(3),知其均非式(1)的解.

设 $p = 13, q = 5$. 由于 $13^4 \equiv 1 + 2 \cdot 5 (\bmod 5^2)$, $5^{12} \equiv 1 + 13 (\bmod 13^2)$, 应用式(4)得出

$$u \equiv 4 (\bmod 5), v \equiv 3 (\bmod 13)$$

因而

$$13u + 1 = 65u_1 + 53, 5v - 1 = 65v_1 + 14$$

在 $u_1 > 5, v_1 > 3$ 时均有 $\min\{x, y\} > 10^{16}$. 故由式(5),仅需考虑

$$u = 4, 13u + 1 = 53$$
$$u = 24, 13u + 1 = 313$$
$$5v - 1 = 14, 79, 144$$

因为 $2^4 \parallel 5^{12} - 1$, 故由式(6),它们均非式(1)的解.

设 $p = 17, q = 5$. 此时

$$17^4 \equiv 1 + 4 \cdot 5 (\bmod 5^2)$$
$$u \equiv 0 (\bmod 5)$$
$$17u + 1 = 85u_1 + 1$$

在 $u_1 > 4$ 时

$$\min\{x, y\} > 10^{16}$$

但 $17 \nmid \varphi(86), \varphi(171), \varphi(256), \varphi(341)$, 故由式(5)知在 $1 \leqslant u_1 \leqslant 4$ 时均不能得出式(1)的解.

设 $p = 19, q = 5$. 此时

$$19^4 \equiv 1 + 4 \cdot 5 (\bmod 5^2)$$
$$75^{18} \equiv 1 + 12 \cdot 19 (\bmod 19^2)$$
$$u \equiv 0 (\bmod 5)$$
$$13u + 1 = 95u_1 + 1$$
$$v \equiv 14 (\bmod 19)$$

$$5v-1=95v_1+69$$

在 $\min\{x,y\}\leqslant 10^{16}$ 时,$1\leqslant u_1\leqslant 3,v_1=1$. 由式(5),仅需考虑

$$u=10,19u+1=191,5v-1=69$$

因 $2\nmid 69$,由式(6)知其不是式(1)的解.

设 $p=23,q=5$. 此时

$$23^4\equiv 1+3\cdot 5(\bmod 5^2)$$
$$5^{22}\equiv 1+14\cdot 23(\bmod 23^2)$$
$$u\equiv 2(\bmod 5)$$
$$v\equiv 3(\bmod 23)$$

由(5)仅需考虑

$$u=2,23u+1=47$$
$$u=12,23u+1=277,5v-1=14,129$$

由(6)仅需考虑 $u=2,5v-1=14$,但此时

$$14^5+2^4\equiv 19\not\equiv 0(\bmod 47)$$

故由(3)知 $u=2,v=3$ 不能给出式(1)的解.

设 $p=29,q=5$. 此时

$$29^4\equiv 1+5(\bmod 5^2)$$
$$5^{28}\equiv 1+12\cdot 29(\bmod 29^2)$$
$$u\equiv 3(\bmod 5)$$
$$v\equiv 20(\bmod 29)$$

只需考虑 $u=8,29u+1=233,5v-1=99$. 这和式(6)矛盾.

设 $p=31,q=5$. 此时

$$31^4\equiv 1+4\cdot 5(\bmod 5^2)$$
$$5^{30}\equiv 1+9\cdot 31(\bmod 31^2)$$
$$u\equiv 0(\bmod 5)$$
$$v\equiv 2,10,26,27,29(\bmod 31)$$

$$31u + 1 = 155u_1 + 1$$
$$5v - 1 = 155v_1 + 9, 49, 129, 134, 144$$
$$1 \leqslant u_1 \leqslant 2, v_1 = 0$$

由(5)(6)仅需考虑

$$31u + 1 = 311, 5v - 1 = 134$$

但 $134^5 + 10^4 \equiv 97 (\bmod 311)$,故由(3),知其不能适合式(1).

设 $p = 37, q = 5$. 此时

$$37^4 \equiv 1 + 2 \cdot 5 (\bmod 5^2)$$
$$5^{36} \equiv 1 + 27 \cdot 37 (\bmod 37^2)$$
$$u \equiv 1 (\bmod 5)$$
$$v \equiv 13 (\bmod 37)$$

仅需考虑

$$u = 6, 37u + 1 = 223, 5v - 1 = 64$$

但 $2 \parallel 6$ 而 $2^6 \parallel 64$,故由(6)知其不是(1)的解.

设 $p = 41, q = 5$. 此时

$$41^4 \equiv 1 + 2 \cdot 5 (\bmod 5^2)$$
$$u \equiv 3 (\bmod 5)$$
$$41u + 1 = 205u_1 + 124 \leqslant 330$$

令 $37 \nmid \varphi(124), \varphi(329)$,由(5)知式(1)之解 $> 10^{16}$.

设 $p = 41, q = 5$. 此时

$$41^4 \equiv 1 + 2 \cdot 5 (\bmod 5^2)$$
$$u \equiv 3 (\bmod 5)$$
$$41u + 1 = 205u_1 + 124 \leqslant 330$$

令 $37 \nmid \varphi(124), \varphi(329)$,由(5)知式(1)之解 $> 10^{16}$.

设 $p = 43, q = 5$. 此时

$$43^4 \equiv 1 (\bmod 5^2)$$
$$u \equiv 3 (\bmod 5)$$

Catalan Theorem

$$43u + 1 = 215u_1 + 130 \leqslant 330$$

令 $43 \nmid \varphi(130)$，由(5)知式(1)之解 $> 10^{16}$.

设 $p = 47, q = 5$. 此时

$$47^4 \equiv 1 + 5 \pmod{5^2}$$

$$u \equiv 4 \pmod 5$$

$$47u + 1 = 235u_1 + 189 \leqslant 329$$

令 $47 \nmid \varphi(189)$，由(5)知式(1)之解 $> 10^{16}$.

设 $p = 53, q = 5$. 此时

$$53^4 \equiv 1 + 5 \pmod{5^2}$$

$$u \equiv 1 \pmod 5$$

$$53u + 1 = 265u_1 + 54 \leqslant 328$$

令 $53 \nmid \varphi(54), \varphi(319)$，知式(1)之解 $> 10^{16}$.

设 $p = 59, q = 5$. 此时

$$59^4 \equiv 1 + 2 \cdot 5 \pmod{5^2}$$

$$u \equiv 3 \pmod 5$$

$$59u + 1 = 295u_1 + 178 \leqslant 327$$

令 $59 \nmid \varphi(178)$，知式(1)之解 $> 10^{16}$.

设 $p = 61, q = 5$. 此时

$$61^4 \equiv 1 + 3 \cdot 5 \pmod{5^2}$$

$$u \equiv 1 \pmod 5$$

$$61u + 1 = 305u_1 + 62 \leqslant 329$$

令 $61 \nmid \varphi(62)$，知式(1)之解 $> 10^{16}$.

设 $p = 67, q = 5$. 此时

$$67^4 \equiv 1 + 5 \pmod{5^2}$$

$$5^{66} \equiv 1 + 20 \cdot 67 \pmod{67^2}$$

$$u \equiv 4 \pmod 5$$

$$v \equiv 31 \pmod{67}$$

给出 $67u + 1 = 269, u = 4, 5v - 1 = 154$. 但 $4 \nmid 154$，由

65

（6）知其不是式（1）之解．

设 $p = 71, q = 5$. 此时

$$71^4 \equiv 1 + 5 \pmod{5^2}$$

$$u \equiv 3 \pmod{5}$$

$$71u + 1 = 355u_1 + 214 \leqslant 325$$

但 $71 \nmid \varphi(214)$，故式（1）之解 $> 10^{16}$．

设 $p = 73, q = 5$. 此时

$$73^4 \equiv 1 + 3 \cdot 5 \pmod{5^2}$$

$$u \equiv 2 \pmod{5}$$

$73u + 1$ 仅能为 147，但 $\varphi(147) = 2 \cdot 6 \cdot 7 \not\equiv 0 \pmod{73}$，故式（1）之解 $> 10^{16}$．

设 $p = 79, q = 5$. 此时

$$79^4 \equiv 1 + 5 \pmod{5^2}$$

$$u \equiv 2 \pmod{5}$$

$79u + 1$ 仅能为 159，但 $79 \nmid \varphi(159)$，故式（1）之解 $> 10^{16}$．

设 $p = 83, q = 5$. 此时

$$83^4 \equiv 1 + 4 \cdot 5 \pmod{5^2}$$

$$u \equiv 0 \pmod{5}$$

$$81u + 1 = 415u_1 + 1$$

在 $u_1 > 0$ 时都能合式（1）之解 $> 10^{16}$．

设 $p = 89, q = 5$. 此时

$$89^4 \equiv 1 + 3 \cdot 5 \pmod{5^2}$$

$$u \equiv 4 \pmod{5}$$

$$89u + 1 = 445u_1 + 357$$

在 $u_1 > 0$ 时都能合式（1）之解 $> 10^{16}$．

设 $p = 113, q = 5$. 此时

$$113^4 \equiv 1 + 2 \cdot 5 \pmod{5^2}$$

$$u \equiv 4(\bmod 5)$$

$$113u + 1 = 565u_1 + 453$$

在 $u_1 > 0$ 时都能合式(1)之解 $> 10^{16}$.

最后设 $p = 131, q = 5$. 此时

$$131^4 \equiv 1 + 4 \cdot 5(\bmod 5^2)$$

$$u \equiv 0(\bmod 5)$$

$$131u + 1 = 655u_1 + 525$$

在 $u_1 > 0$ 时都能合式(1)之解 $> 10^{16}$.

5. 设 $p > q = 7$.

在 $p > 13$ 时, $y > x \geqslant 7^{\frac{70}{11}} \cdot 2^7 p^7 > 10^{16}$. 但在 $p = 13$ 时 $2 \cdot 13 + 1 = 27, 13 \nmid \varphi(27)$, 故有

$$y > x \geqslant 7^{\frac{84}{13}} \cdot 4^7 \cdot 13^7 > 10^{16}$$

故仅需考虑 $p = 11$. 此时

$$11^6 \equiv 1 + 2 \cdot 7(\bmod 7^2)$$

$$u \equiv 1(\bmod 7)$$

$$11u + 1 = 77u_1 + 12$$

在 $u_1 \geqslant 1$ 时已有 $y > x \geqslant 10^{16}$. 但在 $u = 0$ 时, $11 \nmid \varphi(12)$, 故 $11u + 1 = 12$, 不能为式(1)之解.

在 $p > q \geqslant 11$ 或 $q > p \geqslant 11$ 时, 显然

$$\min\{x, y\} > 10^{16}$$

结合以上, 定理 2 已经证明.

关于方程 $x^2 = y^n + 1, xy \neq 0$

设 $p > 3$ 为一质数，x 和 y 都是整数，$xy \neq 0$. 四川大学的柯召院士曾证明方程

$$x^2 = y^p + 1 \qquad (1)$$

在 $p \equiv 5$ 或 $7 (\mathrm{mod}\ 8)$ 时无解. 在本章中，他又证明了(1)在

$$p \equiv 1 \text{ 或 } 3 (\mathrm{mod}\ 8)$$

时亦无解. 因而对于任何整数 $n > 1$，方程

$$x^2 = y^n + 1$$

只有 $xy \neq 0$ 的解

$$n = 3, x = \pm 3, y = 2$$

从这一结果，容易推出方程

$$x^n - 2^{n-2} y^n = \pm 1$$

在 $n > 1$ 时只有 $n = 3, x = y = 1$ 和 $n = 3$，$x = y = -1$ 这两组 $xy \neq 0$ 的解.

设 p 为奇质数，x 和 y 都是整数，

68

$xy \neq 0$. 已知
$$x^2 = y^3 + 1$$
只有解 $x = \pm 3, y = 2$. 柯召院士曾证明
$$x^2 = y^p + 1$$
的解必须满足
$$y + 1 = px_1^2$$
$$\frac{y^p + 1}{y + 1} = px_2^2$$
$$x = px_1 x_2 \equiv 1 (\bmod 2) \qquad\qquad (2)$$
$$(x_1, x_2) = 1$$
其中，x_1, x_2 都是整数. 而当 $p \equiv 5$ 或 $7 (\bmod 8)$ 时, 方程 (1) 没有解.

在本章中, 他将证明在 $p > 3$ 时, 方程 (1) 没有解. 很明显, 由此可以得出下面的结果: 对于整数 $n > 1$, 方程
$$x^2 = y^n + 1 \qquad\qquad (1')$$
除 $n = 3, x = \pm 3, y = 2$ 外, 没有其他的解.

显然 $(x+1, x-1) = 1$ 或 2. 如果 $(x+1, x-1) = 1$, $(1')$ 给出
$$x + 1 = y_1^n, x - 1 = y_2^n$$
其中, y_1, y_2 是整数. 两式相减, 得出
$$2 = y_1^n - y_2^n = (y_1 - y_2)(y_1^{n-1} + y_1^{n-2} y_2 + \cdots + y_1 y_2^{n-2} + y_2^{n-1})$$
这在 $n > 1$ 时是不可能的.

如果 $(x+1, x-1) = 2$, $(1')$ 给出
$$x \pm 1 = 2y_2^n, x \mp 1 = 2^{n-1} y_1^n$$
其中, y_1, y_2 是整数. 两式相减, 得出
$$y_2^n - 2^{n-2} y_1^n = \pm 1$$

由于(1′)仅有解:$n=3, x=\pm 3, y=2$,故上式除在 $n=$ 3 时有解,即

$$y_2^3 - 2y_1^3 = 1$$

有解:$y_2 = y_1 = -1$,及

$$y_2^3 - 2y_1^3 = -1$$

有解:$y_2 = y_1 = 1$,除此之外,没有其他非平凡解.

我们只需对于 $p \equiv 1$ 或 $3 \pmod 8$,$p > 3$ 来证明方程(1) 没有解.

1. 首先设 $p \equiv 3 \pmod 8$. 在 $p > 3$ 时,我们只能有

$$p \equiv 11 \text{ 或 } 19 \pmod{24}$$

① 设 $p = 24m + 11$. 从(1) 得出

$$x^2 = (y^3 - 1 + 1)^{8m+3} y^2 + 1 \equiv y^2 + 1 \pmod{y^3 - 1} \tag{3}$$

由(2) 可知 y 是一个偶数,即得

$$(y^2 + 1, y^3 - 1) = (y^2 + 1, y(y^2 + 1) - y - 1)$$
$$= (y^2 + 1, y + 1) = (2, y + 1) = 1$$

故由 $y^2 + 1 \equiv 1 \pmod 4$ 和从(2) 得出的

$$y + 1 = (24m + 11)x_1^2 \equiv 3 \pmod 8$$

我们有

$$\left(\frac{y^2 + 1}{y^3 - 1}\right) = \left(\frac{y^3 - 1}{y^2 + 1}\right) = \left(\frac{-y - 1}{y^2 + 1}\right) = \left(\frac{y + 1}{y^2 + 1}\right)$$
$$= \left(\frac{y^2 + 1}{y + 1}\right) = \left(\frac{2}{y + 1}\right) = -1$$

这就证明了(3) 不能成立.

② 设 $p = 24m + 19$. 从式(1) 得出

$$x^2 = (y^3 - 1 + 1)^{8m+6} y + 1 \equiv y + 1 \pmod{y^3 - 1} \tag{4}$$

因为

$$(y^3 - 1, y + 1) = (2, y + 1) = 1$$

$$y^3 - 1 \equiv -1 (\mathrm{mod}\ 8)$$

$$y + 1 \equiv 3 (\mathrm{mod}\ 8)$$

我们得出

$$\left(\frac{y+1}{y^3-1}\right) = -\left(\frac{y^3-1}{y+1}\right) = -\left(\frac{-2}{y+1}\right)$$

$$= -\left(\frac{-1}{y+1}\right)\left(\frac{2}{y+1}\right)$$

$$= (-1)(-1)(-1) = -1$$

这就证明了(4)不能成立.

2.现在设 $p \equiv 1 (\mathrm{mod}\ 8)$.

由(2)得出

$$p x_2^2 = y^{p-1} - y^{p-2} + y^{p-3} - \cdots + y^2 - y + 1 \quad (5)$$

设

q 为正奇数,$q < p$,$(p,q) = 1$,$p = kq + a$,$0 < a < q$

$$(6)$$

显然有

$$(a, q) = 1 \quad\quad\quad (7)$$

由(5)和(6)可以得出在 $a \equiv 1 (\mathrm{mod}\ 2)$ 时有

$$p x_2^2 \equiv y^{a-1} - y^{a-2} + \cdots + y^2 - y + 1$$
$$(\mathrm{mod}\ y^{q-1} - y^{q-2} + \cdots + y^2 - y + 1) \quad (8)$$

而在 $a \equiv 0 (\mathrm{mod}\ 2)$ 时有

$$p x_2^2 \equiv -y^{a-1} + y^{a-2} - \cdots + y^2 - y + 1$$
$$(\mathrm{mod}\ y^{q-1} - y^{q-2} + \cdots + y^2 - y + 1) \quad (8')$$

由(7)得出,在 $a \equiv 1 (\mathrm{mod}\ 2)$ 时有

$$(y^{a-1} - y^{a-2} + \cdots + y^2 - y + 1,$$
$$y^{q-1} - y^{q-2} + \cdots + y^2 - y + 1)$$
$$= \left(\frac{(-y)^a - 1}{(-y) - 1}, \frac{(-y)^q - 1}{(-y) - 1}\right)$$

71

$$= \frac{(-y)^{(a,q)} - 1}{(-y) - 1} = 1 \qquad (9)$$

同理在 $a \equiv 0 \pmod 2$ 时有

$$(-y^{a-1} + y^{a-2} - \cdots + y^2 - y + 1,$$
$$y^{q-1} - y^{q-2} + \cdots + y^2 - y + 1) = 1 \qquad (9')$$

由于(7),我们还得出欧几里得演段

$$q = k_1 a + r_1 \quad (0 < r_1 < a)$$
$$a = k_2 r_1 + r_2 \quad (0 < r_2 < r_1)$$
$$r_1 = k_3 r_2 + r_3 \quad (0 < r_3 < r_2)$$
$$\vdots$$
$$r_{s-2} = k_s r_{s-1} + r_s \quad (0 < r_s < r_{s-1})$$
$$r_{s-1} = k_{s+1} r_s + 1 \qquad (10)$$

由(9)和(10)且应用从(2)得出的 $y \equiv 0 \pmod 8$ 我们有

$$\left(\frac{y^{a-1} - y^{a-2} + \cdots + y^2 - y + 1}{y^{q-1} - y^{q-2} + \cdots + y^2 - y + 1} \right)$$

$$= \left[\frac{\dfrac{(-y)^q - 1}{(-y) - 1}}{\dfrac{(-y)^a - 1}{(-y) - 1}} \right] = \left[\frac{\dfrac{(-y)^{k_1 a + r_1} - 1}{(-y) - 1}}{\dfrac{(-y)^a - 1}{(-y) - 1}} \right]$$

$$= \left[\frac{\dfrac{(-y)^{a k_1} - 1}{(-y) - 1} y^{r_1} + \dfrac{(-y)^{r_1} - 1}{(-y) - 1}}{\dfrac{(-y)^a - 1}{(-y) - 1}} \right]$$

$$= \left[\frac{\dfrac{(-y)^{r_1} - 1}{(-y) - 1}}{\dfrac{(-y)^a - 1}{(-y) - 1}} \right] = \left[\frac{\dfrac{(-y)^a - 1}{(-y) - 1}}{\dfrac{(-y)^{r_1} - 1}{(-y) - 1}} \right] = \cdots$$

$$= \left(\frac{1}{y^{r_s} - y^{r_s - 1} + \cdots + y^2 - y + 1} \right) = 1 \quad (11)$$

又从 $p \equiv 1 \pmod 8$ 和 $y = p x_1^2 - 1$,得出

$$\left(\dfrac{p}{y^{q-1}-y^{q-2}+\cdots+y^2-y+1}\right)$$
$$=\left(\dfrac{y^{q-1}-y^{q-2}+\cdots+y^2-y+1}{p}\right)=\left(\dfrac{q}{p}\right) \qquad (12)$$

如果(8)成立,由(11)和(12),必须有

$$\left(\dfrac{q}{p}\right)=1 \qquad\qquad (13)$$

设 $|q|<p$,q 是 p 的平方非剩余. 由于 $p\equiv 1(\bmod 8)$,我们有

$$\left(\dfrac{2}{p}\right)=\left(\dfrac{-1}{p}\right)=1$$

故可取 q 为正奇数,显然这个 q 是适合(6)的. 但此时得出

$$\left(\dfrac{q}{p}\right)=-1$$

这和(13)发生矛盾,对于(8′)和(9′)的情形可以得出同样的矛盾结果. 从而就证明了在 $p\equiv 1(\bmod 8)$ 时,式(1)仍然是没有解的.

73

柯召定理的一个证明

柯召教授在文章《关于方程 $x^2 = \dfrac{y^n+1}{y+1}$ 和 $x^2 = x^p + 1$》《关于方程 $x^2 = y^n + 1, xy \neq 0$》中证明了著名的"柯召定理"：设 $p > 3$ 是素数，则方程 $x^2 - 1 = y^p$ 没有正整数解 x, y. 后来，Chein，Rotkiewicz 分别给出了一个简化证明. 曹珍富教授还给出了一个推广. 但这些工作都是基于文章《关于方程 $x^2 = \dfrac{y^n+1}{y+1}$ 和 $x^2 = x^p + 1$》的一个结果. 本章避开了文章《关于方程 $x^2 = \dfrac{y^n+1}{y+1}$ 和 $x^2 = x^p + 1$》的结果，给出了柯召定理的一个简短的初等证明.

1842 年，Catalan 猜想：不定方程
$$x^m - y^n = 1 \quad (m > 1, n > 1)$$

除开 $m=2,x=3,y=2,n=3$ 外,没有其他的正整数解.

对如下的 Catalan 方程

$$x^2-1=y^p \quad (p \text{ 为奇素数}) \tag{1}$$

我国著名数字家柯召教授证明了

定理 1 不定方程(1)在 $p>3$ 时无正整数解.

Chein 及 Rotkiewicz 给出了上述柯召定理的一个简化证明,但他们用到了如下结果:

定理 2 如果方程(1)有解,则必有 $2 \mid y,p \mid x$.

哈尔滨工业大学的曹珍富教授 1987 年用 Pell 方程的解法给出定理 2 的一个简短的别证,从而给出定理 1 的一个简化证明.

定理 1 的简化证明

如果 $2 \mid x$,则 $(x-1,x+1)=1$,因此(1)给出

$$x-1=y_1^p,x+1=y_2^p,y=y_1y_2,(y_1,y_2)=1$$

由前两式得出

$$y_2^p-y_1^p=2$$

而这又可分解为

$$y_2-y_1=2$$

$$\frac{y_2^p-y_1^p}{y_2-y_1}=y_2^{p-1}+y_2^{p-2}y_1+\cdots+y_2y_1^{p-2}+y_1^{p-1}=1$$

但这显然不成立,于是 $2\nmid x$,从而 $2 \mid y$.

下面我们来证明 $p \mid x$.

假设 $p\nmid x$,则由 $\left(y+1,\dfrac{y^p+1}{y+1}\right)=1$ 知,(1)给出

$$y+1=x_1^2$$

$$\frac{y^p+1}{y+1}=x_2^2$$

$$x=x_1x_2$$

$$(x_1,x_2)=1$$

把 $y = x_1^2 - 1$ 代入(1)即得

$$x^2 - (x_1^2 - 1)\left[(x_1^2 - 1)^{(p-1)/2}\right]^2 = 1 \quad (x_1 \mid x)$$

$$(2)$$

显然 Pell 方程 $x^2 - (x_1^2 - 1)y^2 = 1$ 的基本解是$(x_1, 1)$,故由 Pell 方程的解法知,(2)给出

$$x + (x_1^2 - 1)^{(p-1)/2}\sqrt{x_1^2 - 1} = (x_1 + \sqrt{x_1^2 - 1})^n \quad (n > 0)$$

记 $\varepsilon = x_1 + \sqrt{x_1^2 - 1}$,$\bar{\varepsilon} = x_1 - \sqrt{x_1^2 - 1}$,则上式给出

$$x = \frac{\varepsilon^n + \bar{\varepsilon}^n}{2}, (x_1^2 - 1)^{(p-1)/2} = \frac{\varepsilon^n - \bar{\varepsilon}^n}{2\sqrt{x_1^2 - 1}} \quad (n > 0)$$

$$(3)$$

由 $x_1 \mid x$ 及(3)的第一式知 $2 \nmid n$. 现对(3)的第二式取模 $x_1^2 - 1$ 得

$$0 \equiv \binom{n}{1}x_1^{n-1} \pmod{x_1^2 - 1}$$

由此即得$(x_1^2 - 1) \mid n$. 由于 $2 \nmid x = x_1 x_2$,故 $2 \mid (x_1^2 - 1)$,从而 $2 \mid n$,与前得到 $2 \nmid n$ 矛盾,这就证明了 $2 \mid y$,$p \mid x$.（以上完成了定理 2 的证明）这时有 $\left(y + 1, \dfrac{y^p + 1}{y + 1}\right) = p$,故(1)给出

$$y + 1 = px_1^2, \frac{y^p + 1}{y + 1} = px_2^2, x = px_1 x_2 \quad (4)$$

由 $2 \mid y, 2 \nmid x_1$ 可知(4)的第一式给出了

$$y \equiv p - 1 \pmod 4 \quad (5)$$

现在分两种情况讨论:

① 如果 $p \equiv 3 \pmod 4$,则由(5)知

$$y \equiv 2 \pmod 4$$

由 $p > 3$,可设 $p = 3k + a, a = 1$ 或 2. 于是由(1)计算 Jacobi 符号得

$$1 = \left(\frac{x^2}{y^2+y+1}\right) = \left(\frac{y^p+1}{y^2+y+1}\right)$$

$$= \left(\frac{(y^3-1+1)^k y^a+1}{y^2+y+1}\right) = \left(\frac{y^a+1}{y^2+y+1}\right)$$

$a = 1$ 时,注意到 $y \equiv 2 (\bmod\ 4)$,有

$$1 = \left(\frac{y^a+1}{y^2+y+1}\right) = \left(\frac{y+1}{y^2+y+1}\right)$$

$$= -\left(\frac{y^2+y+1}{y+1}\right) = -1$$

此不可能. $a = 2$ 时,由 $y \equiv 2 (\bmod\ 4)$ 得

$$1 = \left(\frac{y^a+1}{y^2+y+1}\right) = \left(\frac{y^2+1}{y^2+y+1}\right)$$

$$= \left(\frac{y^2+y+1}{y^2+1}\right) = \left(\frac{y}{y^2+1}\right)$$

$$= \left(\frac{2}{y^2+1}\right)\left(\frac{y/2}{y^2+1}\right) = -\left(\frac{y^2+1}{y/2}\right) = -1$$

仍不可能,这就证明了 $p \equiv 3 (\bmod\ 4)$ 时方程(1)无解.

② 如果 $p \equiv 1 (\bmod\ 4)$,则由(5)知

$$y \equiv 0 (\bmod\ 4)$$

故若设 $E(p) = \dfrac{(-y)^p - 1}{(-y) - 1}$,则

$$E(p) \equiv 1 (\bmod\ 4)$$

现在(4)的第二式给出

$$p x_2^2 = E(p)$$

对此取模 $E(q)$,q 是异于 p 的任意奇素数,则易知有

$$\left(\frac{p}{E(q)}\right) = \left(\frac{E(p)}{E(q)}\right) = 1$$

而(4)的第一式给出 $y \equiv -1 (\bmod\ p)$,故

$$E(q) \equiv q (\bmod\ p)$$

77

因此上式给出

$$1 = \left(\frac{p}{E(q)}\right) = \left(\frac{E(q)}{p}\right) = \left(\frac{q}{p}\right) \qquad (6)$$

但因为模 p 的简化剩余系中有 $\dfrac{p-1}{2}$ 个二次非剩余,故

可取 q 为模 p 的二次非剩余,即 $\left(\dfrac{q}{p}\right) = -1$,这与式(6)

矛盾. 这就证明了定理 1.

关于柯召方法的注记

第 9 章

李应、胡晓敏两位教授 2012 年计算出在一定条件下，Jacobi 符号 $\left(\dfrac{x^a+1}{x^b-1}\right)$ 总是 1，从而可以解释柯召先生在研究偶指数的 Catalan 猜想时有一种情形最复杂的原因. 作为推论，作者证明了一些不定方程没有正整数解.

9.1 引　　言

Catalan 在 1844 年提出一个猜想：8 和 9 是仅有的两个连续正整数，它们都是整数方幂. 用不定方程的语言来说就是：当 $m, n > 1$ 时，方程

$$x^m + 1 = y^n$$

79

除了 $m=3, n=2, x=2, y=3$ 以外没有其他的正整数解.

先简单分析一下:首先将一般问题归结为看似特殊的方程

$$x^p + 1 = y^q$$

这里 p, q 是不同的素数.再按 p, q 分成两类:

(i)p, q 之一为 2;

(ii)p, q 都是奇数.

(i)的一种情形 $p=2$ 由 Lebesgue 很快解决(只需在 Gauss 整环上进行讨论即可),剩下一种是 $q=2$,$p \neq 2$,即下述柯召方程

$$x^p + 1 = y^2 \tag{1}$$

而其中 $p=3$ 的情形则在猜想提出之前就已解决.剩下的再分两种情形:

第一情形

$$\left(x+1, \frac{x^p+1}{x+1} \right) = 1$$

第二情形

$$\left(x+1, \frac{x^p+1}{x+1} \right) > 1$$

第二情形由柯召先生在 1962 年最后解决,从而完成了偶指数的 Catalan 猜想的证明,用的是柯先生首创的完全初等的方法,即现在所说的柯召方法.在柯先生的工作之前,数学大师 Selberg(菲尔兹和沃尔夫双奖获得者)曾证明了较弱的情形,即方程

$$x^p + 1 = y^4$$

无解.几年前,Catalan 猜想的最后情形也解决了,但柯召方法还可以解决一大类不定方程问题.

9.2　预 备 知 识

当需证明整系数代数方程

$$f(x_1,\cdots,x_n)=0 \tag{2}$$

无整数解时,最基本的想法是找一个适当的素数幂 p^r,然后证明

$$f(x_1,\cdots,x_n)\equiv 0(\bmod\ p^r) \tag{3}$$

无解. 但若式(3)对任意 p^r 都有解,原方程(2)就非常困难了,Fermat 方程和 Catalan 方程都属于这类.

柯先生在研究 Catalan 方程

$$y^2=x^p+1 \tag{4}$$

时想到用对某个 $f(x)$ 取模代替对常数 p^r 取模,通过计算 Jacobi 符号

$$1=\left(\frac{y^2}{f(x)}\right)=\left(\frac{x^p+1}{f(x)}\right)=-1$$

得到矛盾. 最后一个等式依赖于如何选取 $f(x)$.

定理 1(柯召定理)　方程(4)没有满足 $\left(x+1,\dfrac{x^p+1}{x+1}\right)>1$ 的正整数解.

证明　因为 $\left(x+1,\dfrac{x^p+1}{x+1}\right)=1$ 或 p,故

$$\left(x+1,\frac{x^p+1}{x+1}\right)=p$$

但

$$y^2=(x+1)\,\frac{x^p+1}{x+1}$$

故有

81

$$x + 1 = py_1^2 \tag{5}$$

$$\frac{x^p + 1}{x + 1} = py_2^2 \tag{6}$$

由式(4)易知 x 为偶数,再结合式(5)知

$$x + 1 \equiv p \pmod 8 \tag{7}$$

以下对 p 分情形讨论:

(i) 当 $p \equiv 3,5,7 \pmod 8$ 时,对原方程(4)取模 $x - 1$. 因 $x^p + 1 \equiv 2 \pmod{x - 1}$,故

$$\left(\frac{x^p + 1}{x - 1} \right) = \frac{2}{x - 1}$$

(由此可知 $p \equiv 5,7 \pmod 8$ 时已解决). 再取模 $x^3 - 1$. 因

$$x^p + 1 \equiv x + 1 \text{ 或 } x^2 + 1 \pmod{x^3 - 1}$$

故分别计算

$$\left(\frac{x + 1}{x^3 - 1} \right) = (-1)^{\frac{x+1-t}{2}} \left(\frac{x^3 - 1}{x + 1} \right)$$

$$= \left(\frac{-1}{x + 1} \right) \left(\frac{-2}{x + 1} \right) = \left(\frac{2}{x + 1} \right)$$

$$\left(\frac{x^2 + 1}{x^3 - 1} \right) = \left(\frac{x^3 - 1}{x^2 + 1} \right) = \left(\frac{-x - 1}{x^2 + 1} \right)$$

$$= \left(\frac{x + 1}{x^2 + 1} \right) = \left(\frac{x^2 + 1}{x + 1} \right) = \left(\frac{2}{x + 1} \right)$$

当 $p \equiv 3,5,7 \pmod 8$ 时,由式(7)知总有 $x \equiv 2, 4,6 \pmod 8$,从前面计算看出总有

$$\left(\frac{x^p + 1}{x - 1} \right) = -1 \text{ 或 } \left(\frac{x^p + 1}{x^3 - 1} \right) = -1$$

从而知道(4)不成立.

(ii) 当 $p \equiv 1 \pmod 8$ 时,对方程(6)矛盾. 记

$$E(a) = \frac{(-x)^a - 1}{-x - 1}$$

当然在 a 为奇时 $E(a) = \dfrac{x^a + 1}{x + 1}$. 现取模 $E(a)$ 计算 Jacobi 符号. 柯先生通过本质上是辗转相除的方法发现对 $a < p$, 总有

$$\left(\frac{E(p)}{E(a)}\right) = 1$$

但只要取 a 为模 p 的二次非剩余, 可使

$$\left(\frac{py_2^2}{E(a)}\right) = \left(\frac{p}{E(a)}\right) = \left(\frac{E(a)}{p}\right) = \left(\frac{a}{p}\right) = -1$$

从而得到矛盾. 这里用到了 $-x \equiv 1 \pmod{p}$（来自式 (7)）.

9.3　主要结果及其证明

定理 2　对任意偶数 x, 奇数 a 和与 a 互素的正整数 b, 一定有

$$\left(\frac{x^b + 1}{x^a - 1}\right) = \left(\frac{2}{x \pm 1}\right) \tag{8}$$

证明　首先注意到

$$b \equiv c \pmod{a} \Rightarrow x^b + 1 \equiv x^c + 1 \pmod{x^a - 1}$$

不失一般性可设 $b < a$. 对 $\min\{a, b\}$ 归纳.

若 $a = 1$, 则

$$\left(\frac{x^b + 1}{x^a - 1}\right) = \left(\frac{2}{x - 1}\right)$$

若 $a > 1, b = 1$, 则

$$\left(\frac{x^b + 1}{x^a - 1}\right) = \left(\frac{-1}{x + 1}\right)\left(\frac{x^a - 1}{x + 1}\right)$$

$$= \left(\frac{-1}{x + 1}\right)\left(\frac{-2}{x + 1}\right) = \left(\frac{2}{x + 1}\right)$$

83

现设 $\min\{a,b\}>1$ 且结论对 $\min\{a,b\}$ 较小已成立,那么

$$\left(\frac{x^b+1}{x^a-1}\right)=\left(\frac{x^a-1}{x^b+1}\right)=\left(\frac{(-1)^q x^c-1}{x^b+1}\right)$$

这里 $0<a-qb=c<b$.

现分情形讨论:

(i) 若 q 为偶数,则 c 为奇数,且

$$\left(\frac{x^b+1}{x^a-1}\right)=\left(\frac{x^c-1}{x^b+1}\right)=\left(\frac{x^b+1}{x^c-1}\right)=\left(\frac{x^d+1}{x^c-1}\right)$$

这里 d 为 b 模 c 的最小非负剩余. 因 $\min\{c,d\}<\min\{a,b\}$,故由归纳假设可得最后结论.

(ii) 若 q 为奇数,则 b 和 c 一奇一偶,且

$$\left(\frac{x^b+1}{x^a-1}\right)=\left(\frac{-x^c-1}{x^b+1}\right)=\left(\frac{x^c+1}{x^b+1}\right)=\left(\frac{x^b+1}{x^c+1}\right)$$

进一步,若 $c=1$,则 b 为偶数,且

$$\left(\frac{x^b+1}{x^a-1}\right)=\left(\frac{x^b+1}{x^c+1}\right)=\left(\frac{2}{x+1}\right)$$

符合结论的要求.

若 $c>1$,则

$$\left(\frac{x^b+1}{x^a-1}\right)=\left(\frac{x^b+1}{x^c+1}\right)=\left(\frac{-x^{b-c}+1}{x^c+1}\right)$$

$$=\left(\frac{x^{b-c}-1}{x^c+1}\right)=\left(\frac{x^c+1}{x^{b-c}-1}\right)=\left(\frac{x^e+1}{x^{b-c}-1}\right)$$

这里 e 为 c 模 $b-c$ 的最小非负剩余. 由于 $b-c$ 为奇,且 $\min\{b-c,e\}<\min\{a,b\}$,故由归纳假设可得最后结论.

推论 1 若 $8\mid x$,则

$$\left(\frac{x^b+1}{x^a-1}\right)=1$$

注 可见在柯召定理的证明中,处理

$$p \equiv 1 (\mathrm{mod}\ 8)$$

的情形时,由于此时 $8 \mid x$,故直接对方程(4)取模 $x^a - 1$ 不可能得出矛盾.

推论 2　对奇数 a 和与 a 互素的正整数 n,方程
$$y^2 + (x^a - 1)z = x^n + 1$$
没有满足 $x > 0, x \equiv 4 (\mathrm{mod}\ 8)$ 的整数解.

柯召定理的扩展及证明

第

10

章

2015 年四川省中学生英才计划项目中有一篇文章获得了第 31 届四川省青少年科技创新大赛一等奖,这就是由四川省成都市树德中学的罗龙熙同学作写的文章.该文将柯召定理中约束条件 p 的取值进行了拓展,从 p 只能取素数推广到了 p 可以为两个素数之积的形式,推测等式 $x^2-1=y^p$ ($p=p_1 p_2$,其中 p_1,p_2 为大于 3 的素数) 无正整数解;并运用数论的理论知识和柯召方法,证明了除 $\left(y+1,\dfrac{y^p+1}{y+1}\right)=p$ 外的所有情况下,该等式无正整数解.

10.1 引　　言

1842 年,法国著名数学家 Catalan 提出的"Catalan 猜想"是一个著名的数论难题:8 和 9 是仅有的两个大于 1 的连续正整数,他们都是整数方幂,用不定方程表示为 $x^m - y^n = 1(m > 1, n > 1)$,除 $(x, y, m, n) = (3, 2, 2, 3)$ 以外,没有其他正整数解.

1962 年,我国著名数学家,四川大学柯召院士以精湛的方法解决了 Catalan 猜想的二次情形,并获一系列重要成果,被数学界誉为"柯召定理",它所运用的方法被称为"柯召方法". 柯召院士证明出了方程 $x^2 - 1 = y^p$(p 为任意大于 3 的素数)无正整数解;并证明出了方程 $x^2 = \dfrac{y^n + 1}{y + 1}$ 和 $x^2 = y^p + 1(n$ 为大于 1 的奇数,p 为奇素数,x 和 y 都是整数).

后来,国内一些学者对柯召定理的推广形式进行了研究. 曹珍富(1987)给出了柯召定理的一个简短证明,但规定了不定方程 $x^2 - 1 = y^p$ 的约束条件 p 只能为大于 3 的素数.不少学者运用柯召方法解决了一大类不定方程问题.

本章试图对柯召定理中约束条件 p 的取值进行拓展,推测等式

$$x^2 - 1 = y^p \tag{1}$$

无正整数解.其中,$p = p_1 p_2$,p_1,p_2 为大于 3 的素数.

87

10.2　主要结果及证明

定理 1　$x^2-1=y^p$（$p=p_1p_2$，其中，p_1，p_2 为大于 3 的素数）无正整数解.

为了证明该定理，这里需要首先证明以下两个结论：

引理 1　$\left(y+1,\dfrac{y^p+1}{y+1}\right)=1$ 或 p_1 或 p_2 或 p（$p=p_1p_2$，其中，p_1，p_2 为大于 3 的素数）.

证明　事实上，$\dfrac{y^p+1}{y+1}=y^{p-1}-y^{p-2}+\cdots+y^2-y+1\equiv(-1)^{p-1}-(-1)^{p-2}+\cdots+(-1)^2-(-1)+(-1)\equiv p\equiv p_1p_2\pmod{y+1}$.

所以 $\left(y+1,\dfrac{y^p+1}{y+1}\right)\mid p_1p_2$，则 $\left(y+1,\dfrac{y^p+1}{y+1}\right)=1$ 或 p_1 或 p_2 或 p，得证.

引理 2　$\left(\dfrac{f(p_1)}{f(q)}\right)=1$. 其中，$\left(\dfrac{b}{a}\right)$ 是指对 a，b 运用 Jacobi 符号进行计算所得值.

证明　对 q 和 p_1 进行辗转相除有

$$q=k_1p_1+r_1\quad(1\leqslant r_1\leqslant p_1-1)$$
$$p_1=k_2r_1+r_2\quad(1\leqslant r_2\leqslant r_1)$$
$$\vdots$$
$$r_{s-1}=k_{s+1}r_s+r_{s+1}\quad(1\leqslant r_{s+1}\leqslant r_s)$$
$$r_s=k_{s+2}r_{s+1}$$

因为

$$\frac{(-x)^{k_2p_1+r_1}-1}{-x-1}\equiv\frac{(-x)^{r_2}-1}{-x-1}\left(\bmod\ \frac{x^{p_1}+1}{x+1}\right)$$

88

所以　$f(k_1 p_1 + r_1) \equiv f(r_1)(\bmod f(p_1))$

又由 $(p,q) = 1$ 知 $r_{s+1} = 1$，所以

$$\left(\frac{f(p_1)}{f(q)}\right) = \left(\frac{f(q)}{f(p_1)}\right) = \left(\frac{f(k_1 p_1 + r_1)}{f(p_1)}\right)$$

$$= \left(\frac{f(r_1)}{f(p_1)}\right) = \left(\frac{f(p_1)}{f(r_1)}\right) = \cdots = \left(\frac{f(1)}{f(r_s)}\right) = 1$$

证毕.

下面来证明定理 1：由方程（1）得

$$y^p = x^2 - 1 = (x-1)(x+1)$$

下面分 $2 \mid x, 2 \mid x+1$ 两种情况：

（1）若 $2 \mid x$，则有 $x-1$ 与 $x+1$ 均为奇数，于是

$$(x-1, x+2) = (2, x+1) = 1$$

其中 (a,b) 表示 a 与 b 的最大公约数. 故不妨设 $y = y_1 y_2$，且 $(y_1, y_2) = 1, y_1 < y_2$，则此时有

$$x - 1 = y_1^p \tag{2}$$

$$x + 1 = y_2^p \tag{3}$$

由式（3）-（2）得

$$y_2^p - y_1^p = 2 \tag{4}$$

下面证明方程（4）无正整数解，事实上

$$y_2^p - y_1^p = (y_2 - y_1) \cdot (y_2^{p-1} + y_2^{p-2} y_1 + \cdots + y_2 y_1^{p-2} + y_1^{p-1}) = 2$$

又因为 y 为奇数，故 y_1, y_2 均为奇数，所以 $y_2 - y_1 \geqslant 2$，从而 $y_2 - y_1 = 2$，则

$$y_2^{p-1} + y_2^{p-2} y_1 + \cdots + y_2 y_1^{p-2} + y_1^{p-1} = 1$$

因为 y_1, y_2 中至少有一数大于 1，故

$$y_2^{p-1} + y_2^{p-2} y_1 + \cdots + y_2 y_1^{p-2} + y_1^{p-1} > 1$$

矛盾.

（2）若 $2 \mid x+1$，进一步可得 $2 \mid y$.

根据引理 1 分

$$\left(y+1,\frac{y^p+1}{y+1}\right)=1$$

$$\left(y+1,\frac{y^p+1}{y+1}\right)=p_1 \text{ 或 } p_2$$

$$\left(y+1,\frac{y^p+1}{y+1}\right)=p$$

三种情况讨论,由于知识所限,下面只给出前两种情况的证明.

（Ⅰ）若 $\left(y+1,\dfrac{y^p+1}{y+1}\right)=1$,此时有 p_1,p_2 均不整除 x.

设 $x=x_1 x_2$,$(x_1,x_2)=1$ 且 $x_1<x_2$,则此时有

$$y+1=x_1^2,\frac{y^p+1}{y+1}=x_2^2,x=x_1 x_2,(x_1,x_2)=1$$

把 $y=x_1^2-1$ 代入方程(1)即可得

$$x^2-(x_1^2-1)\left[(x_1^2-1)^{\frac{p-1}{2}}\right]^2=1,x_1 \mid x \quad (5)$$

考察 Pell 方程

$$x^2-(x_1^2-1)y^2=1 \tag{6}$$

易知方程(6)的基本解为 $(x_1,1)$,故由 Pell 方程的通解知

$$x+(x_1^2-1)^{\frac{p-1}{2}}\sqrt{x_1^2-1}=(x_1+\sqrt{x_1^2-1})^n \quad (n>1) \tag{7}$$

令 $t_1=x_1+\sqrt{x_1^2-1}$,$t_2=x_1-\sqrt{x_1^2-1}$,代入(7)中有

$$x=\frac{t_1^n+t_2^n}{2} \tag{8}$$

$$(x_1^2-1)^{\frac{p-1}{2}}=\frac{t_1^n+t_2^n}{2\sqrt{x_1^2-1}} \tag{9}$$

等式(9)两边同时平方即得

$$(x_1^2 - 1)^{p-1} = \frac{(t_1^n + t_2^n)^2}{4(x_1^2 - 1)} \tag{10}$$

一方面,由(7)及 $x_1 \mid x$ 知 2 不整除 n.

另一方面,对式(10)两边取模$(x_1^2 - 1)$,得

$$nx_1^{n-1} \equiv 0 (\bmod x_1^2 - 1)$$

又因为$(x_1, x_1^2 - 1) = 1$,得到$(x_1^{n-1}, x_1^2 - 1) = 1$,所以$(x_1^2 - 1) \mid n$,但由于 x_1 为奇数,所以 $2 \mid (x_1^2 - 1)$,从而 $2 \mid n$. 得出矛盾. 这便证得了$\left(y + 1, \dfrac{y^p + 1}{y + 1}\right) = 1$ 时的情况.

(Ⅱ)若$\left(y + 1, \dfrac{y^p + 1}{y + 1}\right) = p_1$ 或 p_2,不失一般性,只需证明$\left(y + 1, \dfrac{y^p + 1}{y + 1}\right) = p_1$ 的情况.

此时可设

$$y + 1 = p_1 x_1^2 \tag{11}$$

则

$$\frac{y^{p_1} + 1}{y + 1} = p_1 x_2^2, x = p_1 x_1 x_2$$

因为 $2 \mid y$,所以 2 不整除 x_1,所以 $x_1^2 \equiv 1 (\bmod 4)$,代入(11)得 $y \equiv p_1 - 1 (\bmod 4)$,所以 $p_1 \equiv 1$ 或 $3 (\bmod 4)$.

第一种情况:$p_1 \equiv 1 (\bmod 4)$,则 $y \equiv 0 (\bmod 4)$.

构造函数

$$f(t) = \frac{(-x)^t - 1}{(-x) - 1} \quad (t \in \mathbf{N}^*)$$

则

$$f(p_1) = \frac{y^{p_1} + 1}{y + 1} = y^{p_1 - 1} + \cdots + y^2 + y + 1$$

$$\equiv 1 (\bmod 4)$$

又 $f(p_1)=x_2^2 p_1$，引入 Jacobi 符号，设 q 为任意大于 p_1 的奇素数.

根据引理 2，得到

$$\left(\frac{p_1}{f(q)}\right)=\left(\frac{p_1 x_2^2}{f(q)}\right)=\left(\frac{f(p_1)}{f(q)}\right)=1$$

又 $y\equiv -1(\bmod\ p_1)$，所以 $f(q)\equiv q(\bmod\ p)$.

所以 $\left(\dfrac{q}{p_1}\right)=\left(\dfrac{f(q)}{p_1}\right)=\left(\dfrac{p_1}{f(q)}\right)=1.$

由于 q 的选取是任意的，故只需取 q 为 p_1 的二次非剩余即可得 $\left(\dfrac{q}{p_1}\right)=-1$，矛盾. 故

$$p_1\equiv 1(\bmod\ 4)$$

时方程无解.

第二种情况：$p_1\equiv 3(\bmod\ 4)$，故 $y\equiv 2(\bmod\ 4)$.

又 $p\neq 3$，所以 $p_1\equiv 1$ 或 $2(\bmod\ 3)$.

于是，可以设 $p_1=3k+a(k\in \mathbf{N}^*,a=1$ 或 $2)$.

计算 Jacobi 符号得

$$\left(\frac{x^2}{y^2+y+1}\right)=\left(\frac{y^p+1}{y^2+y+1}\right)=\left(\frac{(y^3)^k y^a+1}{y^2+y+1}\right)$$

$$=\left(\frac{((y-1)(y^2+y+1)+1)^k y^a+1}{y^2+y+1}\right)$$

$$=\left(\frac{y^a+1}{y^2+y+1}\right)=1$$

当 $a=1$ 时，$\left(\dfrac{y^a+1}{y^2+y+1}\right)=\left(\dfrac{y+1}{y^2+y+1}\right)=$

$-\left(\dfrac{y^2+y+1}{y+1}\right)=-\left(\dfrac{1}{y+1}\right)=-1$，矛盾.

当 $a=2$ 时，$\left(\dfrac{y^a+1}{y^2+y+1}\right)=\left(\dfrac{y^2+1}{y^2+y+1}\right)=$

$\left(\dfrac{y^2+y+1}{y^2+1}\right)=\left(\dfrac{y}{y^2+1}\right)=\left(\dfrac{2}{y^2+1}\right)\left(\dfrac{\frac{y}{2}}{y^2+1}\right)=$

$$-\left\lceil \dfrac{\dfrac{y^2+1}{y}}{2}\right\rceil=-\left\lceil \dfrac{\dfrac{1}{y}}{2}\right\rceil=-1,矛盾.$$

故 $p_1 \equiv 3(\bmod\ 4)$ 时方程无解.

10.3　总结与展望

这里将柯召定理做出推广形式,对柯召定理中约束条件 p 的取值进行了拓展,推测定理 1 成立,即 $x^2-1=y^p$($p=p_1p_2$,其中,p_1,p_2 为大于 3 的素数)无正整数解.

现已证明出除 $\left(y+1,\dfrac{y^p+1}{y+1}\right)=p$ 外的所有情况下,$x^2-1=y^p$($p=p_1p_2$,其中,p_1,p_2 为大于 3 的素数)无正整数解.

目前没有给出 $\left(y+1,\dfrac{y^p+1}{y+1}\right)=p$ 这种情况的证明,这是要进一步研究探讨的内容,也希望有兴趣的读者给出证明.

Catalan 猜想面向专业人士的证明综述[①]

第

11

章

11.1 引　言

数学上的 Catalan 猜想是那种非常容易陈述但又极难解决的问题之一,猜想预言,8 和 9 是仅有的相邻完全幂. 换句话说,丢番图方程

$$x^u - y^v = 1$$

$$(x > 0, y > 0, u > 1, v > 1) \quad (1)$$

没有不同于 $x^u = 3^2, y^v = 2^3$ 的解.

①　Tauno Metsänkylä.

原题:Catalan´s Conjecture:Another Old Diophantine Problem Solved.

译自:Bulletin of the AMS, Vol. 41(2003),No. 1,p. 43-57.

　　这一猜想是由 Journal für die Reine und Angewandte Mathematik 的编辑部从比利时数学家 Eugène Catalan 处收到的.杂志在 1844 年发表了它. Catalan 当时是巴黎 l'École Polytechnique 的一位老师,由于解决了一个组合问题而出名.仍在使用的术语 "Catalan 数"就是关于那个组合问题的.Catalan 还与 Ostrongradsky,Yakebi 一起解决了多重积分的变量代换问题.同时对函数论 Bernoullı 数及其他问题的研究也取得了一些成果.至于方程(1),Catalan 写道,他至今还未能完全证明它,也从未发表过有关它的任何严肃的部分结果.

　　猜想成为对数学家的挑战,不久就出现了方程的某些特殊情形的有趣结果.不过在开始的 100 年左右,所有结果都多少带有点孤立的性质.后来,到 20 世纪 50 年代末期,差不多同时出现了好几个引人注目的思想,而到了 1970 年,问题的研究被化成可以经过有限步计算就能解决的结果,但似乎所需要的计算量实在太大以至不可行.从那时起,研究的主要方向就成为如何减少计算量.

　　2002 年,一位并不被此领域的专家所熟悉的数学家 Preda Mihăilesku 给予猜想以完整的证明,扭转了它的研究现状.意想不到的是他的证明没有多少计算,而是引用了分圆域理论中一些著名而深刻的理论结果.

　　Mihăilesku,1955 年出生于罗马尼亚,在苏黎世的 ETH 受过数学教育.他曾在机械工业和金融工程领域工作过,现在,在德国的 Paderborn 大学做研究.

　　本章简述 Catalan 问题研究工作历史的一些转折

点并概述 Mihăilesku 的精彩证明.

11.2　早期和随后的历史

在 Catalan 寄到 Crelle 的信件以前大约 100 年，Euler 证明了 8 和 9 是仅有的相邻平方数和立方数，即丢番图方程

$$x^3 - y^2 = \pm 1 \quad (x > 0, y > 0) \qquad (2)$$

的仅有解. Euler 的证明是精巧的，但有点长. 在其他证明中，值得一提的是借助于 Fermat 的无穷下降法的证明.

作为方程(1)的背景，看一下现代的代数数论方法如何解特殊方程(2)是有启发性的. 设 (x, y) 是一组解. 先取具有正号的方程，并用 Gauss 整数环 $\mathbf{Z}[\mathrm{i}]$ 写成

$$x^3 = (y + \mathrm{i})(y - \mathrm{i}) \qquad (3)$$

因为 $\mathbf{Z}[\mathrm{i}]$ 是一个可唯一因子分解的环，我们可以谈及其成员的最大公因数. 设 d 是 $y + \mathrm{i}$ 和 $y - \mathrm{i}$ 的最大公因数(除了相差一个单位因子外，是唯一的). 方程组 $y + \mathrm{i} = d\lambda$，$y - \mathrm{i} = d\mu$ 蕴含着 $d \mid 2$. 另一方面，d 整除 x 且 x 必须是奇数，因为 $y^2 \equiv 0$ 或 $1 \pmod 4$. 因此 d 是一个单位，即数 ± 1，$\pm \mathrm{i}$ 中的一个.

我们有 $y + \mathrm{i} = d(a + bi)^3$，其中，$a, b \in \mathbf{Z}$. 但 d 总是 $\mathbf{Z}[\mathrm{i}]$ 中的三次幂，所以此处可以不考虑. 分别考察方程 $y + \mathrm{i} = (a + bi)^3$ 的实部和虚部，我们发现 $y = 0$(且 $x = 1$)，矛盾. 因而无解.

第 2 个方程用类似的方法写成

$$x^3 = (y + 1)(y - 1)$$

$y+1$ 和 $y-1$ 的最大公因数是 1 或 2. 在前一种情况下，2 是两个立方之差，这是不可能的. 在后一种情况下，导出方程

$$a^3 - 2b^3 = \pm 1$$

这样，数 $a-b\alpha$，是 $\mathbf{Z}[\alpha]$ 中的一个单位，其中 $\alpha = \sqrt[3]{2}$，而 $\mathbf{Z}[\alpha]$ 是实三次域 $\mathbf{Q}(\alpha)$ 中的整数环. 这个环的单位，除了符号以外，是仅有单位 $1+\alpha+\alpha^2$ 的幂. 稍微推导一下，人们就能发现，$|a-b\alpha|$ 只能是零次的，所以 $a=\pm 1$ 和 $b=0$. 回到原来的方程我们得到解 $x=2, y=3$.

为了证明 Catalan 猜想，显然只需考虑方程

$$x^p - y^q = 1 \quad (x>0, y>0) \tag{4}$$

其中，p, q 是不同的素数.

$q=2$ 的情形于 1850 年由 Lebesgue（别与他的更出名的同名人搞混了）解决. 那时人们已经知道 Gauss 整数的算术，因此方程可以用类似于式(3)的形式

$$x^p = (y+\mathrm{i})(y-\mathrm{i})$$

来处理. $y+\mathrm{i}$ 和 $y-\mathrm{i}$ 的最大数还是一个单位，但这时它不再那么容易被忽略掉. 因此我们有一对方程

$$y+\mathrm{i} = \mathrm{i}^s(a+b\mathrm{i})^p, \quad y-\mathrm{i} = (-\mathrm{i})^s(a-b\mathrm{i})^p$$

其中 $s \in \{0,1,2,3\}$. 据此，可以用好几种方法消去 y，所得到的方程都导致矛盾. 这样方程 $x^p - y^2 = 1$ 没有解.

方程(4)中，$p=2$ 的情形如何呢? 在相当长的一段时间里，一直保留着神秘的面纱，直到 1961 年才有这样一个结果发表. 它证明 $x^2 - y^q = 1$ 的可能解必须满足 $x > 10^{3 \cdot 10^9}$. 我国数学家柯召已经证明了这一方程不可解的消息当时还没有被数学媒体所得知. 他的

97

证明到 1964 年在《中国科学》发表后才公之于世.

在 1976 年 Chein 发表了一个新的巧妙的证明. 他的证明建立在 Nagel 所陈述的下述结果的基础之上：方程的解 (x,y) 必须满足 $2 \mid y$ 和 $q \mid x$. 考虑形如

$$(x+1)(x-1) = y^q$$

的方程, Chein 得出结论, $x+1$ 和 $x-1$ 的最大公约数是 2, 因此存在互素的整数 a 和 b, a 是奇数, 满足方程组

$$x+1 = 2a^q, \quad x-1 = 2^{q-1}b^q \qquad (5)$$

或者, 另一种可能是, $x+1$ 和 $x-1$ 的地位变换一下所得到的类似方程. 如果 $q > 3$, 那么方程组 (5) 可以用来证明蕴含着一个条件

$$(ha)^2 + b^2 = (a^2 - b)^2$$

其中 $h^2 = a^2 - 2b$, 并且另一个类似方程也产生类似的条件. 这两个条件都是 Pythagoras 型的方程, 因而它们的所有解都是熟知的. 由此可知 (对 $q > 3$), 这样的 x, y 不存在.

上述解法的细节可以在 Paulo Ribenboim 的精彩专著中找到. 该书给出了到 1994 年为止有关 Catalan 猜想全面的历史.

11.3 Cassels 和情形 Ⅰ

从现在起, 考虑 Catalan 方程的如下形式

$$x^p - y^q = 1 \quad (xy \neq 0, p, q \text{ 是不同的奇素数}) (6)$$

这样除非有相反的声明, 负整数 x, y 也是容许的.

对方程进行因式分解, 可把它改写成

$$(x-1)\frac{x^p-1}{x-1}=y^q$$

左边两个因子的最大公因数是什么呢？考虑恒等式 $x^p=((x-1)+1)^p$，人们容易发现只有两种可能：最大公因数要么是 1，要么是 p.

在 Fermat 方程 $x^p+y^p=z^p$ 的研究中也出现了类似的情况，其中左边可以分解成

$$x+y \text{ 与 } \frac{x^p+y^p}{x+y}$$

的乘积. 这里也一样，这些因子的最大公因数是 1 或 p，这就分别导致了问题的情形 I 和情形 II. 历史上，情形 I 更容易些，而且许多人乐观地认为，在这种情形下，经典方法可能最终会给出成功的证明. 在 Andrew Wiles 给出的解答中，这种类型的分类没有起什么作用.

对于方程 (6)，我们可以类似地按照上述最大公因数的值分成情形 I 和情形 II. 在情形 I，即最大公因数等于 1 时，我们得到方程组

$$x-1=a^q,\ \frac{x^p-1}{x-1}=b^q,\ y=ab$$

其中 a 和 b 是互素的，而且不能被 p 整除. 在 1960 年，Cassels 证明了这些方程产生矛盾. 他的方法是初等的，巧妙地综合了可除性关系和不等式. 一个不同的证明不久被 Hyyrö 所发现，他有些感到意外地发现他的结果可以应用于丢番图方程

$$ax^n-by^n=z$$

这意味着留给我们的只有情形 II. 特别，两个数 $x-1$ 和 $\frac{x^p-1}{x-1}$ 中有一个只包含 p 的一次幂. 但这个数

不能是 $x-1$,因此这时 x^p-1 只能被 p^2 整除.因此我们有方程组

$$x-1=p^{q-1}a^q,\frac{x^p-1}{x-1}=pb^q,y=pab \qquad (7)$$

其中 a 和 b 还是互素的,而且 p 不能整除 b(但 p 可以整除 a).从分解 x^p 成 $y+1$ 和 $\frac{y^q+1}{y+1}$ 的乘积也可以得到类似的方程组.特别,y 可以被 p 整除,而 x 也可以被 q 整除.

顺便从最后的结果可以推出,不可能存在 3 个完全乘方的连续整数 —— 一个留给有兴趣的读者的很好练习.

Cassels 的定理是有关 Catalan 方程(6)的第一个一般性的结果,它给了这个方程研究的一个重要刺激.

11.4 有可能用计算机来解决这一问题吗？

大约在 20 世纪中期,Catalan 猜想开始吸引了研究方向在丢番图分析上的人们的兴趣.他们的一个早期发现是,对固定的指数 p 和 q,方程(6)的解 (x,y) 的个数至多是有限的.这是由 Siegel 于 1929 年发表的有关曲线上整点的一个一般定理的推论.1955 年来自 Davenport 和 Roth 的一个结果允许人们进一步导出这个数的一个明确的 —— 虽然是巨大的 —— 上界,正如所指出的那样.

在这个方向上的一个转折点出现在 1970 年,在 Alan Baker 得到关于对数线性型的奠基性估计之后不久.为了给出 Baker 结果的基本思想,设

100

$$\Lambda = b_1 \log r_1 + \cdots + b_n \log r_n$$

其中诸 b_j 是整数,而诸 r_j 是正有理数. 定义一个有理数 $r = \dfrac{s}{t}$(取最简单的形式) 的高度为 $\log \max\{|s|, |t|\}$,并令 $B = \max\{|b_1|, \cdots, |b_n|\}$. 假设 $\Lambda \neq 0$. Baker 证明了形如

$$|\Lambda| > \exp(-A \log B)$$

的一个不等式,其中 A 是·个可明确计算的,依赖于 n 和 $r_1, \cdots, r_n$ 的高度的正数.

这一结果,事实上,如果稍加改进,可被 Robert Tijdeman 用来给出上面的 Catalan 方程的解 (x, y, p, q)(x 和 y 是正数) 的个数的界. 思想是用一种特殊的方法找出依赖于这一解的线性型 Λ:由方程(6)所蕴含的关于 $|\Lambda|$ 的一个上界应该充分靠近 Baker 的下界. Tijdeman 的聪明选择是

$$\Lambda_1 = q \log q - p \log p + pq \log \frac{pa}{qa^i} = \log \frac{(x-1)^p}{(y+1)^q}$$

$$\Lambda_2 = q \log q + p \log \frac{p^{q-1}a^q + 1}{q^q a'^q} = \log \frac{y^q + 1}{(y+1)^q}$$

其中 a 由方程组(7)中的方程 $x - 1 = p^{q-1} a^q$ 所定义,而 a' 则由类似的方程 $y + 1 = q^{p-1} a'^p$ 来定义. 因为

$$(x-1)^p < x^p = y^q + 1 < (y+1)^q$$

Λ_1 和 Λ_2 都不为零. $|\Lambda_1|$ 的上、下界之间的一个比较导出 p 和 q 之间的一个不等式,对 $|\Lambda_2|$ 也有相同的情况出现. 这些不等式事实上已经足够精确,通过消去 q,得到一个条件

$$p < c_1 (\log p)^{c_2}$$

其中 c_1 和 c_2 是常数. 这要求 $q < p$,但在 $q > p$ 的情况下,类似的论证给出关于 q 的一个对应的条件.

101

由此可以推出,指数 p 和 q 是有上界的,而且界不依赖于 x 和 y.我们问题的性质戏剧性地改变了:只有有限多组解 (x,y,p,q),而且进一步,我们能够明确地计算出这些未知数的界.

事实上,上述的常数 c_1,c_2 是有效的,最初对 p 和 q 的显式计算产生了天文数字的上界,但方法的改进给出了大小更适中的估计.根据最好的结果,$\max\{p,q\}$ 的上界大约是 $8 \cdot 10^{16}$(这一点和类似的结果看 Mignotte 的文章).当然这个界对实现目的还远不是什么有用的东西.

注意,限于正的 x,y 对我们并没有任何损失,因为方程(6)也可以改写成形式

$$(-y)^q - (-x)^p = 1 \qquad (8)$$

建立在对数型的(以这里感兴趣的特殊情形)更新估计基础之上的,一种非常构造性的 Tijdeman 型论证的陈述,可以在 Yuri Bilu 的文章中找到.

顺便提一下,如果用 $x^p - y^q = c$ 代替我们的方程,其中 $c > 1$ 是一个给定的整数,将发生什么呢?对固定的 p 和 q,Siegel 定理仍蕴含着,解 (x,y) 的个数是有限的.但如果允许指数变化使情况变得更加复杂,我们不知道解 (x,y,p,q) 的个数是否有限,更不用提任何有效的上界了.

11.5　Wieferich 对

前面的结果激发起对可能的解作进一步限制的探究.

102

回忆起我们在方程组(7)中把方程 $x^p - y^q = 1$ 转变成形状

$$\frac{x^p - 1}{x - 1} = pb^q \quad (p \nmid b)$$

这启示一种把左边在 p 一阶分圆域 $\mathbf{Q}(\zeta)$($\zeta = e^{\frac{2\pi i}{p}}$) 的整数环 $\mathbf{Z}[\zeta]$ 中进行因子分解的传统方法,把这一方法和如下事实

$$p = \left[\frac{x^p - 1}{x - 1}\right]_{x=1} = \prod_{k=1}^{p-1} (1 - \zeta^k)$$

结合起来,我们得到方程

$$\prod_{k=1}^{p-1} \frac{x - \zeta^k}{1 - \zeta^k} = b^q$$

记 $x - \zeta^k = (x - 1) + (1 - \zeta^k)$,并注意到 $x - 1$ 可以被 p 整除(参看(7)). 由此推出商 $\dfrac{x - \zeta^k}{1 - \zeta^k}$ 是环 $\mathbf{Z}[\zeta]$ 中的成员. 遗憾的是,一般来讲,这个环并不是可唯一因式分解的. 这样,为了保证良好的因式分解性质,我们不得不用它们所生成的理想来代替数. 现在不难证明主理想 $\langle \dfrac{x - \zeta^k}{1 - \zeta^k} \rangle$ 是两两互素的. 因此它们中的每一个是某个理想的 q 次幂,特别

$$\left\langle \frac{x - \zeta}{1 - \zeta} \right\rangle = J^q \tag{9}$$

其中 J 是 $\mathbf{Z}[\zeta]$ 的一个非零理想.

所有这一切类似于 Kummer 在 Fermat 方程上的经典研究,并由 Inkeri 于 1990 年发表在他的文章中. Inkeri 继续使用相同的思想,做了域 $\mathbf{Q}(\zeta)$ 的类数与 q 是互素的这一假设. 因此,和 J^q 一样,理想 J 必须是主理想,比如说 $J = \langle \gamma \rangle$,而且方程(9)蕴含着方程

$$\frac{x-\zeta}{1-\zeta}=\varepsilon\gamma^q \qquad (10)$$

其中 ε 是 $\mathbf{Z}[\zeta]$ 中的一个单位.

在这个环中有无穷多个单位,但人们可以克服这一障碍.事实上,把(10)同它的复共轭一起考虑,并利用 ε 和 $\bar{\varepsilon}$ 只差一个因子,它是一个单位根.用这种方法,Inkeri 经过一些运作,能够得到 $q^2 \mid x$ 的结果.记得我们有由 Cassels 得到的 $q \mid x$,此处的加强是根据指数提升规则.每一个学数论的学生都遇到过这样的初等形状:如果 $a^q \equiv b^q (\bmod\, q)$,那么 $a^q \equiv b^q (\bmod\, q^2)$.在下面的讨论中,我们还将多次遇到这一规则.

把方程(7)的第一个方程改写成

$$x=(p^{q-1}-1)a^q+a^q+1$$

Inkeri 推出进一步的推论:q^2 除尽 $p^{q-1}-1$.根据方程(8),p 和 q 的作用可以变换,这样我们有一对古怪的同余方程

$$p^{q-1} \equiv 1(\bmod\, q^2), \quad q^{p-1} \equiv 1(\bmod\, p^2) \qquad (11)$$

倘若 p 阶和 q 阶的分圆域的类数配合较好;也就是说,前者的类数与 q 互素,后者的类数与 p 互素.满足这些同余式的一对奇素数称为 Wieferich 对.这个名称有它的 Fermat 问题的历史起源:在 1909 年,Wieferich 证明了在情形 Ⅰ 之下,方程 $x^p+y^p=z^p$ 的可解性需要

$$2^{p-1} \equiv 1(\bmod\, p^2)$$

这样的素数 p,称为 Wieferich 素数,非常稀少.事实上已经知道的只有两个 Wieferich 素数,1 093 和 3 511,而下一个如果存在的话必然超过 $1.25 \cdot 10^{15}$.

同样,Wieferich 对也是非常例外的,找到的第一对是(83,4 871),已经知道的也只有 5 对.

条件(11)连同已存在的类数表,被用来把一大类 p 和 q 从 Catalan 方程的可能解中排除出去. 当人们找到了修正和放松那些类数条件的方法时,这一工具发展得更加有效.

在这个方向上最有戏剧性的进步出现在 1999 年,当时 Preda Mihăilescu 证明了,同余式(11)成立事实上并不需要任何类数条件,这成为他后来杰出成就的序曲.

11.6　起关键作用的零化子

上面要求一个类数条件的关键因素是从理想方程(9)转回到了一个数之间的方程. Mihăilescu 的思想是用一种不同的方法来做这一转换,用理想的零化子的方法.

零化一个群里的一个元素意味着把它映成中性元 e:零化整个群意味着把群中所有成员都映成 e. 在一个数域的(理想)类群的情形,e 是主理想的类. (非零)理想的零化子是对于将这一理想变成一个主理想的映射所作的有点不精确的表示. 请读者原谅这一冗长的解释,但零化子在 Catalan 猜想的证明中的确扮演了至关重要的角色.

如果 θ 零化环 $\mathbf{Z}[\zeta]$ 中的理想,方程(9)蕴含着

$$\left(\frac{x-\zeta}{1-\zeta}\right)^{\theta}=\varepsilon\gamma^{q} \tag{12}$$

其中,和前面一样,$\varepsilon\in\mathbf{Z}[\zeta]^{\times}$,而 $\gamma\in\mathbf{Q}(\zeta)$ 由 $J^{\theta}=\langle\gamma\rangle$ 所定义.

105

Mihăilescu 在他的第一篇文章中选择了由所谓 Stickelberger 关系给出的一个经典零化子. 通过一个类似于 Inkeri 的, 但技巧上更复杂的计算可以得到同余式

$$x \equiv 0, p^{q-1} \equiv 1 (\bmod q^2) \tag{13}$$

根据前面提到的对称性我们还有

$$y \equiv 0, q^{p-1} \equiv 1 (\bmod p^2) \tag{14}$$

我们重复一下(13)和(14)必须被 Catalan 方程(6)的任何解(x, y, p, q)所满足. 特别, 指数 p 和 q 形成一个 Wieferich 对.

在排除方程(6)的可能解中, 这些是非常有效的条件. 把它们同关于 p 和 q 的, 由 Tijdeman 型的方法所得到的适当不等式结合, Mignotte 和其他作者通过计算证明 $\min\{p, q\} > 10^7$. 这个界后来还有一系列改进, 但无论如何, 所得的这些界仍与 11.4 节中提到的上界相差甚远, 以至于, 正如 Mihăilescu 所说, 问题仍处在"密码术的安全范围内".

不过不久我们将看到, 方程(13)和方程(14)的主要价值是理论型的.

在他对这一猜想的最后证明中, Mihăilescu 从完全崭新的观点来考察方程(12). 他不是试图把单位 ε 推在一边, 而正是集中精力在这个单位上, 或者事实上, 在单位所构成的整个群上. 他通过不同的零化子 θ 揭示方程(12)对这个群所提供的信息, 并找到那个群的始料不到的性质. 通过证明这样一个性质是荒谬的, 他得到一个矛盾而证明这一猜想.

为实现这一步骤的合适工具是由一个称为 Thaine 定理的有关零化子的深刻结果提供的. 这一结

果的一般表式涉及实的 Abel 域. 在下一节将节录对我
们有益处的情形.

对熟悉 Abel 域的读者我们愿意指出, 和 Thaine
定理一起, Mihăilescu 的证明可以看成是属于分圆理
论的"加性部分". 与此相反, 开始阶段从这一理论的
"减性部分"取得了最重要的要素.

11.7 特殊的零化子

下述考虑的自然背景是实的分圆域 $K = \mathbf{Q}(\zeta) \bigcap$
$\mathbf{R}$, 这是有理数域的 $m = \dfrac{p-1}{2}$ 次扩张, 可以由例如 $\rho =$
$\zeta + \zeta^{-1}$ 生成. 它的整数环是 $\mathbf{Z}[\rho]$. 这个环的单位所构
成的群 $E = \mathbf{Z}[\rho]^{\times}$ 是一个由 -1 和 $m-1$ 个无扭单位
(K 的基本单位) 所生成的无限 Abel 群. 一般来讲, 这
些确实难以找出, 但作为一类代替, 考虑单位

$$\frac{\sin(\frac{l\pi}{\rho})}{\sin(\frac{\pi}{p})} = \frac{\zeta^{\frac{l}{2}} - \zeta^{\frac{l}{2}}}{\zeta^{\frac{1}{2}} - \zeta^{\frac{1}{2}}} \quad (l = 2, \cdots, m)$$

(注意 $\zeta^{\frac{1}{2}} = -\zeta^{\frac{p+1}{2}}$). 这些连同 -1 在一起生成了 E 的一
个有限指数的重要子群, 用 C 来记它, C 的元素称为分
圆单位或循环单位.

Kummer 发现, 在那些单位群和 K 的类群 $H(K)$
之间, 有一个出人意料的联系. 事实上, 指标 $[E : C]$ 就
等于类数 $h_K = |H(K)|$. 这一结果有好几种方法进行
推广和精确化. 在这一发展中最后一步是 Thaine 定
理, 它把单位的零化子和理想的零化子联系起来. 在进

入细节以前,我们不得不更准确地介绍一下零化子.

域 K 是 $\mathbf{Q}$ 的一种 Galois 扩张,它的群 G 由 $(\zeta + \zeta^{-1})^{\tau_c} = \zeta^c + \zeta^{-c}$ 所定义的自同构 $\tau_1, \cdots, \tau_m$ 构成. 引进一个更大的映射集是自然的,这就是群环

$$\mathbf{Z}[G] = \Big\{ \sum_{c=1}^{m} n_c \tau_c \mid n_c \in \mathbf{Z}(c=1, \cdots, m) \Big\}$$

在域 K 中, G 的 Galois 作用通过规则

$$\gamma^{n_1 \tau_1 + \cdots + n_m \tau_m} = (\gamma^{n_1})^{\tau_1} \cdots (\gamma^{n_m})^{\tau_m} \quad (\forall \gamma \in K^{\times})$$

在 K 的乘法群 $K^{\times}$ 上诱导出一个 $\mathbf{Z}[G]$ 一 模结构. 特别,群 E 和 C 变成 $K^{\times}$ 的子模. 注意对模作用采用指数记号是方便的,因为这些群是乘法的.

环 $\mathbf{Z}[G]$ 也作用在 K 的理想群上,从而也作用在类群 $H(K)$ 上. 因此也是一个 $\mathbf{Z}[G]$ 一 模.

我们的零化子将要从中选出的环是 $\mathbf{Z}[G]$.

对一个 Abel 群,用 $[A]_q$ 来表示 A 的 q 一 素子群,也就是说,由以 q 一 幂为其阶的元素所构成的子群. 如果 A 是一个 $\mathbf{Z}[G]$ 一 模,那么 $[A]_q$ 是一个子模.

关于域 K 和(奇)素数 q 的 Thaine 定理陈述如下:如果次数 $m = [K:\mathbf{Q}]$ 与 q 是互素的,那么群 $[E/C]_q$ 的每一个零化子 $\theta \in \mathbf{Z}[G]$ 也是群 $[H(K)]_q$ 的零化子.

为准确起见,Thaine 所使用的分圆单位群和我们的 C 有一点不一样,相当于用指数为 2^{m-1} 的 C 的一个子群代替. 这一点不同在这里无关紧要(因为 q 是奇的),并将在下面的讨论中予以忽略.

注 Thaine 的文章发表在 1988 年,但此前定理成立已为人所知. 事实上,Greenberg 曾经指出 Iwasawa 理论的主要猜想蕴含着 G. Gras 的一个猜想,它说,群 $[E/C]_q$ 和 $[H(K)]_q$ 看成 $\mathbf{Z}_q[G]$ 一 模,有同构

的 Jordan-Hölder 序列.（这里 $\mathbf{Z}_q$ 代表 $q-\text{adic}$ 整数）主要猜想由 Mazur 和 Wiles 于 1984 年证明.

不过,Thaine 的证明方法更直接.这一证明的一个详述也可以在 Washington 的专著中找到.总之,证明中指出,在这一定理背后——甚至在现在的特殊情况下,有着包括类域论在内的大量深刻的理论.

现在的首要任务是要确保在我们的情况下,条件 q 不能整除 m 确实成立.我们间接论证:如果 $q \mid m$,那么 $p \equiv 1(\text{mod } q)$.因此,根据指数的提升规则,$p^q \equiv 1(\text{mod } q^2)$.另一方面,$p^q \equiv p(\text{mod } q^2)$,从而 $p \equiv 1(\text{mod } q^2)$.由于 $q^2+1, 2q^2+1$ 和 $3q^2+1$ 不是素数,由此推出 $p > 4q^2$.

但是,基于对数线性型的论证表明:只要 $q > 28\,000$,就有 $p < 4q^2$.这样我们就得到一个矛盾,除非指数 p, q 满足 $q < 28\,000, p > 4q^2$.但这样的指数（甚至更多）就像在 11.6 节中所解释的那样,都已经被排除了.Bilu 在对上述论证的一个精心设计的修正中报告,排除上面提到的 p, q,这只要一分钟的计算机运作即可完成.

在整个证明中,这是仅有的一处需要用到计算机.还要注意,这也是一处事实上用到出自于 Tijdeman 著名工作的方法,虽然由 Tijdeman 得到的实际结果将不需要.

还有更新的消息,Mihăilescu 已经找到了一个完全不同的方法检验 q 不能整除 m 这一条件.这要应用上面提到的"减性部分"的理论,而且完全不需要任何计算机的计算.这一工作的一个重要环节来自于 Bugeaud 和 Hanrot 的一篇文章.

11.8　Catalan 猜想的证明概述

　　在这一节,我们简述 Mihǎilescu 的证明,留下有关域 K 中 q 次幂的一个命题. 这个命题,可以称为 Mihǎilescu 关键定理,将在 11.9 节中证明. 11.10 和 11.11 节将就下面省略的某些细节提供一些补充.

　　设 (x,y) 是方程(6)的一组解. 正如方程(9)所陈述,在 $\mathbf{Z}[\zeta]$ 中由 $\dfrac{x-\zeta}{1-\zeta}$ 所生成的主理想是一个非零理想的 q 次幂. 对它的复共轭理想,同样的事实也成立,把这两个理想乘起来,我们得到

$$\left\langle \frac{(x-\zeta)(x-\zeta^{-1})}{(1-\zeta)(1-\zeta^{-1})} \right\rangle = (J\overline{J})^q$$

一个实理想之间的方程. 特别, $J\overline{J}$ 的理想类在群 $H(K)$ 中有阶数 q 或 1,因此属于 $q-$ 准素群 $[H(K)]_q$.

　　设 $\theta \in \mathbf{Z}[G]$ 零化商群 E/C,那么 $E^\theta \subseteq C$. 这样,Thaine 定理蕴含着(这将在 11.10 节里证明) θ 零化 $[H(K)]_q$. 由此推出,正如在 11.6 节中那样

$$\left(\frac{(x-\zeta)(x-\zeta^{-1})}{(1-\zeta)(1-\zeta^{-1})} \right)^\theta = \varepsilon \gamma^q \tag{15}$$

其中 $\varepsilon \in E$ 和 $\gamma \in K^\times$. 由于 γ 根本就不知道,只要考虑 ε 和与它有关的只差一个在 $K^\times$ 中是一个 q 次幂的因子的那种单位. 在下面的讨论中我们实际上将这么做无需专门提及它.

　　因为 $\varepsilon^\theta \in C$,(15)中的单位 ε 本身可以假设在 C 中,这一步需要零化子的一个将在 11.10 节里讨论的精细性质.

对上面的 θ 的一个平凡而重要的选择是范数映射（norm map）

$$N = \sum_c \tau_c$$

或它的一个整数倍数. 事实上, 任何单位的范数是 ± 1. 对一个适当的 $r \in \mathbf{Z}$, 元素

$$((1-\zeta)(1-\zeta^{-1}))^{\theta - rN}$$

是一个分圆单位, 于是方程(15)蕴含着

$$((x-\zeta)(x-\zeta^{-1}))^{\theta - rN} \in \eta(K^\times)^q \quad (\eta \in C) \tag{16}$$

因为 $x \equiv 0 (\bmod\ q^2)$, 由方程(13), 我们发现

$$\eta \equiv 1 (\bmod\ q^2)$$

（记住: η 可以相差一个 q 次幂）. 因为历史的原因, 满足这一条件的分圆单位称为 $q-$ 准素的. 它们构成 C 的一个子群, 记作 C_q.

设 $\theta' \in \mathbf{Z}[G]$ 是 C_q 的一个零化子. 那么从方程(16)可以推出

$$((x-\zeta)(x-\zeta^{-1}))^{\theta' - rN} \in (K^\times)^q \tag{17}$$

从这一关系式, Mihăilescu 有可能达到结论: $\theta\theta' - rN$ 可以被 q 整除, 也就是

$$\theta\theta' - rN = q\omega \quad (\omega \in \mathbf{Z}[G]) \tag{18}$$

结果(18)就是我们所需要的一切. 现在我们转向群 E, 我们发现每一个单位 $e \in E$ 满足条件

$$e^{\theta\theta'} = e^{rN+q\omega} = e^{rN} = 1$$

回忆起 $e^\theta \in C$, 这启示了事实上 θ' 零化了 C 中比仅仅是子群 C_q 更多, 因此迫使 C_q 必须等于 C. 这一论证实际上可以严格化. 这样我们有了所有的分圆单位应该都是 $q-$ 准素的这一结论.

实在很容易就能证明这是不可能的. 完成这一点,

我们也就证完了.

11.9 Mihǎilescu 定理

Mihǎilescu 的关于方程(17)蕴含式(18)这一关键结果有下列的精确表述. 我们回忆一下, x 表示一个整数，连同某一个 y 在一起，形成 Catalan 方法 $x^p - y^q = 1$ 的一组假设的解.

定理 假设 $\theta = \sum_{c=1}^{m} n_c \tau_c \in \mathbf{Z}[G]$ 和

$$((x - \zeta)(x - \zeta^{-1}))^{\theta} \in (K^{\times})^q \qquad (19)$$

如果 $\sum_{c=1}^{m} n_c \equiv 0 (\mathrm{mod}\ q)$，那么每一个 n_c 可被 q 整除，因此 $\theta = q\omega$, $\omega \in \mathbf{Z}[G]$.

这一定理中的论断可能看起来令人欢欣鼓舞，但事实上这一结果是令人震惊的. 在研究 Fermat 问题的人们心里可能设想过某种类似的结果应该成立. 但在那个领域里，却没有找到类似的东西.

为了证明，最关紧要的是 $|x|$ 是大的这一事实. 1964 年由 Hyyrö 证明了一个好的估计 $|x| > q^p$. Hyyrö 的文章出现在 Turku 大学文库，并不容易查到，但导出的其他估计，虽然弱一些，无论如何也够用了.

我们将展示定理证明的主线，并不涉及特别深刻的数学. 证明的一般思路显示出一些与 Bugeaud 和 Hanrot 的思想相类似的东西.

为简化记号，把自同构 τ_c 推广到整个分圆域 $\mathbf{Q}(\zeta)$. $\mathbf{Q}(\zeta)$ 的 Galois 群 G_0 由自同构 $\sigma_1, \cdots, \sigma_{p-1}$ 组成，

其中 $\zeta^{\sigma_k} = \zeta^k$. 因此 τ_c 恰好有扩张 σ_c 和 σ_{p-c}. 设

$$\psi = \sum_{c=1}^{m} n_c(\sigma_c + \sigma_{p-c}) = \sum_{k=1}^{p-1} b_k \sigma_k \in \mathbf{Z}[G_0]$$

其中 $b_c = n_c = b_{p-c}(c=1,\cdots,m)$. 那么

$$((x-\zeta)(x-\zeta^{-1}))^\theta = (x-\zeta)^\theta(x-\zeta^{-1})^\theta = (x-\zeta)^\theta$$

把一个形如 $q\psi_1$ 的适当元素加到 ψ 上,我们可以假设系数 b_k 的取值范围是 $0,\cdots,q-1$. 我们必须证明每一个 b_k 事实上是零.

根据定理的假设,$\sum_{k=1}^{p-1} b_k = tq$,$t \in \{1,\cdots,p-1\}$(排除 $t=0$ 这种平凡的情形). 因为 x 对 σ_k 是不动的,我们有 $(1-\dfrac{\zeta}{x})^\psi = x^{-tq}(x-\zeta)^\psi$. 因此依式(19)

$$\prod_{k=1}^{p-1}\left(1-\frac{\zeta}{x}\right)^{b_k\sigma_k} = \left(1-\frac{\zeta}{x}\right)^\psi = \gamma^q \quad (\gamma \in K^\times)$$

仔细思考将得出实数 γ 可以用二项级数的方法表示如下

$$\gamma = \prod_{k=1}^{p-1}\left(1-\frac{\zeta^k}{x}\right)^{\frac{b_k}{q}} =$$

$$\prod_{k=1}^{p-1}\sum_{\mu=0}^{\infty}\binom{\frac{b_k}{q}}{\mu}\left(-\frac{\zeta^k}{x}\right)^\mu = \sum_{\mu=0}^{\infty}\alpha_\mu(\psi)\left(\frac{1}{x}\right)^\mu$$

级数的系数 $\alpha_\mu = \alpha_\mu(\psi)$ 有形状 $\alpha_\mu = \dfrac{a_\mu}{\mu! \; q^\mu}$,其中 $a_\mu \in$ $\mathbf{Z}[\zeta]$. 用 $q^{E(\mu)}$ 表示除以 $\mu! \; q^\mu$ 之后 q 的准确方幂.

考虑余项 $\Omega = \sum_{\mu=t+1}^{\infty}\alpha_\mu x^{-\mu}$,其中 t 是上面所定义的整数. 数

113

$$\beta = q^{E(t)} x^t \Omega$$

是域 $\mathbf{Q}(\zeta)$ 中的一个整数,也就是说,属于 $\mathbf{Z}[\zeta]$. 人们可以利用 Taylor 级数余项的标准表示法来估计 $|\beta|$. 应用 Hyyrö 的界 $|x| > q^p$,人们可以达到 $|\beta| < 1$ 的结果.(这并不是非常直接的. 对 t 我们需要 $t \leqslant m$ 的界,它可以利用 $\sum_k (q - b_k)\sigma_k$ 代替 $\sum_k b_k \sigma_k$ 这一聪明的技巧. 级数自身处理起来可能不方便,但可以用一个更简单的"控制"级数代替,这是属于 Bilu 的巧妙构想)

论证可以推广到各共轭值 β^{σ_k},它们按绝对值也都小于 1.但这种情况对一个非零的代数整数是不可能的,因此 $\beta = 0$.这样对于 γ,我们的 Taylor 级数简化成有限和!

另一方面,计算 α_t 分子的值给出

$$a_t \equiv \left(- \sum_{k=1}^{p-1} b_k \zeta^k\right)^t (\bmod q)$$

结合方程 $\beta = 0$,这就给出同余方程

$$\sum_k b_k \zeta^k \equiv 0 (\bmod q)$$

反过来这只有当每一个 b_k 是 0 时才有可能,这就是所要证明的结果.

Mihăilescu 的证明出现 8 年后,马上就被数学奥林匹克的命题者注意到,于是以其为背景的试题也被设计出来.这对于数学的普及大有益处.如下例:

已知正整数 n 不为 2 的幂.证明:存在正整数 m 满足:

(1)m 可写成两个连续的正整数乘积;

(2)m 的十进制可表示成 $\overline{a_1 a_2 \cdots a_n a_1 a_2 \cdots a_n}(a_i \in \{0,1,\cdots,9\}, 1 \leqslant i \leqslant n, a_1 \neq 0)$. (2010,中欧数学奥林

114

Catalan Theorem

匹克)

证明 首先给出 Mihăilescu 定理:方程 $x^a - y^b = 1$ 有唯一一组正整数解,即
$$3^2 - 2^3 = 1$$

由定理,知 $10^n + 1$ 不能写成一个素数的方幂.

设 $k(k \geqslant 3)$ 为 n 的一个奇因子,不妨设 $n = kl$,则
$$10^n + 1 = (10^l)^k + 1$$
$$= (10^l + 1)\big[(10^l)^{k-1} -$$
$$(10^l)^{k-2} + \cdots - 10^l + 1\big]$$

故 $10^n + 1$ 有一个非平凡因子 $10^l + 1$.

因此,$10^n + 1$ 不为素数,即存在互素的整数 a,$b(a, b > 1)$,使得 $10^n + 1 = ab$.

故只需证:存在整数 t, s 使得
$$m = (10^n + 1)t = abt = s(s - 1)$$
其中,t 为 n 位数.

由中国剩余定理,知存在小于 10^n 的正整数 s, s' 使得 $s \equiv 1 (\bmod b)$,且 $s \equiv 0 (\bmod a)$;$s' \equiv 1 (\bmod a)$,且 $s' \equiv 0 (\bmod b)$.

因此,$ab \mid s'(s' - 1)$,$ab \mid s(s - 1)$,且 $s + s' \equiv 1 (\bmod ab)$.

由 $1 < s + s' < 2 \times 10^n$,知 $s + s' = ab + 1 = 10^n + 2$.

从而,s, s' 之一大于 $5 \times 10^{n-1}$.

所以,$s'(s' - 1)$,$s(s - 1)$ 之一在 $(25 \times 10^{2n-2}, 10^{2n})$ 中,取为 m 即可.

注:Catalan 猜想:相邻的完全方幂仅有 3^2 与 2^3,即 $x^a - y^b = 1(a > 1, b > 1)$,仅有 $x = 3, a = 2, y = 2, b = 3$ 一组正整数解.

115

此猜想在 2002 年由罗马尼亚数学家 Mihăilescu 完全解决. 因此, 将此猜想称为 Mihăilescu 定理.

11.10　再回到零化子

弄清楚 11.8 节中所描述的证明的细节需要更深刻地探讨零化子. 这带来了证明的一个有趣的代数侧面.

正如 11.8 节所述, 只需考虑单位 $\varepsilon \in E$ 模一个 q 次幂, 或更确切些, 用在群 E/E^q 中的陪集 εE^q 代替 ε. 当一个映射 $\theta = \sum_c n_c \tau_c \in \mathbf{Z}[G]$ 作用在上述群上时, 起作用的并不是系数 n_c 而是它们的模 q 剩余, 这样我们将把系数 n_c 按照具体情况, 或者看成整数, 或者看成它们的模 q 剩余类. 在后一种情况下, 我们有

$$\theta = \sum_{c=1}^{m} n_c \tau_c \in F_q[G], F_q = \mathbf{Z}/q\mathbf{Z}$$

而群 E/E^q 成为环 $R = F_q[G]$ 上的一个模.

有了来自 Theine 定理的群 $[E/C]_q$ 加入游戏, 我们对群 E/CE^q 也对应地引入一个 R - 模. 进一步, 当需要量测群 C 和 C_q 之间的差别时, 利用 R - 模 CE^q/C_qE^q 也是自然的. 这样, 我们需要研究 3 个零化子 (即由问题中零化该模的 R 中元素所构成的集)

$$A_1 = \operatorname{Ann}(E/CE^q), A_2 = \operatorname{Ann}(CE^q/C_qE^q)$$

$$A_3 = \operatorname{Ann}(C_qE^q/E^q)$$

作为 R - 模的零化子, 这些都是 R 的理想.

环 R 看起来像什么呢? F_q 是一个域, 而且群 G 的阶和这个域的特征 q 是互素的, 这一点很重要. 这给出

116

Catalan Theorem

了 R 和它的理想一种明显的结构.(根据 Maschke 定理,R 是一个半单 F_q—代数,且它可以分解成域的直接和;这些理想是主理想,由定义那个分解的一些幂等元之和生成)

还有,出现在上面的 R—模性状整齐,它们是循环的.只要就模 E/E^q 检验这一点就够了,因为其他的模都可以通过形成子模或商模从它得到.E/E^q 的循环性似乎是相当深刻的事实,由于要占用太多的篇幅而不能在此重复它的证明.

每一个循环 R—模 M(非典范)同构于 $R/\mathrm{Ann}(M)$,这是容易证明的.这一同构加上关于 R 的理想的某些信息使我们能够得到结论:理想 $A_1,A_2,$ A_3 是两两互素的,而且

$$A_1 A_2 A_3 = \mathrm{Ann}(E/E^q) = RN$$

这是由范数所生成的主理想.这里第 2 个等式从 (E/E^q) 的循环性推出.

R 的每一个理想 I 是幂等的.换句话说,和它的平方相等.这样,I 的一个元素总可以表示成 I 中任意多个元素的乘积.这是零化子的一个方便性质(在 11.8 节中称为"精细的"),在证明中好几次用到它.

作为第一个说明,让我们指出,人们如何在证明的开始论证每一个 $\theta \in A_1$ 零化 $[H(K)]_q$.只要写下 $\theta = \theta_1 \cdots \theta_z$,其中 $\theta_j \in A_1$,而 z 用 $|[E/C]_q| = q^z$ 来定义.根据 A_1 的定义,我们有 $E^{\theta_j} \subseteq CE^q$,因此 $E^\theta \subseteq CE^{q^z}$.现在令 $\varepsilon C \in [E/C]_q$.那么 $\varepsilon^\theta = \eta \varepsilon_1^{q^z}, \eta \in C$ 和 $\varepsilon_1 \in E$,$\varepsilon_1 C \in [E/C]_q$.由此推出 $\varepsilon^\theta C = (\varepsilon_1 C)^{q^z} = C$,从而 θ 零化群 $[E/C]_q$,而断言的确就成了 Theine 定理的一个推论.

117

其次考察对 $\theta \in A_1$ 的方程(15). 记 $\theta = \theta_1\theta_2$, 其中, $\theta_1, \theta_2 \in A_1$. 那么(15)的右边成为

$$(\varepsilon_1 \gamma_1^q)^{\theta_2} = \varepsilon_1^{\theta_2} (\gamma_1^{\theta_2})^q = \varepsilon_2 \gamma_2^q$$

其中, $\varepsilon_1 \in E$, $\varepsilon_2 \in C$, 而且 $\gamma_1, \gamma_2 \in K^{\times}$. 因此(15)中的单位 ε 可以从 C 中选取, 正如所陈述的那样.

一旦 11.8 节所勾画的论证用一种精确的形式执行到底, 对应于(17)的关系式就陈述为

$$((x-\zeta)(x-\zeta^{-1}))^{\theta_1\theta_3 - rN} \in (K^{\times})^q \qquad (20)$$

对任何 $\theta_1 \in A_1$ 和 $\theta_3 \in A_3$, 其中 $r \in F_q$ 是如此选择使得映射 $\theta_1\theta_3 - rN = \sum_c n_c \tau_c$ 满足条件 $\sum_c n_c = 0$. (事实上我们应该把(20)中的 $\theta_1\theta_3 - rN$ 看成为从 $F_q[G]$ 提升到 $Z[G]$) 那么 Mihăilescu 定理告诉我们 $\theta_1\theta_3 - rN = 0$, 从而 $A_1A_3 \subseteq RN$. 注意 $RN = A_1A_2A_3$ 和 A_1, A_2, A_3 两两互素, 我们导出 $A_2 = \langle 1 \rangle$. 根据 A_2 的定义, 可以推出 $C = C_q$.

11.11　最后, 一个矛盾

等式 $C = C_q$ 意味着, 看成模 q^2 时, K 中的每一个分圆单位是 K 的某个非零整数的 q 次幂.

我们需要在整个域 $Q(\zeta)$ 中的分圆单位的概念. 在这个域里, 这些单位形成了 $Z[\zeta]^{\times}$ 的一个由 C 和 ζ 生成的子群 C_0. 因为 $\zeta = \zeta^{dq}$, 其中 d 是 q 的模 p 的逆, 现在我们有, 在 C_0 中的所有单位都是模 q^2 的 q 次幂.

特别, 单位 $1 + \zeta^q = \dfrac{1 - \zeta^{2q}}{1 - \zeta^q}$ 也是这样的. 这就给出了一个形如 $1 + \zeta^q \equiv \eta^q \pmod{q^2}$ 的同余方程. 这样, 二

项系数的一个熟知性质蕴含着
$$(1+\zeta)^q \equiv \eta^q \pmod q$$
根据指数提升规则,我们得到
$$(1+\zeta)^q \equiv 1+\zeta^q \pmod{q^2}$$
因此多项式
$$f(T)=\frac{1}{q}((1+T)^q-1-T^q) \in \mathbf{Z}[T]$$
有 ζ 作为模 q 的一个零点,而且同 ζ 在一起,还有它的共轭值 $\zeta^k,k=1,\cdots,p-1$. 考虑 $f(T)$ 作为域 $\mathbf{Z}[\zeta]/Q$ 上的多项式,其中 Q 是 $\langle q\rangle$ 的一个素理想因子. 因为多项式有 $p-1$ 个不同的零点,它的次数 $q-1$ 至少是 $p-1$. 素数 p 和 q 是不同的,因此我们必须有 $q>p$. 但正如从(8)可以看到的,p 和 q 可以交换,这就证明了上面的不等式不可能成立.

11.12 结　束　语

我们自然要问 Catalan 方程是否在不同于 $\mathbf{Z}$ 的区域里有解. 这个问题 Ribenboim 简略地讨论过.

一个直接的类似应该是一个代数数域 F 里的整数. 正如这里所陈述的,在这种情况下,Tijdeman 的结果有一个推广. 事实上,在某些适当的条件下,方程
$$x^u - y^v = 1 \quad (u>1, v>1) \tag{21}$$
的解可以由一个有效的常数从上面界住,其中 x 和 y 是 F 中的整数. 在这里界住 x 和 y 意味着界住所有它们的共轭数的绝对值.

一个值得研究的问题可能是,域 $F=\mathbf{Q}(\zeta)$ 中的方

程(21),其中 $u=p$,p 是一个奇素数,ζ 和上面一样是1
的一个本原 p 次根. 因为 Theine 定理应用于这一情况
可能发展出类似于 Mihăilescu 的思想,也许甚至可以
从一个更一般的方程式,例如 $x^p - y^v = \zeta$ 出发. 不过
Mihăilescu 定理的证明 11.9 节对所有类型的修正是
非常敏感的,因此似乎不会有直接的推广.

也许有人会怀疑,方程(21) 是否可以在函数域里
得到解决. 不过由 Nathanson 的下述结果的启示,这个
问题不十分有趣. 设 F 是一个特征除不尽 v 的域. 如果
$u > 2$ 和 $v > 2$,对 $x,y \in F(X)$,方程(21) 蕴含着 x,
y 必须是常数.

第三编
Catalan 猜想在中国

指数丢番图方程 $|a^x - b^y| = c$

设 a,b 和 c 都是正整数. $N'(a,b,c)$ 表示指数丢番图方程 $|a^x - b^y| = c$ 的正整数解 (x,y) 的个数. 四川师范大学数学与计算机科学学院的何波教授 2009 年证明了:对于正整数 $N,k \geqslant 2$,如果

$$(a,b) = (N^k + 1, N)$$

那么除了

$$N'(5,2,3) = 3$$
$$N'(5,2,123) = 2$$

和

$$N'(2^k + 1, 2, 2^k - 1) = 2 \quad (k \geqslant 3)$$

以外,均有

$$N'(a,b,c) \leqslant 1$$

123

12.1　引　　言

设 a,b 和 c 是正整数. 指数丢番图方程
$$a^x - b^y = c \qquad (1)$$
是一类重要的丢番图方程. 与群论、组合论等数学中的其他内容有着直接而密切的联系.

设 $N(a,b,c)$ 表示方程(1) 的整数解 (x,y) 的个数. 1936 年, Herschfeld 证明了, $(a,b)=(3,2)$ 时, 如果 c 充分大, 那么 $N(a,b,c) \leqslant 1$. 随后, Pillai 运用 Siegel 对代数数的有理逼近的结果, 将上述关于解数的结论扩展到了 $\gcd(a,b)=1$ 且 $|c|>c_0(a,b)$ 的情形. 由于他们的结论都依赖于 Siegel 的非实效性方法, 所以常数 $c_0(a,b)$ 是不可计算的. Pillai 猜想当 $(a,b)=(3,2)$ 时, 有 $c_0(a,b)=13$. 1982 年, Stroeker 和 Tijdeman 运用 Gel′fond-Baker 方法证实了 Pillai 的这一猜想.

当方程(1) 中 $c=1$ 时, 此时方程写为 $a^x - b^y = 1$, 这是 Catalan 方程的形式. Levegue, Cassels 和柯召均有过一些工作. 对于方程(1) 的一般情形, 1992 年, 乐茂华证明了当 $\min\{a,b\} \geqslant 10^5$ 时, $N(a,b,c) \leqslant 2$. 2005 年, Bennett 证明了该结果在不需要条件 $\min\{a, b\} \geqslant 10^5$ 下也是正确的. 由于长期以来已知可使 $N(a, b,c)=2$ 的整数对只有
$$\begin{aligned} (a,b) \text{ 或}(b,a) &= (2,3),(2,5),(2,6),(2,91), \\ &\quad (3,6),(3,13),(5,280),(6,15), \\ &\quad (30,4\,930) \end{aligned} \qquad (2)$$
所以有一个较 Pillai 猜想更强的猜想:

124

猜想 1   除了式（2）给出的例外情形外，均有 $N(a,b,c) \leqslant 1$.

猜想 1 是一个目前尚未解决的问题. 近年来，人们考虑了比方程（1）更一般的方程

$$|\, a^x - b^y \,| = c \tag{3}$$

类似地定义 $N'(a,b,c)$ 表示方程（3）的整数解 (x,y) 的个数，易知 $N(a,b,c) \leqslant N'(a,b,c)$. 最近，Scott 和 Styer 运用 Gel′fond-Baker 方法，结合 Bennett 和 Scott 自己的一些早期工作，证明除了

$$(a,b,c) \text{ 或 } (b,a,c) = (3,2,5),(3,2,1),(5,2,3)$$

以外，均有

$$N'(a,b,c) \leqslant 2$$

2003 年，Bennett 利用丢番图逼近的有关结论，证明了：如果 $(a,b) = (N+1, N)$，$N \geqslant 2$，那么除了 $(N,c) = (2,1),(2,5),(2,7),(2,13),(2,23)$ 或 $(3,13)$ 以外，均有 $N'(a,b,c) \leqslant 1$. 本文的主要目的是推广 Bennett 这一结论，证明了

定理   对于正整数 $N,k \geqslant 2$，如果

$$(a,b) = (N^k + 1, N)$$

除了

$$N'(5,2,3) = 3, N'(5,2,123) = 2$$

和

$$N'(2^k + 1, 2, 2^k - 1) = 2 \quad (k \geqslant 3)$$

以外，均有

$$N'(a,b,c) \leqslant 1$$

12.2 引　　理

对于实数 η，设 $\|\eta\|$ 表示 η 与离它最近的整数的距离，即 $\|\eta\| = \min\{|\eta - M| \mid M \in \mathbf{N}\}$.

引理 1　如果正整数 a 和 x 适合 $4 \leqslant a \leqslant x \cdot 3^x$，那么

$$\left\| \left(\frac{a+1}{a}\right)^x \right\| > 3^{-x} \tag{4}$$

证明　参见文章 On the generalized Pillai equation $\pm a^x \pm b^y = c$.

以下设正整数 N, k, x, y 适合 $N \geqslant 2, k \geqslant 2$.

引理 2　若 $y > kx$，则

$$|(N^k + 1)^x - N^y| > \left(\frac{N^k}{3}\right)^x \tag{5}$$

证明　因为 $y > kx$，我们有

$$|(N^k + 1)^x - N^y| = N^{kx}\left|\left(\frac{N^k + 1}{N^k}\right)^x - N^{y-kx}\right|$$
$$\geqslant N^{kx}\left\|\left(\frac{N^k + 1}{N^k}\right)^x\right\|$$

从 $N, k \geqslant 2$ 可知 $N^k \geqslant 4$. 若 $N^k \leqslant x \cdot 3^x$，则从引理 1 立得结论. 否则，$N^k > x \cdot 3^x > 3x$，此时有

$$(N^k + 1)^x - N^y \leqslant (N^k + 1)^x - N^{kx+1}$$

$$= N^{kx}\left(\left(\frac{N^k + 1}{N^k}\right)^x - N\right) < N^{kx}\left(\left(\frac{N^k + 1}{N^k}\right)^{\frac{N^k}{3}} - N\right)$$

上述连续的不等式的最后一式是负数，所以每一式都是负数，于是

$$|(N^k + 1)^x - N^y| > N^{kx}(N - \mathrm{e}^{\frac{1}{3}}) > \left(\frac{N^k}{3}\right)^x$$

Catalan Theorem

引理 2 证毕.

设 p 是素数, $\mathrm{ord}_p(n)$ 表示 p 在正整数 n 的分解式中的次数, $v_p(n)$ 和 $\log_p(n)$ 分别表示有理数 n 的 $p-$adic 赋值和 $p-$adic 对数. 我们有 $v_p(n) = p^{-\mathrm{ord}_p(n)}$, 并且当 $p \mid n$ 时, $p-$adic 对数满足通常的对数幂级数展开式 $\log_p(1+n) = \sum_{r=1}^{\infty} (-1)^{r+1} \dfrac{n^r}{r}$.

引理 3 如果同余式
$$N^y \equiv 1(\mathrm{mod}(N^k+1)^x) \tag{6}$$
成立, 则 $d \mid y$. 其中:

①$d = 2k(N^k+1)^{x-1}$, 若 $2 \mid N$ 或 $x=1$;

②$d = 2^{2-x}k(N^k+1)^{x-1}$, 若 $N^k \equiv 1(\mathrm{mod}\ 4)$ 且 $x \leqslant \mathrm{ord}_2(N^k-1)+1$;

③$d = 2^{1-\mathrm{ord}_2(N^k-1)}k(N^k+1)^{x-1}$, 其他.

证明 首先从 $N^k+1 \mid N^y-1$ 可知 $2k \mid y$, 可设 $y = 2kz, z \in \mathbf{N}$. 设 p 是 N^k+1 的任一素因子, 当 $p=2$ 时, 有 $N^{2kz} \equiv 1(\mathrm{mod}\ 4)$ 以及当 p 为奇素数时 $N^{2kz} \equiv 1(\mathrm{mod}\ p)$. 于是可知
$$v_p(N^{2kz}-1) = v_p(\log_p(N^{2kz}))$$
由此以及式(6)可得
$$\begin{aligned}
v_p((N^k+1)^x) &\geqslant v_p(N^{2kz}-1) = v_p(z\log_p(N^{2k})) \\
&= v_p(z)v_p(\log_p(N^{2k})) \\
&= v_p(z)v_p(N^{2k}-1) \\
&= v_p(z)v_p(N^k+1)v_p(N^k-1)
\end{aligned}$$
那么就有
$$\mathrm{ord}_p((N^k+1)^{x-1}) \leqslant \mathrm{ord}_p(z) + \mathrm{ord}_p(N^k-1) \tag{7}$$
当 p 是奇素数时, 从 $p \mid N^k+1$ 可知 $p \nmid N^k-1$, 即 $\mathrm{ord}_p(N^k-1)=0$. 若 $2 \mid N$, 则 N^k+1 的素因子全是奇

127

数,由式(7)可得情形 ①. 若 $2 \nmid N$,则须考虑 $p=2$,从式(7)可得

$$\mathrm{ord}_2((N^k+1)^{x-1}) \leqslant \mathrm{ord}_2(z) + \mathrm{ord}_2(N^k-1) \quad (8)$$

从式(7)、(8)可得情形 ②、③.引理 3 证毕.

引理 4　如果同余式

$$(N^k+1)^x \equiv 1(\mathrm{mod}\ N^y) \quad (9)$$

成立,则当 $y \geqslant k$ 时,有 $N^{y-k} \mid x$.

证明　类似于引理 3.从式(9)可知

$$(N^k+1)^{2x} \equiv 1(\mathrm{mod}\ 2N^y)$$

设 p 是 N 的任一素因子,当 $p=2$ 时,有

$$(N^k+1)^{2x} \equiv 1(\mathrm{mod}\ 4)$$

以及当 p 为奇素数时

$$(N^k+1)^{2x} \equiv 1(\mathrm{mod}\ p)$$

于是可知

$$v_p((N^k+1)^{2x}-1) = v_p(\log_p((N^k+1)^{2x}))$$

由此及式(9)可得

$$v_p(2N^y) \geqslant v_p(x)v_p(N^k+2)v_p(N^k)$$

于是

$$\mathrm{ord}_p(2N^{y-k}) \leqslant \mathrm{ord}_p(x) + \mathrm{ord}_p(N^k+2) \quad (10)$$

当 $2 \nmid N$ 时无须考虑 $p=2$,立得结论.又当 $2 \mid N$ 时,从 $k \geqslant 2$ 可知 $N^k \equiv 0(\mathrm{mod}\ 4)$ 时 $\mathrm{ord}_2(N^k+2)=1$,刚好和式(10)左端的因子 2 的次数相等,也得结论.引理 4 证毕.

引理 5　如果正整数 $a,b \geqslant 2, 1 \leqslant c \leqslant 100$,那么方程(1)至多只有一组正整数解 (x,y),除了当 $(a,b,c)=(3,2,1),(2,3,5),(2,3,13),(4,3,13),(16,3,13),(2,5,3),(13,3,10),(91,2,89),(6,2,4)$ 或 $(15,6,9)$ 时,方程(1)恰好有两组正整数解 (x,y).

证明　参见文章 On Some Exponetial Equations of S. S. Pillai（M. Bennett，Canadian Journal of Mathematics，2001，53(5)：897-922）定理 1.5。

引理 6　如果 $a \in \{3, 5, 17, 257, 65\,537\}, b \geqslant 2$，那么方程(1)至多只有一组正整数解 (x, y)，除了当 $(a, b, c) = (3, 2, 1)$ 时方程(1)有两组正整数解 $(x, y) = (1, 2), (2, 3)$。

证明　参见文章 On Some Exponetial Equations of S. S. Pillai（M. Bennett，Canadian Journal of Mathematics，2001，53(5)：897-922）推论 1.7。

12.3　定理的证明

设正整数 N, k, c, x, y 适合 $N \geqslant 2, k \geqslant 2$，且
$$|(N^k + 1)^x - N^y| = c \tag{11}$$
若 $N'(a, b, c) > 1$，设 $(x, y) = (x_i, y_i)(i = 1, 2)$ 是方程(11)满足 $(x_1, y_1) \neq (x_2, y_2)$ 且 $1 \leqslant x_1 \leqslant x_2$ 的正整数解。考虑方程(11)的以下三种情形。

结论 1　方程
$$(N^k + 1)^{x_1} + (N^k + 1)^{x_2} = N^{y_1} + N^{y_2} \tag{12}$$
当且仅当 $N = 2$ 时有正整数解。除了 $k = 2$ 时有解
$$5 + 5^3 = 2 + 2^7 = 130$$
外，其余正整数解都满足
$$(x_1, x_2, y_1, y_2) = (1, 1, 1, k + 1) \quad (k \geqslant 3)$$

结论1的证明　不妨设 $1 \leqslant y_1 \leqslant y_2$。对方程(12)

取模 N，得到 $2 \equiv 0 \pmod{N}$，于是 $N = 2$. 将方程(12)写为

$$(2^k + 1)^{x_1} + (2^k + 1)^{x_2} = 2^{y_1} + 2^{y_2} \qquad (13)$$

对方程(13)取模4，有 $2 \equiv 2^{y_1} + 2^{y_2} \pmod 4$，于是必有 $y_1 = 1$. 将方程(13)写为

$$(2^k + 1)^{x_1} + (2^k + 1)^{x_2} = 2 + 2^{y_2} \qquad (14)$$

从 $2^k + 1 \mid 2 + 2^{y_2}$ 且 $\gcd(2^k + 1, 2) = 1$ 可知

$$2^k + 1 \mid 2^{y_2 - 1} + 1$$

此时满足 $k \mid y_2 - 1$ 且 $\dfrac{y_2 - 1}{k}$ 为奇数.

另一方面，对方程(14)取模 $2^{k-1} + 1$，有

$$(-1)^{x_1} + (-1)^{x_2} = 2 + 2^{y_2} \pmod{2^{k-1} + 1} \qquad (15)$$

当 x_1 和 x_2 均为偶数时得到 $2^{k-1} + 1 \mid 2^{y_2}$ 的矛盾. 又当 x_1 和 x_2 一奇一偶时，从式(15)可知 $2^{k-1} + 1 \mid 2 + 2^{y_2}$，于是 $2^{k-1} + 1 \mid 2^{y_2 - 1} + 1$. 此时应满足 $k - 1 \mid y_2 - 1$ 且 $\dfrac{y_2 - 1}{k - 1}$ 为奇数. 由于 k 和 $k - 1$ 都是 $y_2 - 1$ 的因数，所以 $y_2 - 1$ 是偶数，这样在 $\dfrac{y_2 - 1}{k}$ 和 $\dfrac{y_2 - 1}{k - 1}$ 中至少有一个是偶数，矛盾. 所以 x_1 和 x_2 都是奇数.

从方程(14)可知 $y_2 > kx_2$，此时由引理2可得

$$(2^k + 1)^{x_1} = 2 + 2^{y_2} - (2^k + 1)^{x_2} > 2 + \left(\frac{2^k}{3}\right)^{x_2} \qquad (16)$$

因为 $x_1 \leqslant x_2$，所以有 $2(2^k + 1)^{x_2} > 2^{y_2}$，即

$$x_2 > \frac{\log 2}{\log(2^k + 1)}(y_2 - 1) \qquad (17)$$

再从方程(14)可知

$$2^{y_2 - 1} \equiv -1 \pmod{(2^k + 1)^{x_1}}$$

$$2^{2y_2-2} \equiv 1(\bmod (2^k+1)^{x_1})$$

此时由引理 3 可得

$$y_2 - 1 \geqslant k(2^k+1)^{x_1-1} \qquad (18)$$

于是结合式（16）～（18）可得

$$(2^k+1)^{x_1} > 2 + \left(\frac{2^k}{3}\right)^{\frac{\log(2^k)}{\log(2^k+1)}(2^k+1)^{x_1-1}} \qquad (19)$$

当 $x_1 \geqslant 3$ 时，从式（19）推出 $k < 2$，此与 $k \geqslant 2$ 矛盾. 由于 x_1 是奇数，所以 $x_1 = 1$. 此时方程（14）可写为

$$(2^k+1)^{x_2} + 2^k - 1 = 2^{y_2} \qquad (20)$$

从式（20）及引理 2 可知 $2^k > 2^k - 1 > \left(\frac{2^k}{3}\right)^{x_2}$，于是

$$x_2 < \frac{k\log 2}{k\log 2 - \log 3} < 49 \qquad (21)$$

因为 x_2 是奇数，所以 $x_2 = 1$ 或 3. 当 $x_2 = 3$ 时，再从式（21）得到 $k < 2.4$，于是 $k = 2$，此时得到方程（12）的一组解

$$(x_1, x_2, y_1, y_2) = (1, 3, 1, 7)$$

即 $5 + 5^3 = 2 + 2^7$. 当 $x_2 = 1$ 时，得到方程（12）的另一组解

$$(x_1, x_2, y_1, y_2) = (1, 1, 1, k+1)$$

结论 1 证毕.

结论 2　方程

$$(N^k+1)^{x_1} - N^{y_1} = (N^k+1)^{x_2} - N^{y_2} = c > 0 \qquad (22)$$

没有正整数解.

结论 2 **的证明**　因为 $1 \leqslant x_1 \leqslant x_2$. 从方程（22）可知 $x_1 < x_2, y_1 < y_2$. 如果 $y_2 \leqslant kx_2$，那么

$$(N^k+1)^{x_1} - N^{y_1} = (N^k+1)^{x_2} - N^{y_2}$$
$$\geqslant (N^k+1)^{x_2} - N^{kx_2}$$

$$\geqslant (N^k+1)^{x_1+1} - N^{kx_1+k}$$

可得

$$N^{kx_1+k} > (N^k+1)^{x_1+1} - (N^k+1)^{x_1} = N^k(N^k+1)^{x_1}$$

使得有 $N^{kx_1} > (N^k+1)^{x_1}$ 这一矛盾. 所以 $y_2 > kx_2$.

此时从方程(22)和引理 2 可知

$$(N^k+1)^{x_1} > N^{y_1} + \left(\frac{N^k}{3}\right)^{x_2} \tag{23}$$

以及 $x_2 > \dfrac{\log N}{\log(N^k+1)} \cdot y_2$. 并且由

$$N^{y_2-y_1} \equiv 1(\mathrm{mod}(N^k+1)^{x_1})$$

及从引理 3 可知

$$y_2 - y_1 \geqslant 2k\left(\frac{N^k+1}{2}\right)^{x_1-1} \tag{24}$$

于是有

$$(N^k+1)^{x_1} > N^{y_1} + \left(\frac{N^k}{3}\right)^{\frac{\log N}{\log(N^k+1)} \cdot \left(y_1+2k\left(\frac{N^k+1}{2}\right)^{x_1-1}\right)}$$

$$> N^{y_1} + \left(\frac{N^k}{3}\right)^{\frac{2\log N^k}{\log(N^k+1)} \cdot \left(\frac{N^k+1}{2}\right)^{x_1-1}}$$

若 $N^k \geqslant 8$,从式(25)可知 $x_1 < 2$,所以 $x_1 = 1$. 此时有

$$N^k > N^k + 1 - N^{y_1} > \left(\frac{N^k}{3}\right)^{\frac{2\log N^k}{\log(N^k+1)}} \tag{25}$$

立即推出 $N^k \leqslant 9$. 于是 $c = N^k + 1 - N^{y_1} \leqslant 7$,从引理 5 可知此时 $N(a,b,c) \leqslant 1$.

若 $N^k < 8$,则 $N^k = 4$,此时方程(1)中 $(a,b) = (5, 2)$,从引理 6 可知至多只有一组解.

结论 3 方程

$$N^{y_1} - (N^k+1)^{x_1} = N^{y_2} - (N^k+1)^{x_2} = c > 0$$

$$\tag{26}$$

当且仅当 $N=k=2$ 时有正整数解 $2^3-5=2^7-5^3=3$.

结论 3 **的证明** 因为 $1 \leqslant x_1 \leqslant x_2$. 从方程(27)可知 $x_1 < x_2, y_1 < y_2$. 显然有 $y_2 > kx_2$. 从方程(27)和引理 2 可知

$$N^{y_1} > (N^k+1)^{x_1} + \left(\frac{N^k}{3}\right)^{x_2} \qquad (27)$$

从方程(27)可知 $y_1 > k$ 以及

$$(N^k+1)^{x_2-x_1} \equiv 1 (\bmod N^{y_1})$$

此时从引理 4 可知

$$x_2 - x_1 \geqslant N^{y_1-k} \qquad (28)$$

从式(28),(29)可推出

$$N^{y_1} > (N^k+1)^{x_1} + \left(\frac{N^k}{3}\right)^{x_1+N^{y_1-k}}$$

$$\geqslant N^{k+1} + \left(\frac{N^k}{3}\right)^{1+N^{y_1-k}} \qquad (29)$$

设 $y_0 = y_1 - k$, 因为 $y_1 > k$, 所以 $y_0 \geqslant 1$. 从式(30)可得

$$3N^{y_0} > \left(\frac{N^k}{3}\right)^{N^{y_0}} \qquad (30)$$

若 $N^k \geqslant 8$, 从式(31)推出 $N^{y_0} < 2$ 的矛盾, 于是必有 $N=k=2$. 此时从引理 6 可知仅有整数解

$$2^3 - 5 = 2^7 - 5^3 = 3$$

结论 3 证毕.

定理的证明 由结论 1,2,3 可知, 除了

$$(a,b) = (2^k+1, 2) \quad (k \geqslant 2)$$

以外均有

$$N'(a,b,c) \leqslant 1$$

当 $(a,b)=(5,2)$ 时, 有例外情况

$$2^7 - 5 = 5^3 - 2 = 123$$

以及 $2^7 - 5^3 = 2^3 - 5 = 5 - 2 = 3$. 当 $(a,b) = (2^k + 1, 2)$
$(k \geqslant 3)$ 时,有例外情况
$$(2^k + 1) - 2 = 2^{k+1} - (2^k + 1)$$
$$= 2^k - 1$$

定理证毕.

广义 Catalan 猜想

贺州学院理学院的刘志伟教授 2013 年研究了广义 Catalan 猜想. 利用三项丢番图方程的性质,解决了当 mn 是偶数时的广义 Catalan 猜想,并首次提出了 $\forall m \in \mathbf{N}, \forall n \in \mathbf{N}$,广义 Catalan 方程仅有 $(X, Y, m, n) = (3, 2, 2, 3)$ 解的猜想.

13.1 引 言

设 $\mathbf{Z}, \mathbf{N}, \mathbf{Q}$ 分别表示全体整数,正整数以及有理数的集合. 1844 年,Catalan 曾经猜测:正整数 8 和 9 是唯一的两个连续的完全方幂. 显然,上述猜想可表述为

猜想 1　方程

$$x^m - y^n = 1 \quad (x, y, m, n \in \mathbf{N}, m > 1, n > 1) \ (1)$$

仅有解 $(x, y, m, m) = (3, 2, 2, 3)$.

这是数论中的一个著名难题,一百多年来人们曾对此有过大量的研究. 例如,Lebesgue 证明了:方程 (1) 没有适合 $2 \mid n$ 的解 (x, y, m, n);柯召证明了:方程 (1) 仅有解 $(x, y, m, n) = (3, 2, 2, 3)$ 适合 $2 \mid n$. 2004 年,这一猜想最终由 Mihǎilescu 完全解决.

1986 年,Shorey 和 Tijdeman 将 Catalan 猜想扩展到了有理数的范围,提出了以下猜想:

猜想 2　方程

$$X^m - Y^n = 1$$
$$(CX, Y \in \mathbf{Q}, X > 0, Y > 0,$$
$$m, n \in \mathbf{N}, m > 1, n > 1, mn > 4) \qquad (2)$$

仅有有限多组解 (X, Y, m, n).

上述猜想称为广义 Catalan 猜想. 由于该猜想与著名的广义 Fermat 猜想有直接的联系,所以这是一个很有意义但又非常困难的问题,目前仅解决了一些极特殊的情况. 例如,van der Poorten 证明了:对于给定的 S 集合,即由有限多个素数经乘法生产的正整数的集合,方程 (2) 仅有有限多组解 (X, Y, m, n) 可使 X 和 Y 都是 S - 整数,即分母是该 S 集合中元素的有理数.

本文运用三项丢番图方程的性质完整地解决了广义 Catalan 猜想在 mn 是偶数时的情况,即证明了:

定理　方程 (2) 仅有解 $(X, Y, m, n) = (3, 2, 2, 3)$ 适合 $2 \mid mn$,而且该方程除此以外的解 (X, Y, m, n) 都满足

$$\gcd(m, n) = 1, 2 \nmid mn, m \geqslant 3, n \geqslant 3, mn \geqslant 15$$

$$(3)$$

136

最后,根据上述结果以及 Fermat 猜想,本文提出以下猜想:

猜想3 方程(2)仅有解
$$(X,Y,m,n)=(3,2,2,3)$$

13.2 若 干 引 理

引理1 对于正整数 m 和 n,设
$$d=\gcd(m,n),I=\operatorname{lcm}(m,n) \qquad (4)$$
此时必有 dI.

证 因为 $d=\gcd(m,n)$,所以
$$m=dm_1,n=dn_1$$
$$(m_1,n_1\in \mathbf{N},\gcd(m_1,n_1)=1) \qquad (5)$$
从式(5)可得 $I=mn/d=dm_1n_1$,由此可知 dI.

引理2 方程
$$X^3+Y^3=2Z^3$$
$$(X,Y,Z\in \mathbf{Z},XYZ\neq 0,\gcd(X,Y)=1) \qquad (6)$$
仅有解 $(X,Y,Z)=(\lambda,\lambda,\lambda)$,其中 $\lambda\in\{\pm 1\}$.

证 参看文章 Theorematum quorandam arithmeticorum demonstrations.

引理3 方程
$$X^2+Y^3=2Z^6$$
$$(X,Y,Z\in \mathbf{Z},XYZ\neq 0,\gcd(X,Y)=1) \qquad (7)$$
仅有解 $(X,Y,Z)=(3\lambda_1,-2,\lambda_2)$,其中 $\lambda_1,\lambda_2\in\{\pm 1\}$.

证 设 (X,Y,Z) 是方程(7)的一组解.由于此时 $(\lambda_1 X,Y,\lambda_2 Z)$ 都是式(7)的解,所以不妨假定 $X>0$ 且 $Z>0$.

首先讨论 $Y > 0$ 时的情况. 此时从式(7)可得

$$Z^6 - X^2 = (Z^3 + X)(Z^3 - X) = Y^3 > 0 \qquad (8)$$

如果 Y 是奇数,则因 $\gcd(X,Y) = 1$,所以 X 和 Z 一奇一偶,而且 $\gcd(Z^3 + X, Z^3 - X) = 1$. 因此从式(8)可得

$$Z^3 + X = a^3, Z^3 - X = b^3, Y = ab$$
$$(a,b \in \mathbf{Z}, \gcd(X,Y) = 1) \qquad (9)$$

在式(9)的第一和第二个等式中消去 X 即得

$$a^3 + b^3 = 2Z^3 \qquad (10)$$

根据引理 2,从式(10)可得 $a = b = Z = 1$. 然而,此时从式(9)可得 $X = 0$,故不可能.

如果 Y 是偶数,则 X 和 Z 都是奇数,而且

$$\gcd(Z^3 + X, Z^3 - X) = 2$$

因此从式(8)可得

$$Z^3 + \varepsilon X = 2a^3, Z^3 - \varepsilon X = 4b^3, Y = 2ab$$
$$(a,b \in \mathbf{Z}, \gcd(a,b) = 1, \varepsilon \in \{\pm 1\}) \qquad (11)$$

从式(11)可得

$$Z^3 + (\quad a)^3 = 2b^3 \qquad (12)$$

根据引理 2,从式(12)可知 $Z = -a$. 然而,因为 a 和 Z 都是正整数,故不可能. 从以上分析可知方程(7)没有适合 $Y > 0$ 的解 (X,Y,Z).

其次讨论 $Y < 0$ 时的情况,设

$$Y' = -Y \qquad (13)$$

此时 Y' 是正整数,将式(13)代入式(7),即得

$$X^2 - Z^6 = (X + Z^3)(X - Z^3) = Y'^3 > 0 \qquad (14)$$

如果 Y' 是奇数,则从式(14)可知

$$X + Z^3 = a^3, X - Z^3 = b^3, Y' = 2ab$$
$$(a,b \in \mathbf{Z}, \gcd(a,b) = 1) \qquad (15)$$

138

从式(15) 可得

$$a^3 + (-b)^3 = 2Z^3 \qquad (16)$$

然而,由于 a 和 b 是互素的正整数,所以根据引理 2 可知式(16) 不成立.

如果 Y' 是偶数,则从式(14) 可知

$$X + \varepsilon Z^3 = 2a^3, X - \varepsilon Z^3 = 4b^3, Y = 2ab$$

$$(a,b \in \mathbf{Z}, \gcd(a,b) = 1, \varepsilon \in \{\pm 1\}) \qquad (17)$$

从式(17) 可得

$$a^3 + (-\varepsilon Z)^3 = 2b^3 \qquad (18)$$

根据引理 2,从式(18) 可得 $a = b = -\varepsilon Z = 1$. 将此代入式(17) 即得 $X = 3, Y' = 2, Z = 1$. 因此,方程(7) 仅有解 $(X,Y,Z) = (3,-2,1)$ 满足 $X > 0$ 以及 $Z > 0$,故引理得证.

引理 4   方程

$$X^4 - 6X^2Y^2 - 3Y^4 = Z^2$$

$$(X,Y,Z \in \mathbf{N}, \gcd(X,Y) = 1, 2 \mid XY) \qquad (19)$$

无解 (X,Y,Z).

证   设 (X,Y,Z) 是方程(19) 的一组解,因为 $\gcd(X,Y) = 1$ 且 $2 \mid XY$,所以 X 和 Y 必定一奇一偶. 如果 X 是偶数,则 Y 和 Z 都是奇数,故从式(19) 可得

$$4 \equiv Z^2 + 3Y^4 \equiv X^2(X^2 - 6Y^2) \equiv 0 \pmod 8$$

这一矛盾. 因此 X 必为奇数,Y 是偶数,从式(19) 可知

$$(X^2 - 3Y^2)^2 - Z^2 = 12Y^4 \qquad (20)$$

因为 $\gcd(X,Y) = 1$,所以

$$\gcd(\mid X^2 - 3Y^2 \mid + Z, \mid X^2 - 3Y^2 \mid - Z) = 2$$

因此从式(20) 可得

$$\mid X^2 - 3Y^2 \mid + \varepsilon Z = 2a^4$$

$$\mid X^2 - 3Y^2 \mid - \varepsilon Z = 6b^4$$

$$Y = ab$$

$$a,b \in \mathbf{N}, \gcd(a,b)=1, 2 \mid ab, \varepsilon \in \{\pm 1\} \quad (21)$$

从式(21)可知

$$\mid X^2 - 3Y^2 \mid = \mid X^2 - 3a^2b^2 \mid = a^4 + 3b^4 \quad (22)$$

如果 $X^2 - 3Y^2 < 0$，则从式(22)可得 $3 \mid a^4 + X^2$，故不可能. 故此方程(19)的任何一组解 (X,Y,Z) 都满足

$$X^2 - 3Y^2 > 0 \quad (23)$$

并且从式(22)可得

$$X^2 = a^4 + 3a^2b^2 + 3b^4 \quad (24)$$

从式(23)可知方程(19)必有解 (X_0,Y_0,Z_0) 适合

$$0 < X_0^2 - 3y_0^2 \leqslant x^2 - 3y^2 \quad (25)$$

其中的 X 和 Y 过该方程的所有解 (X,Y,Z)，从式(21)和(24)可知

$$X_0^2 = c^4 + 3c^2d^2 + 3d^4 \quad (26)$$

其中 c 和 d 适合

$$Y_0 = c,d \quad (c,d \in \mathbf{N}, \gcd(c,d)=1, 2cd) \quad (27)$$

因为 $\gcd(c,d)=1$ 且 $2cd$，所以 c 和 d　奇　偶. 如果 c 是偶数，则因 d 和 X_0 都是奇数，故从式(26)可得

$$1 \equiv X_0^2 \equiv c^4 + 3c^2d^2 + 3d^4 \equiv 3d^4 \equiv 3 \pmod 4$$

这一矛盾，因此 c 必为奇数，d 是偶数，故有

$$d = 2e \quad (e \in \mathbf{N}) \quad (28)$$

将式(28)代入式(26)得

$$X_0^2 = c^4 + 12c^2e^2 + 48e^4 = (c^2 + 6e^2)^2 + 12e^4 \quad (29)$$

式(29)可知 e 是偶数，而且

$$X_0 + \varepsilon(c^2 + 6e^2) = 2f^4$$

$$X_0 - \varepsilon(c^2 + 6e^2) = 6g^4, e = fg$$

140

$$(f,g \in \mathbf{N}, \gcd(f,g)=1, 2 \mid fg, \varepsilon \in \{\pm 1\})$$
$$(30)$$

从式(30)可得

$$c^2 + 6e^2 = c^2 + 6f^2g^2 = \varepsilon(f^4 - 3g^4) \quad (\varepsilon \in \{\pm 1\})$$
$$(31)$$

如果 $\varepsilon = -1$，则从式(3)可得 $3 \mid c^2 + f^4$ 这一矛盾，故必有 $\varepsilon = 1$. 此时从式(3)可得

$$c^2 = f^4 - 6f^2g^2 - 3g^4 \qquad (32)$$

从式(32)可知方程(19)有解

$$(X, Y, Z) = (f, g, c) \qquad (33)$$

因此从式(25)和(33)可知

$$0 < X_0^2 - 3Y_0^2 \leqslant f^2 - 3g^2 \qquad (34)$$

然而从式(26)~(28),(30)和(34)可得

$$0 < X_0^2 - 3Y_0^2 = c^4 + 48e^4 = c^4 + 48f^4g^4 \leqslant$$
$$f^2 - 3g^2 < f^2 \qquad (35)$$

这一矛盾. 由此方程可知方程(19)无解.

引理 5　方程

$$X^4 + 3X^2Y^2 + 3Y^4 = Z^2$$
$$(X, Y, Z \in \mathbf{N}, \gcd(X,Y)=1) \qquad (36)$$

无解 (X, Y, Z).

证　设 (X, Y, Z) 是方程(36)的一组解. 如果 X 和 Y 都是奇数,则 Z 也是奇数. 此时从式(36)可得

$$1 \equiv Z^2 \equiv X^4 + 3X^2Y^2 + 3Y^4 \equiv 7 (\bmod 8)$$

这一矛盾,故不可能. 因此,从 $\gcd(X,Y)=1$ 可知 X 和 Y 必定是一奇一偶. 如果 X 是偶数,则 Y 和 Z 都是奇数. 此时从式(36)可得

$$1 \equiv Z^2 \equiv X^4 + 3X^2Y^2 + 3Y^4 \equiv 3 (\bmod 4)$$

这一矛盾. 由此可知 X 是奇数, Y 是偶数,故有

$$Y = 2a \quad (a \in \mathbf{N}) \qquad (37)$$

将式(37)代入式(36)得

$$X^4 + 12X^2 a^2 + 48a^4 = (X^2 + 6a^2)^2 + 12a^4 = Z^2 \qquad (38)$$

由于 $X^2 + 6a^2$ 和 Z 是互素的奇数,所以

$$\gcd(Z + (X^2 + 6a^2), Z - (X^2 + 6a^2)) = 2$$

因此从式(38)可知 a 是偶数,而且

$$Z + \varepsilon(X^2 + 6a^2) = 2b^4$$

$$Z - \varepsilon(X^2 + 6a^2) = 6c^4, a = bc$$

$$(b, c \in \mathbf{N}, \gcd(b, c) = 1, 2 \mid bc, \varepsilon \in \{\pm 1\}) \quad (39)$$

从式(39)可得

$$X^2 + 6a^2 = X^2 + 6b^2 c^2 = \varepsilon(b^4 - 3c^4) \quad (\varepsilon \in \{\pm 1\}) \qquad (40)$$

如果 $\varepsilon \in -1$,则从式(40)可得 $3X^2 + b^4$ 这一矛盾. 因此必有 $\varepsilon = 1$ 以及

$$X^2 = b^4 - 6b^2 c^2 - 3c^4 \quad (\gcd(b, c) = 1, 2 \mid bc) \qquad (41)$$

从式(41)可知方程(19)有解 $(X, Y, Z) - (b, c, X)$. 然而,根据引理 4 可知这是不可能的,故得本引理.

引理 6　方程

$$X^2 + Y^6 = Z^3$$

$$(X, Y, Z \in \mathbf{N}, XYZ \neq 0, \gcd(X, Y) = 1) \qquad (42)$$

无解 (X, Y, Z).

证　设 (X, Y, Z) 是方程(42)的一组解,由于此时 $(\pm X, \pm Y, Z)$ 都是该方程的解,所以不妨假定 $X > 0$ 且 $Y > 0$. 又因 $X^2 + Y^6 > 0$,故必有 $Z > 0$. 从式(42)可知 X 和 Y 一奇一偶,Z 是奇数.

讨论 $3 \nmid X$ 时的情况,此时,因为 $\gcd(X, Y) = 1$,所

142

以 $\gcd(Z-Y^2,Z^2+Y^2Z+Y^4)=1$,故从式(42)可得

$$Z-Y^2=a^2,Z^2+Y^2Z+Y^4=b^2$$

$$X=ab$$

$$(a,b\in\mathbf{N},\gcd(a,b)=1,2\nmid b) \qquad (43)$$

从式(43)中第一个等式可得

$$a^2+Y^2=Z \qquad (44)$$

因为 Z 是奇数,故从式(44)可知 a 和 Y 一奇一偶,而且 $Z\equiv1(\bmod 4)$. 又因 b 是奇数,所以从(43)中第二个等式可得

$$1\equiv b^2\equiv Z^2+Y^2Z+Y^4\equiv1+Y^2(Y^2+1)(\bmod 4)$$

由此可知 Y 必为偶数,X 和 a 都是奇数.

因为 Y 是偶数,故有

$$Y=2c \quad (c\in\mathbf{N}) \qquad (45)$$

将式(45)代入式(43)的第二个等式可得

$$b^2=Z^2+4c^2Z+16c^4=(Z+2c^2)^2+12c^4 \quad (46)$$

由于 b 和 $Z+2c^2$ 是互素的奇数,所以

$$\gcd(b+(Z+2c^2),b-(Z+2c^2))=2$$

因此从式(46)可知 c 是偶数,而且

$$b+\varepsilon(Z+2c^2)=2d^4,b-\varepsilon(Z+2c^2)=6e^4,c=de$$

$$(d,e\in\mathbf{N},\gcd(d,e)=1,2\mid de,\varepsilon\in\{\pm1\}) \quad (47)$$

从式(47)可得

$$Z+2c^2=Z+2d^2e^2=\varepsilon(d^4-3e^4) \quad (\varepsilon\in\{\pm1\})$$

$$(48)$$

同时,从式(44),(45)和(47)可知

$$Z=a^2+Y^2=a^2+4c^2=a^2+4d^2e^2 \qquad (49)$$

将式(49)代入式(48)即得

$$a^2+6d^2e^2=\varepsilon(d^4-3e^4) \quad (\varepsilon\in\{\pm1\}) \quad (50)$$

如果 $\varepsilon\in-1$,则从式(50)可得 $3\mid a^2+d^4$ 这一矛

143

盾. 故必有 $\varepsilon = 1$ 以及

$$a^2 = d^4 - 6d^2 e^2 - 3e^4 \quad (\gcd(d,e) = 1, 2 \mid de)$$
$$(51)$$

从式(51)可知方程(19)有解 $(X,Y,Z) = (d,e,a)$. 然而,根据引理4可知这是不可能的,因此方程(42)没有适合 $3 \nmid X$ 的解 (X,Y,Z).

以下讨论 $3 \mid X$ 时的情况,由于此时

$$\gcd(Z - Y^2, Z^2 + Y^2 Z + Y^4) = 3$$

所以从式(42)可得

$$Z - Y^2 = 3a^2, Z^2 + Y^2 Z + Y^4 = 3b^2, X = 3ab$$
$$(a, b \in \mathbf{N}, \gcd(a,b) = 1, 2 \nmid b) \quad (52)$$

将式(52)中的第一个等式代入第二个等式可得

$$Y^4 + 3a^2 Y^2 + 3a^4 = b^2 \quad (53)$$

从式(53)可知方程(36)有解 $(X,Y,Z) = (Y,a,b)$. 然而,根据引理5可知这是不可能的,因此方程(42)没有适合 $3 \mid X$ 的解 (X,Y,Z). 引理证完.

引理 7 方程

$$X^4 - Y^4 = Z^2$$
$$(X, Y, Z \in \mathbf{N}, XYZ \neq 0, \gcd(X,Y) = 1) \quad (54)$$

无解 (X,Y,Z).

证 参见《数论导引》的习题 11.7.1 之(b).

引理 8 设 n 是大于 3 的正整数,方程

$$X^n + Y^n = Z^2$$
$$(X, Y, Z \in \mathbf{N}, XYZ \neq 0, \gcd(X,Y) = 1) \quad (55)$$

无解 (X,Y,Z).

证 参见文章 Ternary Diophantine equations via Galois representations and modular forms 的定理 1.1.

引理 9   设 n 是大于 2 的正整数,方程

$$X^n + Y^n = Z^n$$

$$(X,Y,Z \in \mathbf{N}, XYZ \neq 0, \gcd(X,Y) = 1) \quad (56)$$

无解 (X,Y,Z).

证   参见文章 Modular elliptic curves and Fermat last theorem.

13.3   定理的证明

设 (X,Y,m,n) 是方程(2) 的一组解,此时

$$X = \frac{x}{u}, Y = \frac{y}{v}$$

$$(x,y,u,v \in \mathbf{N}, \gcd(x,u) = \gcd(y,v) = 1) \quad (57)$$

将式(57) 代入式(2) 立得

$$\left(\frac{x}{u}\right)^m - \left(\frac{y}{v}\right)^n = 1 \quad (58)$$

从式(58) 可知

$$u^m = v^n \quad (59)$$

设 d 和 l 适合式(4),从式(59) 可知

$$u^m = v^n = z^l \quad (z \in \mathbf{N}, \gcd(x,z) = \gcd(y,z) = 1) \quad (60)$$

从式(58) 和(60) 可得

$$x^m - y^n = z^l \quad (\gcd(x,y) = 1) \quad (61)$$

因为从引理 1 可知 $d \mid l$,故从式(61) 可知

$$(x^{m/d})^d = (y^{n/d})^d + (z^{l/d})^d \quad (62)$$

根据引理 9,从式(62) 可知 $d \leqslant 3$,故有 $d \in \{1,2\}$.

如果 $d = 2$,则

$$m = 2m_1, n = 2n_1, l = m_1 n_1$$

145

$$(m_1, n_1 \in \mathbf{N}, \gcd(m_1, n_1) = 1) \qquad (63)$$

将式(63)代入式(62)立得

$$x^{2m_1} = y^{2n_1} + z^{2m_1n_1} \qquad (64)$$

因为 $mn > 4$,故从式(63)可知 $m_1n_1 > 1$,所以 m_1 和 n_1 中必有一数大于 1.

当 $n_1 > 1$,由于 $2n_1 \geqslant 4$,并且从式(64)可得

$$y^{2n_1} + (z^{m_1})^{2n_1} = (x^{m_1})^2$$

所以根据引理 8 可知这是不可能的.

当 $n_1 = 1$ 时,必有 $m_1 > 1$.如果 m_1 是偶数,则从式(64)可得 $(x^{m_1/2})^4 - (z^{m_1/2})^4 = y^2$.然而,从引理 7 可知这是不可能的.如果 m_1 是奇数,则从式(64)可知

$$(x^2)^{m_1} + (-z^2)^{m_1} = y^2 \qquad (65)$$

但是,根据引理 6 和 8 分别可知式(65)在 $m_1 = 3$ 和 $m_1 > 3$ 时都不成立.综上所述可知 d 必定等于 1,即方程(2)的解 (X, Y, m, n) 都满足

$$\gcd(m, n) = 1 \qquad (66)$$

以下假定 (X, Y, m, n) 是方程(2)的一组适合 $2 \mid mn$ 的解.从式(66)可知此时 m 和 n 必定一奇一偶,并且从式(61)可得

$$x^m - y^n = z^m n \qquad (67)$$

当 n 是偶数时,因为 m 是奇数,故从式(67)可知

$$x^m + (-z^n)^m = (y^{n/2})^2 \qquad (68)$$

根据引理 8,从式(68)可知 $m = 3$.然而从引理 6 可知式(68)在 $m = 3$ 时也不成立.

当 n 是奇数时,因为 m 是偶数,所以从式(67)可得

$$y^n + (z^m)^n = (x^{m/2})^2 \qquad (69)$$

根据引理 3,从式(69)可知 $n = 3$.此时从式(69)可得

$$(x^{m/2})^2 + (-y)^3 = (z^{m/2})^6 \qquad (70)$$

根据引理 3，从式(70)可得 $x=3, m=2, y=2, z=1$. 从以上分析可知：方程(2)仅有解 $(X,Y,m,n)=(3,2,2,3)$ 适合 $2 \mid mn$，并且从式(66)可知该方程的其他解 (X,Y,m,n) 都满足式(3)，证完.

什么是 Catalan 数？
——Hirzebruch 致陈省身的信

2003 年 7 月 22 日，在英国 Edingburgh 大学举行了 William Hodge(1903—1975) 百年纪念会. 德国著名数学家 F. E. P. Hirzebruch (1927—) 为大会作了一个演讲，题目叫"Hodge 数，陈数，Catalan 数". 陈省身先生在南开数学所得知此事，遂提议与住在他家的 M. F. Atiyah 爵士一起，给老朋友 Hirzebruch 发张明信片. 他们在信上戏问，"What is the Catalan number?"Hirzebruch 收到明信片后非常高兴，马上通过传真发给陈先生 5 页纸的回信，又意犹未尽，再续发了 2 页.

亲爱的陈：

非常高兴收到你与 Michael 一起写的，从南开寄来的明信片.

你们问什么是 Catalan 数. 第 n 个 Catalan 数 C_n 如此给出

$$C_n = \binom{2n}{n} / (n+1)$$

于是，当 $n = 0, 1, 2, 3, \cdots$ 有

$$C_n : 1, 1, 2, 5, 14, 42, 132, 429, \cdots$$

它们有特征函数

$$\sum_{n=0}^{\infty} C_n x^n = \frac{1}{2x}(1 - \sqrt{1-4x}) \tag{1}$$

令 X_n 是复射影空间 P_{n+1} 中所有的直线组成的流形，则

$$\dim_{\mathbf{C}} X_n = 2n$$

X_n 等于 $\mathbf{C}^{n+2}$ 的 2 维复线性子空间的 Grassmann 流形，由此我们得到 X_n 上的 $\mathbf{C}^2$ — 重言（tautological）向量丛. 由紧群理论得知

$$X_n = U(n+2) / (U(2) \times U(n))$$

此（对偶）重言丛的陈类 c_1, c_2，根据你的一个定义，与 X_n 的一些（余维为 1, 2）的子簇对偶：

c_1：与一固定的 $P_{n-1} \subset P_{n+1}$ 相交的所有直线形成的簇；

$c_2 : X_{n-1} \subset X_n$.

Schubert（Math. Annalen, 1885）已经求出 $c_1^{2n}[X_n]$. 它是 P_{n+1} 中与 $2n$ 个给定的，处于一般位置的，余维 2 射影子空间都相交的直线个数.

我们有

$$c_1^{2n}[X_n] = C_n \tag{2}$$

并且可以确定所有的陈数

$$c_1^{2r} c_2^s [X_n] = C_r, \text{其中 } 2r + 2s = 2n \tag{3}$$

特别是,(符号差的)相交矩阵就是 Catalan 数的矩阵, 该矩阵的行列式值为 1,并在 $\mathbf{Z}$ 上与标准对角矩阵(对角线上全为 1)等价.

当然,式(3)没有给出 X_n 的切丛的所有的陈数. 但原则上,它们都可以用式(3)来表达. A. Borel 和我得到的公式,用 c_1, c_2 表达了 X_n 切丛的所有陈类. 例如,X_n 切丛的第一陈类是 $(n+2)c_1$.

我们可以利用 Plück 坐标,做嵌入

$$X_n \subset P\binom{n+2}{2}-1 \tag{4}$$

于是,c_1 与超平面截面 H 对偶. 由式(2)知,Catalan 数 C_n 是嵌入(4)的量度.

Schubert 的论文(Math. Annalen,1885)里包含许多有趣的内容. 例如,考虑 X_n 中与一给定 $P_{n-2} \subset P_{n+1}$ 相交的全部直线形成的簇. 此簇有余维 2. 根据 Schubert,它与

$$c_1^2 - c_2$$

对偶. 所以,数

$$C_2(n) \triangleq (c_1^2 - c_2)^n [X_n] \tag{5}$$

很有趣.

它们出现在 Schubert 的文章里. $C_2(n)$ 是 P_{n+1} 中与 n 个给定的,处于一般位置的,余维 3 射影子空间都相交的直线个数.

由式(2),(3),(5),得

$$C_2(n) = \sum_{k=0}^{n} (-1)^{n-k} \binom{n}{k} C_k$$

150

当 $n=0,1,2,3,\cdots$ 时，我们有 $C_2(n)=1,0,1,1,3,6,$ $15,36,91,232,603,\cdots$ 直到 $n=9$，这些数都在 Schubert 文章中出现.

我查了 Sloane 的那个很不错的整数序列表，发现 $C_2(n)$ 与其中编号为 M2587 的序列符合. 所给的参考信息表明 $C_2(n)$ 有多个组合学的解释.（Catalan 数具有几十个组合学的意义，见 Stanley 的书）我把 $C_2(n)$ 告诉 Don Zagier，他立即证明 $C_2(n)$ 确实是 M2587，并有

$$\sum_{n=0}^{\infty} C_2(n) x^n = \frac{1}{2x}\Big(1 - \sqrt{\frac{1-3x}{1+x}}\Big) \qquad (6)$$

关于 M2587 的公式(6)在文献中出现过. 但我没有看到任何地方说 M2587 就是陈数

$$(c_1^2 - c_2)^n [X_n]$$

Schubert 对直线的计算非常有意思. 我告诉了 Don Zagier 其他一些事情，而他创立了一套非常令人感兴趣的方法. 我还可以写好几页纸. 但让我就此打住吧. 祝愿您身体健康. Inge(Hirzebruch 之妻) 做了膝盖手术后刚从医院回来. 我们俩向您致以最美好的祝愿.

Fritz

亲爱的陈：

显然，我还不能打住. 首先，我要指出，Catalan 数满足

$$C_{n+1} = \sum_{i=0}^{n} C_i C_{n-i}$$

而 $C_2(n)$ 满足

$$C_2(n+1) = \sum_{i=0}^{n} C_2(i)C_2(n-i) + (-1)^{n+1}$$

(Don Zagier)

其次,我要指出以下的事实(这些事实可以用(Hermann Weyl 的)表示论与(A. Borel 和我于 1952—1954 年在 Princeton 得到)我的 Riemann-Roch 公式之间的关系来证明):

考虑嵌入公式(4),并令 H 为 X_n 的与 c_1 对偶的超平面截面. Hilbert 多项式

$$\chi(X_n, rH) = \dim H^\circ(X_n, rH)$$

其中 $r > -(n+2)$; $-(n+2)H$ 是 X_n 的典范除子(canonical divisor). (Hodge 的 "假定(postulation)"公式)由(小平消没定理)

$$\chi(X_n, rH) = \frac{(r+1)(r+2)^2 \cdots (r+n)^2 (r+n+1)}{1 \cdot 2^2 \cdots \cdot n^2 \cdot (n+1)}$$

$$(7)$$

给出. 这是个 $2n$ 次多项式,当 $r = -1, -2, \cdots, -(n+1)$ 时,它为 0,这是根据小平邦彦的消没定理得到的必然结果($r=0$ 时,它等于 1).

根据 Riemann-Roch 定理,r^{2n} ($2n = \dim_{\mathbb{C}} X_n$) 项的系数等于

$$\frac{H^{2n}[X_n]}{(2n)!} = \frac{1}{(n+1)! \ n!}$$

于是

$$H^{2n}[X_n] = \frac{(2n)!}{(n+1)! \ n!} = C_n$$

从而,我们根据 Riemann-Roch 定理,又得到了公式(2).

再一次的最美好祝愿!

152

$p=2$ 时的 Catalan 方程[①]

附
录

II

本附录我们将讨论 Catalan 方程 $x^p - y^q = 1$ 中的指数 p 等于 2 时的情形. 这一问题首先由柯召于 1965 年解决. 我们这里给出的证明来自于 Chein.

引理 1　设 q 为大于等于 3 的奇数, x,y 为非零整数,且满足 $x^2 - y^q = 1$. 那么有:

(i) 用 $-x$ 代换 x,则对于满足 $\gcd(2a,b)=1$ 的互素的整数 a,b 有

$$\begin{cases} x-1 = 2^{q-1}a^q \\ x+1 = 2b^2 \\ y = 2ab \end{cases}$$

(ii) $y \geqslant 2^{q-1} - 2$.

证明　(i) 由已知可得

　译自 René Schoof 的 *Catalan's Conjecture*.

$$(x-1)(x+1)=y^q$$

如果 x 是偶数,那么 x^2-1 的因式 $x\pm1$ 互素并且 $x+1$ 与 $x-1$ 均为 q 次幂.因为这两个 q 次幂仅相差 2,所以它们等于 ±1,进而我们有 $x=0$.但这与 x 非零矛盾.所以我们可得 x 为奇数,从而 y 为偶数.于是可得出 2^q 整除 $(x-1)(x+1)$.不妨设 $x\equiv1\pmod 4$(需要时,可改变 x 的符号),则可得 $\dfrac{x+1}{2}$ 为奇数,且 2^{q-1} 整除 $x-1$.因为 $\gcd(x-1,x+1)=2$,所以等式

$$\left(\frac{x-1}{2^{q-1}}\right)\left(\frac{x+1}{2}\right)=\left(\frac{y}{2}\right)^q$$

的左边为两个互素整数,那么 $(x-1)2^{q-1}$ 与 $\dfrac{x-1}{2}$ 均为 q 次幂.设

$$\frac{x-1}{2^{q-1}}=a^q,\frac{x+1}{2}=b^q$$

其中,$a,b\in\mathbf{Z}$,并且 b 为奇数,则可得 $\gcd(a,b)=1$.证毕.

为了证明(ii),我们在(i)的第 3 个方程中减掉前两个方程,可得出 $2b^q\equiv2\pmod{2^{q-1}}$,从而 $b^q\equiv1\pmod{2^{q-2}}$.因为 q 是奇数且群 $(\mathbf{Z}/2^{q-2}\mathbf{Z})^*$ 的序是 2 的幂,所以有 $b\equiv1\pmod{2^{q-2}}$.由 $b\neq1$,因此可得 $|b|\geqslant2^{q-2}-1$.由 y 为正数,故 $y=2ab\geqslant2^{q-1}-2$.

以下是由柯召得出的两个引理:

引理 1 设 q 为大于等于 3 的素数,x,y 为非零整数,且满足 $x^2-y^q=1$,那么我们有 $x\equiv0\pmod q$.

证明 假设 $x^2-y^q=1$,且 $x\not\equiv0\pmod q$,那么我们可得

$$(y+1)\left(\frac{y^{q+1}}{y+1}\right)=x^2$$

通过习题 2 可知 $(y+1)$ 与 $\dfrac{y^q+1}{y+1}$ 的最大公因式整除 q.

因为 $x \not\equiv 0 \pmod q$，所以 $y+1$ 与 $\dfrac{y^q+1}{y+1}$ 互素，进而可知它们的绝对值是一个平方数. 因为 y^q+1 是一个平方数，所以我们有 $y \geqslant 0$. 因此 $y+1$ 与 $\dfrac{y^{q+1}}{y+1}$ 均为正数. 所以

$$y+1=u^2 \quad (u \text{ 为非零整数})$$

于是有 $(X,Y)=(x,y^{\frac{q-1}{2}})$ 与 $(X,Y)=(u,1)$ 均为

$$X^2-y \cdot Y^2=1$$

的解. 因为 $y=u^2-1$ 不为 0，那么 y 一定为正数. 通过习题 4 可知，y 不是一个平方数. 也就是说此问题即为一个 Pell 方程. 环 $\mathbf{Z}[\sqrt{y}]$ 是实二次数域上的整数环的子环，并且 $x+y^{\frac{q-1}{2}}\sqrt{y}$ 为 $\mathbf{Z}[\sqrt{y}]$ 的一个单位元. 通过习题 4，$\mathbf{Z}[\sqrt{y}]$ 的单位群可由 -1 和 $u+\sqrt{y}$ 生成，那么有

$$x+y^{\frac{q-1}{2}}\sqrt{y}=\pm(u+\sqrt{y})^m \quad (m \in \mathbf{Z})$$

因为 $(u+\sqrt{y})^{-1}=-(-u+\sqrt{y})$，故我们可以假设 $m \geqslant 0$（需要时，可改变 u 的符号）. 对此方程取模理想 $y\mathbf{Z}[y]$ 可得

$$x \equiv \pm(u^m+mu^{m-1}\sqrt{y}) \pmod{y\mathbf{Z}[\sqrt{y}]}$$

由于元素 $1,\sqrt{y}$ 对于 $\mathbf{Z}[y]$ 的加法群构成了一个 $\mathbf{Z}$-基，所以有 $mu^{m-1} \equiv 0 \pmod y$，进而有 y 整除 mu^{m-1}. 由 $y+1=u^2$，故 y 为偶数，u 为奇数，m 为偶数. 因此

$$x+y^{\frac{q-1}{2}}\sqrt{y}=\pm(u^2+y+2u\sqrt{y})^{\frac{m}{2}}$$

时此方程模理想 $u\mathbf{Z}[\sqrt{y}]$，可得

$$x + y^{\frac{q-1}{2}}\sqrt{y} \equiv \pm\, y^{\frac{m}{2}}\,(\mathrm{mod}\ u\mathbf{Z}[y])$$

由 $\sqrt{y}$ 的系数可得出 u 整除 $y^{\frac{q-1}{2}}$. 因为 $y+1=u^2$, 所以 $\gcd(u,y)=1$, 那么 $u=\pm 1$, $y=0$. 矛盾, 故

$$x \equiv 0\,(\mathrm{mod}\ q)$$

引理 3　设 q 为大于等于 3 的素数, x,y 为非零整数, 且满足 $x^2-y^q=1$, 那么我们有 $x\equiv\pm 3\,(\mathrm{mod}\ q)$.

证明　由之前的引理我们可设 $q\geqslant 5$(需要时可改变 x 的符号), 由引理可得: 若 $a,b\in\mathbf{Z}$ 且满足

$$(2a,b)=1$$

那么可得 $x-1=2^{q-1}a^q$ 且 $x+1=2b^q$. 进而可得

$$b^{2q}-(2a)^q = \left(\frac{x+1}{2}\right)^2 - 2(x-1) = \left(\frac{x-3}{2}\right)^2$$

分解方程左边, 可得

$$(b^2-2a)\left(\frac{b^{2q}-(2a)^q}{b^2-2a}\right) = \left(\frac{x-3}{2}\right)^2$$

因为 $2a$ 与 b^2 互素, 由习题 2 可得它们的最大公因式整除 q. 我们可以得出实际上最大公因数即为 q. 如果它是 1, 那么这两个因数的绝对值为平方数. 因为 $b^{2q}-(2a)^q$ 是平方数, 所以 $b^{2q}\geqslant(2a)^q$, 从而 $b^2\geqslant 2a$. 我们可得出上述因数为正且 b^2-2a 为平方数. 由于 y,a 均不是 0, 那么 $b^2-2a=c^2\neq b^2$, 故最接近 b^2 的平方数为 $(b\pm 1)^2$. 因为 $|(b+1)^2-b^2|\geqslant 2b-1$, 故我们有

$$|c^2-b^2|=2|a|\geqslant 2|b|-1$$

因此 $|a|\geqslant|b|$. 但是由 $q\geqslant 5$ 和 $|x|\geqslant 2$, 可得

$$|a|^q = \frac{|x-1|}{2^{q-1}} \leqslant \frac{|x-1|}{16} < \frac{|x+1|}{2} = |b|^q$$

那么有 $|a|<|b|$.

这一矛盾说明 b^2-2a 与余子式

Catalan Theorem

$$\frac{b^{2q} - (2a)^q}{b^2 - 2a}$$

的最大公因式不可能是 1 而一定是 q. 故有 $\left(\dfrac{x-3}{2}\right)^2$ 可被 q 整除. 因此可知 $x \equiv 3 (\bmod q)$.

推论(柯召,1965)　设 q 为大于等于 5 的素数,那么丢番图方程

$$x^2 - y^q = 1$$

没有非零的整数解.

证明　设 $x, y \in \mathbf{Z}$ 为一组非零解. 由引理 2 和引理 3 可得 $x \equiv 0 (\bmod q)$ 以及 $x \equiv \pm 3 (\bmod q)$. 又 $q \neq 3$,故矛盾.

习　题

1.设 n 为奇数. 证明:任意两个不相等的实数 x, y 有 $\dfrac{x^n - y^n}{x - y} > 0$.

2.设 q 是一素数,不相等的整数 x, y 满足 $\gcd(x, y) = 1$.证明

$$\gcd\left(\frac{x^q - y^q}{x - y}, x - y\right) \mid q$$

3.设 n 为自然数,x, y 为不相等的同号整数,且满足 $|x| < |y|$.证明:$|y^n - x^n| \geqslant n |x|^{n-1}$,并且当 $n \geqslant 2$ 时,此不等式严格成立.

4.设 $u \in \mathbf{Z}, y = u^2 - 1$.

(i) 证明:y 不是平方数.

(ii) 证明:-1 和 $\varepsilon = u + \sqrt{y}$ 生成环 $\mathbf{Z}[y]$ 的单位

157

群.

提示：设 $j:\mathbf{Z}[\sqrt{y}]\to\mathbf{R}$ 表示 $\sqrt{y}$ 到 $y\in\mathbf{R}$ 的算术平方根的嵌入映射，η 为 $\mathbf{Z}[\sqrt{y}]$ 的任意单位元. 乘以 $\pm\varepsilon^{k}(k\in\mathbf{Z})$ 后可得，若假设 $1\leqslant j(\eta)<j(\varepsilon)$，则有 $\eta=1$. 设 $\eta=a+b\sqrt{y}$，其中，a,b 为大于等于 0 的整数. 如果 $\eta\neq 1$，那么 $b\geqslant 1$. 由 η 的范数等于 ± 1，可得

$$a^{2}=\pm 1+b^{2}y\geqslant y-1=u^{2}-2$$

因此 $a\geqslant\sqrt{u^{2}-2}>u-1$. 那么 $a\geqslant u$，从而 $j(\eta)\geqslant j(\varepsilon)$. 矛盾.

Cassels 定理

　　本附录将证明 Cassels 定理. 我们首先介绍以下引理:

　　引理 1　设 p,q 为大于等于 2 的整数, x,y 为方程 $x^p - y^q = 1$ 的非零整数解,那么 p 和 q 不相等.

　　证明　如果 p 等于 q,则上述方程即为 $x^p - y^p = 1$. 但是两项 p 次幂相差甚远,当仅相差 1 时,则 x,y 中有一个必为 0(见附录Ⅱ习题 3). 所以我们有 $p \neq q$.

　　当 p 和 q 均为奇数时可知:如果 (x, y,p,q) 是 Catalan 方程的一组解,那么 $(-y,-x,q,p)$ 也是一组解. 这里我们不妨设 $p > q$.

　　Cassels 定理可被用来解决指数为奇数时的 Catalan 方程. 我们首先证明这

159

一结论中较简单的一部分.

命题 1　设奇素数 p,q 满足 $p > q$,且 x,y 为 $x^p - q^q = 1$ 的非零整数解.那么:

(i)q 整除 x;

(ii)$\mid x \mid \geqslant q + q^{p-1}$.

证明　(i)设 q 不整除 x.通过附录 II 中习题 2 可知 $y^q + 1 = x^p$ 的两个因式 $y + 1$ 与 $\dfrac{y^q + 1}{y + 1}$ 互素.由它们的积是一个 p 次幂,故

$$y + 1 = b^p, \quad \frac{y^q + 1}{y + 1} = u^p$$

其中,$b,u \in \mathbf{Z}$.那么有 $x^p - (b^p - 1)^q = 1$.这说明两个 p 次幂 x^p 与 b^{pq} 相对较近.将表达式 $x^p - (b^p - 1)^q$ 看作 x 的函数,那么此函数是严格递增的.当 $b > 0$ 时,代换 $x = b^q$ 将得到一个大于 1 的值,而代换 $x = b^q - 1$ 将得到一个负值.那么由 $p > q$,我们可得到

$$(-b^p + 1)^q < (-b^q + 1)$$

(见习题1).在上述两种情况中,使 $x^p - (b^p - 1)^q$ 等于 1 的 x 均不存在.由此我们可推知 q 整除 x.

(ii) 由(i)可知因式 $y + 1$ 与 $\dfrac{y^q + 1}{y + 1}$ 的最大公因式等于 q.由习题 2 可得

$$\frac{y^q + 1}{y + 1} \equiv q \pmod{q^2}$$

那么 q^2 不整除 $\dfrac{y^q + 1}{y + 1}$.因为 q^p 整除 $y^q + 1$,所以 q^{p-1} 整除 $y + 1$.从而

$$\frac{y^q + 1}{q(y + 1)} \quad 与 \quad \frac{y + 1}{q^{p-1}}$$

为互素整数,由它们的积是一个 p 次幂,故

$$y + 1 = q^{p-1} b^p$$

$$\frac{y^q + 1}{y + 1} = q u^p$$

$$x = qub$$

其中,$b, u \in \mathbf{Z}$,且 u 为正(见附录 Ⅱ 习题 1)由习题 2 可知

$$\frac{y^q + 1}{y + 1} \equiv q (\bmod (y + 1))$$

我们有 $qu^p \equiv q (\bmod q^{p-1})$,因此得 $u^p \equiv 1 (\bmod q^{p-2})$. 由 $p > q$,所以 p 不能整除群 $(\mathbf{Z}/q^{p-2}\mathbf{Z})^*$ 的序,从而 $u \equiv 1 (\bmod q^{p-2})$,那么 $u \neq 1$. 事实上,如果 $u = 1$,那么 有 $q = qu^p = \frac{y^q + 1}{y + 1}$. 由于 $x \neq 0$ 且 $y \neq -1$,故通过习题 4 可得 $q = 3$ 和 $y = 2$. 这就是说 $x^p = y^q + 1 = 9$ 是不可 能成立的. 由 $u > 0$,可得 $u \geqslant 1 + q^{p-2}$. 因为 $x = qub$,所 以可得出(ii).

利用 Runge 的方法可以很容易地得出命题 1(i) 的证明. 相关曲线由 $X^p - (B^p - 1)^q = 1$ 给出,无穷点由 $7^p = 1$ 给出,其中 T 为函数 $\frac{X}{B^q}$. 当 $p > q$ 时,函数 $Z = B^q - X$ 在由 $T = 1$ 给出的无穷点 Q 处为 0. 因此 Z 在

$$T^{p-1} + \cdots + T + 1 = 0$$

给出的无穷点 Q' 以外没有极点了. 此结论说明函数 Z 在曲线实点上的取值属于半开半闭区间 $[0,1)$. 这说明 Z 没有整数点. 那么很容易得出曲线上仅有的整数点 是 $(X, B) = (0, 0)$ 和 $(1, 1)$.

以下引理常用在 Cassels 定理的证明中. 设奇数 p, q 且 $p > q$,则 $F(t)$ 为实变量 t 的函数

$$F(t) = ((1 + t)^p - t^p)^{\frac{1}{q}}$$

记 $[x]$ 为 $x \in \mathbf{R}$ 的整数部分.

引理 2 　设 p 和 q 均为奇数且 $p > q \geqslant 3, m = \left[\dfrac{p}{q}\right] + 1, F_m(t)$ 为函数 $F(t)$ 关于 0 的 Taylor 级数中次数小于等于 m 的项的和. 那么我们有

$$|F(t) - F_m(t)| \leqslant \frac{|t|^{m+1}}{(1-|t|)^2} \quad (t \in \mathbf{R}, |t| < 1)$$

证明 　由 $m < p$, 故 $F_m(t)$ 也是函数 $(1+t)^{\frac{p}{q}}$ 关于 0 的 Taylor 级数中次数小于等于 m 的项的和. 而采用后者则更加简便. 当 $t \in \mathbf{R}, |t| < 1$ 时, 我们有

$$|F(t) - (1+t)^{\frac{p}{q}}| \leqslant \frac{1}{q}|t|^p|t'|^{\frac{1}{q}-1}$$

$$\leqslant \frac{1}{q}|t|^p(1-|t|)^{p(\frac{1}{q}-1)}$$

$$\leqslant \frac{1}{q}\frac{|t|^p}{q(1-|t|)^2}$$

第一个不等式可由之前的结论得出. 进而可知二项式系数小于等于 $\dfrac{1}{m+1}$. 第二个不等式可由此结论以及 $\dfrac{p}{q} - m - 1 \geqslant -2$ 得出.

由以上各不等式可得

$$|F(t) - F_m(t)| \leqslant \left(\frac{|t|^p}{q} + \frac{|t|^{m+1}}{m+1}\right)\frac{1}{(1-|t|)^2}$$

因为 $p > m + 1$ 且 m, q 均大于等于 2, 故上式右边小于等于 $\dfrac{|t|^{m+1}}{(1-|t|)^2}$. 引理证毕.

定理 1 (**Cassels, 1960**) 　设 p, q 为两个奇素数, 并且非零整数 x, y 满足 $x^p - y^q = 1$, 那么有 q 整除 x, p 整除 y.

证明 由引理 1,我们可知 $p \neq q$,不妨设 $p > q$. 素数 q 整除 x 可由命题 1 得出. 以下证明素数 p 整除 y, 这里应用 Runge 的方法.

(反证法) 设 p 不整除 y. 由附录 Ⅱ 习题 2 可得 $x - 1$ 与 $\dfrac{x^p - 1}{x - 1}$ 互素, 进而对于非零的整数 a, 有

$$x - 1 = a^q$$

将其代入 Catalan 方程可得

$$y^q = (a^q + 1)^p - 1$$

记 $F(t)$ 为函数 $((1+t)^p - t^p)^{\frac{1}{q}} (t \in \mathbf{R})$, 那么有 $y = a^p F\left(\dfrac{1}{a^q}\right)$. 由引理 2, 我们设 $m = \left[\dfrac{p}{q}\right] + 1$. 令

$$z = a^{mq-p} y - a^{mq} F_m\left(\dfrac{1}{a^q}\right)$$

由于指数 $mq - p$ 是正数, 所以 z 可看作关于 a 和 y 的表达式. 多项式的系数为

$$t^m F_m\left(\dfrac{1}{t}\right) = t^m + \begin{pmatrix} \dfrac{p}{q} \\ 1 \end{pmatrix} t^{m-1} + \cdots + \begin{pmatrix} \dfrac{p}{q} \\ m \end{pmatrix}$$

并不是整数. 当 $0 \leqslant k \leqslant m$ 时, 多项式的系数为二项式系数 $\begin{pmatrix} \dfrac{p}{q} \\ k \end{pmatrix}$. 这些数的分母等于 $q^{k+\mathrm{ord}_q(k!)}$. 因此, 分母均可整除 $D = q^{m+\mathrm{ord}_q(m!)}$, 并且

$$Dz = Da^{mq-p} y - a^{mq} \sum_{k=0}^{m} D \begin{pmatrix} \dfrac{p}{q} \\ k \end{pmatrix} a^{-qk}$$

是一整数. 另外, Dz 不是 0, 因为它模 q 不与 0 同余. 由此, 和式中除了第 m 项外的所有项均为整数且可被 q

163

整除. 第 m 项系数为二项式系数 $\begin{bmatrix} \dfrac{p}{q} \\ m \end{bmatrix}$ 乘以它的分母

$D = q^{m + \operatorname{ord}_q(m!)}$.

下面通过对 Dz 的估测来进行证明. 我们有

$$z = a^{mq} \cdot \left(F(\frac{1}{a^2}) - F_m(a^{\frac{1}{q}}) \right)$$

因为 $x \neq 0$, 但 x 模 q 与 0 同余, 所以我们可得出

$$a \neq 0, \pm 1 \text{ 且 } |a| \geqslant 2$$

因此应用引理 $2, t = \dfrac{1}{a^q}$ 可得

$$|z| \leqslant \frac{|a|^q}{(|a|^q - 1)^2} \leqslant \frac{1}{|a|^q - 2} \leqslant \frac{1}{|x| - 3}$$

由命题 $1(\mathrm{ii})$, 我们有 $|x| \geqslant q^{p-1} + q$, 进而 $|x| - 3 \geqslant q^{p-1}$, 所以

$$|Dz| \leqslant \frac{D}{|x| - 3} \leqslant q^{m + \operatorname{ord}_q(m!) - (p-1)}$$

现在我们进行到了这一估测最关键的部分. 此外, 有必要指出的是指数是负的. 我们可得出

$$m + \operatorname{ord}_q(m!) - (p-1) \leqslant m\left(1 + \frac{1}{q-1}\right) - (p-1)$$

因为 $m < \dfrac{p}{q} + 1$, 所以由 $q \geqslant 3, p \geqslant 5$ 可得上式右边严格小于

$$\left(\frac{p}{q} + 1\right)\left(1 + \frac{1}{q-1}\right) - (p-1) = \frac{3 - (p-2)(q-2)}{q-1}$$

并且是非正的.

综上可得非零整数 Dz 的绝对值严格小于 1. 这与定理 1 矛盾.

由 Runge 方法中的表达式可得出结论: 与 Cassels

164

定理证明有关的代数曲线 C 可由仿射方程

$$Y^q = (1 + A^q)^p - 1 = A^{qp} + P A^{q(p-1)} + \cdots + p A^q$$

给出. 由 Gauss 引理可知,整数点 $P = (a, y) \in C(\mathbf{Q})$ 一定是使函数 A 为整数值的有理点. A 的极因子就是 C 的无穷点的因子. 令 $W = \dfrac{r}{A^p}$,则有

$$W^q = 1 + \frac{p}{A^2} + \cdots + \frac{p}{A^{(p-1)q}}$$

并且 A 的极因子由方程 $W^q = 1$ 给出. 因此 A 符合 Galois 共轭性,两个极点:极点 Q' 定义在 $\mathbf{Q}$ 上且由 $W = 1$ 给出;极点 Q 由 $W = \zeta_q$ 给出的点的 Galois 共轭数构成,其中 ζ_q 为 Q 次单位原根. 极点 q 定义在分圆域 $\mathbf{Q}(\zeta_q)$ 上. 因为 Q 不定义在 $\mathbf{R}$ 上,所以曲线 C 上的有理点均远离它. 那么可得函数

$$Z = A^{mq-py} - A^{mq} F_m \left(\frac{1}{A^q} \right)$$

除 Q 外没有标点. 因为 $mq - p > 0$,所以函数 Z 是函数 A 和 Y 中的多项式. 由于 A 和 Y 除 Q 和 Q' 外没有任何极点,故 Z 亦如此. 以上判断显示当 p 趋于 Q' 时,$Z(p)$ 趋于 0. 因此,Q' 也不是 Z 的极点. 函数 Z 在 $\mathbf{Q}[A]$ 上是整数,但在 $\mathbf{Z}[A]$ 上不是. 这是由 $F_m(t)$ 的系数的分母导致的. 函数 $Z' = DZ$ 在多项式环 $\mathbf{Z}[A]$ 上是整数. 因此,在 $C(\mathbf{Q})$ 的整数点上它取整数值. 正如我们在定理 1 的证明中所看到的,对所有整数点亦有此判断.

在运用 Runge 方法对 Cassels 定理的证明中本质的一点是:对指数 p 和 q 作一致地估测.

推论 设 p, q 为奇素数,x, y 为非零整数且满足 Catalan 方程 $x^p - y^q = 1$. 那么:

(i) 存在 $a, v \in \mathbf{Z}$ 使得

$$y = yav, x - 1 = p^{q-1}a^q, \frac{x^p - 1}{x - 1} = pv^q$$

(ii) 存在 $b, u \in \mathbf{Z}$ 使得

$$x = qbu, y + 1 = q^{p-1}b^p, \frac{y^q + 1}{y + 1} = qu^p$$

(iii) $| x | \geqslant \max\{p^{q-1} - 1, q^{q-1} + q\}$, $| y | \geqslant \max\{q^{p-1} - 1, p^{q-1} + p\}$.

证明   因为 p 整除 y,故我们有 $x^p \equiv 1 (\bmod\ p)$ 且 $x \equiv 1 (\bmod\ p)$. 因为 p^q 整除

$$x^p - 1, \frac{x^p - 1}{x - 1} \equiv p (\bmod\ p^2)$$

那么由习题 2 可得 p^{q-1} 整除 $x - 1$. 由分式

$$\frac{x - 1}{p^{q-1}} \cdot \frac{x^p - 1}{p(x - 1)} = \left(\frac{y}{p}\right)^q$$

可得出 (i). 事实上,用四元组 $(-y, -x, p, q)$ 代换 (x, y, p, q),(ii) 可由 (i) 对称得到. 下面证 (iii). 设 u 和 v 均为正数,$a \neq 0$,由 (i) 可得 $| x | \geqslant p^{q-1} - 1$. 如果 $p < q$,由习题 3 可知 $| x |$ 大于 $q^{q-1} + q$,得证. 否则,由命题 1(ii) 可得 $| x | > q^{q-1} + q$,得证. 对于 y 的不等式可由对称性 $(x, y, p, q) \leftrightarrow (-y, -x, q, p)$ 得出.

关于 Catalan 方程 $x^p - y^q = 1$ 的非零解 $x, y_0 \in \mathbf{Z}$,上述推论为我们提供了 3 条有价值的信息:

1. $x \equiv 1 (\bmod\ p^{q-1})$ 且 $y \equiv 0 (\bmod\ p)$;

2. $x \equiv 0 (\bmod\ q)$ 且 $y \equiv -1 (\bmod\ q^{-1})$;

3. $| x |, | y | \geqslant \max\{q^{p-1} - 1, p^{q-1} - 1\}$.

推论中的 (iii) 所述的不等式可被进一步改进. 这项工作由 Hyyrö 于 1964 年完成(见习题 6).

Catalan Theorem

习　　题

1. 设 $b \in \mathbf{R}_{>1}$. 证明 $t \to (b^t+1)^{\frac{1}{t}}$ 为从 $\mathbf{R}_{>0}$ 到 $\mathbf{R}_{>0}$ 的递减函数；证明 $t \to (b^t-1)^{\frac{1}{t}}$ 为 $\mathbf{R}_{>0}$ 到 $\mathbf{R}_{>0}$ 的递增函数.

2. 设 q 为奇素数.

(i) 若 $a \in \mathbf{Z}$ 不等于 1，证明

$$\frac{a^q-1}{a-1} \equiv q(\bmod(a-1))$$

(ii) 若 $a \in \mathbf{Z}$ 满足 $a \equiv 1(\bmod q)$，证明

$$\frac{a^q-1}{a-1} \equiv q(\bmod q^2)$$

3. 设 $p > q$ 且为奇素数. 证明

$$q^{p-1}-1 > p^{q-1}+p$$

4. 设 q 为素数，考虑方程

$$\frac{y^q+1}{y+1} = y^{q-1}-y^{q-2}+\cdots-y+1 = q$$

(i) 若 $q \geqslant 5$，证明：当 $y \in \mathbf{Z}$ 时，此方程有唯一解 $y=-1$.

(ii) 当 $y \in \mathbf{Z}, q=3$ 时，确定方程所有的解.

5. 任意实数 $p, x > 1$，证明

$$(x+1)^p - (x-1)^p > 1$$

6.（Hyyrö）假设 p, q 为奇素数，$a, x, y \in \mathbf{Z}$ 满足 $x^p - y^q = 1$. 可推出存在 $a, v \in \mathbf{Z}$，使得 $y = pav$ 且 $x-1 = p^{q-1}a^q$. 同样的，存在 $b, u \in \mathbf{Z}$，使得 $x = qbu$ 且 $y+1 = q^{p-1}b^p$.

(i) 证明

167

$$a \equiv -1 (\bmod\ q) \text{ 且 } b \equiv 1 (\bmod\ p)$$

（ii）证明

$$a \neq -1 \text{ 且 } b \neq 1$$

证明

$$|a| \geqslant q - 1$$

且

$$|b| \geqslant p - 1$$

（iii）证明

$$|x| > p^{q-1}(q-1)^q - 1$$
$$|y| \geqslant q^{p-1}(p-1)^p - 1$$

Paulo Ribenboim 论 Catalan 猜想

附录 Ⅳ

本文将简短地介绍对于这个问题研究的发展史.

在 Dickson 所著的《数论史：可除性与素性》一书中的第二卷中提到这个问题. 首先是由 Phillppe de Vitry 提到：是否存在整数 $m \geqslant 2$ 使得 $3^m \pm 1$ 是 2 的幂，这个问题被居住在西班牙的 Levi ben Gerson(1288—1344) 解决了. 他证明了如果 $3^m \pm 1 = 2^n$，则 $m=2, n=3$，所以这些数是 9 和 8.

用无穷递减的方法，在 1738 年已经被费马、欧拉证明，如果有理数的不同平方和立方是 ± 1，那么这些数是 9 和 8.

在《克雷尔杂志》1844 年发表的一封信中，Catalan 写道：

Je vous prie, Monsieur, de vouloir bien énoncer dans votre recueil, le théorème suivant, que je crois vrai, bien que je n'aie pas encore réussi à le démontrer complètement; d'autres seront peut-être plus heureux. Deux nombres entiers consécutifs, autres que 8 et 9, ne peuvent être des puissances exactes; autrement dit: l'equation $x^m - y^n = 1$, dans laquelle les inconnues sont entières et positives, n'admet qu'une seule solution.

这份断言现在被称为"Catalan 猜想"换句话说,他提出方程 $X^U - Y^V = 1$,含有 4 个未知量,其中 2 个是指数. 在自然数中比 1 大的解只有 $x = 3, u = 2, y = 2, v = 3$,Catalan 在他的 *Mélanges Mathématigues* ⅩⅤ 中对于这个方程的唯一解是显而易见的,在各种陈述中,卡塔兰断言这无须证明,若 $x^y - y^x = 1$,则 $x = 2, y = 3$——但这是一个更简单的证明.

在卡塔兰猜想建立后不久,Lebesgue 在 1850 年运用高斯整数证明了方程 $X^m - Y^2 - 1$ 在 $m > 2$ 时没有正整数解.

随后的进展依然是用特别小指数来考虑 Catalan 方程. 因此,Nagell 在 1921 年证明了方程 $X^3 - Y^n = 1$,$X^m - Y^3 = 1$,当 $n > 2, m > 2$ 时无正整数解.

在 1932 年,Selberg 证明 $X^4 - Y^n = 1$,在 $n > 1$ 的情况下无正整数解. 最终,在 1964 年,Chao Ko 证明了更有力的结论:$X^2 - Y^n = 1$,当 $n > 1$ 时没有正整数解. 建立 Catalan 猜想的特例用了整整二百年,这里有必要提及 Chein 在 1976 年运用 Størmer 和 Nagell 给出了对于 Chao Ko 的结论更简短的证明.

在 1953 年和 1961 年,Cassels 解出了方程 $X^p - Y^q = 1(p,q$ 是奇素数$)$. 他证明了如果 x 和 y 是正整数,方程的解即为 p 除 y,q 除 x.

这个结论曾被 Makowski(Hyyrö 也曾使用) 用来证明不存在三个恰好连续的幂.

Hyyrö 在 1964 年巩固了 Cassels 的结论,指出很多同余式满足当 $x^p - y^q = 1(x,y \geqslant 1)$. 同年以及 1989 年和 1991 年,Inkeri 通过涉及 $\mathbf{Q}(\sqrt{-p})$,$\mathbf{Q}(\sqrt{-q})$ 的类数和某种同余式的方法得出了进一步结论. 这样,Inkeri 通过多对指数(p,q) 建立了卡塔兰猜想.

Leveque 在 1951 年研究了方程 $a^u - b^v = 1(a,b \geqslant 2,a \neq b)$,并证明了此方程最多有一个解或者为 $a=3$,$b=2$ 时有 2 个为整数的解.

在 Siegel 的定理中,方程 $X^m - Y^n = 1(m,n \geqslant 2,\max\{m,n\} \geqslant 3)$ 有有限解.

在 1964 年,Hyyrö 确定了 $X^m - Y^n = 1$ 正数解的上限和下限.

Baker 的关于确定类型的丢番图方程著名理论也适用于方程 $X^m - Y^n = 1(m,n \geqslant 3)$. 因此,对于上述的每一对$(m,n)$存在一个有效计算正整数$C(m,n)$,使得当 $x^m - y^n = 1$,则 $x,y < C(m,n)$.

在 1976 年,Tijdeman 运用了 Baker 的结论并证明了关于卡塔兰方程最重要的理论.

对于正整数 C,存在一个有效计算,使得当 $m,n \geqslant 2,x,y \geqslant 1,x^m - y^n = 1$ 时,$x,y,m,n < C$.

Langevin 估计了 C 的值,但是仍然太大了,无法实现数值计算来查找是否存在大于 8 和 9 的连续幂. 最近的计算机研究旨在缩小连续幂可能存在的区间.

P 部分　初　　步

为了方便读者阅读,我们假设在这部分很多结果不是直接解决连续幂问题的.虽然这不可能引起什么兴趣,但是这些结果将被应用于后续各种证明中,读者可能更希望直接阅读 A 部分而当有必要时再翻回来查阅.

除标注外,默认方程中出现的数字均为正整数.

简而言之,一个整数的幂一定是一个整数,也就是整数 a^n,$n \geqslant 2$,$a \geqslant 2$.

1.二项式和分圆多项式

用 $v_p(a)$ 来表示素数及非零整数 a

$$v_p(a) = e$$

其中 $p^e \mid a$,且 $p^{e+1} \nmid a$.易于确定 $v_p(0) = \infty$.

对任意有理数 $\dfrac{a}{b}$(其中 $b \neq 0$,a 和 b 为整数),定义

$$v_p\left(\frac{a}{b}\right) = v_p(a) - v_p(b)$$

映射 $v_p : \mathbf{Q} \to \mathbf{Z} \bigcup \{\infty\}$ 是 $p-\text{adic}$ 的取值.

下列为 $p-\text{adic}$ 取值的性质.

(P1.1)　若 $a,b,b_1,\cdots,b_k$ 为整数,则:

(i) $v_p(ab) = v_p(a) + v_p(b)$;

(ii) $v_p(a+b) \geqslant \min\{v_p(a),v_p(b)\}$;

(iii) 若 $v_p(a) < v_p(b_1),\cdots,v_p(b_k)$,则

$$v_p(a + b_1 + \cdots + b_k) = v_p(a)$$

(iv) 若 $a \neq b$,$p \neq 2$,$p \nmid ab$ 且 $v_p(a-b) = e \geqslant 1$,

则
$$v_p(a^{p_r} - b^{p_r}) = e + r, r \geqslant 1$$

（v）若 $a \neq b, 2 \nmid ab$ 且 $v_2(a - b) = e \geqslant 2$，则
$$v_2(a^{2^r} - b^{2^r}) = e + r, r \geqslant 1$$

（vi）若 p 是任意素数且 $p \mid a^p - b^p$，则 $p^2 \mid a^p - b^p$.

证明 这些证明十分简单. 为了说明，我们给出 (iv), (v) 和 (vi) 的证明.

（iv）易证 $v_p(a^p - b^p) = e + 1$.

假设 $a = b + kp^e$，当 $p \nmid k$，则

$$a^p = b^p + \binom{p}{1} b^{p-1} kp^e + \binom{p}{2} b^{p-2} k^2 p^{2e} + \cdots + k^p p^{pe}$$

因为 p 整除 $\binom{p}{j}$ 对任意 $j = 1, \cdots, p-1$ 成立，则

$$v_p\left[\binom{p}{j} b^{p-j} k^j p^{je} \right] \geqslant 1 + je$$

由 $v_p(k^p p^{pe}) = -pe$ 和（iii）得出结论
$$v_p(a^p - b^p) = e + 1$$

证明（iv）：与（iv）的证明相似，易知
$$v_2(a^2 - b^2) = e + 1$$

由假设 $a = b + 2^e k$，当 $e \geqslant 2$ 且 a, b, k 为奇数时，则
$$a^2 = b^2 + 2^{e+1} k + 2^{2e} k^2$$

因为 $e + 1 < 2e$，则由（iii）知
$$v_2(a^2 - b^2) = e + 1$$

证明（vi）：由假设 $a \equiv a^p \equiv b^p \equiv b \pmod{p}$；提升至 p 次幂，$a^p \equiv b^p \pmod{p}$，则
$$p^2 \mid a^p - b^p$$

下述基本结论的特殊情况均由欧拉给出：

（P1.2） 设 $n > 1$ 且 x, y 为非零的有理实系数，

则：

(i) $\dfrac{x^n - y^n}{x - y} = k(x - y) + ny^{n-1}$，其中

$$k = (x - y)^{n-2} + \binom{n}{1}y(x - y)^{n-3} + \cdots + \binom{n}{n-2}y^{n-2}$$

特别的，若 $n = p$ 是素数，则 $k = (x - y)^{p-2} + uyp$，其中 u 是整数.

(ii) $\gcd\left(x - y, \dfrac{x^n - y^n}{x - y}\right) = \gcd(x - y, n)$.

(iii) 若 m 是正整数，$m \mid x - y$ 且 $m \nmid n$，则 $m \nmid \dfrac{x^n - y^n}{x - y}$.

(iv) 若 p 是奇素数且 $p \mid x - y$，则

$$v_p\left(\dfrac{x^n - y^n}{x - y}\right) = v_p(n)$$

特别的，$p^2 \nmid \dfrac{x^p - y^p}{x - y}$.

(v) 若 $4 \mid x - y$，则 $v_2\left(\dfrac{x^n - y^n}{x - y}\right) = v_2(n)$. 反之，若 $2 \mid x - y$，但 $4 \nmid x - y$，则

$$v_2\left(\dfrac{x^n - y^n}{x - y}\right) \geqslant v_2(n) + 1$$

(vi) 若 n 是奇数，则 $\dfrac{x^n - y^n}{x - y}$ 也是奇数.

(vii) 若 n 是奇数且 $0 < i$，则

$$\gcd\left(\dfrac{x^n - y^n}{x - y}, x^{2^i n} + y^{2^i n}\right) = 1$$

(viii) 若 p 是奇素数且 $x > y \geqslant 1$，则

$$\dfrac{x^p + y^p}{x + y} \geqslant p$$

且若 $\dfrac{x^p + y^p}{x + y} = p$, 则 $p = 3, x = 2, y = 1$.

(ix) 若 p 是奇素数且 $x > y \geqslant 1$, 则

$$\frac{x^p - y^p}{x - y} > p$$

证明 (i) 可得

$$\frac{x^n - y^n}{x - y} = \frac{\left[(x - y) + y\right]^n - y^n}{x - y}$$

$$= (x - y)^{n-1} + \binom{n}{1} y(x - y)^{n-2} +$$

$$\binom{n}{2} y^2 (x - y)^{n-3} + \cdots +$$

$$\binom{n}{n - 2} y^{n-2} (x - y) + ny^{n-1}$$

$$= k(x - y) + ny^{n-1}$$

其中该式可用来表示 k 值. 简单来说, 若 $n = p$ 是素数, 则

$$k = (x - y)^{p-2} + uyp$$

其中 u 是整数.

(ii) 因为 $\gcd(x, y) = 1$, 此部分证明参照(i).

(iii) 此证明从(ii) 立即得出.

(iv) 设 $n = p^e m$, 当 $p \nmid m, e \geqslant 0$ 时, $e = v_p(n)$.

设 $x_1 = x^m, y_1 = y^m$. 由 (iii) $v_p\left(\dfrac{x^m - y^m}{x - y}\right) = 0$, 知

$$v_p(x_1 - y_1) = v_p(x - y) \geqslant 1$$

由 (P1. 1), $v_p\left(\dfrac{x_1^{p^e} - y_1^{p^e}}{x_1 - y_1}\right) = e$. 因此

$$v_p\left(\frac{x^n - y^n}{x - y}\right) = e = v_p(n)$$

175

（v）此部分证明是类似的，设 $n = 2^e m$，当 m 是奇数，$e \geqslant 0$ 且 $x_1 = x^m, y_1 = y^m$ 时，由（iii）知

$$v_2(x_1 - y_1) = v_2(x - y) \geqslant 1$$

若 $v_2(x - y) \geqslant 2$，则由（P1.1）

$$v_2\left(\frac{x_1^{2^e} - y_1^{2^e}}{x_1 - y_1}\right) = e = v_2(n)$$

若 $v_2(x - y) = v_2(x_1 - y_1) = 1$，则

$$x_1 \equiv -y_1 \pmod 4$$

所以

$$v_2(x_1 + y_1) \geqslant 2$$

若 $e = 1$，则

$$v_2\left(\frac{x_1^2 - y_1^2}{x_1 - y_1}\right) \geqslant 2$$

若 $e \geqslant 2$，设 $x_2 = x_1^2, y_2 = y_1^2$，所以

$$v_2\left(\frac{x_1^{2^e} - y_1^{2^e}}{x_1 - y_1}\right) = v_2\left(\frac{x_2^{2^{e-1}} - y_2^{2^{e-1}}}{x_2 - y_2}\right) + v_2\left(\frac{x_2 - y_2}{x_1 - y_1}\right)$$
$$\geqslant (e - 1) + 2 = e + 1$$

由第一部分证明知.

（vi）若 $x \not\equiv y \pmod 2$，则 $x^n - y^n$ 和 $\dfrac{x^n - y^n}{x - y}$ 都为奇数.

若 $x \equiv y \pmod 2$，因为 x, y 是实素数而且是奇数.得出结论

$$\frac{x^n - y^n}{x - y} = x^{n-1} + x^{n-2}y + \cdots + xy^{n-2} + y^{n-1}$$

（奇数 n 的和）是奇数.

（vii）设 p 是素数，$e \geqslant 1$，使得

$$p^e \mid \frac{x^n - y^n}{x - y}, \quad p^e \mid x^{2^i n} + y^{2^i n}$$

176

由（vi）知 $p \neq 2$. 因为 $p^e \mid x^n - y^n$，则

$$x^{2^i n} + y^{2^i n} \equiv ex^{2^i n} \pmod{p^e}$$

所以 p^e 整除 $2x^{2^i n}$. 但 $p \nmid x$，否则 $p \mid y$. 所以 $p^e \mid 2$，$p = 2$ 被排除.

（viii）设 $x \geqslant 2$ 且 $p \geqslant 3$，则

$$
\begin{aligned}
\frac{x^p + y^p}{x + y} &= (x^{p-1} - x^{p-2}y) + \cdots + \\
&\quad (x^2 y^{p-3} - xy^{p-2}) + y^{p-1} \\
&\geqslant x^{p-2}(x - y) + y^{p-1} \\
&\geqslant 2^{p-2} + 1 \geqslant p
\end{aligned}
$$

若 $\dfrac{x^p + y^p}{x + y} = p$，则 $2^{p-2} = p$，所以 $p = 3, x = 2$，且 $y = 1$.

（ix）$\dfrac{x^p - y^p}{x - y} = x^{p-2} + x^{p-2}y + \cdots + xy^{p-1} + y^{p-2} \geqslant 2^{p-1} > p$.

这是我选取的一些关于分圆多项式的理论.

对任意 $n \geqslant 1$，设

$$\zeta_n = \cos \frac{2\pi}{n} + \mathrm{i}\sin \frac{2\pi}{n}$$

是 1 的 n 次方根. 当 $1 \leqslant j < n, \gcd(j, n) = 1$ 时，1 的 n 次方根精确为 ζ_n^j，n 次分圆多项式为

$$\Phi_n(X) = \prod_{\gcd(j,n)=1} (X - \zeta_n^j) \qquad (1.1)$$

该多项式是一个系数为 $\mathbf{Z}$ 的首一多项式且等于 $\varphi(n)$（n 的函数）. 若 n 是奇数，则 $\Phi_{2n}(X) = \Phi_n(-X)$.

众所周知

$$X^n - 1 = \prod_{d \mid n} \Phi_d(X) \qquad (1.2)$$

因此，若 $m \mid n, m \neq n$，则

$$X^n - 1 = (X^m - 1)\prod_{\substack{d \mid n \\ d \nmid m}} \Phi_d(X) \qquad (1.3)$$

所以,例如,$\Phi_2(X) = X + 1, \Phi_4(X) = X^2 + 1, \Phi_{2^a}(X) = X^{2^{a-1}} + 1$. 一般来说,对任意素数幂 $p^e (e \geqslant 1)$

$$\Phi_{p^e}(X) = \frac{X^{p^e} - 1}{X^{p^{e-1}} - 1}$$
$$= X^{p^{e-1}(p-1)} + X^{p^{e-1}(p-2)} + \cdots + X^{p^{e-1}} + 1$$

因此对任意 $e \geqslant 1, \Phi_{p^e}(1) = p$. 此外,若 p 为奇数,则 $\Phi_{p^e}(a)$ 也是奇数,对任意整数 a.

若 p 是素数,$p \nmid m, e \geqslant 1$,则

$$\Phi_{p^e m}(X) = \frac{\Phi_m(X^{p^e})}{\Phi_m(X^{p^{e-1}})} \qquad (1.4)$$

且

$$X^{p^e m} - 1 = \prod_{i=0}^{e} \Phi_{p^i}(X^m) \qquad (1.5)$$

由不同素数因子 n 的归纳法得出结论,对任意整数,若 n 是奇数,且 $n \geqslant 3$,则 $\Phi_n(a)$ 为奇数.

若 $p \mid m$,则

$$\Phi_{pm}(x) = \Phi_m(X^p) \qquad (1.6)$$

设 μ 表示 Möbius 函数(定义对任意 $n \geqslant 1$ 成立)

$$\mu(n) = \begin{cases} (-1)^r & \text{当 } n \text{ 是表示 } r \text{ 的不同系数} \\ 0 & \text{当 } n \text{ 是非平方数} \end{cases}$$

特别的,$\mu(1) = 1$.

利用 Möbius 函数,分圆多项式表达如下

$$\Phi_n(X) = \prod_{d \mid n} (X^d - 1)^{\mu(\frac{n}{d})} \qquad (1.7)$$

考虑相应的齐次多项式

$$\Phi_n(X, Y) = Y^{\varphi(n)} \Phi_n\left(\frac{X}{Y}\right) \qquad (1.8)$$

178

如果 n 是奇数,那么

$$\Phi_{2n}(X,Y)=\Phi_n(X,-Y)$$

有下列关系式

$$X^n-Y^n=\prod_{d\mid n}\Phi_d(X,Y) \tag{1.9}$$

且如果 $m\mid n,m\neq n$,那么

$$X^n-Y^n=(X^m-Y^m)\prod_{\substack{d\mid n\\ d\nmid m}}\Phi_d(X,Y) \tag{1.10}$$

若 p 是素数,$p\nmid m,e\geqslant 1$,则

$$\Phi_{p^e m}(X,Y)=\frac{\Phi_m(X^{p^e},Y^{p^e})}{\Phi_m(X^{p^{e-1}},Y^{p^{e-1}})}. \tag{1.11}$$

且

$$X^{p^e m}-Y^{p^e m}=\prod_{i=0}^{e}\Phi_{p^i}(X^m,Y^m) \tag{1.12}$$

若 $p\mid m$,则

$$\Phi_{pm}(X,Y)=\Phi_m(X^p,Y^p) \tag{1.13}$$

且

$$\Phi_n(X,Y)=\prod_{d\mid n}(X^d-Y^d)^{\mu\left(\frac{n}{d}\right)} \tag{1.14}$$

若 $1\leqslant b<a$,由式(1.14)知,$\Phi_n(a,b)>0$.若 n 是奇数,$n\geqslant 3$ 且 a,b 不同时为偶数,则 $\Phi_n(a,b)$ 是奇数.

同时,若 n 是奇数,$n\geqslant 3$ 且 a,b 不同时为偶数,则 $\Phi_{2n}(a,b)=\Phi_n(-a,b)$ 是奇数.

若 a,b 是互素的正整数且 $n\geqslant 1$,对任意 $1\leqslant m<n$,若素数 p 能整除 $a^n\pm b^n$ 但不能整除 $a^m\pm b^m$,则素数 p 称为 $a^n\pm b^n$ 的本原因子.

因此,如果 $p=2$ 是 $a^n\pm b^n$ 的本原因子,则 a,b 奇偶性相同,所以 $n=1$.

若 $p\mid a^n-b^n$,$\gcd(a,b)=1$,则 $p\nmid ab$,设 b' 是整

数,则$(ab')^n \equiv 1 (\bmod\, p)$,所以$ab'$的次数$\bmod\, p$整除$n$也是$p-1$.

（P1.3） 通过上述表述,得出下列等价关系:

(i) p 是 $a^n - b^n$ 的一个本原因子.

(ii) 对任意 n 的因子 m,$p \mid a^n - b^n$ 且 $p \nmid a^m - b^m$.

(iii) 对任意 m 使 $1 \leqslant m < n$,$p \mid \Phi_n(a,b)$ 且 $p \nmid \Phi_m(a,b)$.

(iv) 对任意 n 的因子 m,$p \mid \Phi_n(a,b)$,但 $p \nmid \Phi_m(a,b)$.

(v) $ord(ab', \bmod\, p) = n$.

证明 等价关系(i)$\Leftrightarrow$(ii) 和(iii)$\Leftrightarrow$(iv) 得出结论

$$a^m - b^m = \prod_{p \mid m} \Phi_d(a,b)$$

对任意 $m = 1, \cdots, n$,当且仅当 $p \mid a^d - b^d$ 时,$(ab')^d \equiv 1 (\bmod\, p)$,则(v) 显然等价于(i) 和(ii).

由条件(ii)得出结论,若$p \mid a^n - b^n$,那么存在一个整数 d 整除 n,使得 p 是 $a^d - b^d$ 的本原因子.

（P1.4） 设 a, b 是互素整数,$n \geqslant 1$ 且 p 是奇素数,则下述条件是等价的:

(i) p 是 $a^n - b^n$ 的本原因子.

(ii) $p \mid \Phi_n(a,b)$ 且 $p \equiv 1 (\bmod\, n)$.

(iii) $p \mid \Phi_n(a,b)$ 且 $p \nmid n$.

证明 (i)$\Rightarrow$(ii). 假设 $p \mid a^n - b^n$,但 $p \nmid a^m - b^m$ 对任意 m 成立,$1 \leqslant m < n$. 由(P1.3) 知,$p \mid \Phi_n(a,b)$ 且 $ab' \bmod p$ 的阶为 n. 因此 $n \mid p - 1$,所以

$$p \equiv 1 (\bmod\, n)$$

(ii)$\Rightarrow$(iii),因为 $n < p$,$p \nmid n$.

(iii)$\Rightarrow$(i),显然 $p \mid a^n - b^n$. 如果恰好存在一个 n 的因子 m,使得 $p \mid a^m - b^m$. 由

$$a^n - b^n = \Phi_n(a,b)(a^m - b^m) \prod_{\substack{d \neq n \\ d \mid n, d \nmid m}} \Phi_d(a,b)$$

得出结论 p 整除 $\dfrac{a^n - b^n}{a^m - b^m}$,由(P1.2)(iv)部分

$$v_p\left(\frac{n}{m}\right) = v_p\left(\frac{a^n - b^n}{a^m - b^m}\right) \geqslant v_p(\Phi_n(a,b)) \geqslant 1$$

所以 $p \mid n$ 是矛盾的.

(P1.5) 设 p 为奇素数,则 p 是 $a^n + b^n$ 的素数因子当且仅当 p 是 $a^{2n} - b^{2n}$ 的本原因子时成立.

证明 设 p 是 $a^n + b^n$ 的一个本原因子,则

$$p \mid a^{2n} - b^{2n}$$

若 p 不是 $a^{2n} - b^{2n}$ 的本原因子,存在 k,$1 \leqslant k < 2n$,k 整除 $2n$,使得 $p \mid a^k - b^k$.若 $k = 2h$,则 $h < n$ 且 $n \nmid a^n + b^n$,因此 $p \mid a^n - b^n$ 是不成立的.因此 k 是奇数.由

$$a^n \equiv -b^n \pmod{p}$$

则 $a^{kn} \equiv -b^{kn} \pmod{p}$,因此 $p \mid a$ 且 $p \mid b$ 是矛盾的.

相反的,若 p 是 $a^{2n} - b^{2n} = (a^n - b^n)(a^n + b^n)$ 的一个本原因子,则 $p \nmid a^n - b^n$,所以 $p \mid a^n + b^n$.若存在 h,$1 \leqslant h < n$,使得 $p \mid a^h + b^h$,则 $p \mid a^{2h} - b^{2h}$,其中 $2h < 2n$,这是矛盾的.

对任意整数 $n \geqslant 2$,设 $P[n]$ 定义为 n 的最大本原因子.

(P1.6) 设 $a > b \geqslant 1$,$\gcd(a,b) = 1$ 且设 $n \geqslant 2$.设 p 是 $a^f - b^f$ 的本原因子,使得 $p \mid \Phi_n(a,b)$,则:

(i) 存在 $j \geqslant 0$,使得 $n = fp^j$,其中 $p \nmid f$.

(ii) 若 $j > 0$,则 $p = P[n]$.

(iii) 若 $j > 0$ 且 $p^2 \mid \Phi_n(a,b)$,则 $n = p = 2$.

(iv) $\gcd(\Phi_n(a,b), n) = 1$ 或 $P[n]$.

证明 (i) 由(1.9),$\Phi_n(a,b)$ 整除 $a^n - b^n$,则 $p \mid$

$a^n - b^n$,因此,由(P1.3)知 $f \mid n$. 因为 $p \mid a^{p-1} - b^{p-1}$,又因为 $f \mid p-1$,所以 $f < p$. 设 $n = fp^j w$,其中 $j \geqslant 0$,$p \nmid fw$. 记 $r = fp^j$. 由(P1.2)知

$$\frac{a^n - b^n}{a^r - b^r} \equiv wb^{w-1} \pmod{a^r - b^r}$$

由于 $p \mid a^r - b^r$,因为 $f \mid r$,则

$$\frac{a^n - b^n}{a^r - b^r} \equiv wb^{w-1} \pmod{p}$$

若 $n < m$,则由(1.9)知,$\Phi_n(a,b)$ 整除 $\dfrac{a^n - b^n}{a^r - b^r}$. 由于 $p \nmid b$(因为 $\gcd(a,b) = 1$),则 $p \mid w$,是不成立的. 所以 $n = fp^j$.

(ii) 由 $f < p$,若 $j > 0$,则 $p = P[n]$.

(iii) 设 $j > 1$ 且 $s = fp^{j-1}$,所以 $n = ps$,则

$$\frac{a^n - b^n}{a^s - b^s} = \frac{\left[(a^s - b^s) + b^s\right]^p - b^{sp}}{a^s - b^s} = pb^{s(p-1)} +$$

$$\binom{p}{2}(a^s - b^s)b^{s(p-2)} +$$

$$\binom{p}{3}(a^s - b^s)^2 b^{s(p-3)} + \cdots +$$

$$(a^s - b^s)^{p-1}$$

若 $p \geqslant 3$,因为 $p \mid a^s - b^s$,则

$$\frac{a^n - b^n}{a^s - b^s} \equiv p \pmod{p^2}$$

另一方面,由(1.10),$\Phi_n(a,b)$ 整除 $\dfrac{a^n - b^n}{a^s - b^s}$,因此 $p^2 \mid \Phi_n(a,b)$. 因此,若 $p^2 \mid \Phi_n(a,b)$,则必有 $p = 2$. 所以 $f \leqslant p - 1$,即 $f = 1$ 且 $n = 2^j$,所以

$$\Phi_n(a,b) \not\equiv 0 \pmod{r}$$

不成立. 证明了 $j = 1$ 和 $n = 2$.

（ⅳ）假设存在素数 p 整除 $\gcd(\Phi_n(a,b),n)$. 由（ⅰ）和（ⅱ）知 $p=P[n]$. 由（ⅲ）知,若 $p^2 \mid \gcd(\Phi_n(a,b),n)$,则 $n=p=2$,所以 $p^2 \nmid n$,假设成立.

下文为 Bang 在 1886 年证明的一些有意思的定理的特殊情况. 在 1892 年,Zsigmondy 提出了更有力的证明. Birkhoff 和 Vandiver(1904) 和其他像 Dickson(1905),Carmichael(1913),Kanold(1950),Artin(1955),Hering(1974),Lüneburg(1981) 等数学家们再发现.

（P1.7） 设 $a>b\geqslant 1,\gcd(a,b)=1,n\geqslant 1$.

（ⅰ）a^n-b^n 有一个本原因子,除下列情况外:

(a)$n=1,a-b=1$.

(b)$n=2,a+b$ 是 2 的幂.

(c)$n=6,a=2,b=1$.

（ⅱ）a^n+b^n 有一个本原因子,除了情况:$n=3,a=2,b=1$.

证明 （ⅰ）显然在(a),(b),(c)情况下,a^n-b^n 没有本原因子,若 $n=1$ 且 $a-b$ 没有本原因子,则 $a-b=1$.

设 $n=2$ 且假设 a^2-b^2 没有本原因子. 由 $a^2-b^2=(a+b)(a-b)$ 和 $\gcd(a+b,a-b)=1$ 或 2,若 p 是一个奇素数能整除 $a+b$,则 p 能整除 a^2-b^2. 但 p 不是本原因子,所以 $p \mid a-b$,因此 p 能整除 a 和 b,这是不可能的. 这就表明 $a+b$ 是 2 的幂.

现在设 $n\geqslant 3$ 且假设 a^n-b^n 没有本原因子. 设 $p=P[n]$ 且 $v_p(\Phi_n(a,b))=j\geqslant 0$. 定义

$$\Phi_n^*(a,b)=\frac{\Phi_n(a,b)}{p^j}$$

183

$1°$ 假设 $\Phi_n^*(a,b)=1$.

设 $\zeta_1,\zeta_2,\cdots,\zeta_{\varphi(n)}$ 为 1 的 n 次方根,由

$$|a-\zeta_i b|=b\left|\frac{a}{b}-\zeta_i\right|>b\left(\frac{a}{b}-1\right)=a-b$$

和前面所述

$$\Phi_n(a,b)=|\Phi_n(a,b)|=\prod_{i=1}^{\varphi(n)}|a-\zeta_i b|>(a-b)^{\varphi(n)}$$
$$\geqslant 1=\Phi_n^*(a,b)$$

知 $j\geqslant 1$ 且 $p\mid\Phi_n(a,b)$,因此 p 整除 a^n-b^n. 当 f 整除 n 时,p 是 a^f-b^f 的本原因子,由(P1.6)知,$\gcd(n,\Phi_n(a,b))=p$ 和 $p^2\nmid\Phi_n(a,b)$.

总之,$\Phi_n(a,b)=p$,因为 $\Phi_n^*(a,b)=1$. 进一步,由 $p\mid n$,得出结论 $p-1$ 整除 $\varphi(n)$. 即

$$p=\Phi_n(a,b)\geqslant(a-b)^{\varphi(n)}\geqslant(a-b)^{p-1}$$

因此 $a-b=1$.

若 $p^2\mid n$,设 $n=pm$,则 $p-1\leqslant\varphi(m)$ 且由(1.13)知

$$p=\Phi_n(a,b)=\Phi_m(a^p-b^p)>(a^p-b^p)^{\varphi(m)}$$
$$\geqslant(a^p-b^p)^{p-1}$$

因为 $p\mid m$. 因此 $a^p-b^p=1$,也适于 $a-b=1$.

因此,由(P1.6)知,$n=pf$,$p\nmid f$,其中 p 是 a^f-b^f 的本原因子. 注意 $f\mid p-1$,所以 $f<p$. 由 $\varphi(n)=(p-1)\varphi(f)$ 得出结论

$$p(a^p-b^p)>p(a^f-b^f)\geqslant\Phi_n(a,b)\Phi_f(a,b)$$
$$=\Phi_f(a^p-b^p)>(a^p-b^p)^{\varphi(f)}$$

运用(1.11)知 $p>(a^p-b^p)^{\varphi(f)-1}$,那么必定 $\varphi(f)=1$,因此 $f=1$ 或 $f=2$,所以 $n=p$ 或 $n=2p$.

若 $n=p$,则

184

$$p = \Phi_p(a,b) = a^{p-1} + a^{p-2} + \cdots + ab^{p-2} + b^{p-1}$$
$$= \frac{a^p - b^p}{a - b} = a^p - b^p$$

且因为 $a - b = 1$,这些是不成立的.

若 $n = 2p$,由 $3 \leqslant p$ 和由 (1.11) 得出结论

$$p = \Phi_{2p}(a,b) = \frac{a^p + b^p}{a + b}$$

由 (P1.2) 知,必然 $a = 2, b = 1$,且 $p = 3$,所以 $n = 6$.

2° 假设 $a^n - b^n$ 没有本原因子,可证 $\Phi_n^*(a,b) = 1$ 且结果符合 1°.

设 p 是整除 $\Phi_n(a,b)$ 的素数,所以 $p \mid a^n - b^n$. 那么存在 f 整除 $n, 1 \leqslant f < n$,使得 p 是 $a^f - b^f$ 的一个本原因子. 由 (P1.6) 知,$p = P[n]$ 且 $\Phi_n(a,b) = P^j$,其中 $j \geqslant 1$. 因此 $\Phi_n^*(a,b) = 1$.

(ii) 若 $n = 3, a = 2, b = 1$,那么 $a^n + b^n = 2^3 + 1$ 没有本原因子.

相反的,若 $n = 1$,那么 $a + b \geqslant 2$,所以这是本原因子.

若 $n = 2$ 并且 $a^2 + b^2$ 没有本原因子,那么
$$a^2 + b^2 = 2^k \quad (k \geqslant 2)$$
确实,若 p 是奇素数整除 $a^2 + b^2$,则 $p \mid a + b$,所以 $p \mid a^2 - b^2$,因此,$p \mid 2a^2$. 得出结论 $p \mid a$ 且 $p \mid b$. 这是不成立的.

由 $a^2 + b^2 = 2^k (k \geqslant 2)$,$\gcd(a,b) = 1$ 得出结论 a, b 是奇数,因此 $a^2 + b^2 \equiv 2 \pmod 4$,具有矛盾性.证明 $a^2 + b^2$ 有一个本原因子.

若 $n \geqslant 3$,由 (i) 得出结论 $a^{2n} - b^{2n}$ 有一个本原因子 p 仅除了 $n = 3, a = 2, b = 1$ 的情况.若 $p = 2$,则 a, b 是奇数,所以 $2 \mid a + b$,除 2 是 $a^n - b^n$ 的本原因子情况外.

由(P1.5),a^n+b^n 是有一个本原因子,除指出例外情况.证毕.

由上述定理和(P1.3)得出若 $a \geqslant 2$,则数列

$$\Phi_3(a),\Phi_4(a),\Phi_5(a),\Phi_6(a),\Phi_7(a),\cdots$$

(除当 $a=2$ 时 $\Phi_6(a)$ 外)有一个本原因子且该因子不是任何上述中的因子.

结论将在本书后面的内容中体现.

(P1.8) 设

$$1 \leqslant m < n \text{ 且 } a > b \geqslant 1, \gcd(a,b)=1$$

如果

$$\gcd(\Phi_m(a,b),\Phi_n(a,b)) \neq 1$$

那么

$$P[n] = \gcd(\Phi_m(a,b),\Phi_n(a,b))$$

证明 若 $n=2$,则 $m=1$,若

$$\gcd(a-b,a+b) \neq 1$$

则

$$\gcd(a-b,a+b)=2$$

现在假设 $n \geqslant 3$.

设 p 是一个素数且 $e \geqslant 1$,使得

$$p^e \mid \Phi_m(a,b), p^e \mid \Phi_n(a,b)$$

则

$$p \mid a^m - b^m, p \mid a^n - b^n$$

所以 p 不是 $a^n - b^n$ 的本原因子.由(P1.4)知 $p \mid n$,由(P1.6)知,$p=P[n]$,$\Phi_n(a,b)=pc$,$p \nmid c$,所以 $e=1$.因为 p 是 $\Phi_m(a,b)$ 和 $\Phi_n(a,b)$ 的任意相同因子.这证明了

$$P[n] = \gcd(\Phi_m(a,b),\Phi_n(a,b))$$

(P1.9) 设 p 是任意素数,设 $0 \leqslant i < j$ 且 $a \geqslant$

$b > 1, \gcd(a,b) = 1$,则

$$\gcd(\Phi_{p^i}(a,b), \Phi_{p^j}(a,b)) = \begin{cases} 1 & p \nmid a-b \\ p & p \mid a-b \end{cases}$$

证明 由(P1.8),若 $d = \gcd(\Phi_{p^i}(a,b), \Phi_{p^j}(a,b)) \neq 1$,则 $d = p$.

假设 $p \neq 2$.

若 $p \mid a-b$,则 $a^{p^{j-1}} \equiv a \equiv b \equiv b^{p^{j-1}} \pmod{p}$,所以由(P1.2)(iv)知,$p$ 整除 $\Phi_{p^j}(a,b) = \dfrac{a^{p^j} - b^{p^j}}{a^{p^{j-1}} - b^{p^{j-1}}}$. 相似的,$p$ 整除 $\Phi_{p^i}(a,b)$。

最后,若 $p \nmid a-b$,则 $a^{p^j} \equiv a \not\equiv b \equiv b^{p^j} \pmod{p}$,所以 $p \nmid a^{p^j} - b^{p^j}$ 且必有 $p \nmid \Phi_{p^j}(a,b)$. 因比 $\gcd(\Phi_{p^i}(a,b), \Phi_{p^j}(a,b)) = 1$.

若 $p = 2$,则 $\Phi_1(a,b) = a-b$ 且 $\Phi_{2^k}(a,b) = a^{2^{k-1}} + b^{2^{k-1}} (k \geq 1)$. 相反的,若 $a \equiv b \pmod 2$,则 2 整除 $\gcd(\Phi_{2^i}(a,b), \Phi_{2^j}(a,b))$.

在 B 部分中,我将用到高斯(1801)的经典结论,证明用到一些高斯理论的常识现在重述一下.

设 p 是一个奇素数且设

$$p^* = (-1)^{\frac{p-1}{2}} p = \begin{cases} p & p \equiv 1 \pmod 4 \\ -p & p \equiv 3 \pmod 4 \end{cases}$$

$$(1.15)$$

设 $R^+ = \{a \mid 1 \leq a \leq p-1, \left(\dfrac{a}{p}\right) = 1\}$(模 p 的二次剩余)且 $R^- = \{b \mid 1 \leq b \leq p-1, \left(\dfrac{b}{p}\right) = -1\}$(模 p 的非二次剩余).

显然,若 $p > 3$,则 $\sum\limits_{a \in R^+} a \equiv 0 \pmod p$ 且 $\sum\limits_{b \in R^-} b \equiv$

187

$0(\mathrm{mod}\ p)$. 确实, 存在 k, $1 < k \leqslant p-1$, 使得 $\left(\dfrac{k}{p}\right) = 1$.

标记

$$R^+ = \{c \mid 1 \leqslant c \leqslant p-1 \text{ 且存在 } a \in R^+$$
$$\text{使得 } c \equiv ka(\mathrm{mod}\ p)\}$$

则 $k(\sum_{a \in R^+} a) \equiv \sum_{a \in R^+} a(\mathrm{mod}\ p)$, 因此 $(k-1)(\sum_{a \in R^+} a) \equiv$

$0(\mathrm{mod}\ p)$, 且 $\sum_{a \in R^+} a \equiv 0(\mathrm{mod}\ p)$. 由 $\sum_{j=1}^{p-1} j \equiv 0(\mathrm{mod}\ p)$

知 $\sum_{b \in R^-} b \equiv 0(\mathrm{mod}\ p)$.

设 $\zeta = \cos \dfrac{2\pi}{p} + \mathrm{i}\sin \dfrac{2\pi}{p}$. 高斯和为

$$\tau = \sum_{m=1}^{p-1} \left(\frac{m}{p}\right) \zeta^m = \sum_{a \in R^+} \zeta^a - \sum_{b \in R^-} \zeta^b \quad (1.16)$$

已知 $\tau^2 = p^*$.

设

$$\begin{cases} A(X) = \prod_{a \in R^+} (X - \zeta^a) \\ B(X) = \prod_{b \in R^-} (X - \zeta^b) \end{cases} \quad (1.17)$$

所以

$$4\frac{X^p - 1}{X - 1} = 4A(X)B(X)$$

$$= [A(X) + B(X)]^2 - [A(X) - B(X)]^2$$

$$(1.18)$$

若 $p = 3$, $4\dfrac{X^3 - 1}{X - 1} = (2X+1)^2 + 3$. 更一般情况为:

(P1.10) 若 $p > 3$ 是一个素数, 存在多项式 F, $G \in \mathbf{Z}[X]$ 使得

$$4\frac{X^p-1}{X-1}=F(X)^2-p^*G(X)^2$$

此外, $\deg(F)=\dfrac{p-1}{2}$, $\deg(G)=\dfrac{p-3}{2}$ 且

$$F(X)=(-X)^{\frac{p-1}{2}}F\left(\frac{1}{X}\right), G(X)=X^{\frac{p-1}{2}}G\left(\frac{1}{X}\right)$$

$$G(X)=X+a_2X^2+\cdots+a_{\frac{p-5}{2}}X^{\frac{p-5}{2}}+X^{\frac{p-3}{2}}$$

证明 设

$$\begin{cases} F(X)=A(X)+B(X) \\ G(X)=-\dfrac{\tau}{p^*}[A(X)-B(X)] \end{cases}$$

因此 $\deg(F)=\dfrac{p-1}{2}$, $\deg(G)=\dfrac{p-3}{2}$. 此外 $G(x)$ 的首项系数是

$$-\frac{\tau}{p^*}\left(-\sum\zeta^a+\sum\zeta^b\right)=-\frac{\tau}{p^*}(-\tau)=1$$

并且作为应用 $4\dfrac{X^p-1}{X-1}=F(X)^2-p^*G(X)^2$ 且充分证明 $F(X),G(X)\in \mathbf{Z}[X]$.

首先,我们证明了 $F(X),G(X)\in \mathbf{Q}[X]$, $F(X)$, $G(X)$ 的首项由 $\mathbf{Q}(\zeta)\mid \mathbf{Q}$ 的自同构 σ 保持不变. 同构因子是 $\sigma_1,\cdots,\sigma_{p-1}$, 其中 $\sigma_i(\zeta)=\zeta^i$ 且 σ_i 对应每个有理数.

因为 $\sigma_i(\zeta^a)=\zeta^{ia}$, 若 $\left(\dfrac{i}{p}\right)=1$, 则 σ_i 适于任何因子: $\sigma_i(A(X))=\prod_a(X-\zeta^{ia})=\prod_a(X-\zeta^a)=A(X)$, 因为 ia 适于全部二次剩余集合. 同样, $\sigma_i(B(X))=B(X)$ 且 $\sigma_i(\tau)=\tau$. 另一方面, 若 $\left(\dfrac{j}{p}\right)=-1$, 则 $\left(\dfrac{a}{b}\right)=1$ 包含 $\left(\dfrac{ja}{p}\right)=-1$, 因此 $\sigma_j(A(X))=B(X)$, $\sigma_j(B(X))=$

189

$A(X)$ 且 $\sigma_j(\tau) = \left(\dfrac{j}{p}\right)\tau = -\tau$. 因此 $\sigma_i(F(X)) = F(X)$ 且 $\sigma_i(C(X)) = G(X)$ 对于任意 $i = 1, 2, \cdots, p-1$. 证明 $F(X), G(X) \in \mathbf{Q}[X]$.

因此, $F(X) = A(X) + B(X)$ 的首项系数含于 $\mathbf{Q} \cap \mathbf{Z}[\zeta] = \mathbf{Z}$. 由

$$p^* G(X)^2 = F(x)^2 - 4\frac{X^p - 1}{X - 1} \in \mathbf{Z}[X]$$

它遵循 $G(X) \in \mathbf{Z}[X]$. 确实, 若 $m > 1$ 是 $G(X)$ 首项系数的分母的最小公倍数, 那么 $\dfrac{p}{m^2} \in \mathbf{Z}$ 不成立. 因此

$$(-X)^{\frac{p-1}{2}} A\left(\frac{1}{X}\right) = \prod_a (-1 + \zeta^a X)$$

$$= (\zeta^{\Sigma a} \prod_a (X - \zeta^{-a}))$$

$$= \begin{cases} A(X) & \text{当 } p \equiv 1 \pmod 4, \text{即} \left(\dfrac{-1}{p}\right) = 1 \text{ 时} \\ B(X) & \text{当 } p \equiv -1 \pmod 4, \text{即} \left(\dfrac{-1}{p}\right) = -1 \text{ 时} \end{cases}$$

运用关于二次剩余之和的一次观测, 相似的

$$(-X)^{\frac{p-1}{2}} B\left(\frac{1}{X}\right) = \begin{cases} B(X) & \text{当 } p \equiv 1 \pmod 4 \\ A(X) & \text{当 } p \equiv -1 \pmod 4 \end{cases}$$

因此 $(-X)^{\frac{p-1}{2}} F\left(\dfrac{1}{X}\right) = F(X)$ 适于任何情况, 相似的

$$X^{\frac{p-1}{2}} G\left(\frac{1}{X}\right) = G(X)$$

最终, 若

$$G(X) = a_0 + a_1 X + \cdots + a_{\frac{p-5}{2}} X^{\frac{p-5}{2}} + X^{\frac{p-3}{2}}$$

则 $a_0 = 0$. 因为 $\deg(G) = \dfrac{p-3}{2}$ 且 $a_1 = a_{\frac{p-3}{2}} = 1$.

下列内容在 B 部分有应用. 它由 Lagrange 于 1741 年在《函数计算教程》中提出.

(P1. 11) 设 X, Y 是未定元, 设 $n \geqslant 1$, 则

$$X^n + Y^n - (X+Y)^n = \sum_{i=1}^{\infty} (-1)^i \frac{n}{i} \binom{n-i-1}{i-1} \cdot (XY)^i (X+Y)^{n-2i}$$

证明 若 $n=1$ 或 $n=2$, 进行归纳

$$X^{n+1} + Y^{n+1} = (X^n + Y^n)(X+Y) - XY(X^{n-1} + Y^{n-1})$$

$$= (X+Y)^{n+1} + \sum_{i=1}^{\infty} (-1)^i \frac{n}{i} \binom{n-i-1}{i-1} \cdot (XY)^i (X+Y)^{n+1-2i} -$$

$$(XY)(X+Y)^{n-1} -$$

$$\sum_{i=1}^{\infty} (-1)^i \frac{n-1}{i} \binom{n-2-i}{i-1} \cdot (XY)^{i+1} (X+Y)^{n-1-2i}$$

$$= (X+Y)^{n+1} + \sum_{i=1}^{\infty} (-1)^i c_i \cdot (XY)^i (X+Y)^{n+1-2i}$$

其中 $c_1 = n+1$, 若 $i \geqslant 2$, 则

$$c_i = \frac{n}{i} \binom{n-1-i}{i-1} + \frac{n-1}{i-1} \binom{n-i-2}{i-2} = \frac{n+1}{i} \binom{n-i}{i-1}$$

2. 分圆域

设 p 是一个奇素数, 设

$$\zeta = \zeta_p = \cos \frac{2\pi}{p} + i \sin \frac{2\pi}{p}$$

是 1 的 p^{th} 指数.

$\Phi_p(\zeta) = 0$ 且 Φ_p 是不可约多项式. 设 $K = \mathbf{Q}(\zeta)$ 是

p 相关的分圆域，其中元素为 $\sum\limits_{i=0}^{p-2} a_i \zeta^i$ 的形式，当任意 $a_i \in \mathbf{Q}$.

形式为 $\sum\limits_{i=0}^{n-2} a_i \zeta^i$ 的元素，任意 $a_i \in \mathbf{Z}$ 是分圆整数. 集合 $A = \mathbf{Z}[\zeta]$ 的分圆整数是一个环，商的域等于 K.

若 $\alpha, \beta \in K, \alpha$ 整除 β 若存在 $\gamma \in A$ 使得 $\alpha \gamma = \beta$；符号 $\alpha \mid \beta$ 下文中有使用. 若 $\alpha, \beta \in K \backslash \{0\}$ 且 $\alpha \mid \beta, \beta \mid \alpha$，那么 α, β 是相关的；由 $\alpha \sim \beta$ 表示.

我应在这里指出关于分圆域的一些事实，下文中将应用，并不是罗列所有重要的概念和全部的定理.

K 的一个分式理想是非空子集 I，使得：

（1）若 $\alpha \beta \in I$，那么 $\alpha - \beta \in I$.

（2）若 $\alpha \in A, \beta \in I$，那么 $\alpha \beta \in I$.

（3）存在 $\alpha \in A, a \neq 0$ 使得 $\alpha \beta \in A$ 对任意 $\beta \in I$ 成立.

任意含于 A 的分式理想称为整理想或简单地称为理想.

若 $\alpha \in K$，集合 $A\alpha = \{\beta \alpha \mid \beta \in A\}$ 是一个分式理想，称为由 α 产生的主要分式理想；由 (α) 代表. 特别的，(0) 是 0 理想，$A = (1)$ 是单位理想.

若 $\alpha, \beta \in K$，若 I 是非零分式理想，下列同余式 I 定义为：$\alpha \equiv \beta (\bmod I)$，当 $\alpha - \beta \in I$. 若 $I = (\gamma)(\gamma = K, \gamma \neq 0)$ 符号 $\alpha \equiv \beta$ 将被应用.

若 I 是整数理想，$I \neq (0)$，则剩余类环 $A \mid I$ 是集合环.

若 I, J 是分式理想，定义

$$IJ = \Big\{ \sum_{i=1}^{n} \alpha_i \beta_i \mid n \geqslant 0, \text{对任意 } i, a_i \in I, \beta_i \in J \Big\}$$

因此，IJ 是一个分式理想，显然 $I(0)=0$，对任意 $I,I(1)=I$. 该乘积可交换可结合：$IJ=JI$，$[II']I''=I(I'I'')$ 对任意分式理想 I,I',I'',J 成立.

分式理想 I 整除分式理想 J，若存在一个整式理想 I' 使得 $II'=J$，那么当 α 整除 β 时 (α) 整除 (β).

当 $P \neq (0)$，$P \neq (1)$ 时，整理想为素理想.

下述为 Kummer 的基本定理.

（P2.1） 任意非零整理想乘积是素理想.

从这个定理，易定义，最大公约数 $\gcd(I,J)$ 和最小公倍数 $\operatorname{lcm}(I,J)$ 为 I,J 的非零理想.

整理想 I,J 是互素的当 $\gcd(I,J)=1$ 或等效为 $1=\alpha+\beta$，$\alpha \in I$，$\beta \in J$.

当且仅当 $J \subseteq I$，I 整除 J，特别的，当 $\alpha \in I$ 时 $I \mid (\alpha)$.

若 I 是任意整理想，则 $I \bigcap \mathbf{Z}=\mathbf{Z}_r$，对 $r \in \mathbf{Q}$，若 $I \subseteq A$，则 $r \in \mathbf{Z}$，若 P 是一个素理想，则 $P \bigcap \mathbf{Z}=\mathbf{Z}_p$，当 p 是一个素数时.

现在我描述主理想 $(q)=Aq$（q 为素数）分解为一个素数理想的乘积.

$1°Ap=(\lambda)^{p-1}$，当 $\lambda=1-\zeta$；标注 (λ) 是素理想，剩余类环 $A\backslash(\lambda)$ 元素为 p 的领域 F_p.

若 $\alpha \in A\backslash(\lambda)$，则费马小定理为
$$\alpha^{p-1} \equiv 1(\bmod \lambda)$$
若 $\alpha \equiv \beta(\bmod \lambda^e)$，则 $\alpha^p \equiv \beta^p(\bmod \lambda^{e+1})$ 对任意 $e \geqslant 1$.

$2°$ 设 q 是异于 p 的素数，设 f 是 q 的阶 $(\bmod p)$，则 $f \mid p-1$，$p-1=fs$，则
$$(q)=Q_1 \cdots Q_s$$

193

当 $Q_1,\cdots,Q_s$ 显然是素理想且剩余类环 $A\backslash Q_i$ 是元素为 q^f 的域 F_{q^f} 的同构.

特别的,(q) 是素理想当且仅当 q 是原根 $\bmod p$ 时成立.

元素 $\varepsilon\in A$ 是一个单位,若存在 $\varepsilon'\in A$ 使得 $\varepsilon\varepsilon'=1$. 集合 U 的单位是 $K\backslash\{0\}$ 的乘法子群.

若 $\alpha,\beta\in K\backslash\{0\}$,$(\alpha)=(\beta)$ 当且仅当 $\alpha=\varepsilon\beta$,其中 ε 是一个单位.

在 K 的各个单位中,若存在单位根,它可以精确为 $\pm1,\pm\zeta,\pm\zeta^2,\cdots,\pm\zeta^{p-1}$. Kummer 证明:

(P2. 2) K 的任意单位 ε 可以表达 $\varepsilon=\pm\zeta^j\eta$ 的形式,其中 $0\leqslant j\leqslant p-1$ 且 η 是一个实单位(即 $\eta=\overline{\eta}$,它是复共轭).

元素

$$\frac{1-\zeta^k}{1-\zeta}=1+\zeta+\cdots+\zeta^{k-1}$$

(对任意,$k=1,2,\cdots,p-1$) 是单位.

相似的,元素

$$\delta_k=\sqrt{\frac{1-\zeta^k}{1-\zeta}\cdot\frac{1-\zeta^{-k}}{1-\zeta^{-1}}}$$

(对任意 $k=1,2,\cdots,\dfrac{p-1}{2}$) 是正实单元.

两个非零分式理想 I,J 相等(表示为 $I\equiv J$). 当存在一个非零主分式理想 (α) 使得 $I=(\alpha)J$. 用 $[I]$ 表示 I 的等价类.

等式 $[I]\cdot[J]=[IJ]$ 使得非零主分式理想的等价类成为阿贝尔群. 它是 K 的理想类群,表示为 $Cl(K)$.

Kummer 证明:

(P2. 3) 理想类群有限.

$Cl(K)$ 集合元素的个数称为 K 的类数,表示为 h_p,它遵循:

（P2.4） 若 $\gcd(k, h_p) = 1$ 且若 I 是分式理想使得 I^k 是主分式理想,I 也如此.

K 包含最大真实子域,定义为 $K^+ = K \cap \mathbf{R}$. 元素为形式 $\sum\limits_{i=0}^{\frac{p-3}{2}} a_i (\zeta + \zeta^{-1})^i, a_i \in \mathbf{Q}$.

所有上述概念都由域 K^+ 引进,特别的,K^+ 的类数有限并表示为 h_p^+.

库默尔证明:

（P2.5） h_p^+ 整除 h_p.

因此可以写出

$$h_p = h_p^- \cdot h_p^+$$

其中 h_p^- 为自然数.

库默尔根据 K 域附加的变化数字提出了表达 h_p^-, h_p^+ 关系的公式,此处不再赘述.

3. 勾股方程,费马最后定理和相关方程

在这部分,我应描述一个勾股方程的解答且证明了费马方程

$$X^n + Y^n = Z^n$$

其中 $n = 3, 4$ 只有平凡解. 我也应提出相关方程,序列将会用到.

显然方程

$$X^2 + Y^2 = Z^2 \qquad (3.1)$$

称为勾股定理.

当 x, y, z 是非零数时,整数 (x, y, z) 的解为非平凡解. 易确定解 x, y, z 为正数. 若 (x, y, z) 是解,且 $d =$

$\gcd(x,y,z)$，则 $\left(\dfrac{x}{d}, \dfrac{y}{d}, \dfrac{z}{d}\right)$ 是互素的整数解. 因此易确定 (x,y,z) 的解且 $\gcd(x,y,z)=1$ 称为本原解. 在此情况下 x,y,z 互素.

注：x,y 不同为奇数，否则 $z^2 = x^2 + y^2 \equiv 1 + 1 \equiv 2 \pmod 4$，不成立. 相似的，在本原解中 x,y 不同时为偶. 否则 z 是偶数解不为本原. 因此，x 是奇数，y 是偶数，因此 z 是奇数.

下述结论可追溯到丢番图，但是前面已经提出了，至少在某种程度上提及了.

（**P3.1**） 设 a,b 是互素整数且不同为奇数，$a > b \geqslant 1$

$$\begin{cases} x = a^2 - b^2 \\ y = 2ab \\ z = a^2 + b^2 \end{cases} \qquad (3.2)$$

那么 (x,y,z) 是勾股方程的本原解. 在互素的正整数中 y 是偶数，每个这样的解可能是从关系式（3.2）中提及的类型中的特殊对 (a,b) 得到的.

证明 给出 a,b. 设 xy 定义如述，则

$$x^2 + y^2 = (a^2 - b^2)^2 + (2ab)^2 = (a^2 + b^2)^2 = z^2$$

y 也是偶数，$\gcd(x,y,z)=1$，因为若 d 整除 x,y,z，那么 d 整除 $2a^2$ 和 $2b^2$，但因 x 是奇数，d 也是奇数，因此 d 整除 ab 也即 $d=1$.

不同对 (a,b) 和 (a',b') 不能给出相同的三倍数，否则

$$a^2 - b^2 = x = a'^2 - b'^2$$
$$a^2 + b^2 = z = a'^2 + b'^2$$

因此，立即得到 $a = a', b = b'$.

Catalan Theorem

现设 (x,y,z) 是勾股方程的本原解,则

$$x^2 = z^2 - y^2 = (z-y)(z+y)$$

但 $\gcd(z-y,z+y)=1$,因为 $z-y$ 是奇数且 $\gcd(y,z)=1$.

由唯一因子分解基本定理知,存在互素正整数 t,u 使得

$$\begin{cases} z+y=t^2 \\ z-y=u^2 \end{cases}$$

那么 $t>u$ 且 t,u 是奇数.设 a,b 使得 $2a=t+u$,$2b=t-u$,所以 $a>b\geqslant 1$.

因此 $t=a+b$,$u=a-b$,且

$$\begin{cases} x=tu=(a+b)(a-b)=a^2-b^2 \\ y=\dfrac{t^2-u^2}{2}=\dfrac{(a+b)^2-(a-b)^2}{2}=2ab \\ z=\dfrac{t^2+u^2}{2}=\dfrac{(a+b)^2+(a-b)^2}{2}=a^2+b^2 \end{cases}$$

最后,我们记 $\gcd(a,b)=1$,因为 $\gcd(t,u)=1$,且 a,b 不同为奇数.因此 x 是奇数,这是证明的结论.

勾股三角形是直角三角形,边长为整数 a,b,c,若 c 为斜边,则 $a^2+b^2=c^2$ 且 (a,b,c) 是方程 (2.1) 的解.

费马想到下列问题:

勾股三角形的面积可能是一个整数的平方吗?

假设 a,b,c 是三角形边长,c 是斜边边长,因此 $a^2+b^2=c^2$.若面积为整数 h 的平方,则 $\dfrac{1}{2}ab=h$,因此

$$\begin{cases} c^2+4h^2=(a+b)^2 \\ c^2-4h^2=(a-b)^2 \end{cases}$$

因此

$$c^4-16h^4=(a^2-b^2)^2$$

197

所以$(c,2h,|a^2-b^2|)$是方程
$$X^4-Y^4=Z^2 \qquad (3.3)$$
的正整数解.

费马运用他著名的降维法证明了结论:

(P3. 2) 方程 $X^4-Y^4=Z^2$ 没有非零整数解.

证明 若陈述是错误的,设(x,y,z)是方程(3.3)的三倍数正整数解,x 为最小可能值,则
$$\gcd(x,y)=1$$
因为如果素数 p 整除 x,y,那么 p^4 整除 z^2,所以 p^2 整除 z;设
$$x=px',y=py',z=p^2z'$$
则 $x'^4-y'^4=z'^2$,其中 $0<x'<x$,这与选取 x 的极小值相反.

由 $z^2=x^4-y^4=(x^2-y^2)(x^2+y^2)$ 和 $\gcd(x^2-y^2,x^2+y^2)=1$ 或 2,显然,有两种可能情况.

情况 1:$\gcd(x^2-y^2,x^2+y^2)=1$.

由整数的唯一因子分解知,存在互素正整数 s,t 使得
$$\begin{cases} x^2+y^2=s^2 \\ x^2-y^2=t^2 \end{cases}$$

由于 $2x^2=s^2+t^2$,则 s,t 有相同的奇偶性,所以它们为奇数. 因此,存在互素正整数 u,v,使得
$$\begin{cases} u=\dfrac{s+t}{2} \\ v=\dfrac{s-t}{2} \end{cases}$$
所以 $uv=\dfrac{s^2-t^2}{4}=\dfrac{y^2}{2}$,故 $y^2=2uv$.

因为 $\gcd(u,v)=1$,由整数的唯一因子分解,存在

正整数 t,m 使得

$$\begin{cases} u = 2l^2 \\ v = m^2 \end{cases} \quad 或 \quad \begin{cases} u = l^2 \\ v = 2m^2 \end{cases}$$

但

$$u^2 + v^2 = \frac{(s+t)^2 + (s-t)^2}{4} = \frac{s^2 + t^2}{2} = x^2$$

由(P3.1),存在互素正整数 a,b,使得

$$\begin{cases} 2l^2 = u = 2ab \\ m^2 = v = a^2 - b^2 \\ x = a^2 + b^2 \end{cases} \quad 或 \quad \begin{cases} l^2 = u = a^2 - b^2 \\ 2m^2 = v = 2ab \\ x = a^2 + b^2 \end{cases}$$

因此,$l^2 = ab$,分别为 $m^2 = ab$. 由唯一因子分解知,存在互素整数 c,d 使得

$$\begin{cases} a = c^2 \\ b = d^2 \end{cases}$$

且因此 $m^2 = c^4 - d^4$,分别为 $l^2 = c^4 - d^4$.

注:$0 < c \leqslant a < x$,所以由 x 的极小选择 (c,d,m),(c,d,l) 不可能是方程(3.3)的解,且这是矛盾的.

情况 2:$\gcd(x^2 - y^2, x^2 + y^2) = 2$.

现 x,y 为奇数且 z 是偶数,由于 $y^4 + z^4 = x^4$,通过(P3.1)知存在互素正整数 a,b,使得

$$\begin{cases} y^2 = a^2 - b^2 \\ z = 2ab \\ x^2 = a^2 + b^2 \end{cases}$$

则 $x^2 y^2 = a^4 - b^4$,其中 $0 < a < x$,这与 x 的选取是极小的可能是相反的.

特别的,方程

$$X^4 + Y^4 = Z^4 \tag{3.4}$$

没有非零整数解 (x,y,z),否则 (z,y,x^2) 为(3.3)的

解.

方程
$$X^4 + Y^4 = Z^2 \qquad (3.5)$$
与之相似.

（P3.3） 方程 $X^4 + Y^4 = Z^2$ 没有非零整数解.

证明 假设 (x, y, z) 是正整数解，其中 z 是最小可能. 如（P3.2）证明中提到，$\gcd(x, y) = 1$. 因为 $(x^2)^2 + (y^2)^2 = z^2$，例如 y 是偶数，x 是奇数且由（P3.1）知存在互素正整数 a, b，使得
$$\begin{cases} x^2 = a^2 - b^2 \\ y^2 = 2ab \\ z = a^2 + b^2 \end{cases}$$

因为 x 是奇数，所以 $x^2 \equiv 1 \pmod 4$，因此 a 是奇数且 b 是偶数，$x^2 + b^2 = a^2$，由（P3.1）知存在互素正整数 c, d，使得
$$\begin{cases} x = c^2 - d^2 \\ b = 2cd \\ a = c^2 + d^2 \end{cases}$$

则 $y^2 = 4cd(c^2 + d^2)$. 但 $c, d, c^2 + d^2$ 是一对互素正整数且它们的乘积是一个平方. 由唯一因子分解，存在互素正整数 l, m, p，使得
$$\begin{cases} c = l^2 \\ d = m^2 \\ c^2 + d^2 = p^2 \end{cases}$$

因此
$$l^4 + m^4 = p^2$$
其中
$$z = a^2 + b^2 > (c^2 + d^2)^2 = p^4 \geqslant p$$

由 z 的极小性,(l,m,p) 不是(3.5)的解.这是矛盾的.

(P3.4)
$$2X^4 + 2Y^4 = Z^2 \tag{3.6}$$
$$X^4 + Y^4 = 2Z^2 \tag{3.7}$$
的非零整数的唯一解,其中 $\gcd(x,y)=1$ 分别为 $x^2 = y^2 = 1$ 和 $z^2 = 4$ 或 $z^2 = 1$.

证明 若 $2x^4 + 2y^4 = z^2$,其中非零整数 x,y 使得 $\gcd(x,y)=1$,则
$$4(x^4 - y^4)^2 = 4(x^8 - 2x^4 y^4 + y^8)$$
$$= 4\left[(x^4 + y^4)^2 - 4x^4 y^4\right]$$
$$= z^4 - 16x^4 y^4$$
由(P3.2)知,$x^4 - y^4 = 0$,因此 $x^2 = y^2 = 1$ 且 $z^2 = 4$.

相似的,若 $x^4 + y^4 = 2z^2$,其中 $\gcd(x,y)=1$,则 $2x^4 + 2y^4 = (2z)^2$,因此由上述可知,$x^2 = y^2 = z^2 = 1$.

在 A 部分中,我们将详细描述下列方程的解
$$X^2 + 2Y^2 = Z^2 \tag{3.8}$$
若 $x^2 + 2y^2 = z^2$,正整数 (x,y,z) 是方程(3.8)的三重解.若 $\gcd(x,y)=1$,则该解为本原解.若 (x,y,z) 是本原解,则 x,z 是奇数且 y 是偶数.的确,若 x 是偶数,z 也是偶数,因此 $4 \mid 2y^2$,所以 y 也是偶数,与假设相反.因此 x 是奇数,z 也为奇数.

最后
$$2y^2 = z^2 - x^2 \equiv 0 \pmod 4$$
因此 y 是偶数.

(P3.5) 存在集合 $\{(a,b) \mid a,b$ 是一对互素正整数且 b 是奇数$\}$ 且 $X^2 + 2Y^2 = Z^2$ 的全部素数解 (x,y,z) 构成一个集合,其中 $(a,b) \mapsto (x,y,z)$ 且

$$x = \begin{cases} 2a^2 - b^2 & \text{若 } 2a^2 > b^2 \\ b^2 - 2a^2 & \text{若 } 2a^2 < b^2 \end{cases}$$
$$y = 2ab$$
$$z = 2a^2 + b^2$$

证明 设 (a,b) 已知,当 $a,b \geqslant 1$ 时,b 是奇数,$\gcd(a,b)=1$,定义 x,y,z 如下

$$x^2 + 2y^2 = (2a^2 - b^2)^2 + 8a^2b^2 = (2a^2 + b^2)^2 = z^2$$

此外,$\gcd(x,y)=1$,因为若 p 是素数且 $p \mid x$,$p \mid y$,则必然 $p \neq 2$(x 是奇数),因此 $p \mid z$,所以 $p \mid 4a^2$,$p \mid 2b^2$,因此 $p \mid a$ 且 $p \mid b$ 成立.

现证明映射是满射.设 (x,y,z) 是 (3.8) 的本原解,则 $z-x,z+x$ 是偶数且 $\frac{z+x}{2}, \frac{z-x}{2}$ 都是偶数(因为 x,z 是奇数).设 $y = 2y_1$,则 $2y_1^2 = \frac{z+x}{2} \cdot \frac{z-x}{2}$,所以 $\frac{z+x}{2}, \frac{z-x}{2}$ 都为奇数.另外,$\gcd\left(\frac{z+x}{2}, \frac{z-x}{2}\right) = 1$,因为若 p 是素数整除 $\frac{z+x}{2}$ 和 $\frac{z-x}{2}$,$p \neq 2$ 且 $p \mid z$,$p \mid x$.因此 $p \mid 2y^2$,$p \mid y$,其假设 $\gcd(x,y)=1$ 相反.由此得出结论

(a) $\begin{cases} \frac{z+x}{2} = 2a^2 \\ \frac{z-x}{2} = b^2 \end{cases}$ 或 (b) $\begin{cases} \frac{z-x}{2} = 2a^2 \\ \frac{z+x}{2} = b^2 \end{cases}$

其中 a,b 是互素正整数且 b 是奇数.情况(a),$2a^2 > b^2$;情况(b),$2a^2 < b^2$,则

$$x = \begin{cases} 2a^2 - b^2 & \text{若 } 2a^2 > b^2 \\ b^2 - 2a & \text{若 } 2a^2 < b^2 \end{cases}$$
$$z = 2a^2 + b^2$$

由此可见映射是满射.

最终,若(a,b)和(a',b')得出相同素数解(x,y,z),则$2a^2+b^2=2a'^2+b'^2$.若$2a^2-b^2=b'^2-2a'^2$,则$2b^2=4a'^2$成立.因此$2a^2-b^2=2a'^2-b'^2$且可因此得出结论$(a,b)=(a',b')$.

下列结果将在 A 部分中应用.

费马陈述了下列事实(查看 Oeuvres,Ⅱ.P.441).

证明由 Genocchi 在 1883 年提出.

（P3.6） 方程
$$\begin{cases} 1+X=2Y^2 \\ 1+X^2=2Z^2 \end{cases}$$
的唯一非零整数解是$(X,Y,Z)=(1,\pm1,\pm1)$和$(7,\pm2,\pm5)$.

证明　若x,y,z是非零整数,是方程组的解,则$x=2y^2-1$,因此
$$1+(2y^2-1)^2=2z^2$$
所以
$$y^4+(y^2-1)^2=z^2$$
若$y=\pm1$,则$x=1,z=\pm1$.

现假设$y^2\neq1$,若y是奇数,由(P3.1)知存在正整数$m,n,\gcd(m,n)=1$,使得
$$\begin{cases} y^2=m^2-n^2 \\ y^2-1=2mn \\ z=m^2+n^2 \end{cases}$$
因为$y^2\equiv1(\bmod 4)$,所以m是奇数且n是偶数.

设f,g定义为
$$\begin{cases} f=m+n \\ g=m-n \end{cases}$$

203

所以 f,g 是奇数，$\gcd(f,g)=1$ 且 $m=\dfrac{f+g}{2}$，$n=\dfrac{f-g}{2}$，则

$$\begin{cases} y^2=m^2-n^2=fg \\ y^2-1=2mn=\dfrac{f^2-g^2}{2} \end{cases}$$

但 $\gcd(f,g)=1$，所以存在整数 $d,e\neq 0$，使得 $f=d^2$，$g=e^2$.

由 $\dfrac{f^2-g^2}{2}=fg-1$，得出结论

$$(f+g)^2=f^2+2fg+g^2=2f^2+2=2d^4+2$$

由(P3.4) 知，$f=d^2=1$，因此 $(1+g)^2=4$ 且 $g=1$，因此 $m=1,n=0$ 且 $y^2=1$，这个情形不可行.

现设 y 是偶数，$y\neq 0$. 再由(P3.1) 知，存在整数 $m,n,\gcd(m,n)=1$，使得

$$\begin{cases} y^2-1=m^2-n^2 \\ y^2=2mn \\ z=m^2+n^2 \end{cases}$$

但 $y^2-1\equiv -1(\bmod 4)$，所以 m 是偶数且 n 是奇数. 得出结论存在整数 f,g 使得 $\gcd(f,g)=1$ 且

$$\begin{cases} m=2f^2 \\ n=g^2 \end{cases}$$

所以 g 是奇数，由此得

$$4f^2g^2-1=4f^4-g^4$$

因此

$$(2f^2+g^2)^2=4f^4+4f^2g^2+g^4=1+8f^4$$

且

$$(2f^2+g^2-1)(2f^2+g^2+1)=8f^4$$

但 $\gcd(2f^2+g^2-1,2f^2+g^2+1)=2$,因此存在整数 r,s,其中 $\gcd(r,s)=1$,使得

$$\begin{cases} 2f^2+g^2-1=2r^4 \\ 2f^2+g^2+1=4s^4 \end{cases}$$

且 r 是奇数,或

$$\begin{cases} 2f^2+g^2-1=4r^4 \\ 2f^2+g^2+1=2s^4 \end{cases}$$

且 s 是奇数.

相减,得

$$2=4s^4-2r^4$$

所以

$$1=2s^4-r^4$$

或

$$1=s^4-2r^4$$

在第一种情况中,由 $r^4+1=2s^4$,通过(P3.4)知,$r^2=s^2=1$,因此 $2f^2+g^2=3$,因此 $f^2=g^2=1$ 且 $m=2$,$n=1$,$y^2=4$,最后得出 $x=7$.

在第二种情况下,由

$$2r^4=s^4-1=(s^2-1)(s^2+1)$$

得出结论,存在整数 t,u,其中 $\gcd(t,u)=1$,使得

$$\begin{cases} s^2-1=t^4 \\ s^2+1=2u^4 \end{cases} \quad 或 \quad \begin{cases} s^2-1=2t^4 \\ s^2+1=u^4 \end{cases}$$

然而,关系式 $s^2-1=t^4$,$s^2+1=u^4$ 是不可能的,所以此情况不成立.

在 1972 年,Inkeri 证明了如下推广:

若 p 是素数,$e\geqslant 0$,y 是奇数,$x\geqslant 1$ 且

$$\begin{cases} x+1=2^e p y^2 \\ x^2+1=2z^2 \end{cases}$$

205

则 $x=1$ 或 $x=7$，$p=2$，$e=0$.

现我们将研究三次费马方程

$$X^3+Y^3=Z^3 \qquad\qquad (3.9)$$

阿贝尔的书中，欧拉给出了证明（其中有略述）这些方程有唯一平凡解. 但我应在这里提出高斯的证明，他的证明是在他死后的私人文件中发现的，证明中多有域 $K=\mathbf{Q}(\omega)=\mathbf{Q}(\sqrt{-3})$ 的计算，当

$$\omega=\frac{-1+\sqrt{-3}}{2},\omega^2=\frac{-1-\sqrt{-3}}{2}$$

是 1 的原三次方根，注 $1+\omega+\omega^2=0$.

为了便于读者阅读，我应注明分域圆域 $K=\mathbf{Q}(\omega)$ 的特例.

$K=\mathbf{Q}(\omega)$ 的整数环是 $A=\mathbf{Z}[\omega]$，即整数形式为

$$\frac{a+b\sqrt{-3}}{2}$$

其中 a,b 是有理整数且 $a\equiv b(\mathrm{mod}\ 2)$. 环 A 是唯一分解整环，所以每个理想为主理想. 它有单位：$\pm 1,\pm\omega$，$\pm\omega^2$，仅此而已. 所以，对 $0\leqslant s\leqslant 5$，单位是 $(-w)^s$.

非零整数的任意一对有最大公约数，定义了 A 的单位. 另外，若 $\alpha=\beta\varepsilon$，$\alpha,\beta\in A$ 是相关元素，其中，ε 是一个单位，把这写作 $\alpha\sim\beta$.

一般素数 p 分解为环 A 的素数元素乘积如下：

（1）$p=3$ 是有分枝的，即 $3=(-w^2)\lambda^2$，因此，$3\sim\lambda^2$，其中，$\lambda=1-w=\frac{3-\sqrt{-3}}{2}$，$\lambda$ 是 A 的素数元素.

存在 A 的模 λ 的三个剩余类，命名为类 $0,1,-1$. λ 的共轭为 $\bar{\lambda}=1-w^2$ 且 λ 的范数为

$$N(\lambda)=\lambda\bar{\lambda}=(1-\omega)(1-\omega^2)=1-\omega-\omega^2+1=3$$

(2)若 $p \equiv 1(\bmod 3)$,则 p 分解,即 $p \sim \pi_1 \pi_2$,其中 π_1, π_2 是 A 的素数元素,彼此独立. A 模 p 的剩余类 p^2. 更精确地说,A/Ap 是域 $\mathbf{F}_p$ 的两个副本的乘积,且
$$N(\pi_1) = N(\pi_2) = p$$

(3)若 $p \equiv -1(\bmod 3)$,则 p 是嵌入的,即 p 是 A 的素数元素. 现在,A/Ap 是以 p^2 为元素的域且 $N(p) = p^2$.

上述结论(2)、(3)将在下列证明中应用.

若 $\alpha, \beta, \gamma \in K, \gamma \neq 0$,我们引出符号
$$\alpha \equiv \beta(\bmod r)$$
即 r 整除 $\alpha - \beta$.

(**P3.7**)(引理)   若 $\alpha \in A$ 且 $\lambda = 1 - \omega$ 不能整除 α,则 $\alpha^3 \equiv \pm 1(\bmod \lambda^4)$.

证明   若 $\alpha \not\equiv 0(\bmod \lambda)$,则 $\alpha \equiv \pm 1(\bmod \lambda)$.

首先,我们假设 $\alpha \equiv 1(\bmod \lambda)$,所以 $\alpha - 1 = \beta \lambda$,其中,$\beta \in A$,那么
$$\alpha - \omega = (\alpha - 1) + (1 - \omega) = \beta \lambda + \lambda = \lambda(\beta + 1)$$
$$\alpha - \omega^2 = (\alpha - \omega) + (\omega - \omega^2)$$
$$= \lambda(\beta + 1) + \omega \lambda = \lambda(\beta - \omega^2)$$
因此
$$\alpha^3 - 1 = (\alpha - 1)(\alpha - \omega)(\alpha - \omega^2)$$
$$= \lambda^3 \beta(\beta + 1)(\beta - \omega^2)$$
但是 $1 - \omega^2 = (1 + \omega)\lambda$,所以 $\omega^2 \equiv 1(\bmod \lambda)$. 因此 β,$\beta + 1, \beta - \omega^2$ 有三个不同类模 λ 且其中至少有一个为 λ 的多重. 因此,$\alpha^3 \equiv 1(\bmod \lambda^4)$.

若 $\alpha \equiv -1(\bmod \lambda)$,则
$$-\alpha^3 = (-\alpha)^3 \equiv 1(\bmod \lambda^4)$$
所以 $\alpha^3 \equiv -1(\bmod \lambda^4)$.

207

（**P3.8**） 方程 $X^3 + Y^3 = Z^3$ 没有代数整数解 $K = \mathbf{Q}(\omega)$，全部不为 0.

证明 与下面的方程证明是等效的，即

$$X^3 + Y^3 + Z^2 = 0 \qquad (3.10)$$

假设 $\xi, \eta, \zeta \in A$ 是非零的且满足 $\xi^3 + \eta^3 + \zeta^3 = 0$. 若 $\gcd(\xi, \eta, \zeta) = \delta$，则 $\dfrac{\xi}{\delta}, \dfrac{\eta}{\delta}, \dfrac{\zeta}{\delta}$ 满足相同方程且 $\gcd\left(\dfrac{\xi}{\delta}, \dfrac{\eta}{\delta}, \dfrac{\zeta}{\delta}\right) = 1$. 所以可以不失一般性地证明 $\gcd(\xi, \eta, \zeta) = 1$ 且因此 ξ, η, ζ 互素. 所以 λ 不能被下列元素 ξ, η, ζ 中的两个整除. 即，例如 $\lambda \nmid \xi, \lambda \nmid \eta$.

情况 1：假设 $\lambda \nmid \xi$，像

$$\begin{cases} \xi^3 \equiv \pm 1 (\bmod \lambda^3) \\ \eta^3 \equiv \pm 1 (\bmod \lambda^3) \\ \zeta^3 \equiv \pm 1 (\bmod \lambda^3) \end{cases}$$

（相比（P3.7）的引理，这个比较不常用）. 所以

$$0 = \xi^2 + \eta^2 + \zeta^3 \equiv \pm 1 \pm 1 \pm 1 (\bmod \lambda^3)$$

符号的 8 个组合给出 ± 1 或 ± 3. 这都不是 0 模 λ^3 的同余数，因为 ± 1 是单位且 ± 3 与 λ^2 相关，因此 λ^3 不多重.

情况 2：假设 $\lambda \mid \zeta$.

设 $\xi = \lambda^m \psi, \psi \in A$，其中 $m \geqslant 1$ 且 λ 不整除 ψ.

证明的基本部分建立了下列结论：

设 $n \geqslant 1$ 且设 ε 是 A 的一个单位. 若存在 $\alpha, \beta, \gamma \in A$，且分别互素，不是 λ 的多重，其中 $\alpha^3 + \beta^3 + \varepsilon \lambda^{3n} \gamma^3 = 0$，则：

（a）$n \geqslant 2$ 且

（b）存在单位 ε_1 且 $\alpha_1, \beta_1, \gamma_1 \in A$ 互素不是 λ 的多重，使得

$$\alpha_1^3 + \beta_1^3 + \varepsilon_1 \lambda^{3(n-1)} \gamma_1^3 = 0$$

此假设满足 $n=m, \varepsilon=1, \alpha=\xi, \beta=\eta$ 且 $\gamma=\psi$. 重复上述论断的应用，得出结论，存在单位 ε', 且 $\alpha', \beta', \gamma' \in A$，不是 λ 的多重，使得 $\alpha'^3 + \beta'^3 + \varepsilon'\lambda^3\gamma'^3 = 0$，这否定了上述(a).

首先，我们证明 $n \geqslant 2$.

确实，$\lambda \nmid \alpha$ 且 $\lambda \nmid \beta$. 所以由(P3.7)

$$\alpha^3 \equiv \pm 1 (\text{mod } \lambda^4)$$
$$\beta^3 \equiv \pm 1 (\text{mod } \lambda^4)$$

且 $\pm 1 \pm 1 \equiv -\varepsilon\lambda^{3n}\gamma^3 (\text{mod } \lambda^4)$，其中 $\lambda \nmid \gamma$. 因为 $\lambda \mid 3$，所以 $\lambda \nmid \pm 2$，故左边一定为 0，由 $\lambda \nmid \gamma$，得出结论 $3n \geqslant 4$，故 $n \geqslant 2$.

现在，我们证明(b).

记

$$-\varepsilon\lambda^{3n}\gamma^3 = \alpha^3 + \beta^3 = (\alpha+\beta)(\alpha+\omega\beta)(\alpha+\omega^2\beta)$$

$$(3.11)$$

由于 λ 是整除右边的素数元素，它一定整除因子，但

$$\alpha+\beta \equiv \alpha+\omega\beta \equiv \alpha+\omega^2\beta (\text{mod } \lambda)$$

因为 $\lambda=1-\omega, 1-\omega^2=-\omega^2\lambda$，所以 λ 应整除所有三个因式，因此

$$\frac{\alpha+\beta}{\lambda}, \frac{\alpha+\omega\beta}{\lambda}, \frac{\alpha+\omega^2\beta}{\lambda} \in A$$

且

$$-\varepsilon\lambda^{3(n-1)}\gamma^3 = \frac{\alpha+\beta}{\lambda} \cdot \frac{\alpha+\omega\beta}{\lambda} \cdot \frac{\alpha+\omega^2\beta}{\lambda}$$

因为 $n \geqslant 2$，λ 整除右边，因此至少一个因子. 不能分为两个因子. 此外，$\alpha+\beta, \alpha+\omega\beta, \alpha+\omega^2\beta$ 其中两个是同余模 λ^2，证明这不成立.

若

$$(\alpha + \beta) - (\alpha + \omega\beta) = \beta(1 - \omega) = \beta\lambda$$
$$\equiv 0 (\bmod \lambda^2)$$

则 $\lambda \mid \beta$ 有矛盾.

若

$$(\alpha + \beta) - (\alpha + \omega^2\beta) = \beta(1 - \omega^2) = -\beta\omega^2\lambda$$
$$\equiv 0 (\bmod \lambda^2)$$

则 $\lambda \mid \beta$ 有矛盾.

最终,若

$$(\alpha + \omega\beta) - (\alpha + \omega^2\beta) = \omega\beta(1 - \omega) = \omega\beta\lambda$$
$$\equiv 0 (\bmod \lambda^2)$$

则 $\lambda \mid \beta$.

假如 λ 整除 $\dfrac{\alpha + \beta}{\lambda}$ (其余情况用 $\omega\beta$ 或 $\omega^2\beta$ 代替 β),

则 $\lambda^{3(n-1)}$ 整除 $\dfrac{\alpha + \beta}{\lambda}$. 因此

$$\begin{cases} \alpha + \beta = \lambda^{3n-2}\kappa_1 \\ \alpha + \omega\beta = \lambda\kappa_2 \\ \alpha + \omega^2\beta = \lambda\kappa_3 \end{cases} \qquad (3.12)$$

其中,$\kappa_1, \kappa_2, \kappa_3 \in A$,$\lambda$ 不能整除 $\kappa_1, \kappa_2, \kappa_3$. 相乘有

$$-\varepsilon\gamma^3 = \kappa_1\kappa_2\kappa_3 \qquad (3.13)$$

记 $\kappa_1, \kappa_2, \kappa_3$ 互素,例如,若 $\delta \in A$ 整除 κ_1, κ_2,则 δ 整除 $(\alpha + \beta) - (\alpha + \omega\beta) = \beta(1 - \omega) = \beta\lambda$,类似的,当 δ 整除 κ_1, κ_2 (或 κ_2, κ_3),则 δ 整除 $\beta\lambda$. 但 λ 不整除 $\kappa_1, \kappa_2, \kappa_3$,所以 δ 与 λ 无关. 因此 δ 整除 β 且 α 也如此,这是矛盾的.

通过环 A 的唯一分解性,由 (3.13) 得出结论,即元素 $\kappa_1, \kappa_2, \kappa_3$ 与立方无关,也就是说,存在单位 $\tau_i \in A$,使得 $\kappa_i = \tau_i\mu_i^3 (i = 1, 2, 3)$. 所以

$$\begin{cases} \alpha + \beta = \lambda^{3n-2} \mu_1^3 \tau_1 \\ \alpha + \omega\beta = \lambda \mu_2^3 \tau_2 \\ \alpha + \omega^2\beta = \lambda \mu_3^3 \tau_2 \end{cases} \qquad (3.14)$$

注：μ_1, μ_2, μ_3 是互素的且 λ 不整除 μ_1, μ_2, μ_3，因此

$$\begin{aligned} 0 &= (\alpha + \beta) + \omega(\alpha + \omega\beta) + \omega^2(\alpha + \omega^2\beta) \\ &= \lambda^{3n-2} \mu_1^3 \tau_1 + \omega\lambda\mu_2^3\tau_2 + \omega^2\lambda\mu_3^3\tau_3 \end{aligned}$$

所以由 $\omega\lambda\tau_2$ 整除可以写作

$$\mu_2^3 + \tau\mu_3^3 + \tau'\lambda^{3(n-1)}\mu_1^3 = 0$$

其中，τ, τ' 是单位，$\mu_1, \mu_2, \mu_3 \in A$ 是非零的且 $\gcd(\mu_1, \mu_2, \mu_3) = 1$. 若 $\tau = 1$, (b) 的证明是完整的. 若 $\tau = -1$，用 $-\mu_3$ 代替 μ_3 并再次应用(b).

为了完成证明，应指出单位 τ 不等于 $\pm\omega$ 或 $\pm\omega^2$. 事实上，$\mu_2^3 + \tau\mu_3^3 \equiv 0 (\bmod \lambda^2)$. 因为

$$\mu_2^3 \equiv 1 (\bmod \lambda^4)$$
$$\mu_2^3 \equiv 1 (\bmod \lambda^4)$$

所以

$$\mu_2^3 + \tau\mu_3^3 \equiv \pm 1 \pm \tau \equiv 0 (\bmod \lambda^2)$$

然而

$$\pm 1 \pm \omega \not\equiv 0 (\bmod \lambda^2)$$

且

$$\pm 1 \pm \omega^2 \not\equiv 0 (\bmod \lambda^2)$$

所以 $\tau \neq \pm\omega, \pm\omega^2$，因此(b)的证明现在完整了.

前面已经阐述了，这些定理的证明是容易的.

特别的，方程 $X^3 + Y^3 = Z^3$ 没有非零整数解.

现在我们将引用 Legendre 在 1808 年和 1830 年有关下列方程的结果

$$X^3 + Y^3 = 2Z^3 \qquad (3.15)$$

211

和

$$X^3 + Y^3 = 4Z^3 \qquad (3.16)$$

然而,我们将要给出不同于 Legendre 的证明且和 (P3.8)相似(参看 Mordell 的书中 126 页).该证法适用于广泛的方程类.首先,给出一个简单的引理:

(P3.9)(**引理**) 设 p 是素数,使得 $p \equiv 2$ 或 $5(\bmod 9)$,则不存在 $\alpha \in A$,使得 $\omega \equiv \alpha^3(\bmod p)$.

证明 由于 $p \equiv -1(\bmod 3)$,故 A/Ap 是 p^2 为元素的域.若 $\omega \equiv \alpha^3(\bmod p)$,由于 $p \nmid \omega$(这是一个单位),则 $p \nmid \alpha$.因此 $\alpha^{p^2-1} \equiv 1(\bmod p)$.写出 $p = 3r-1$,其中 $r \not\equiv 0(\bmod 3)$,则 $p^2 - 1 = 3r(3r-2)$,所以 $\omega^{3r(3r-2)} \equiv 1(\bmod p)$.但是 $\omega^3 = 1$,因此乘上 ω^{2r},得出结论 $1 \equiv \omega^{2r}(\bmod p)$.由于 $3 \nmid r$,则 $\omega^{2r} = \omega$ 或 ω^2,因此 p 整除 $1 - \omega = \lambda$ 或 p 整除 $1 - \omega^2 = \bar{\lambda}$,因此 p 整除 λ,所以 $p = 3$,假设不成立.

(P3.10) 设 p 为素数,使得 $p \equiv 2$ 或 $5(\bmod 9)$ 且设 $a = p$ 或 p^2,若 ξ, η, ζ 是 A 的非零元素且 ε 是 A 的单位,有

$$\xi^3 + \eta^3 + a\varepsilon\zeta^3 = 0 \qquad (3.17)$$

其中 $a = 2, \xi^3 = \eta^3 = \pm 1, \varepsilon, \zeta^3 = \pm 1, \xi\zeta^3 = \pm 1$.

证明 假设存在 $\xi, \eta, \zeta, \varepsilon$,其中 $(\xi, \eta, \zeta, \varepsilon)$ 之中选择使 $|N(\xi\eta\zeta\varepsilon)| = |N(\xi\eta\zeta)|$ 的极小值,则 $\gcd(\xi, \eta, \zeta) = 1$,因为如果素数元素 $\pi \in A$ 整除 ξ, η, ζ,则 $\left(\dfrac{\xi}{\pi}, \dfrac{\eta}{\pi}, \dfrac{\zeta}{\pi}, \varepsilon\right)$ 仍为(3.17)的解且 $\left|N\left(\dfrac{\xi}{\pi} \dfrac{\eta}{\pi} \dfrac{\zeta}{\pi}\right)\right| < |N(\xi\eta\zeta)|$ 与假设相反.

$\gcd(\xi, \eta) = 1$ 和 $\gcd(\eta, \zeta) = 1$.另外,$\gcd(\xi, \eta) = 1$,因为若素数元素 π 整除 ξ, η,则 π^3 整除 $a\xi^3$,但 $a = p$ 或

$a = p^2$，其中 $p \neq 3$，所以 p 不是 $\mathbf{Q}(\omega)$ 的分枝. 因此 $\pi^3 \nmid a$，所以 $\pi \mid \zeta$，这是不可能的.

设

$$\begin{cases} \alpha = \xi + \eta \\ \beta = \omega \xi + \omega^2 \eta \\ \gamma = \omega^2 \xi + \omega \eta \end{cases}$$

则 $\alpha + \beta + \gamma = 0$ 且由 $1 + \omega + \omega^2 = 0$，有

$$\alpha \beta \gamma = \xi^3 + \eta^3 = -\varepsilon a \zeta^3$$

设 $\delta = \gcd(\alpha, \beta, \gamma)$. 我们证明 δ 是 $\delta = \lambda = 1 - \omega$ 的单位. 确定，若 π 是 A 的素数元素，$e \geqslant 1$，π^e 整除 α, β，则 π^e 整除 $\omega \alpha - \beta = \omega(1 - \omega)\eta$ 且 $\omega^2 \alpha - \beta = -\omega(1 - \omega)\xi$；若 $\pi \neq \lambda$，则 π 整除 ξ, η 不成立. 所以 $\pi = \lambda$. 若 $e > 1$，则 λ 整除 ξ, η，这是不成立的，因此 $e = 1$.

设 $\alpha' = \dfrac{\alpha}{\delta}, \beta' = \dfrac{\beta}{\delta}, \gamma' = \dfrac{\gamma}{\delta}$，所以 $\gcd(\alpha', \beta', \gamma') = 1$. 因为 $\alpha' + \beta' + \gamma' = 0$，所以

$$\gcd(\alpha', \beta') = \gcd(\alpha', \gamma') = \gcd(\beta', \gamma') = 1$$

但 δ^3 整除 $\alpha \beta \gamma = -\varepsilon a \zeta^3$. 得出结论 $\delta \mid \zeta$. 确实，显然若 $\delta = 1$ 且 $\delta = \lambda$，由于 $\lambda^3 \nmid \alpha$，那么 $\lambda \mid \zeta$. $\zeta' = \dfrac{\zeta}{\delta}$，则 $\alpha' \beta' \gamma' = -\varepsilon a \zeta'^3$. 由于 $p \equiv -1 \pmod 3$，则 p 是 A 的素数元素. α', β', γ' 是一对互素数，所以 p 能且只能整除元素中的一个，即 p 整除 γ'，得出结论

$$\begin{cases} \alpha' = \kappa_1 \xi_1^3 \\ \beta' = \kappa_2 \eta_1^3 \\ \gamma' = \kappa_3 a \zeta_1^3 \end{cases}$$

其中，$\kappa_1, \kappa_2, \kappa_3$ 是 A 的单位.

则

$$\kappa_1 \xi_1^3 + \kappa_2 \eta_1^3 + \kappa_3 a \zeta_1^3 = \alpha' + \beta' + \gamma' = 0$$

且能被 κ_1 整除,得出下列关系

$$\xi_1^3 + \mu \eta_1^3 + \nu a \zeta_1^3 = 0$$

其中,μ,ν 是单位.

若 $\mu = \pm 1$,则

$$\xi_1^3 + (\pm \eta_1)^3 + \nu a \zeta_1^3 = 0$$

从 $(\xi,\eta,\zeta,\varepsilon)$ 中选取使得 $\mid N(\xi\eta\zeta\varepsilon) \mid$ 是最小值,得出结论

$$\mid N(\xi\eta\zeta) \mid^3 \leqslant \mid N(\xi_1\eta_1\zeta_1) \mid^3 = \left| N\left(\frac{\alpha\beta\gamma}{\delta^3 a}\right) \right|$$
$$= \left| N\left(\frac{\zeta^3}{\delta^3}\right) \right| = \left| N\left(\frac{\zeta}{\delta}\right) \right|^3$$

因此

$$\mid N(\delta\xi\eta) \mid \leqslant 1$$

且必然有

$$\mid N(\delta\xi\eta) \mid = 1$$

所以 δ,ξ,η 是环 A 的单元,其中 $\xi^3 = \pm 1$,$\eta^3 = \pm 1$,因此 $\xi^3 = \eta^3 = \pm 1$ 且因此 $-\varepsilon a \zeta^3 = \pm 2$. 但 2 是 A 的素数元素之一且 a 不是一个单位. 因此 ζ 是一个单位,所以 $\zeta^3 = \pm 1$,即 $a = 2$,$\varepsilon\zeta^3 = \pm 1$.

该证明得出结论表明 μ 不能不同于 ± 1. 确定,因为 p 整除 a,所以 $-\mu\eta_1^3 \equiv \xi_1^3 \pmod{p}$. 由 $\gcd(\xi_1,\eta_1) = 1$ 得出结论 p 不能整除 η_1 且因此在域 A/Ap,$-\eta_1$ 的逆为 θ,所以 $\mu \equiv (\theta\xi_1)^3 \pmod{p}$. 但 μ 是一个单位,$\mu \neq \pm 1$,改变符号或提高倍数,$\omega \equiv \tau^3 \pmod{p}$,其中 $\tau \in A$. 根据(P3.9)知,这是不可能的.

特别的,得出 Legendre 的结论:

(3.15) 的唯一非零整数解为 $x = y = z = \pm 1$,方程 (3.16) 没有非零整数解.

214

这里提到的 Legendre 的证明运用了降幂或相同的方法.

在 1977 年,McCallum 研究了下列特殊情况

$$X^3 \pm 1 = 2Z^3 \tag{3.18}$$

且提出了非平凡解为 $x = z = \pm 1$. 他的证明没有应用降幂法且以三次域 $\mathbf{Q}(\sqrt[3]{2})$ 中的简单性质为基础.

在域中(参看 Leveque,第 Ⅱ 卷,108,109 页),每个单位 $a - \sqrt[3]{2}\, b$ 是等价的,符号不定,取决于基础单位 $-1 + \sqrt[3]{2}$,所以 $a - \sqrt[3]{2}\, b = \pm(-1 + \sqrt[3]{2})^n$,其中 n 是整数不一定为正.

McCallum 的证明　　假设 a,b 是非零整数,使得 $a^3 - 2b^3 = \pm 1$. 在域 $K = \mathbf{Q}(\sqrt[3]{2})$ 中分解如下

$$\pm 1 = a^3 - 2b^3 = (a - \sqrt[3]{2}\, b)(a^2 + \sqrt[3]{2}\, ab + \sqrt[3]{4}\, b^2)$$

所以 $a - \sqrt[3]{2}\, b$ 是 K 的单位,由前文所述,存在整数 n 使得

$$a - \sqrt[3]{2}\, b = \pm(-1 + \sqrt[3]{2})^n$$

我们证明 $n > 0$,确有

$$a^2 + \sqrt[3]{2}\, ab + \sqrt[3]{4}\, b^2 = \left(a + \frac{b}{\sqrt[3]{4}}\right)^2 + \frac{3}{2\sqrt[3]{2}} b^2$$

$$> 1.19b^2 > 1$$

另一方面,由

$$\mid (a - \sqrt[3]{2}\, b)(a^2 + \sqrt[3]{2}\, ab + \sqrt[3]{4}\, b^2) \mid = 1$$

得出结论 $\mid a - \sqrt[3]{2}\, b \mid < 1$ 且 $\mid -1 + \sqrt[3]{2} \mid < 1$,因此 $n > 0$.

现在我们逐步考虑下列情况 $n > 2, n = 2, n = 1$.

若 $n > 2$,在 $(-1 + \sqrt[3]{2})^n$ 中 $\sqrt[3]{4}$ 的系数为

Catalan 定理

$$\perp \left[(-1)^{n-2} \binom{n}{2} + (-1)^{n-5} 2 \binom{n}{5} + \cdots + (-1)^{n-2-3k} 2^k \binom{n}{3k+2} + \cdots \right] = 0$$

我们证明这是不可能的,由同余式模 3,记

$$\binom{n}{3k+2} = \frac{n(n-1)}{(3k+1)(3k+2)} \binom{n-2}{3k}$$

所以

$$\frac{1}{n(n-1)} \binom{n}{3k+2} = \frac{1}{(3k+1)(3k+2)} \binom{n-2}{3k}$$

$$\equiv - \binom{n-2}{3k} \pmod 3$$

因此

$$\frac{1}{n(n-1)} (-1)^{n-2-3k} 2^k \binom{n}{3k+2}$$

$$\equiv (-1)^{n-2-3k} (-1)^{k+1} \binom{n-2}{3k}$$

$$\equiv (-1)^{n-1} \binom{n-2}{3k} \pmod 3$$

此外,得出同余式

$$(-1)^{n-1} \sum_{k \geqslant 0} \binom{n-2}{3k} \equiv 0 \pmod 3$$

然而,对任意 $m \geqslant 1$,将证明

$$S_0 = \sum_{k \geqslant 0} \binom{m}{3k} \not\equiv 0 \pmod 3$$

确实,设

$$S_1 = \sum_{k \geqslant 0} \binom{m}{3k+1}$$

216

$$S_2 = \sum_{k \geq 0} \binom{m}{3k+2}$$

所以

$$S_0 + S_1 + S_2 = \sum_{j \geq 0} \binom{m}{j} = (1+1)^m = 2^m$$

$$\equiv (-1)^m (\bmod 3)$$

观察

$$S_2 = \sum_{k \geq 0} \binom{m}{3k+2} = \sum_{k \geq 0} \binom{m}{3k+1} \frac{m-3k-1}{3k+2}$$

$$\equiv -(m-1)S_1 (\bmod 3)$$

且

$$S_1 = \sum_{k \geq 0} \binom{m}{3k+1} = \sum_{k \geq 0} \binom{m}{3k} \frac{m-3k}{3k+1} \equiv m S_0 (\bmod 3)$$

因此

$$(-1)^m \equiv S_0 + S_1 + S_2 \equiv (1 + m - (m-1)m)S_0$$

$$\equiv (1 + 2m - m^2)S_0 (\bmod 3)$$

因此 $S_0 \not\equiv 0 (\bmod 3)$，我们试着证明这是矛盾的.

若 $n=2$，那么有

$$\pm(-1+\sqrt[3]{2})^2 = \pm(1 - 2\sqrt[3]{2} + \sqrt[3]{4}) = a - \sqrt[3]{2}\,b$$

这是不可能的.

若 $n=1$，那么有

$$\pm(-1+\sqrt[3]{2}) = a - \sqrt[3]{2}\,b$$

即 $a = b = \pm 1$. 这是证明的结论.

4. 连 分 式

在丢番图方程的研究中 Lagrange 证明了连分式的重要性. 在这节中，我们用到一些事实，详见 Perron(1913) 和 Hua(1982).

若 $\xi_0, \xi_1, \cdots, \xi_n$ 是正实数,设

$$[\xi_0, \xi_1, \cdots, \xi_n] = \zeta_0 + \cfrac{1}{\xi_1 + \cfrac{1}{\xi_2 + \cfrac{\ddots}{\quad + \cfrac{1}{\xi_n}}}}$$

右边表达式称为连分式且 $\xi_0, \xi_1, \cdots, \xi_n$ 是它的部分商.

若 $\xi_i = a_i (i = 0, 1, \cdots, n)$ 是整数,则 $[a_0, a_1, \cdots, a_n]$ 等于一个有理数. 反之,任一数字 $\dfrac{c}{d}$(其中 $c > 0, d > 0$ 且 $\gcd(c, d) = 1$)为连分式展开式

$$\frac{c}{d} = [a_0, a_1, \cdots, a_n]$$

特殊(依据要求最后部分商与 1 不同)得出下列结论:

$$\frac{c}{d} = a_0 + \frac{c_1}{d},\text{其中},a_0, c_1 \text{是整数}, 0 \leqslant c_1 < d$$

若 $c_1 \neq 0$,则

$$\frac{d}{c_1} = a_1 + \frac{c_2}{c_1},\text{其中},a_1, c_2 \text{是整数}, 0 \leqslant c_2 < c_1$$

若 $c_2 \neq 0$,则

$$\frac{c_1}{c_2} = a_2 + \frac{c_3}{c_2},\text{其中},a_2, c_3 \text{是整数}, 0 \leqslant c_3 < c_2$$

······

因为 $d > c_1 > c_2 > c_3 > \cdots \geqslant 0$,过程有限,存在 $n \geqslant 1$ 最小使得 $c_{n+1} = 0$,则

$$\frac{c}{d} = [a_0, a_1, \cdots, a_n]$$

另外,若 $a_n = 1$,则

$$\frac{c}{d} = [a_0, a_1, \cdots, a_{n-1} + 1]$$

所以最后部分商与 1 不同.

更一般情况,若 $a_0,a_1,a_2,\cdots$ 是正整数的无限序列. 设

$$r_n = [a_0,a_1,\cdots,a_n] \text{ 对任意 } n \geqslant 0 \text{ 成立}$$

设 A_n,B_n(对任意 $n \geqslant -2$ 成立)是整数定义如下

$$A_{-2}=0,A_{-1}=1,A_0=a_0,\cdots$$

$$A_n = a_n A_{n-1} + A_{n-2} \quad (\forall n \geqslant 0)$$

且

$$B_{-2}=1,B_{-1}=0,B_0=1,\cdots$$

$$B_n = a_n B_{n-1} + B_{n-2} \quad (\forall n \geqslant 0)$$

因此

$$A_0 < A_1 < A_2 < A_3 < \cdots$$

$$1 = B_0 \leqslant B_1 < B_2 < B_3 < \cdots$$

易证下列结论:

(**P4.1**) 对任意实数 ξ 且 $n \geqslant 1$,有

$$[a_0,a_1,\cdots,a_{n-1},\xi] = \frac{\xi A_{n-1} + A_{n-2}}{\xi B_{n-1} + B_{n-2}}$$

(**P4.2**)

$$r_n = \frac{A_n}{B_n}, \gcd(A_n,B_n) = 1 \quad (n \geqslant 0)$$

(**P4.3**)

$$A_n B_{n-1} - A_{n-1} B_n = (-1)^{n-1}$$

$$A_n B_{n-2} - A_{n-2} B_n = (-1)^n a_n \quad (n \geqslant 0)$$

(**P4.4**)

$$r_0 < r_2 < r_4 < \cdots$$

$$\cdots < r_5 < r_3 < r_1$$

(**P4.5**) 下列极限有等价关系

$$\lim_{n \to \infty} r_{2n} = \lim_{n \to \infty} r_{2n-1} = \alpha$$

实数 α 定义为有限部分商的展开
$$\alpha = [a_0, a_1, a_2, \cdots]$$

有理数 $r_n = \dfrac{A_n}{B_n}$ 称为 α 的 n 次收敛. 因为收敛 $r_n < \alpha$ 当且仅当 n 是偶数时成立.

（P4.6） 任意有限无理连分数为非实数,相反,任意非实数有有限连分数展开.

有限无理连分数的计算,利用中位值计算. 有理数中的中位值 $\dfrac{a}{b}, \dfrac{c}{d}$,使得 $\dfrac{a}{b} < \dfrac{c}{d}$,定义 $\dfrac{a+c}{b+d}$,显然 $\dfrac{a}{b} < \dfrac{a+c}{b+d} < \dfrac{c}{d}$.

若 $n \geqslant 0, a_0, \cdots, a_n$ 且收敛 $\dfrac{A_i}{B_i}(0 \leqslant i \leqslant n)$ 已知为连分式 α 的收敛. a_{n+1} 定义如下:

若 n 是奇数,a_{n+1} 是最大整数,使得
$$\frac{A_{n-1}}{B_{n-1}} < \frac{A_{n-1}+A_n}{B_{n-1}+B_n} < \frac{A_{n-1}+2A_n}{B_{n-1}+2B_n} < \cdots$$
$$< \frac{A_{n-1}+a_{n+1}A_n}{B_{n-1}+a_{n+1}B_n} < \alpha$$

注:任意分式是前面分式和 $\dfrac{A_n}{B_n}$ 的中值.

若 n 是偶数,a_{n+1} 相同,不等式相反.

数 α 的分部商展开提供了 α 的近似有理数. 在这方面,有下列不等式:

（P4.7）
$$\frac{1}{B_n(B_n+B_{n+1})} < \left| \alpha - \frac{A_n}{B_n} \right|$$
$$< \frac{1}{B_n B_{n+1}} < \frac{1}{B_n^2} \quad (\forall n \geqslant 1)$$

Catalan Theorem

（**P4.8**） 对任意 $n \geqslant 1$，α 的收敛 $\dfrac{A_n}{B_n}$ 是"最佳逼近"，其中分母至多为 B_n，在下列意义中

$$若 \left| \alpha - \frac{a}{b} \right| < \left| \alpha - \frac{A_n}{B_n} \right|, 则 b > B_n$$

相反，若 $\dfrac{a}{b}$ 是最佳逼近，其中分母至多为 b，那么 $\dfrac{a}{b}$ 等于 α 的收敛.

推出：

（**P4.9**） 若 α 为非实数且 $\left| \alpha - \dfrac{a}{b} \right| < \dfrac{1}{2b^2}$，则 $\dfrac{a}{b}$ 是 α 的最佳逼近，因此 $\dfrac{a}{b}$ 等于 α 的收敛.

无限连分式 $\alpha = [a_0, a_1, a_2, \cdots]$ 是周期性的. 若存在 $n \geqslant 0$ 且 $k > 0$，使得 $a_{n+k} = a_n$（$\forall n \geqslant n_0$）. 最小 n_0，k 的上述性质成立. 若 $n_0 = 0$，连分数称为纯周期，对周期连分数，常用符号为

$$\alpha = [a_0, \cdots, a_{n_0-1}, \overline{a_{n_0}, a_{n_0+1}, \cdots, a_{n_0+k-1}}]$$

序列 $(a_{n_0}, a_{n_0+1}, \cdots, a_{n_0+k-1})$ 有周期性，序列 $(a_0, \cdots, a_{n_0-1})$ 是前周期，k 是周期长度，n_0 是前周期长度.

欧拉于 1737 年证明了：

（**P4.10**） 若 $\alpha = [a_0, \cdots, a_{n_0-1}, \overline{a_{n_0+1}, \cdots, a_{n_0+k-1}}]$ 是无限周期连分数，α 是二次无理实数，即 α 是无理数满足关系式 $A\alpha^2 + B\alpha + C = 0$，其中，$A, B, C$ 为整数且 $A \neq 0$.

关于周期性连分数最重要的结果与上述相反，由 Lagrange 在 1770 年证明：

（**P4.11**） 任意二次非实数 α 是周期的.

221

因此,例如

$$\sqrt{2} = [1,2,2,\cdots] = [1,\overline{2}]$$

$$\frac{1+\sqrt{5}}{2} = [1,1,1,\cdots] = [\overline{1}]$$

Galois,Lagrange,Legendre 关于二次无理实数的前周期和周期性连分式展开有很多经典结论,但是这些内容超出了这本书的范围,读者可能希望可查找应用的来源. 仅举例说明,Lagrange 的证明:

(**P4. 12**) 若 $D > 0$ 是一个整数不是平方且若 $\sqrt{D}$ 的连分式展开周期长度为奇数,则 D 是两个平方的和.

5. 方程 $EX^2 - DY^2 = \pm C$

设 D 是正整数,不是平方(我们不需做假设,然而 D 是无平方的). 方程 $X^2 - DY^2 = \pm 1$ 是 Fermat 的难题. 由于 Euler 的复杂起源应叫作费马方程. (参见 Dickson,1920 年第 II 卷,341 页) 我们可能不应在讲这些有趣的方程时提一些历史思考,其涉及 Heath(1885) 的早期历史及 Dickson 在 1920 年的工作. 早在 Fermat 之前,印度和希腊的一些数学家们(Baudhayana, Theon of Smyrna, Archimedes, Diophantus, Brahmegupta) 也考虑过特殊情况,平方根以及二次问题的有理逼近问题. 之后,Alkarkhi 和 Bháscara 解决了特殊情况难题且给出了从已知解得出新解的方法.

1657 年 2 月 Fermat 在写给 Frenicle de Bessy 的信中"Second Défi aux Mathématiciens"提出:若 $D > 0$ 不是平方数,则方程 $X^2 - DY^2 = 1$ 有无穷多个整数解

（参见 Hoffmann 在 1944 年著作中的详细介绍）. Brouncker 和 Wallis 提出了求无穷多解的方法（但并没有求出全部解的必要）问题及解法在 Fermat, Frénicle, Digby, Wallis 和 Brouncker 交流频繁的信件中有详细介绍.

Euler 致力于方程理论的钻研, Lagrange 运用连分数给出了第一份完整的证明. 若 $D>0$ 不是平方数, 则方程 $X^2 - DY^2 = 1$ 有无穷多的整数解. 同时, 他运用他的方法证明了闻名世界的重要理论, 即任意二次无理实数没有无限周期连分数展开式（参见（P4.11）).

Legendre 的 *Théorie des Nombres*(1830) 提到了关于方程 $X^2 - DY^2 = \pm 1$ 理论的经典阐述. Mordell(1969) 给出了现代的表示方式.

在 1977 年的文章中, Weil 通过比较 Wallis 和 Brouncker, 以及 Bachet 对于方程 $aX + bY = c$ 的方法, 应用于连分式.

从实二次函数域入手便于全面理解这个领域.（参见 1972 年 Ribenboim 的文章）

为便于读者阅读, 我们在此处给出序列中需要的实二次函数域理论的简要概述.

设 $D>1$ 是非平方整数. 定义 $K = \mathbf{Q}(\sqrt{D})$ 是 $\sqrt{D}$ 的实二次函数域. 它由形式 $r + S\sqrt{D}$ 的全部实数组成, 其中, $r,s \in \mathbf{Q}$. 整数 K 定义为 A 的环.

（P5.1） 若 $D \equiv 2$ 或 $3 \pmod 4$, 则

$$A = \{a + b\sqrt{D} \mid a,b \in \mathbf{Z}\}$$
$$= \left\{\frac{a + b\sqrt{D}}{2} \mid a,b \text{ 是偶整数}\right\}$$

若 $D \equiv 1 \pmod 4$, 则

$$A = \left\{ \frac{a + b\sqrt{D}}{2} \mid a,b \in \mathbf{Z}, a \equiv b \pmod{2} \right\}$$

K 的单位是元素 $\alpha \in A, \alpha \neq 0$，使得 $\alpha^{-1} \in A$. 显然，± 1 是单位. 全部单位的集合是容易描述的，就像我们表明的.

若 α 是一个单位，则为 $-\alpha, \alpha^{-1}, -\alpha^{-1}$. 若 $\alpha \neq \pm 1$，则全部 4 个数中的一个是大于 1 的. 它可以表示为 $\alpha = \frac{a + b\sqrt{D}}{2} > 1$ 当且仅当 $a > 0, b > 0$. 若 $\alpha' = \frac{a' + b'\sqrt{D}}{2}$ 也是一个单位使得 $\alpha' > 1$，它可以表示为 $\alpha' < \alpha$ 当且仅当 $a' < a$. 因此，在单位 $\alpha > 1$ 之中这是最小的. 把它定义为 ε_D，称为 $K = \mathbf{Q}(\sqrt{D})$ 的基本单位.

（P5.2） K 的任意单位表示为

$$\alpha = \pm \varepsilon_D^k$$

其中，k 是任意整数.

数 $\alpha = r + s\sqrt{D} \in K$ 的共轭定义为 $\overline{\alpha} = r - s\sqrt{D}$. α 的范数为

$$N(\alpha) = \alpha\overline{\alpha} = r^2 - s^2 D \in \mathbf{Q}$$

若 $\alpha \in A$，则

$$N(\alpha) = \frac{a^2 - b^2 D}{4} \in \mathbf{Z}$$

因为 $a \equiv b \pmod{2}$，且 a, b 是奇数，所以 $D \equiv 1 \pmod{4}$. 最后，若 $\alpha \in A$，则 α 是一个单位当且仅当 $N(\alpha) = \pm 1$.

在 D 上，基本单位 ε_D 可能有范数 1 或 -1.

若 $\varepsilon_D = \frac{t + u\sqrt{D}}{2}$，定义整数 $x_n, y_n (n \geq 1)$ 的序列

关系式为

$$\frac{x_n + y_n\sqrt{D}}{2} = \left(\frac{t + u\sqrt{D}}{2}\right)^n \qquad (5.1)$$

由于 $\dfrac{x_n + y_n\sqrt{D}}{2} \in A$，则 $x_n \equiv y_n(\bmod 2)$. 若 t，u 是偶数，则 $x_n, y_n(n \geqslant 1)$ 也是偶数；若 t, u 是奇数，则 $D \equiv 5(\bmod 8)$ 且 x_n, y_n 是偶数当且仅当 $3 \mid n$.

很容易得到

$$x_1 < x_2 < x_3 < \cdots \text{ 和 } y_1 < y_2 < y_3 < \cdots$$

除情况 $D = 5$ 外，其中 $y_1 = y_2 = 1$.

记

$$N\left(\frac{x_n + y_n\sqrt{D}}{2}\right) = (N(\varepsilon_D))^n$$

$\mathbf{Q}(\sqrt{D})(D > 0)$ 的单位可能经过多次有限步的计算是有效的，利用 $\sqrt{D}$ 的连分式展开，参看 1770 年 Lagrange 的著作.

设 k 是周期且设 $\dfrac{A_i}{B_i}$ 是 $\sqrt{D}$ 的连分式展开的第 i 次收敛，对任意 $i \geqslant 0$，则：

（P5.3）   若 k 是偶数，则

$$\begin{cases} x_n = A_{nk-1} \\ y_n = B_{nk-1} \end{cases} \quad (n \geqslant 1)$$

若 k 是奇数，则

$$\begin{cases} x_n = A_{2nk-1} \\ y_n = B_{2nk-1} \end{cases} \quad (n \geqslant 1)$$

给出这些预备知识后，我们表明怎样获得下列类型方程的所有解

$$EX^2 - DY^2 = C \qquad (5.2)$$

其中 $E,D > 0$ 是没有平方的,C 是任意非零整数.

记 $E = r^2 E_1$,$D = s^2 D_1$,其中 $r,s \geq 1$ 且 E_1,D_1 是无平方整数. 若 (x,y) 是 (5.2) 的解,则 (rx,sy) 是方程 $E_1 X^2 - D_1 Y^2 = C$ 的一个解. 因此,它是全部方程的解的充分条件. 此外,不失一般性假设 E,D 是无平方的. 此外,对于 $x > 0$,$y > 0$,(x,y) 是方程的解是显然的.

定义 $S_{E,D,C}$ 或简记为 S_C,(5.2) 的全部解 (x,y) 是一个集合,其中 $x > 0$,$y > 0$.

如前,设 $\varepsilon_D = \dfrac{t + u\sqrt{D}}{2}$ 是 $K = \mathbf{Q}(\sqrt{D})$ 的基本单位,对于任意的 $n \geq 1$,设 x_n,y_n 是式 (5.1) 中定义的.

方程

$$X^2 - DY^2 = 1 \qquad\qquad (5.3)$$

的解.

(P5.4) 设 $N(\varepsilon_D) = 1$. 若 t,u 是奇数,则

$$S_1 = \left\{ \left(\frac{x_n}{2}, \frac{y_n}{2} \right) \mid 3 \text{ 整除 } n, n \geq 1 \right\}$$

若 t,u 是偶数,则

$$S_1 = \left\{ \left(\frac{x_n}{2}, \frac{y_n}{2} \right) \,\middle|\, n \geq 1 \right\}$$

设 $N(\varepsilon_D) = -1$. 若 t,u 是奇数,则

$$S_1 = \left\{ \left(\frac{x_n}{2}, \frac{y_n}{2} \right) \,\middle|\, 6 \text{ 整除 } n, n \geq 1 \right\}$$

若 t,u 是偶数,则

$$S_1 = \left\{ \left(\frac{x_n}{2}, \frac{y_n}{2} \right) \,\middle|\, 2 \text{ 整除 } n \right\}$$

方程

$$X^2 - DY^2 = -1 \qquad\qquad (5.4)$$

Catalan Theorem

的解.

(**P5.5**)　若 $N(\varepsilon_D) = 1$,则 $S_{-1} = \varnothing$.

设 $N(\varepsilon_D) = -1$,若 t, u 是奇数,则

$$S_{-1} = \left\{ \left(\frac{x_n}{2}, \frac{y_n}{2} \right) \,\middle|\, 3 \text{ 整除 } n, n \geqslant 1, n \text{ 是奇数} \right\}$$

若 t, u 是偶数,则

$$S_{-1} = \left\{ \left(\frac{x_n}{2}, \frac{y_n}{2} \right) \,\middle|\, n \geqslant 1, n \text{ 是奇数} \right\}$$

方程

$$X^2 - DY^2 = 4 \tag{5.5}$$

的解.

(**P5.6**)　若 $N(\varepsilon_D) = 1$,则

$$S_4 = \{ (x_n, y_n) \mid n \geqslant 0 \}$$

若 $N(\varepsilon_D) = -1$,则

$$S_4 = \{ (x_n, y_n) \mid n \geqslant 1, n \text{ 是偶数} \}$$

方程

$$X^2 - DY^2 = -4 \tag{5.6}$$

的解.

(**P5.7**)　若 $N(\varepsilon_D) = 1$,则 $S_{-4} = \varnothing$.

若 $N(\varepsilon_D) = -1$,则

$$S_{-4} = \{ (x_n, y_n) \mid n \geqslant 1 \text{ 是奇数} \}$$

方程

$$EX^2 - DY^2 = \pm 1 \tag{5.7}$$

的解,其中,$E, D > 1$,E 和 D 无平方.

这些方程已经成为被注意的目标,特别是被 Stolt(1952,1954) 和 Nagell(1953,1955). Walker(1967) 给出的说明是很好的参考. 这些结果的综述见 Walsh(1988).

(**P5.8**)　若方程(5.7)有一个整数解,设 (x_1, y_1)

227

是一个正整数解,其中 y_1 是最小的(称基本解). 那么,方程的正整数解是 (x_n, y_n),其中 x_n, y_n 定义为

$$x_n \sqrt{E} + y_n \sqrt{D} = (x_1 \sqrt{E} + y_1 \sqrt{D})^n \quad (5.8)$$

其中,奇数 $n \geqslant 1$.

注意到(5.7)不需要有一个解,由下列结果给出说明.

(P5.9) 若方程 $X^2 - EDY^2 = -1$ 有一个整数解,则方程(5.7)没有整数解.

当 $N(\varepsilon_{ED}) = -1$ 时发生.

方程

$$X^2 - DY^2 = C \text{ 的解} \quad (5.9)$$

这个方程类似于(5.7),被 Schepel(1935) 研究.

(P5.10) 假设 $D > 1$ 是无平方的且 C 是一个非零无平方的整数使得 C 整除 $2D$($C = \pm 1$ 的情形已经考虑).

若方程(5.9)有一个整数解,设 (x_1, y_1) 是正整数解,其中 y_1 是最小的(称为基本解),那么方程的正整数解是 (x_n, y_n),其中,当 $C > 0$ 时所有的 $n \geqslant 1$,或当 $C < 0$ 时,所有奇数 $n \geqslant 1$. 数 x_n, y_n 定义为

$$|C|^{\frac{n-1}{2}} (x_n + y_n \sqrt{D}) = (x_1 + y_1 \sqrt{D})^n \quad (5.10)$$

A 部分　　特殊情况

下面将研究 Catalan 问题的特殊情况. 命名 m^{th} 或 n^{th} 幂的序列,其中 m 或 n 最多为 3. 我们将考虑幂为 2 或 3 的序列. 并且,我们将有机会超出范围学习其他有趣的 Diophantine 方程.

1. 初步引理

我们将要给出一些明显的注记.

若 p 是一个素数整除 m, $m = pm'$, 如果 $a \geqslant 1$, 那么 $a^m = (a^{m'})^p$. 所以 m^{th} 幂的序列是 p^{th} 幂的序列的一个子序列. 因此, 所有幂的序列与素数所有幂的序列一样.

类似的, 若 p, q 是素数, $m = pm'$, $n = qn'$, 且 $x, y \geqslant 1$ 是使得 x^m, y^n 连续的, 则 $(x^{m'})^p$, $(y^{n'})^q$ 是 p^{th}, q^{th} 的连续幂. 这是研究素数范围内的连续幂.

下面引理由 Euler 给出, 是一个基本引理.

(**A1.1**) 设 p, q 是素数, $x, y \geqslant 2$ 且 $x^p - y^q = 1$.

(i) 若 p 是奇数, 则

$$\begin{cases} x - 1 = a^q, y = aa', p \nmid aa' \\ \dfrac{x^p - 1}{x - 1} = a'^q, \gcd(a, a') = 1 \end{cases}$$

或

$$\begin{cases} x - 1 = p^{q-1}a^q, y = paa', p \nmid a' \\ \dfrac{x^p - 1}{x - 1} = pa'^q, \gcd(a, a') = 1 \end{cases}$$

(ii) 若 q 是奇数, 则

$$\begin{cases} y + 1 = b^p, x = bb', q \nmid bb' \\ \dfrac{y^q + 1}{y + 1} = b'^p, \gcd(b, b') = 1 \end{cases}$$

或

$$\begin{cases} y + 1 = q^{p-1}b^p, x = qbb', q \nmid b' \\ \dfrac{y^q + 1}{y + 1} = qb'^p, \gcd(b, b') = 1 \end{cases}$$

证明 (i) 首先, 注意

229

$$y^q = x^p - 1 = (x - 1)\frac{x^p - 1}{x - 1}$$

由(P1.2),$\gcd\left(x - 1, \dfrac{x^p - 1}{x - 1}\right) = 1$ 或 p. 第一个情况选择第一个,在第二个情况中,$p \mid y$,由(P1.2),$p^2 \nmid \dfrac{x^p - 1}{x - 1}$,选择第二个.

(ii) 证明类似于(i).

(**A1. 2**) 设 q 是奇素数,$x, y \geqslant 1$ 且 $x^2 - y^q = 1$,则

$$\begin{cases} x - 1 = 2a^q \\ x + 1 = 2^{q-1}a'^q \end{cases}$$

或

$$\begin{cases} x + 1 = 2a^q \\ x - 1 = 2^{q-1}a'^q \end{cases}$$

其中,x 是奇数,$\gcd(a, a') = 1$ 且 $y = 2aa'$.

证明 注意 $y^q = x^2 - 1 = (x + 1)(x - 1)$. 若 x 是偶数,则 $\gcd(x + 1, x - 1) = 1$,所以 $x + 1 = c^q$,$x - 1 = d^q$(对于任意正整数 c, d). 故 $2 = c^q - d^q$,这是不可能的. 因此,x 是奇数且 $\gcd(x + 1, x - 1) = \gcd(x + 1, 2) = 2$. 故

$$\begin{cases} x - 1 = 2^e c^q \\ x + 1 = 2^f d^q \end{cases}$$

其中,c, d 是奇数,$\gcd(c, d) = 1$,$e + f = rq (r \geqslant 1)$ 且 $\min\{e, f\} = 1$.

若 $e = 1$,则 $f = rq - 1 = q - 1 + (r - 1)q$,这导致第一种,其中,$a = c$,$a' = 2^{r-1}d$.

若 $f = 1$,则 $e = rq - 1 = q - 1 + (r - 1)q$,这导致第二种,其中,$a = d$,$a' = 2^{r-1}c$.

2. 平方和立方序列

1738 年, Euler 证明在平方和立方序列中只有 8, 9 是连续整数. 更精确地说, 他证明 $x = 3, y = 2$ 是方程 $X^2 - Y^3 = \pm 1$ 的正整数解.

为了这个结果, Euler 给出下列引理.

（**A2.1**） 设 $b, c \geqslant 1$, 有 $\gcd(b, c) = 1$. 若 $bc(c^2 \pm 3bc + 3b^2)$ 是一个平方数, 则 $b = 1, c = 1$ 或 $b = 1, c = 3$, 且满足 $bc(c^2 - 3bc + 3b^2) = 1$ 或 9.

证明 首先注意 $X^2 \pm 3bX + 3b^2$ 的判别式是 $-3b^2 < 0$, 所以, 对于任意的 b, c 有
$$c^2 \pm 3bc + 3b^2 > 0$$

假设上述是假的, 故存在 $bc(c^2 \pm 3bc + 3b^2)$ 的最小非零平方数, 其中 $(b, c) \neq (1, 1), (1, 3)$.

其次, 我们证明 $3 \nmid c$. 确实, 若 $c = 3d$, 则 $3^2 bd(b^2 \pm 3bd + 3d^2)$ 是平方的, 故 $bd(b^2 \pm 3bd + 3d^2)$ 是平方的, 但
$$0 < bd(b^2 \pm 3bd + 3d^2)$$
$$= \frac{1}{9} bc(c^2 \pm 3bc + 3b^2)$$
$$< bc(c^2 \pm 3bd + 3b^2)$$

由假设知, $(d, b) = (1, 1)$ 或 $(1, 3)$, 因此, $(b, c) = (1, 3)$ 或 $(3, 3)$, 可以排除后者, 因为 $\gcd(b, c) = 1$. 这表明 $3 \nmid c$.

接下来, 我们观察 $\gcd(b, c^2 \pm 3bc + 3b^2) = 1$ 和 $\gcd(c, c^2 \pm 3bc + 3b^2) = 1, 3 \nmid c$.

由因式分解定理的唯一性知, 因数 $b, c, c^2 \pm 3bc + 3b^2$ 是平方的.

231

因此,我们记

$$c^2 \pm 3bc + 3b^2 = e^2$$

其中,$e \neq c$,因为 $b \neq c$,$\gcd(b,c) = 1$ 且 $(b,c) \neq (1,1)$.

设 $\dfrac{c-e}{b} = \dfrac{m}{n}$,其中,$n \geqslant 1$,$m \neq 0$,$\gcd(m,n) = 1$.

因此

$$e = c - \frac{m}{n}b$$

和

$$c^2 \pm 3bc + 3b^2 = \left(c - \frac{m}{n}b\right)^2$$

此外

$$c\left(\frac{3m}{n} \pm 3\right) = b\left(\frac{m^2}{n^2} - 3\right)$$

因此

$$\frac{b}{c} = \frac{2mn \pm 3n^2}{m^2 - 3n^2} \quad (\text{注意 } m^2 \neq 3n^2)$$

现在,我们证明了

$$\gcd(2mn \pm 3n^2, m^2 - 3n^2) = 1 \text{ 或 } 3$$

的确,若 $2 \mid 2mn \pm 3n^2$ 和 $2 \mid m^2 - 3n^2$,则 $2 \mid m$,$2 \mid n$,这是矛盾的. 若 $p \neq 2$,$r \geqslant 1$ 和 $p^r \mid 2mn \pm 3n^2$,$p^r \mid m^2 - 3n^2$,则 $p^r \mid m(m \pm 2n)$. 若 $p \mid m \pm 2n$,则 $p \mid 2mn \pm 4n^2$,所以 $p \mid n$ 且 $p \mid m$,这是不可能的,由于 $p^r \mid m$,$p \nmid n$ 且 $p^r \mid 3n^2$,因此,$p^r = 3$.

下面两种情况是可能的.

情况 1:$\gcd(2mn \pm 3n^2, m^2 - 3n^2) = 1$.

现 $3 \nmid m$ 且 $c = \pm(m^2 - 3n^2)$. 若 $c = -(m^2 - 3n^2)$,则 $c \equiv -m^2 \pmod{3}$,由于 c 是平方数,故 $-1 \bmod 3$ 是平方数,这是不可能的. 这就证明 $c = m^2 - 3n^2$,因此,

$b = 2mn \pm 3n^2 = n(2m \pm 3n)$. 设 $m^2 - 3n^2 = c = f^2$，其中，$f \geqslant 0$. 所以 $f > 0, m > f$，记 $\dfrac{m-f}{n} = \dfrac{u}{v}$，其中，$u \geqslant 1, v \geqslant 1, \gcd(u,v) = 1$.

因此

$$f = m - \frac{u}{v}n, \quad m^2 - 3n^2 = \left(m - \frac{un}{v}\right)^2$$

和

$$-3n^2 = -\frac{2mnu}{v} + \frac{u^2 n^2}{v^2}$$

即

$$\frac{2um}{vn} = \frac{u^2}{v^2} + 3, \quad \frac{m}{n} = \frac{u^2 + 3v^2}{2uv}$$

因此

$$\frac{b}{n^2} = \frac{2m}{n} \pm 3 = \frac{u^2 \pm 3uv + 3v^2}{uv}$$

$$n^2 uv(u^2 \pm 3uv + 3v^2) = bu^2 v^2$$

是平方数，所以 $uv(u^2 \pm 3uv + 3v^2)$ 是平方数.

不可能有 $(v,u) = (1,1)$ 或 $(1,3)$. 确实，u,v，$uv(u^2 + 3uv + 3v^2)$ 的值不是平方数. 另外，$uv(u^2 - 3uv + 3v^2) = 1$ 或 9. 因此，$n^2 u^2 v^2 = 1$，所以，$n = 1, b = 1$，$m = 2, c = m^2 - 3n^2 = 1$，这与假设是相反的.

因此，由假设知

$$uv(u^2 \pm 3uv + 3v^2) \geqslant bc(b^2 \pm 3bc + 3b^2)$$

我们仍需做一些观察.

首先，$\gcd(2uv, u^2 + 3v^2)$ 整除 6. 确实，若 $4 \mid 2uv$ 且 $4 \mid u^2 + 3v^2$，则 $2 \mid uv$，因此

$$2 \mid u, 2 \nmid v, \text{ 因此 } 2 \nmid u^2 + 3v^2$$

或者

233

$$2\mid v,2\nmid u\text{,因此 }2\nmid u^2+3v^2$$

矛盾.

其次,若 p 是奇素数,$r\geqslant 1$ 且 $p^r\mid 2uv$,$p^r\mid u^2+3v^2$,则 $p^r\mid uv$. 因此,由 $\gcd(u,v)=1$,知

$$p^r\mid u,p\nmid v\text{,因此 }p^r\mid 3v^2$$

因此 $p^r=3$,或

$$p^r\mid v,p\nmid u\text{,因此 }p^r\mid u$$

矛盾.

由 $2uvm=n(u^2+3v^2)$,知 $uv\mid 3n$. 的确

$$\gcd(2uv,u^2+3v^2)=2^r3^s$$

其中,$r,s=0$ 或 1,则 $\dfrac{2uv}{2^r3^s}$ 整除 n,因此 uv 整除 $3n$.

现在,我们证明 $uv(u^2\pm 3uv+3v^2)$ 整除 $9b$.

的确

$$n^2(u^2\pm 3uv+3v^2)=uvb$$

整除

$$3nb=3n^2(2m\pm 3n)$$

所以

$$uv(u^2\pm 3uv+3v^2)$$

整除 $3uv(2m\pm 3n)$,其中,$9n(2m\pm 3n)=9b$. 所以

$$bc(c^2\pm 3bc+3c^2)\leqslant 9b$$

因此,$c(c^2\pm 3bc+3b^2)\leqslant 9$. 另一方面

$$c(c^2\pm 3bc+3b^2)\geqslant \frac{c^3}{4}$$

因为

$$\frac{3c^2}{4}\pm 3bc+3b^2=\frac{3}{4}(c^2\pm 4bc+4b^2)$$

$$=\frac{3}{4}(c\pm 2b)^2\geqslant 0$$

234

因此，$c^3 \leqslant 3b$，所以，$c \leqslant 3$，由于 c 是平方数，故 $c = 1$.

由此知，$1 \pm 3b + 3b^2 \leqslant 9$，所以 $3b(b \pm 1) \leqslant 8$，由 b 是平方数，$b = 1$，这是矛盾的.

情况 2：$\gcd(2mn \pm 3n^2, m^2 - 3n^2) = 3$.

$3 \mid m$，因此 $3 \nmid n$. 设 $m = 3k$，所以 $\gcd(k, n) = 1$ 且 $\gcd(2kn \pm n^2, 3k^2 - n^2) = 1$，因为

$$\frac{b}{c} = \frac{2kn \pm n^2}{3k^2 - n^2}$$

因此，$c = \pm(3k^2 - n^2)$. 但 $3k^2 - n^2$ 不是平方数，否则 $-n^2$ 是模 3 的平方数，所以 -1 是模 3 的平方数，这是不正确的. 因此，c 是平方数

$$c = n^2 - 3k^2, b = \pm n^2 - 2kn = n(\pm n - 2k)$$

记 $n^2 - 3k^2 = c = f^2$，其中，$f \geqslant 0$，所以 $f > 0$，$n > f$. 设 $\dfrac{n - f}{k} = \dfrac{u}{v}$，其中，$v \geqslant 1, u \geqslant 1, \gcd(u, v) = 1$，所以

$$n^2 - 3k^2 = f^2 = (n - \frac{u}{v}k)^2$$

和

$$-3k^2 = -\frac{2nku}{v} + \frac{u^2 k^2}{v^2}$$

其中

$$\frac{2un}{vk} = \frac{u^2}{v^2} + 3, \quad \frac{n}{k} = \frac{u^2 + 3v^2}{2uv}$$

因此

$$\frac{b}{n^2} = \pm 1 - \frac{2k}{n} = \pm 1 - \frac{4uv}{u^2 + 3v^2}$$

由于 b, u, v 是正数，那么负号被除去.

因此

$$\frac{b}{n^2} = \frac{u^2 - 4uv + 3v^2}{u^2 + 3v^2}$$

Catalan 定理

和

$$n^2(u^2 - 4uv + 3v^2)(u^2 + 3v^2) = b(u^2 + 3v^2)^2$$

是不为 0 的平方数. 因此

$$(u^2 - 4uv + 3v^2)(u^2 + 3v^2)$$

$$= (u - v)(u - 3v)(u^2 + 3v^2)$$

是平方数,因此 $(u-v)(u-3v)$ 是正数且 $u \neq v, u \neq 3v$.

设

$$\begin{cases} t = \dfrac{\mid u - v \mid}{2} \\ s = \dfrac{\mid u - 3v \mid}{2} \end{cases} \quad \text{若 } u,v \text{ 都是奇数}$$

或

$$\begin{cases} t = \mid u - v \mid \\ s = \mid u - 3v \mid \end{cases} \quad \text{否则}$$

因此 $t > 0, s > 0$ 且 $\gcd(s,t) = 1$,因为 $\gcd(u,t) = 1$.

现在我们证明 $ts(s^2 - 3tx + 3t^2)$ 是平方数. 首先假设 u 和 v 都是奇数. 由 $(u-v)(u-3v) > 0$,知

$$ts(s^2 - 3tx + 3t^2)$$

$$= \frac{\mid u - v \mid}{2} \cdot \frac{\mid u - 3v \mid}{2} \cdot \frac{1}{4}\big[(u - 3v)^2 - 3 \mid u - v \mid \mid u - 3v \mid + 3(u - v)^2\big]$$

$$= \frac{1}{16}(u^2 - 4uv + 3v^2)\big[(u^2 - 6uv + 9v^2) - 3(u^2 - 4uv + 3v^2) + 3(u^2 - 2uv + v^2)\big]$$

$$= \frac{1}{16}(u^2 - 4uv + 3v^2)(u^2 + 3v^2)$$

所以 $ts(s^2 - 3ts + 3t^2)$ 是平方数.

现假设 u 或 v 是偶数,则

236

$$ts(s^2 - 3ts + 3t^2)$$
$$=|u - v||u - 3v|\big[(u - 3v)^2 -$$
$$3|u - v||u - 3v| + 3(u - v)^2\big]$$
$$= (u^2 - 4uv + 3v^2)\big[(u^2 - 6uv + 9v^2) -$$
$$3(u^2 - 4uv + 3v^2) + 3(u^2 - 2uv + v^2)\big]$$
$$= (u^2 - 4uv + 3v^2)(u^2 + 3v^2)$$

所以 $ts(s^2 - 3ts + 3t^2)$ 仍是平方数.

其次,我们证明 $(t, s) \neq (1, 1)$ 和 $(1, 3)$,否则
$$ts(s^2 - 3ts + 3t^2) = 1 \text{ 或 } 9$$

若 u, v 都是奇数,则
$$(u^2 + 3v^2)^2 > (u^2 - 4uv + 3v^2)(u^2 + 3v^2)$$
$$= 16 \text{ 或 } 16 \times 9$$

其中,$u^2 + 3v^2$ 整除 16 或 16×9.很容易看出整数 u, v 都为奇素数是不可能的.

若 u 或 v 是偶数,则
$$(u^2 - 4uv + 3v^2)(u^2 + 3v^2) = 1 \text{ 或 } 9$$

这是不可能的,因此 $(t, s) \neq (1, 1), (1, 3)$.

由假设
$$(u^2 - 4uv + 3v^2)(u^2 + 3v^2) \geqslant ts(t^2 - 3ts + 3t^2)$$
$$\geqslant bc(c^2 - 3bc + 3b^2)$$

现在我们观察,像第一种情况,$\gcd(2uv, u^2 + 3v^2)$ 整除 6. 由 $(u^2 + 3v^2)k = 2uvn$,知 $u^2 + 3v^2$ 整除 $6n$,因此
$$(u^2 + 3v^2)(u^2 - 4uv + 3v^2) = b\left(\frac{u^2 + 3v^2}{n}\right)^2$$

整除 $36b$,因此
$$c(c^2 - 3bc + 3b^2) \leqslant 36$$

另一方面,由 $c(c^2 - 3bc + 3b^2) \geqslant \dfrac{c^3}{4}$(像第一种情况),知 $c^3 \leqslant 4 \times 36$,所以 $c \leqslant 5$ 且由 c 是平方数,知 $c =$

1 或 4. 由此得到 $1-3b+3b^2 \leqslant 36$ 或 $16-12b+3b^2 \leqslant 9$ 且由 b 是平方数知,$b=1$. 对于 $bc(c^2-3bc+3b^2)$ 在 $b=1$,$c=4$ 时无平方数,所以,$b=1$,$c=1$,其中这是与假设相反的.

Euler 利用这个引理证明:

（**A2. 2**） （i）若 x,u 是整数
$$x \neq 0, u \geqslant 1, \gcd(x, u) = 1$$
和若 $\left(\dfrac{x}{u}\right)^3 \pm 1$ 是非零平方数,则 $\dfrac{x}{u} = 2$.

（ii）若 x,$y \geqslant 1$ 是整数,使得 $x^3 - y^2 = \pm 1$,则 $x=2$ 且 $y=3$.

证明 （i）假设 $\left(\dfrac{x}{u}\right)^3 \pm 1$ 是非零平方数,则 $x^3 u \pm u^4$ 是非零整数也是平方数. 设 $z = x \pm u$,所以
$$\gcd(z, u) = 1$$
且 $z \neq \pm u$,则
$$0 < x^3 u \pm u^4 = u(x \pm u)(x^2 \mp xu + u^2)$$
$$= uz(z^2 \mp 3uz + 3u^2)$$
所以 $z \neq 0$. 由于 $z^2 \mp 3uz + 3u^2 \geqslant 0$(因为判别式是 $9u^2 - 12u^2 = -3u^2 < 0$),则 $z > 0$.

由引理知,$(u, z) = (1, 1)$ 或 $(1, 3)$ 且一定有 $uz(z^2 - 3uz + 3u^2)$,其中符合 $\left(\dfrac{x}{u}\right)^3 + 1$,所以 $z = x + u$,因此,$x = 2$,$u = 1$.

（ii）由（i）的结果可以得出.

Euler 的方法给出了全部的证明. 在 1919 年的书中,Bachmann 没有用（A2.2）Euler 的方法证明了（ii）,在 1924 年,Nagell 给出这个证明是错误的.

在 1921 年,Nagell 给出证明,若 x,y 是整数且

$x^3 - y^3 = 1$,则 $x = \pm 3$,$y = 2$. 这是基于 Legendre 关于方程 $X^3 + Y^2 = 2Z^3$ 的结论.（见(P3.10)）

  Nagell 的证明 假设 $x^2 - y^3 = 1$,所以
$$y^3 = x^2 - 1 = (x-1)(x+1)$$
若 y 是奇数,则 $\gcd(x-1, x+1) = 1$,因此
$$\begin{cases} x+1 = a^3 \\ x-1 = b^3 \end{cases}$$

a,b 为非零整数.

  因此,$2 = a^3 - b^3$,这是不可能的.

  若 y 是偶数,则 $\gcd(x-1, x+1) = 2$,因此
$$\begin{cases} x+1 = 2a^3 \\ x-1 = 4b^3 \end{cases} \quad 或 \quad \begin{cases} x-1 = 2a^3 \\ x+1 = 4b^3 \end{cases}$$

a,b 为非零整数.

  因此,$\pm 2 = 2a^3 - 4b^3$ 或 $\pm 1 = a^3 - 2b^3$.

  由 Legendre 的结果知,$a = b = \pm 1$. 得到 $x = \pm 3$ 和 $y = 2$.

  很容易给出一个直接的证明,若 x,y 是非零整数,则 $x^3 - y^2 \neq 1$. 这个方法由 Lebesgue 给出.

  为了方便读者,我们给出特殊的情况.

  设 $K = \mathbf{Q}(\mathrm{i})$,$\mathrm{i} = \sqrt{-1}$,是高斯数 $r + s\mathrm{i}$ 的领域,其中,r,$s \in \mathbf{Q}$. 高斯整数的环是 $\mathbf{Z}[\mathrm{i}]$,由 $r + s\mathrm{i}$ 组成,其中,r,$s \in \mathbf{Z}$.

  我们得到以下事实:

  (a)A 的单位是 ± 1, $\pm \mathrm{i}$.

  (b) 任一 $\alpha \in \mathbf{Z}[\mathrm{i}]$ 是素元素的唯一分解因子.

  Lebesgue 的证明 假设 x,y 是非零整数且 $x^3 - y^2 = 1$. 若 y 是奇数,则 $x^3 = y^2 + 1 \equiv 2 \pmod 4$,这是不可能的. 所以 y 是偶数.

由高斯整数环 $\mathbf{Z}[i]$ 写成

$$x^3 = y^2 + 1 = (y + i)(y - i)$$

若 $\mathbf{Z}[i]$ 中的素数 π 整除 $y + i$ 和 $y - i$,则 $\pi \mid 2i$. 但 i 是一个单位,所以 $\pi \mid 2$. 由于 $2 \mid y$,则 $\pi \mid y$ 且 $\pi \mid y + i$,因此,$\pi \mid i$,这是不可能的.

因此 $\alpha = \gcd(y + i, y - i)$ 是一个单位且存在 $a + bi \in A$ 使得

$$y + i = \alpha(a + bi)^3 = \alpha \big[(a^3 - 3ab^2) + (3a^2 b - b^3)i \big]$$

和

$$y - i = \bar{\alpha}(a - bi)^3 = \bar{\alpha} \big[(a^3 - 3ab^2) - (3a^2 b - b^3)i \big]$$

这导致

$$2i = 2b(3a^2 - b^2)i$$

或

$$2i = 2a(a^2 - 3b^2)i$$

因此,$b = \pm 1$ 和 $a = 0$ 或 $a = \pm 1$ 和 $b = 0$. 因此,所有情况,$y = 0$,这是矛盾的.

3. 方程 $X^m - Y^2 = 1$

现在我们给出 Lebesgue 在 1850 年关于方程 $X^m - Y^2 = 1$ 的结论,也可以参看 Cassels(1953) 和 Tang(1974).

(A3.1) 方程 $X^m - Y^2 = 1 (m \geqslant 2)$ 在正整数中无解.

证明 若 m 是偶数的情况时会出现许多复杂性,所以,假设 m 是奇数. 设 $x, y \geqslant 1$ 是整数,使得 $x^m = y^2 + 1$. 若 y 是奇数,则 $x^m \equiv 2 \pmod 4$,当 $m \geqslant 2$ 时,这是不可能的. 因此,y 是偶数,x 是奇数.

设 $i = \sqrt{-1}$,有 $x^m = y^2 + 1 = (y + i)(y - i)$. 我们

将要证明 $\gcd(y+i,y-i)$ 是高斯域 $\mathbf{Q}(i)$ 的一个单位. 的确,若 $\mathbf{Q}(i)$ 中的素数 π 整除 $y+i$ 和 $y-i$,则它整除 $2i$. 由 i 是一个单位,π 整除 2,所以,$\pi \mid y$. 但 $\pi \mid y+i$,因此,$\pi \mid i$,是矛盾的.

根据 x^m 的因子 $y+i$ 是 m^{th} 幂,得到单位:$y+i=(u+iv)^m i^s$,$0 \leqslant s \leqslant 3$,其中,$u,v \in \mathbf{Z}$,所以

$$y-i=(u-iv)^m(-i)^s$$

因此,$x^m=y^2+1=(u^2+v^2)^m$,故 $x=u^2+v^2$. 但 x 是奇数,因此,u 或 v 是偶数,$(y+i)-(y-i)$ 得

$$2i=\left[(u+iv)^m-(u-iv)^m(-1)^s\right]i^s$$

若 $s=2r$,比较 i 两边的系数

$$1=(-1)^r\left[mu^{m-1}v-\binom{m}{3}u^{m-3}v^3+\cdots\pm v^m\right]$$

因 v 整除 1,因此,$v=\pm 1$,所以 v 是奇数.

若 $s=2r+1$,类似的

$$1=(-1)^r\left[u^m-\binom{m}{2}u^{m-2}v^2+\cdots\pm muv^{m-1}\right]$$

因 u 整除 1,因此,$u=\pm 1$,所以 u 是奇数.

设 $w=u$(第一种情况)或 $w=v$(第二种情况),由上可知,w 是偶数且在情况 1 下,可将等式写为

$$1-\binom{m}{2}w^2+\binom{m}{4}w^4-\cdots\pm mw^{m-1}=\pm 1$$

其中,"$-$"是不可能的,由于 2 是通过 w^2 整除的,这是不可能的,因为 w 是偶数.

对于"$+$",由 w^2 整除,我们获得

$$\binom{m}{2}-\binom{m}{4}w^2+\cdots\pm mw^{m-3}=0$$

我们证明这也是不可能的.

由于 w 是偶数,那么 $\binom{m}{2}$ 一定是偶数.设它的 $2-$adic 值是 $v_2\left(\binom{m}{2}\right)=t\geqslant 1$,但

$$\binom{m}{2k}w^{2k-2}=\binom{m}{2}\binom{m-2}{2k-2}\cdot\frac{2}{2k(2k-1)}w^{2k-2}$$

且对任一 $k\geqslant 2k,2^{2k-2}>k$,所以 $v_2(w^{2k-2})\geqslant 2k-2>v_2(k)$.因此,对任意 $k\geqslant 2$,每个被加数 $\binom{m}{2k}w^{2k-2}$ 的 $2-$adic 值是 $t+v_2\left(\frac{w^{2k-2}}{k}\right)\geqslant t+1$.因此关系式表明上述是不成立的,由定理的结论证明.

特别的,类似 A 部分的证明,这里给出一个新的证明,即若 x,y 是非零整数,则 $x^3-y^2=1$ 是不成立的.

这是 Lebesgue 的结果中的结论.

对于任意 $n\geqslant 0$,设 $F_n=2^{2^n}+1$ 是 n^{th} 费马数.费马指出 F_n 是素数,其中 $n=0,1,2,3,4$.尽管他确信对于任意 n,F_n 是素数,Euler 发现 641 整除 F_5.不像其他素数,费马数是已知的,且它已经被推测存在无穷多无平方的费马数.

用 Lebesgue 的结果,有下面的结论:

(A3.2) 费马数不是适当的幂.

证明 若 $F_n=a^m$,其中 $m\geqslant 2$,则 $a^m-2^{2^n}=1$,所以 $n=0$,由上述结果知,这是不成立的.

4. 费马方程 Størmer 定理的结论

在 1898 年,Størmer 证明了一个非常有趣的结

果,关于费马方程 $X^2 - DY^2 = \pm 1$ 的解的整除性质,其中 $D > 1$ 是无平方整数. 他在 1908 年给出了简单的证明.

他的结果由 Mahler(1935) 推广, 对方程 $X^2 - DY^2 = C$, 由 Walker(1967) 对方程 $EX^2 - DY^2 = 1$ 推广, 其中, 假设 C, D, E 是适当的数.

在这里, 我们仅证明方程 $X^2 - DY^2 = C$(见 (P4.10)). 它包括 Størmer 的最原始的结果作为一个特殊的情况.

设 $D > 1$ 是整数且没有平方. 设 C 是无平方非零整数使得 C 整除 $2D$. 假设方程 $X^2 - DY^2 = C$ 有整数解. 设 (x_1, y_1) 是基本解. 对任意 $n \geqslant 1$(若 $C > 0$) 或任意奇数 $n \geqslant 1$(若 $C < 0$), 正整数解是 (x_n, y_n). 整数 x_n, y_n 定义为

$$| C |^{\frac{n-1}{2}} (x_n + y_n \sqrt{D}) = (x_1 + y_1 \sqrt{D})^n \quad (4.1)$$

整数 $m \geqslant 1$(或 $m \geqslant 1$, 当 $C < 0$ 时 m 为奇数)满足 Størmer 的性质(其中 (C, D) 类似上述). 无论何时如果素数 p 整除 y_m, 那么 p 整除 D.

为了便于表达满足 Størmer 的性质的整数 $m \geqslant 1$(奇整数 $m \geqslant 1$, 若 $C < 0$) 的集合, 用 $S_{(C,D)}$ 表示.

(A4.1) $S_{(C,D)} \subseteq \{1, 3\}$.

证明 分为以下几步证明.

(1) 假设 $| C | = D$ 或 $2D$. 由于 C 是无平方的, 所以 D 也是, 若 $| C | = 2D$, 则 D 是奇数.

若 $x_m^2 - D y_m^2 = \pm D$ 或 $\pm 2D$, 则 $D \mid x_m^2$, 由于 D 是无平方的, 所以 $D \mid x_m$. 因此

$$y_m^2 - D\left(\frac{x_m}{D}\right)^2 = \pm 1 \text{ 或 } \pm 2$$

243

若 $y_m \neq 1$，设 p 是素数整除 y_m，假设 m，$p \mid D$. 这是不成立的，当等式右边为 ± 1 时. 在另一种情况下，$p = 2$，所以 D 是偶数，这也是不成立的.

因此，我们假设

$$|C| \neq D, 2D$$

（2）为了方便起见给出一些记号.

对任意 $n \geqslant 1$，记 $\gcd(y_n, C) = 1$. 的确，若 $p \neq 2$ 且 $p \mid C$，由于 $C \mid 2D$，则 $p \mid D$，所以 $p \mid x_n^2$，因此 $p^2 \mid x_n^2$. 若 $p \mid y_n$，则 $p^2 \mid Dy_n^2$，因此 $p^2 \mid C = x_n^2 - Dy_n^2$. 但这是不可能的，因为 C 是无平方的. 现在，若 $2 \mid C, 2 \mid y_n$，由于 C 是无平方的，则 $4 \nmid C$，由 $x_n^2 - Dy_n^2 = C$ 知 $x_n^2 \equiv 2 \pmod 4$，这是不可能的. 这就证明 $\gcd(y_n, C) = 1$.

由式（4.1）得到

$$|C|^{n-1} x_n = x_1^n + \binom{n}{2} x_1^{n-2} y_1^2 D +$$

$$\binom{n}{4} x_1^{n-4} y_1^4 D^2 + \cdots +$$

$$n y_n^{n-1} D^{\frac{n-1}{2}}$$

$$|C|^{\frac{n-1}{2}} y_n = n x_1^{n-1} y_1 + \binom{n}{3} x_1^{n-3} y_1^3 D +$$

$$\binom{n}{5} x_1^{n-5} y_1^5 D^2 + \cdots +$$

$$y_1^n D^{\frac{n-1}{2}} \qquad (4.2)$$

故 y_1 整除 y_n，因为 $\gcd(C, y_1) = 1$. 设 $y_n = y_1 z_n$，特别的，$z_1 = 1$. 式（4.2）可以写为

$$|C|^{\frac{n-1}{2}} z_n = n x_1^{n-1} + \binom{n}{3} x_1^{n-3} y_1^2 D +$$

$$\binom{n}{5} x_1^{n-5} y_1^4 D^2 + \cdots +$$

$$y_1^{n-1} D^{\frac{n-1}{2}} \qquad (4.3)$$

设 $A = x_1^2 - C = D y_1^2 > 1$,所以 $\sqrt{A} = y_1 \sqrt{D}$. 即, $x_1^2 = C + D y_1^2 \geqslant C + D > 0$. 当 $C > 0$ 时,最后一个不等式是平凡的;若 $-C > 0$ 且 $C + D \leqslant 0$,则 $D \leqslant -C \leqslant 2D$(因为 $C \mid 2D$),所以 $|C| = D$ 或 $2D$,这已经被排除.

由(4.1)知

$$|C|^{\frac{n-1}{2}} (x_n + z_n \sqrt{A}) = (x_1 + \sqrt{A})^n \qquad (4.4)$$

结合(4.3)可以给出下列关系式

$$|C|^{\frac{n-1}{2}} z_n = n x_1^{n-1} + \binom{n}{3} x_1^{n-3} A +$$

$$\binom{n}{5} x_1^{n-5} A^2 + \cdots + A^{\frac{n-1}{2}} \qquad (4.5)$$

现在,我们证明若 $q \mid n$,则 $z_q \mid z_n$. 的确,设 $n = ql$,那么

$$|C|^{\frac{n-1}{2}} (x_n + z_n \sqrt{A}) = (x_1 + \sqrt{A})^n$$
$$= (|C|^{\frac{q-1}{2}} (x_q + z_q \sqrt{A}))^l$$

因此

$$|C|^{\frac{n-1}{2}} z_n =$$

$$|C|^{\frac{q-1}{2}} z_q \left(l x_q^{l-1} + \binom{l}{3} x_q^{l-3} z_q^2 A + \cdots + z_q^{l-1} A^{\frac{l-1}{2}} \right)$$

由于 $z_q \mid y_q$ 且 $\gcd(y_q, C) = 1$,故 $z_q \mid z_n$.

(3) 有了前面的预备知识后,设 $m \geqslant 1$(若 $C < 0$, m 为奇的),如果 p 是任一素数整除 y_m,则 $p \mid D$.

首先,将证明若 $q \mid m$,q 是素数,则 $z_q = q^r (r \geqslant 1)$. 的确,由于 $q \mid m$,所以 $z_q \mid z_m$. 若 $p \mid z_q$,则 $p \mid z_m$,

所以 $p \mid y_m$，因此由假设，$p \mid D$，所以 $p \mid Dy_1^2 = A$.

由 (4.3)（其中 $n = q$），有

$$\mid C \mid^{\frac{q-1}{2}} z_q = qx_1^{q-1} + \binom{q}{3} x_1^{q-3} A + \binom{q}{5} x_1^{q-5} A^2 + \cdots + A^{\frac{q-1}{2}}$$

$$(4.6)$$

因此 p 整除 qx_1^{q-1}. 但是 $x_1^2 = A + C$，$p \mid A$ 且 $p \nmid C$（由于 $p \mid z_q, z_q \mid y_q$，$\gcd(y_q, C) = 1$），所以 $p \nmid x_1$，因此 $p = q$. 这表明 $z_q = q^r$（其中 $r \geqslant 0$）且 $q \nmid x_1$. 事实上，$r \neq 0$. 否则，设 $z_q = 1$. 由 (4.6)，若 $C > 0$，则

$$\mid C \mid^{\frac{q-1}{2}} > x_1^{q-1} = (x_1^2)^{\frac{q-1}{2}} = (A + C)^{\frac{q-1}{2}}$$

所以 $A < 0$，这是错误的. 若 $C < 0$，则

$$\mid C \mid^{\frac{q-1}{2}} > A^{\frac{q-1}{2}} = (x_1^2 - C)^{\frac{q-1}{2}}$$

但是 $x_1^2 - C \geqslant D > 0$，因此 $-C > x_1^2 - C > -C$，这也是错误的.

（4）现在我们证明 m 是 3 的一个幂. 的确，设 q 是一个素数整除 m. 若 $q > 3$，且 $z_q = q^r$，其中 $r \geqslant 2$，那么 q^2 整除 (4.6) 的每个和，但 $q^2 \nmid qx_1^{q-1}$，这是矛盾的.

由 (4.6)，若 $C > 0$，则

$$C^{\frac{q-1}{2}} q > qx_1^{q-1} = q(A + C)^{\frac{q-1}{2}}$$

故 $C > A + C$ 且 $A < 0$，这是不正确的.

若 $C < 0$，则

$$(-C)^{\frac{q-1}{2}} q > qx_1^{q-1} \geqslant q(C + D)^{\frac{q-1}{2}}$$

其中 $C + D > 0$. 因此，$-C > C + D$，所以 $D < -2C$. 由假设知，$-C$ 整除 $2D$. 那么 $-C \leqslant 2D < -4C$，所以 $2D = -C$ 或 $-2C$ 或 $-3C$. 前面种可能已经被证. 若 $2D = -3C$，设 p 是任一素数能整除 y_m，假设 $p \mid D$，因此 $p \mid 3C$，但 $\gcd(C, y_m) = 1$，所以 $p = 3$. 因此 y_m 是 3

Catalan Theorem

的一个幂. 由于 z_m 整除 y_m, 那么 z_m 是 3 的一个幂. 另一方面, 由 $q \mid m$ 推出 $z_q \mid z_m$, 所以 z_q 是 3 的一个幂. 但 $z_q = q > 3$, 这是错误的.

现假设 $2 \mid m$(仅当 $C > 0$ 时成立). 有 $z_2 = 2^r (r \geqslant 1)$. 由式(4.6), $\sqrt{C} z_2 = 2 x_1$. 这推出 $C = 1, 2^{r-1} = x_1$. 由于 $z_2 \mid z_m$ 且 $2 \mid z_m$. 由假设, $2 \mid A = x_1^2 - 1$. 因此 $2 \nmid x_1$, 所以 $r = 1, x_1 = 1$, 最后, $A = 0$, 这是错误的.

q 必须等于 3, 我们已经证明 m 是 3 的一个幂, $m = 3^t$. 证明 $t = 0$ 或 1.

为了继续证明, 需要以下事实:

(5) 假设 $3n$ 有 Størmer 的性质, 那么 n 也有 Størmer 的性质.

的确

$$|C|^{\frac{3n-1}{2}}(x_{3n} + y_{3n}\sqrt{D})$$
$$= (x_1 + y_1\sqrt{D})^{3n} = (|C|^{\frac{n-1}{2}}(x_n + y_n\sqrt{D}))^3$$

从而

$$|C|(x_{3n} + y_{3n}\sqrt{D}) = (x_n + y_n\sqrt{D})^3$$

因此

$$\begin{cases} |C| x_{3n} = x_n^3 + 3x_n y_n^2 D \\ |C| y_{3n} = 3x_n^2 y_n + y_n^3 D = y_n(3x_n^2 + y_n^2 D) \end{cases}$$

$$(4.7)$$

现若 $p \mid y_n$, 则由上述关系式 $p \mid y_{3n} \mid C \mid$, 且 $\gcd(y_n, C) = 1$, 则 $p \nmid C$, 那么 $p \mid y_{3n}$. 假设 $p \mid D$ 易分别求解方程

$$X^2 - 3Y^2 = -2 \qquad (4.8)$$

(6) 由上述方程知, 当且仅当 $m = 1$ 或 $m = 3$ 时, m 有 Størmer 的性质.

247

若 m 有 Stφrmer 的性质, $m=3^t$, 其中 $t \geqslant 1$. 若 $t \geqslant 2$, 则由 (5) 知, $m=3^2$ 有 Stφrmer 性质.

解方程 (4.7) 得, $x_1=1$, $y_1=1$, $x_3=5$, $y_3=3$ 和 $x_9=530$, $y_9=153=9 \times 17$. 推出 $m=1,3$ 有 Stφrmer 的性质, 但 $m=9$ 没有这个性质.

现在, 将假设 $(D,C) \neq (3,-2)$.

(7) 假设 $3n$ 有 Stφrmer 的性质, 则:

(i) $3x_n^2 + Dy_n^2 = 3^s \mid C \mid$, 其中 $s \geqslant 2$.

(ii) $3 \mid D$, 但 $3^2 \nmid D$.

(iii) $3 \nmid y_n$.

证明　(i) 注意 C 整除 $3x_n^2 + y_n^2 D$: 若 p 是任一素数整除 C, 则 $p \nmid y_n$, 所以 $p \mid 3x_n^2 + y_n^2 D$, 由 (4.7) 可知. 由于 C 是无平方的, 故 C 整除 $3x_n^2 + y_n^2 D$.

现在, 设 p 整除 $\dfrac{3x_n^2 + Dy_n^2}{\mid C \mid}$, 所以 $p \mid y_{3n}$, 因此 $p \mid D$, 故 $p \mid 3x_n^2$, 及 $p \mid Dy_n^2 = x_n^2 - C$. 若 $p \mid x_n$, 则 $p \mid C$, 所以 p^2 整除 $\dfrac{3x_n^2 + Dy_n^2}{\mid C \mid} \cdot \mid C \mid = 3x_n^2 + Dy_n^2$, 因此 $p^2 \mid Dy_n^2$, 最后 $p^2 \mid x_n^2 - Dy_n^2 = C$, 这是错误的. 所以 $p \nmid x_n$, 因此 $p = 3$.

若
$$3 \mid C \mid = 3x_n^2 + Dy_n^2 = 3(Dy_n^2 + C) + Dy_n^2$$
$$= 4Dy_n^2 + 3C$$

且若 $C > 0$, 则 $4Dy_n^2 = 0$, 这是不可能的. 若 $C < 0$, 则 $4Dy_n^2 = -6C$, 所以 $2Dy_n^2 = -3C$; 但 $C \mid 2D$, 因此 $\left(\dfrac{2D}{-C}\right)y_n^2 = 3$. 当且仅当 $y_n^2 = 1$ 是可能的, 所以 $y_n = 1$, $n = 1$ 且 $2D = -3C$. 因此, $x_1^2 - D = C$, $2x_1^2 - 2D = 2C$ 和 $2x_1^2 = -C$. 推出 $x_1 = 1$, $C = -2$, $D = 3$.

（ii）由（i），$3 \mid Dy_n^2$，所以或者 $3 \mid D$ 或 $3 \mid y_n$，由（5）知 $3 \mid D$.

若 $3^2 \mid D$，则由（i），3^2 整除 $3^s \mid C \mid - Dy_n^2 = 3x_n^2$，所以 $3 \mid x_n$，因此 $3^2 \mid x_n^2 - Dy_n^2 = C$，这是不可能的.

（iii）若 $3 \mid y_n$，则 $3^2 \mid y_n^2$ 和由（i），$3^2 \mid 3x_n^2$. 所以 $3 \mid x_n^2$，因此 $3^2 \mid x_n^2 - Dy_n^2 = C$，这可是不正确的.

（8）现在我们将要证明 3 有 Størmer 的性质当且仅当满足下列条件：

（i）1 有 Størmer 的性质.

（ii）$3 \mid D$ 且存在 $u \geqslant 1$ 使得

$$\frac{D}{3}y_1^2 = \frac{(3^u \pm 1) \mid C \mid}{4} \qquad (4.9)$$

的确，假设 3 有 Størmer 的性质，由（5），1 有 Størmer 的性质且由（7）的（ii），$3 \mid D$，即

$$\mid C \mid y_3 = y_1(3x_1^2 + Dy_1^2) \qquad (4.10)$$

所以由（7）的（i），存在 $s \geqslant 2$ 使得

$$3^s \mid C \mid = 3x_1^2 + Dy_1^2 = 3(Dy_1^2 + C) + Dy_1^2$$
$$= 4Dy_1^2 + 3C$$

由（7）的（ii）知

$$4\left(\frac{D}{3}\right)y_1^2 + C = 3^{s-1} \mid C \mid$$

因此

$$\frac{D}{3}y_1^2 = \frac{(3^{s-1} \mp 1) \mid C \mid}{4}$$

（ii）得证，其中 $u = s - 1$.

相反，由以上关系式，得到

$$3^s \mid C \mid = 4Dy_1^2 + 3C = 3x_1^2 + Dy_1^2$$

由（4.10）知

$$\mid C \mid y_3 = y_1 3^s \mid C \mid$$

因此
$$y_3 = 3^s y_1$$

若 $p \mid y_3$,则 $p = 3$,所以 $p \mid D$ 或 $p \neq 3$,故 $p \mid y_1$ 且由假设 $p \mid D$. 因此 3 有 Størmer 的性质.

(9) 现在证明将要完成,假设 $m = 3^t$,其中 $t \geqslant 2$,有 Størmer 的性质. 由(7)的(iii)知 $3 \nmid y_3$. 由(7)的(ii) 知 $3 \mid D$. 那么,由(4.10),$3 \mid y_1(3x_1^2 + y_1^2 D) = \mid C \mid y_3$. 因此,$3 \mid C$. 由(8)和(4.9)知,$3$ 整除 $\dfrac{D}{3} y_1^2$,由于 $\gcd(y_1, C) = 1$,所以 $3 \nmid y_1$,因此,$3^2 \mid D$,这与(7)的(ii) 是矛盾的.

这就证明 $m = 1$ 或 3.

作为推论,这是 Størmer 的初始结果,方程为
$$X^2 - DY^2 = \pm 1$$

(A4.2) 若 $\varepsilon = \pm 1$,则 $S_{(\varepsilon, D)} \subseteq \{1\}$. 换句话说,若 $m > 1$,则存在一个素数 p 使得 $p \mid y_m$,但 $p \nmid D$.

证明 由(A4.1)知,它满足证明 $m = 3$ 没有 Størmer 的性质.

在(A4.1)的(8)中证明,若 3 满足 Størmer 的性质,则 $3 \mid D$ 和 $\dfrac{D}{3} y_1^2 = \dfrac{(3^u + 1)}{4}$(其中 $u \geqslant 1$). 因此
$$4(x_1^2 \pm 1) = 3(3^u \pm 1)$$
所以 $3^{u+1} = 4x_1^2 \pm 1$.

由以下记号
$$\begin{cases} 2X^1 + 1 = 3^r \\ 2X^1 - 1 = 3^s \end{cases}$$
其中 $0 \leqslant s \leqslant r$ 和 $r + s = u + 1 \geqslant 2$,那么 $2 = 3^s(3^{r-s} - 1)$ 和 $s = 0, r = 1$ 且 $r + s = 1 \geqslant 2$,这是错误的.

转换记号,$3 \mid 4x_1^2 + 1$,但

Catalan Theorem

$$4x_1^2 + 1 \equiv 1 \text{ 或 } 2 \pmod 3$$

这是错的.

(A4.2) 的结果, Stφrmer 将用于方程 $X^2 - Y^n = 1$ 研究的基本方法. 它也将应用于 C 部分.

在 1944 年, Skolem 扩展了 Stφrmer 的结果. 在 1955 年, Nagell 又给出了新的扩展, 下面我们将要描述. 设 C, D 满足 $S'_{(C,D)} = \{ m \geqslant 1 \mid m \text{ 是奇数} \} \bigcap S_{(C,D)}$. 当 $C < 0$ 时, 有 $S'_{(C,D)} = S_{(C,D)}$. 同时, 由 (A4.1) 知, $S'_{(C,D)} \subseteq \{1,3\}$.

(A4.3) 有以下假设:

(1) 若 $\varepsilon = 1$ 或 -1 和 $D > 5$, 则 $S'_{(4\varepsilon, D)} \subseteq \{1\}$.

(2) 若 $D \equiv 5 \pmod 8$, 则 $S'_{(4\varepsilon, D)} \subseteq \{1\}$.

证明略去.

任一一组 (C, D) Mahler 称为奇数的 (满足表明条件) 使得 $m = 1$ 和 $m = 3$ 有 Stφrmer 的性质. 否则, (C, D) 称为偶数组.

因此, 由 Stφrmer 的结果 (A4.2), 一组 $(1, D)$, $(-1, D)$ 是偶的. Mahler 也称 $(2, D)$ 是偶的, 当 $D = 3$, $6, 123$ 时, $(-2, D)$ 是奇数的.

在相同的文章, Mahler 证明对于每个无平方整数 $C \neq 0$, 仅存在有限的整数 $D > 0$, 是无平方的, 使得 C 整除 $2D$ 和 (C, D) 是奇数的.

这些结论在后文中没有用到.

5. 解方程 $X^2 - Y^n = 1$

我们已经表明花了 120 年卡塔兰猜想解决方程 $X^2 - Y^n = 1$, 其中 $n > 3$. 还有一些结果是错的, 直到 1960, 1964 年 Chao Ko 的两篇文章, 解决了这些问题.

251

在 1976 年后,由 Chein 给出一个简单的证明.

在 1657 年,Frénicle de Bessy 解决了费马提出的问题.他的手稿在 1943 年被 Hofmann 发现.同样的结果由 Catalan(1885) 给出,但没有证明.

(A5.1) 若 p 是一个奇素数且 $n \geqslant 2$,方程 $X^2 - 1 = p^n$ 有非整数解.若 $n > 3$,方程 $X^2 - 1 = 2^n$ 有非整数解.

证明 若 x 是整数使得
$$p^n = x^2 - 1 = (x+1)(x-1)$$
且 $p \neq 2$,则 $\gcd(x+1, x-1) = 1$,和 $x+1$,其中 $x-1$ 是 p 的幂,所以 $x-1 = 1, x+1 = p^n$,因此,$p^n = 3$. 由于 $n \geqslant 2$,这是不可能的.

相似的,若 $2^n = x^2 - 1 = (x+1)(x-1)$,则
$$\gcd(x+1, x-1) = 2$$
所以 $x-1 = 2, x+1 = 2^{n-1}$.因此,$x = 3, n = 3$,与假设不符.

在 1932 年,Selberg 解决了方程 $X^4 - Y^n = 1$,其中 $n \geqslant 2$.他的证明需要下列结论,在 1899 年由 Størmer 证明.

若 n 是奇数,x 是正整数且 $2x^n - 1$ 是平方数,则 $x = 1$.

这里给出 Selberg 的结论:

(A5.2) 方程 $X^4 - Y^n = 1 (n \geqslant 2)$ 有非正整数解.

证明 假设 x, y 是正整数,使得 $x^4 - y^n = 1$. 显然 n 不能是偶数.

情形 1:若 y 是奇数,由于 $y^n = x^4 - 1 = (x^2 - 1)(x^2 + 1)$,则 x 是偶数,$\gcd(x^2 - 1, x^2 + 1) = 1$,所以

Catalan Theorem

$$\begin{cases} x^2 + 1 = a^n \\ x^2 - 1 = b^n \end{cases}$$

其中,a,b 是奇数,$1 \leqslant b < a$,则

$$2 = a^n - b^n = (a-b)(a^{n-1} + a^{n-2}b + \cdots + ab^{n-2} + b^{n-1})$$

由于 $a - b$ 是偶数,则 $a - b = 2$ 且

$$a^{n-1} + a^{n-2}b + \cdots + ab^{n-2} + b^{n-1} = 1$$

因此 $n = 1$,假设不成立.

情形 2:若 y 是偶数,由于 $y^n = x^4 - 1 = (x^2 + 1)(x^2 - 1)$,则 x 是奇数,$\gcd(x^2 + 1, x^2 - 1) = 2$. 因此,由于 $x^2 \equiv 1 \pmod 4$

$$\begin{cases} x^2 + 1 = 2a^n \\ x^2 - 1 = 2^{n-1}b^n \end{cases}$$

其中 a 是奇数,$\gcd(a,b) = 1$. 由于 n 是奇数,由以上 Størmer 的引理结论,只有可能正整数满足 $x^2 + 1 = 2a^n$ 是 $x = 1, a = 1$,所以 $y = 0$,这是矛盾的.

除了 Selberg 的结论,证明 $y^n + 1$ 从不是 4 次幂,我们列举几个部分获得尝试建立 $y^n + 1$ 从不是平方的.

在 1921 年,Nagell 证明若 q 是奇素数,且若 x,y 是正整数满足 $x^2 - y^q = 1$,则 y 是偶数且 q 整除 x. 我们将在以后给出证明(A6.1).

在 1934 年,Nagell 给出证明,若存在解答,则 $q \equiv 1 \pmod 8$. 他证明,根据 Thue 的一般定理(1908),对任意素数 $q \geqslant 3$,方程有更多有限的整数解.

Obláth(1940,1941) 用 Vandiver 的方法,Lubelski 和 Nagell 获得几种结果关于方程 $x^2 - y^q = 1$,其中 q 是素数,$q \geqslant 3$. 例如,他证明若方程有正整数解,则 $2^{q-1} \equiv 1 \pmod {q^2}$ 和 $3^{q-1} \equiv 1 \pmod {q^2}$. Obláth

253

也用 Thue 的定理证明方程有更多的正整数解.

以上同余是受限制的,例如,Lehmer 利用同余

$$\frac{2^{q-1}-1}{q} \equiv 1+\frac{1}{3}+\frac{1}{5}+\cdots+\frac{1}{q-2}(\bmod q)$$

证明了除 $q=1\,093$ 和 $3\,511$ 以外,没有素数 $q<6\times10^q$ 满足 $2^{q-1}\equiv1(\bmod q^2)$. 接下来,他证明 $1\,093$ 和 $3\,511$ 不满足同余 $3^{q-1}\equiv1(\bmod q^2)$.

Inkeri 和 Hyyrö 在 1961 年证明若 $x^2-y^q=1$,则 q^2 整除 x 和 q^3 整除 $y+1$. 此外,在 1951 年和 1954 年,他们改进 Obláth 对于 x,y 的估值,即

$$x>2^{q(q-2)}, y>4^{q-2}$$

由于 $q>6\times10^9$,推出 $x>10^{9\times10^8}, y>10^{3\times10^9}$.

然而,这些所有结果将被取代,当 Chao ko 建立 $X^2-Y^q=1$ 有非正整数解.举一个例子,观察一个基本方法,我们想获得更好的结论就要减少用更复杂的理论.

Chein 推出 Chao ko 的理论证明,利用 Nagell 在 1921 年的结果.依次,需要 Størmer(A4.2)的结果,解决费马的方程 $X^2-DY^2=1$.

6. 方程 $X^2-Y^n=1, n \geqslant 3$

我们将要表明 Chein 的证明关于 Chao ko 的理论,它基于 Nagell 的结果(在 1921 年和 1934 年证明).值得一提这个证明建立在 Obláth(1941)包含一个分歧,在 1961 年由 Inkeri 和 Hyyrö 指出.

(A6.1) 若 x,y 是正整数,$q\geqslant3$ 是素数,$x^2-y^q=1$,则 $2\mid y$ 且 $q\mid x$.

证明 首先我们证明 $2\mid y$.的确,若 y 是奇数,则

Catalan Theorem

x 是偶数,$\gcd(x+1,x-1)=1$. 由于

$$y^q=(x+1)(x-1)$$

所以存在整数 a,b,有

$$\begin{cases} x+1=a^q \\ x-1=b^q \end{cases}$$

其中 $a>b>0$,a 和 b 是奇数,那么 $2=a^q-b^q=(a-b)\dfrac{a^q-b^q}{a-b}$,所以 $a-b=1$ 或 2. 因此,$a-b=2$(由于 a,b 是奇数)且有

$$1=\frac{a^q-b^q}{a-b}=a^{q-1}+a^{q-2}b+\cdots+b^{q-1}$$

这是不可能的.

现在我们证明 $q\mid x$. 的确,若 $q\nmid x$,由

$$x^2=y^q+1=(y+1)\frac{y^q+1}{y+1}$$

通过(P1.2),$\gcd(y+1,\dfrac{y^q+1}{y+1})=1$,所以存在整数 $c>1,d>0$,使得

$$\begin{cases} y+1=c^2 \\ \dfrac{y^q+1}{y+1}=d^2 \end{cases}$$

因此 $x^2-(c^2-1)\big[(c^2-1)^{\frac{q-1}{2}}\big]^2=1$. 即,$(x,(c^2-1)^{\frac{q-1}{2}})$ 是方程 $X^2-(c^2-1)Y^2=1$ 的一个解. 一个基本解是 $(c,1)$,因为 $c^2-(c^2-1)=1$. 由 Størmer 的结果(A4.2),$(c^2-1)^{\frac{q-1}{2}}=1$,这是不可能的.

现在已经给出了 Chein 简洁的证明关于 Chao ko 的定理(1960,1964).

(A6.2) 方程 $X^2-Y^n=1$,其中 $n>3$,无正整数解.

255

证明 若 n 是偶数,则无解. 由于 $X^2 - Y^3 = 1$ 的解为 $x = 3, y = 2$,那么当 n 是 3 的幂时方程无解,其中 $n > 3$. 因此,若 $q > 3$ 是素数满足证明,方程 $X^2 - Y^q = 1$ 无正整数解. 猜想 x, y 是正整数,使得 $x^2 = y^q + 1$. 由引理 (A2.1) 有

$$\begin{cases} x + 1 = 2a^q \\ x - 1 = 2^{q-1}b^q \end{cases} \qquad (\text{I})$$

或

$$\begin{cases} x + 1 = 2^{q-1}b^q \\ x - 1 = 2a^q \end{cases} \qquad (\text{II})$$

其中, a 为奇数, $a, b > 0$, $\gcd(a, b) = 1$ 和 $y = 2ab$. 注意第一种情形 $a > b$.

相减并且被 2 整除有

$$a^q - 2^{q-2}b^q = \pm 1$$

那么

$$(a^2)^q \mp (2b)^q = (a^q \mp 2)^2 = \left(\frac{x \mp 3}{2}\right)^2$$

通过 (A6.1) $q \mid x$,由于 $q \neq 3$,所以 q 不整除 $\dfrac{x \mp 3}{2}$,因此,由 (P1.2)

$$\gcd\left(a^2 \mp 2b, \frac{(a^2)^q \mp (2b)^q}{a^2 \mp 2b}\right) = 1$$

因此, $a^2 \mp 2b = h^2$,其中 h 整除 $\dfrac{x \mp 3}{2}$,注意 h 是奇数,因此 4 整除

$$a^2 - h^2 = \pm 2b$$

所以 b 是偶数,那么

$$(ha)^2 + b^2 = (a^2 \mp b)^2$$

整除 $ha, b, a^2 \mp b$ 是正的且分别都是素数. 他们组

成 Pythagorean 方程 $X^2 + Y^2 = Z^2$ 的素数解. 因此, 存在整数 c,d, 其中 $c,d \geqslant 1$, 使得

$$\begin{cases} ha = c^2 - d^2 \\ b = 2cd \\ a^2 \mp b = c^2 + d^2 \end{cases}$$

则 $(c \pm d)^2 = (a^2 \mp b) \pm b = a^2$. 第一种情形

$$b - a = 2cd - (c+d)$$
$$= (c-1)(d-1) + (cd-1) > 0$$

即 $a < b$, 然而 $a^q = 2^{q-2}b^q + 1 > b^q$, 所以 $a > b$, 矛盾. 第二种情形

$$b - a = 2cd - (c-d) = c(2d-1) + d > 0$$

所以 $a < b$. 然而, $a^q = 2^{q-2}b^q - 1 > b^q$, 因此, $a > b$, 这也是不可能的.

这个结论 Catalan(1885) 没有给出证明, 证明由 Moret-Blanc 在 1876 年被建立了.

（A6.3） 若 $x, y \geqslant 2$ 且 $x^y - y^x = 1$, 则 $x = 3$, $y = 2$.

证明 首先注意 x, y 都不是偶数, x, y 也都不是奇数, 否则 $x^y - y^x$ 将是偶的.

若 x 是偶的, $x = 2u$, 则 $x^y - (y^u)^2 = 1$, 相反的, Lebesgue 的结果(A3.1). 若 y 是偶的, $y = 2v$, 则

$$(x^v)^2 - y^x = 1$$

所以由 Chao ko 的结论(A6.2), $x = 3$, 由(A2.2) 知 $3^v = 3, v = 1, y = 2$.

这个命题可能被证明但不要求精确结论, 作为交流由 G. Skandalis 给出, 由 Rotkiewicz(1960) 建立了更复杂的证明.

Skandalis 的证明 它满足证明 $|x^y - y^x| \neq 1$ 对

257

于 $x > y,(x,y) \neq (3,2).$ 当 $(x,y)=(4,3)$ 是不重要的. 设 $x \geqslant 5,y=2,$ 则

$$2^x - x^2 = (1+x)^x - x^2$$

$$\geqslant 2[1+\binom{x}{1}+\binom{x}{2}]-x^2$$

$$=2+x>1$$

现在,设 $z=x-y\geqslant 1$ 和 $y\geqslant 3,$ 那么

$$\frac{y^x}{x^y}=\frac{y^z}{\left(1+\dfrac{z}{y}\right)^y}>\left(\frac{y}{e}\right)^z\geqslant\frac{3}{e}>1+\frac{1}{x^y}$$

因为

$$\frac{1}{x^y}\leqslant\frac{1}{4^3}=\frac{1}{64},\frac{3}{e}>\frac{3}{2.8}=1+\frac{1}{14}$$

因此 $|x^y-y^x|>1$ 且 $y\geqslant 3$ 是无解的.

7. 方程 $X^3-Y^n=1$ 和 $X^m-Y^3=1$, 其中 $m,n\geqslant 3$

方程 $X^3-Y^n=1(n\geqslant 3)$ 和 $X^m-Y^3=1(m\geqslant 3)$ 是由 Nagell 研究的. 首先,他考虑方程

$$X^2+X+1=Y^m \qquad (7.1)$$

和

$$X^2+X+1=3Y^m \qquad (7.2)$$

其中 $m\geqslant 2,$ 证明下列结论(1921),当 $m=3$ 时,证明由 Ljunggren(1942,1943) 完成. 也可以见 Estes, Guralnick,Schacher 和 Straus(1985) 的文章,有一些不同的证明.

（A7.1） 方程

$$X^2+X+1=Y^m$$

的整数解 x,y 如下:

(ⅰ) 若 m 是偶数：$(0,\pm1),(-1,\pm1)$.

(ⅱ) 若 m 是奇数，$m\neq3$：$(0,1),(-1,1)$.

(ⅲ) 若 $m=3$：$(0,1),(-1,1),(18,7),(-19,7)$.

证明 首先，注意若 q 是素数整除 m，$m=qm'$，若 (x,y) 是方程 $X^2+X+1=Y^m$ 的一个解，则 $(x,y^{m'})$ 是方程 $X^2+X+1=Y^q$ 的一个解. 因此，它可以确定后一方程的解.

接下来，若 x,y 是使得 $x^2+x+1=y^q$ 成立的解，则 $3\nmid y$. 的确，$x^2+x+1\not\equiv0\pmod9$，对任一整数 x；所以若 $3\mid y$，则 9 整除 $y^q=x^2+x+1$，这是矛盾的. 于是有 $x\not\equiv1\pmod3$.

若 $x^2+x+1=y^q$，则

$$(-x-1)^2+(-x-1)+1=x^2+x+1=y^q$$

有一组解 $(x,y),(-x-1,y)$. 由于整数 $x-x-1$ 是相于 -1 模 3，可以确定解 (x,y)，其中 $x\equiv-1\pmod3$.

设

$$\omega=\frac{-1+\sqrt{-3}}{2},\omega^2=\frac{-1-\sqrt{-3}}{2}$$

是 1 的素数立方根. 设 $K=\mathbf{Q}(\omega)$ 和 $A=\mathbf{Z}[\omega]$.

在 (P3.1) 之前有域 K 的一些基本算法，这里需要以上特定的事实，K 的单元是 $\pm1,\pm\omega,\pm\omega^2$. 因此，表为形式 $(-\omega)^s$，其中 $0\leqslant s\leqslant5$. 素数元素 $\lambda=1-\omega=\sqrt{-3}\,\omega^2$ 是相关于 $\sqrt{-3}$ 的.

若 $q\equiv\pm1\pmod6$ 和 $\alpha=\varepsilon\tau^q$，其中 ε 是一个单元，$\tau\in\mathbf{Z}[\omega]$，则存在 $\theta\in\mathbf{Z}[\omega]$，使得 $\alpha=\theta^q$. 的确，若 $q\equiv1\pmod6$，则

$$\alpha=\varepsilon\tau^4=\varepsilon^q\tau^q=(\varepsilon\tau)^q$$

若 $q\equiv-1\pmod6$，则

$$\alpha = \varepsilon \tau^q = \varepsilon^{-q} \tau^q = (\varepsilon^{-1} \tau)^q$$

设 $x^2 + x + 1 = (x - \omega)(x - \omega^2)$ 和 $\alpha = x - \omega$. α 的共轭为 $\alpha' = x - \omega^2$ 和 $\alpha' - \alpha = \omega - \omega^2 = \sqrt{-3}$.

现在, 我们给出 $\gcd(\alpha, \alpha')$ 是一个单元. 的确, 若 $\gamma \in \mathbf{Z}[\omega]$ 和 $\gamma \mid \alpha, \gamma \mid \alpha'$, 则 γ 整除 $\sqrt{-3}$. 所以 γ 是与 $\sqrt{-3}$ 相关的或 γ 是一个单元. 在第一种情况下, $-3 \sim \gamma^2$ 整除 $\alpha\alpha' = x^2 + x + 1 = y^q$, 所以 $3 \mid y$, 矛盾. 因此, γ 是一个单元.

由 $y^q = \alpha\alpha'$ 和 $\gcd(\alpha, \alpha') = \gamma \sim 1$, 有 $\alpha = \varepsilon \tau^q$, 其中 ε 是 $\mathbf{Q}(\omega)$ 中的一个单元且 $\tau = a + b\omega \in \mathbf{Z}[\omega]$, 其中 a, $b \in \mathbf{Z}$, 则 $\alpha' = \varepsilon' \tau'^q$, 其中 ε' 是 ε 的共轭, 所以 $\varepsilon' = \varepsilon^{-1}$ 和 $\tau' = a + b\omega^2$, 则 $y^q = \alpha\alpha' = (\tau\tau')^q$ 且有 $y = \tau\tau' = a^2 - ab + b^2$. 由于 $\gcd(\alpha, \alpha') \sim 1$, 则 $\gcd(a, b) = 1$.

还可以假设, 不失一般性, $a \equiv 1(\text{mod } 3)$ 和 $b \equiv 0(\text{mod } 3)$. 为这个目标, 用元素 $\pm\tau, \pm\omega\tau, \pm\omega^2\tau$ 取代 τ.

的确

$$\tau = a + b\omega$$
$$-\tau = -a - b\omega$$
$$\omega\tau = -b + (a - b)\omega$$
$$-\omega\tau = b + (b - a)\omega$$
$$\omega^2\tau = (b - a) - a\omega$$
$$-\omega^2\tau = (a - b) + a\omega$$

注意 $3 \nmid y$, 不可能有

$$\begin{cases} a \equiv 0(\text{mod } 3) \\ b \equiv 0(\text{mod } 3) \end{cases}$$

$$\begin{cases} a \equiv 1(\text{mod } 3) \\ b \equiv -1(\text{mod } 3) \end{cases}$$

$$\begin{cases} a \equiv -1 \pmod 3 \\ b \equiv 1 \pmod 3 \end{cases}$$

表明元素 $\pm \tau, \pm \omega \tau, \pm \omega^2 \tau$ 之一满足需要的条件.

值得一提,若 $a+b\omega$ 和 $a'+b'\omega$ 是使得 $a \equiv a' \equiv 1 \pmod 3$,$b \equiv b' \equiv 0 \pmod 3$,则有

$$\begin{aligned} c+d\omega &= (a+b\omega)(a'+b'\omega) \\ &= (aa'-bb') + (ab'+a'b-bb')\omega \end{aligned}$$

使得

$$c \equiv aa' - bb' \equiv 1 \pmod 3$$

和

$$d \equiv ab' + a'b - bb' \equiv 0 \pmod 3$$

记 $\tau^q = c+d\omega$,则 $c \equiv 1 \pmod 3$,$d \equiv 0 \pmod 3$. 由于单元 ε 满足

$$x - \omega = \varepsilon \tau^q$$

其中 $x \equiv -1 \pmod 3$,则必有 $\varepsilon = \omega^2 = 1 - \omega$.

总之,$x - \omega = \omega^2 (a+b\omega)^q$,其中 $a \equiv 1 \pmod 3$ 和 $b \equiv 0 \pmod 3$. 取共轭,$x - \omega^2 = \omega (a+b\omega^2)^q$. 由这两个关系式,消去 x

$$1 - \omega = (a+b\omega^2)^q - \omega(a+b\omega)^q$$

举出 $q=2,3,q>3$ 不同的情况.

(1) 设 $q=2$. 若 $x^2+x+1 = y^2$,则

$$(2x+1)^2 - (2y)^2 = -3$$

且有

$$(2x+1-2y)(2x+1+2y) = -3$$

因此

$$\begin{cases} 2x+1-2y = \pm 1 \\ 2x+1+2y = \mp 3 \end{cases}$$

或

$$\begin{cases} 2x + 1 - 2y = \mp 3 \\ 2x + 1 + 2y = \pm 1 \end{cases}$$

由以上关系式得出解

$$(x,y) = (0, \pm 1), (-1, \pm 1)$$

（2）设 $q = 3$. 若 $y^3 = x^2 + x + 1 = (x - \omega)(x - \omega^2)$，如下

$$1 - \omega = (a + b\omega^2)^3 - \omega(a + b\omega)^3$$
$$= a^3 + 3ab\omega^2 + 3ab\omega + b^3 - a^3\omega -$$
$$3a^2 b\omega^2 - 3ab^2 - b\omega$$

因此

$$1 = a^3 - 3ab^2 + b^3$$

Ljunggren 在 1942 年证明，更细致的分析，以上方程的解 (a,b) 是 $(1,0),(0,1),(-1,-1),(2,-1),(1,3),(-3,-2)$.

替换方程 $x - \omega = \omega^2(a + b\omega)^3$ 或 $x - \omega = -\omega \cdot (b + a\omega)^3$ 中 a,b 的值. 相应的, 值 $x = -1, x = -19$ 和 $x = 0$（这是不重要的），$x = 18$. 最后，由于 $(-(1 + x), y)$ 是方程的一个解，则把两个结合给出另一解.

（3）设 q 是素数，$q > 3$.

显然 $x - \omega = \omega^2 \tau^q$. 在一开始的证明中表明，存在 $\theta = \dfrac{c + d\sqrt{-3}}{2} \in \mathbf{Z}[\omega]$，其中 $C \equiv d \pmod{2}$，有 $x - \omega = \theta^q$. 设 $\theta' = \dfrac{c - d\sqrt{-3}}{2}$ 是 θ 的共轭. 因此 $\theta' - \theta = -d\sqrt{-3}$ 且 $\theta' - \theta$ 不是单元.

另一方面，$\theta'^q - \theta^q = \omega - \omega^2 = \sqrt{-3}$，所以 $\theta' - \theta$ 整除 $\sqrt{-3}$，因此 $\theta' - \theta \sim \sqrt{-3}$，即 $\theta' - \theta = (-\omega)^s \sqrt{-3}$，其中 $0 \leqslant s \leqslant 5$. 因此，$d = \pm 1$，故 c 是奇的，所以

$$\theta = \frac{c \pm \sqrt{-3}}{2} = \frac{c \pm 1}{2} \pm \frac{-1 \pm \sqrt{-3}}{2} = z \pm \omega$$

其中 $z = \dfrac{c \pm 1}{2}$ 是整数.

于是有 $x - \omega = (z - \omega)^q$ 或 $x - \omega = (z + \omega)^q$. 在这种情况下

$$(-x) + \omega = ((-z) - \omega)^q$$

得出结论证明,我们将确定方程

$$T - \omega = (U - \omega)^q \qquad (7.3)$$

和

$$T + \omega = (U - \omega)^q \qquad (7.4)$$

的整数解,其中 $q \equiv \pm 1 \pmod 6$.

我们将表明第一个方程的解为 $t = 0, u = 0$,其中

$$q \equiv 1 \pmod 6$$

和 $t = -1, u = -1$,其中

$$q \equiv -1 \pmod 6$$

同样,第二个方程的解为 $t = 1, u = 0$,其中

$$q \equiv 1 \pmod 6$$

$t = 0, u = -1$,其中

$$q \equiv -1 \pmod 6$$

这些结果表明方程 $X^2 + X + 1 = Y^q$ 的解为 $(x, y) = (0, 1), (-1, 1)$.

以下将依次考虑特殊情况:$u = 0$, $|u| = 1$, 及 $|u| \geqslant 2$.

设 $u = 0$ 和 $t \pm \omega = -\omega^q$. 若 $q \equiv 1 \pmod 6$,则取下标号且 $t = 0$. 若 $q \equiv -1 \pmod 6$,则 $t \pm \omega = -\omega^2 = 1 + \omega$,所以取上标号且 $t = 1$.

现在设 $u = 1$ 和 $\lambda = 1 - \omega = \sqrt{-3}\,\omega^2$. 若 $t \pm \omega =$

$(1-\omega)^q$,则 $t\pm 1 = \lambda^q \pm \lambda = \lambda(\lambda^{q-1}\pm 1)$. 所以 λ 整除 $t\pm 1$,但 λ^2 不能整除 $t\pm 1$. 然而 $\lambda^2 = -3\omega$,所以 3 整除 $(t\pm 1)^2$,因此,λ^2 整除 $t\pm 1$,这是矛盾的.

若 $u = -1$,则 $t\pm \omega = (-1-\omega)^q = \omega^{2q}$. 若 $q\equiv 1(\bmod\ 6)$,则有 $t\pm\omega = -1-\omega$,因此取下标号且 $t=-1$,若 $q\equiv -1(\bmod\ 6)$,则 $t\pm\omega=\omega$,所以取上标号且 $t=0$.

现在,我们假设 $|u|\geqslant 2$,我们将得出矛盾,由于

$$t\pm\omega = (u-\omega)^q = \sum_{j=0}^{q}\binom{q}{j}u^j\omega^{q-j}(-1)^{q-j}$$

取共轭

$$t\pm\omega^2 = (u-\omega^2)^q = \sum_{j=0}^{q}\binom{q}{j}u^j\omega^{2(q-j)}(-1)^{q-j}$$

相减,则

$$\pm(\omega^2-\omega) = \sum_{j=0}^{q}\binom{q}{j}u^j(\omega^{2(q-j)}-\omega^{q-j})(-1)^{q-j}$$

但对任一 $j\geqslant 0$,$\omega^{2(q-j)}-\omega^{q-j}$ 是 0(当 $q\equiv j(\bmod\ 3)$)或等于 $\pm(\omega^2-\omega)$. 因此,被 $\omega^2-\omega$ 整除,于是有

$$\pm 1 - (\pm 1) = \sum_{j=1}^{q-1}\varepsilon_j\binom{q}{j}u^j$$

其中 $\varepsilon_j = 0$ 或 ± 1. 左手边相当于 $\delta = 0$ 或 ± 2.

情况 $1:q\equiv 1(\bmod\ 6)$.

在这种情况 $\omega^{2(q-1)}-\omega^{q-1}=0$,因此,$\varepsilon_1=0$,类似的

$$\omega^{2(q-2)}-\omega^{q-2} = -(\omega^2-\omega)$$

所以 $\varepsilon_2 = 1$,且有

$$\omega^{2(q-3)}-\omega^{q-3} = \omega^2-\omega$$

所以 $\varepsilon_3 = 1$.

接下来,我们观察 $\delta \neq \pm 2$. 的确,若

$$\pm 2 = \sum_{j=2}^{q-1} \varepsilon_j \binom{q}{j} u^j$$

则 u^2 整除 2,这是不可能的,由于 $|u| \geqslant 2$,从而 $\delta = 0$,我们将要表明存在素数 l 使得 $l-$adic 值

$$u_l\left(\binom{q}{2} u^2\right) < u_l\left(\binom{q}{j} u^j\right) \quad (j \geqslant 3)$$

因此,等式 $0 = \sum_{j=2}^{q-1} \varepsilon_j \binom{q}{j} u^j$ 也是不可能的.

由于 $\binom{q}{j} = \binom{q-2}{j-2} \binom{q}{2} \dfrac{2}{j(j-1)}, j \geqslant 3$,可以找到 l 使得 $v_l\left(\binom{q-2}{j-2} \dfrac{2u^{j-2}}{j(j-1)}\right) > 0$,这就证明了

$$v_l(2u^{j-2}) > u_l(j(j-1)) \quad (j \geqslant 3)$$

首先假设 $|u| > 3$.

设 l 是 u 的素因子,注意若 $|u|$ 是 3 的幂,则 $l = 3$ 且 l^2 整除 u.

设 $e = v_l(2u^{j-2})$ 和 $f = v_l(j(j-1))$. 由于 $\gcd(j, j-1) = 1$ 且 $l^f \mid j(j-1)$,则 $l^f \mid j$ 或 $l^f \mid j-1$,所有情况,$l^f \leqslant j$.

另一方面,若 $l \geqslant 5$,则 $e \geqslant j-2$,因为 $|u|^{j-2} \geqslant l^{j-2} \geqslant 5^{j-2}$,因此,$e = v_l(2u^{j-2}) \geqslant j-2$. 类似的,若 $l = 3$,则 $|u|^{j-2} \geqslant 3^{2(j-2)}$ 或 $e = v_3(2u^{j-2}) \geqslant 2(j-2)$. 同样,若 $l = 2$,则 $e = v_2(2u^{j-2}) \geqslant j-1$. 但是,若 $j \geqslant 3$,则 $5^{j-2} \geqslant j, 3^{2(j-2)} \geqslant j, 2^{j-1} \geqslant j$. 因此,$l^e > j \geqslant l^f$,故 $e \geqslant f$.

现在设 $|u| = 3$.

若 $u = -3$,则

$$0 = \sum_{j=2}^{q-1} \varepsilon_j \binom{q}{j} (-3)^j$$

注意 $\varepsilon_2 = \varepsilon_3 = 1$ 且被 3^2 整除,则

$$-\binom{q}{2} + \binom{q}{3} 3 = \sum_{j=4}^{q-1} \varepsilon_j \binom{q}{j} (-3)^{j-2}$$

我们将证明这个关系式是不可能的.

设 $q = 3^e h + 1$,其中 $3 \nmid h, e \geqslant 1$,则左手边的 $3-$adic 值是

$$v_3 \left[\binom{q}{2} (-1 + (q-2)) \right] = v_3 \left(\frac{q(q-1)(q-3)}{2} \right) = e$$

另一方面

$$\binom{q}{j} 3^{j-2} = \binom{q}{2} \binom{q-2}{j-2} \frac{2 \times 3^{j-2}}{j(j-1)}$$

$$v_3 \left(\binom{q}{2} \right) = e$$

且若 $j \geqslant 4$,则 $3^{j-2} > j$,因此

$$v_3 \left(\binom{q}{j} 3^{j-2} \right) \geqslant v_3 \left(\binom{q}{2} \right) + j - 2 - v_3(j(j-1)) > e$$

因此,以上的关系式表明这是不可能的.

若 $u = 3$,首先假设 t 满足方程 $T - w = (3 - w)^q$. 由 $t - w = (3 - w)^q$ 和 $t - w^2 = (3 - w^2)^q$ 相乘得出, $t^2 + t + 1 = 13^q$. 但 $t - w \equiv -w^q \equiv -w (\bmod 3)$,因此, $t = 0 (\bmod 3)$,类似的, $t - w = (4 + w^2)^q \equiv w^2 \equiv -1 - w (\bmod 4)$,因此, $t \equiv -1 (\bmod 4)$.

设 $t_1 = -t - 1$,则 $t_1^2 + t_1 + 1 = t^2 + t + 1 = 13^q$ 且 $t_1 \equiv -1 (\bmod 3), t_1 \equiv 0 (\bmod 4)$,所以 $t = 12s + 8$. 因此, $(12s + 8)(12s + 9) = t_1(t_1 + 1) = 13^q - 1$.

除以 12

Catalan Theorem

$$(3s+2)(4s+3)=\frac{13^q-1}{13-1}$$

若 p 是素数整除 $\frac{13^q-1}{13-1}$，则由（P1.2），$p \neq 2,3$，

且由（P1.4），$p \equiv 1 (\mathrm{mod}\ q)$，有

$$\begin{cases} 3s+2 \equiv 1(\mathrm{mod}\ q) \\ 4s+3 \equiv 1(\mathrm{mod}\ q) \end{cases}$$

相减，$s \equiv -1(\mathrm{mod}\ q)$，所以 $-1 \equiv 1(\mathrm{mod}\ q)$ 且 $q=2$，矛盾.

最后，若 $t+w=(3-w)^q$，则取共轭 $t+w^2=(3-w^2)^q$，即 $(t-1)-w=(4+w)^q$，因此，$-(t-1)+w=(-4-w)^q$. 但 $T+w=(U-w)^q$ 是没有解 (t,u)，其中 u 是偶数，包括这种情况的证明.

情况 $2:q \equiv -1 (\mathrm{mod}\ 6)$.

若 $\delta = \pm 2$，则 u 整除 2，所以 $|u|=2$. 若 $u=2$，则

$$t \pm w = (2-w)^q = (3+w^2)^q \equiv w+3qw^2$$
$$\equiv -3q+(1-3q)w(\mathrm{mod}\ 9)$$

则 $\pm 1 \equiv 1-3q(\mathrm{mod}\ q)$，所以 $3q \equiv 0$ 或 $2(\mathrm{mod}\ 9)$，这是不可能的. 若 $u=-2$，则 $t \pm w = -(2+w)^q$，但

$$|t \pm w| = \left(t \mp \frac{1}{2} \pm \mathrm{i}\frac{\sqrt{3}}{2}\right)$$
$$= \sqrt{\left(t \mp \frac{1}{2}\right)^2 + \frac{3}{4}} = \sqrt{t^2 \mp t + 1}$$

和

$$|2+w| = \left| 2 - \frac{1}{2} + \mathrm{i}\frac{\sqrt{3}}{2} \right| = \sqrt{3}$$

因此，$t^2 + t + 1 = 3^q$，所以

$$t = \frac{-1 \pm \sqrt{1-4(1-3)^q}}{2}$$

267

由于 t 是整数,则

$$4 \times 3^q - 3 = 3(4 \times 3^{q-1} - 1)$$

是平方数,所以 3 整除 $4 \times 3^{q-1} - 1$,这是不可能的.

若 $\delta = 0$,则 $w^{2(q-1)} - w^{q-1} = w^2 - w$,所以 $\varepsilon_1 = 1$. 同样的,$w^{2(q-2)} - w^{q-2} = 0$. 因此

$$0 = qu + \sum_{j=3}^{q-1} \varepsilon_j \binom{q}{j} u^j$$

这个等式是不可能的,存在素数 l 使得 $v_l(qu) < v_l\left(\binom{q}{j} u^j\right)$,即 $v_l\left(\binom{q-1}{j-1} \dfrac{u^{j-1}}{j}\right) \geq 1, j \geq 3$.

设 l 是素数整除 u,则 $l^{j-1} \mid u^{j-1}$,由于

$$l^{j-1} \geq 2^{j-1} > j, \quad j \geq 3$$

则 $v_l(u^{j-1}) \geq j - 1 > v_l(j)$. 证毕.

这是结果的证明.

Nagell 证明了相同的文章(1921):

(A7. 2) 方程 $X^2 + X + 1 = 3Y^m$ 的整数解如下:

(a) 若 $m = 2$ 的解是 (x_n, y_n),其中

$$x_n = \pm \frac{\sqrt{3}}{4} \left[(2+\sqrt{3})^{2n+1} - (2-\sqrt{3})^{2n+1} \right] - \frac{1}{2}$$

$$y_n = \pm \frac{1}{4} \left[(2+\sqrt{3})^{2n+1} + (2-\sqrt{3})^{2n+1} \right]$$

对 $n = 0, 1, 2, \cdots$. 特别的:

(b) 若 $m \neq 2$ 方程有解 $(1, \pm 1), (-2, \pm 1)$,其中 m 是偶数且 $(1, 1), (-2, 1)$ 当 m 是奇数时.

证明 (a) 设 $m = 2$,设 x, y 是整数使得 $x^2 + x + 1 = 3y^2$,x, y 是非零且假设 $y \geq 1$.

首先,假设 $x \geq 1$. 由于 $x \equiv 1 \pmod 3$,记 $2x + 1 = 3z$,因此,$z \geq 1$ 是奇数且 $9z^2 + 3 = 12y^2$,所以

$$(2y)^2 - 3z^2 = 1$$

因此 $2y \pm z\sqrt{3}$ 是域 $\mathbf{Q}(\sqrt{3})$ 的单元. 这个域的基本单元是 $2 + \sqrt{3}$,根为 ± 1.

因此 $2y + z\sqrt{3} = (2 + \sqrt{3})^h$. 对整数 h,由

$$2y + z\sqrt{3} \geqslant 2 + \sqrt{3} > 1, h \geqslant 1$$

它的共轭是

$$2y - z\sqrt{3} = (2 - \sqrt{3})^h$$

但 $\sqrt{3} \equiv (\sqrt{3})^h (\bmod 2)$,所以 h 是奇的(注意 $\{1, \sqrt{3}\}$ 是域 $\mathbf{Q}(\sqrt{3})$ 的整组). 因此,$h = 2n + 1, n \geqslant 0$,且有

$$y = \frac{1}{4}\left[(2 + \sqrt{3})^{2n+1} + (2 - \sqrt{3})^{2n+1} \right]$$

因此

$$x = \frac{3z - 1}{2} = \frac{\sqrt{3}}{4}\left[(2 + \sqrt{3})^{2n+1} - (2 - \sqrt{3})^{2n+1} \right] - \frac{1}{2}$$

若 $x < 0$,则 $x' = -x$ 满足方程 $x'^2 - x' + 1 = 3y^2$,同样

$$x = -\frac{\sqrt{3}}{4}\left[(2 + \sqrt{3})^{2n+1} - (2 - \sqrt{3})^{2n+1} \right] - \frac{1}{2}$$

显然 x, y 满足给定方程. 同样的,若 $n = 0$,对应解是 $(1, \pm 1), (-2, \pm 1)$.

(b)$m \neq 2$. 显然,若 m 是偶的,$(1, \pm 1), (-2, \pm 1)$ 是解,且若 m 是奇的,则 $(1, 1), (-2, 1)$ 是解. 这些都是解.

$1°$ 若 $4 \mid m$ 且 x, y 满足 $x^2 + x + 1 = 3y^4$,则

$$x \equiv 1 (\bmod 3)$$

所以我们可以记 $2x + 1 = 3z$. 因此,$4y^4 - 1 = 3z^2$. 故 z 是奇的,且素整数的唯一因式分解为

269

$$\begin{cases} 2y^2 + 1 = a^2 \\ 2y^2 - 1 = 3b^2 \end{cases} \quad \text{或} \quad \begin{cases} 2y^2 - 1 = a^2 \\ 2y^2 + 1 = 3b^2 \end{cases}$$

对奇整数 $a,b \geqslant 1$,其中 $\gcd(a,b)=1$,且 3 不整除 a.

第一种情况是不可能的,由于

$$2y^2 - 1 \equiv \pm 1 (\bmod 3)$$

第二种情况

$$4y^2 - a^2 = 3b^2$$

由于 $3 \nmid a$,其中同样有

$$\begin{cases} 2y + a = 3c^2 \\ 2y - a = d^2 \end{cases} \quad \text{或} \quad \begin{cases} 2y - a = 3c^2 \\ 2y + a = d^2 \end{cases}$$

对奇整数 $c,d \geqslant 1$,其中 $\gcd(c,d)=1$ 且 3 不整除 d. 因此

$$\begin{cases} 4y = 3c^2 + d^2 \\ \pm 2a = 3c^2 - d^2 \end{cases}$$

代入得

$$2\left(\frac{3c^2 + d^2}{4}\right)^2 - \left(\frac{3c^2 - d^2}{2}\right)^2 = 1$$

因此

$$9c^4 - 18c^2d^2 + d^4 = -8$$

所以

$$3c^2 = 3d^2 \pm 2\sqrt{2(d^4 - 1)}$$

因此 $2(d^4 - 1)$ 是平方的,令 $d^4 - 1 = 2f^2$,故

$$(d^2 + 1)(d + 1)(d - 1) = 2f^2$$

若 $d = 1$,则 $c = d = 1, y = 1$ 且 $x = 1$ 或 $x = -2$.

若 $d \neq 1$,则 $f \neq 0$. 由于 d 是奇数且 $\dfrac{d+1}{2}, \dfrac{d-1}{2}$,

$\dfrac{d^2+1}{2}$ 是非零的,分别都为素整数,则

270

$$\begin{cases} d+1=2u^2 \\ d-1=2v^2 \\ \dfrac{d^2+1}{2}=2w^2 \end{cases}$$

对非零整数 u,v,w,其中 $\gcd(u,v)=1$. 因此

$$u^4+v^4=\left(\frac{d+1}{2}\right)^2+\left(\frac{d-1}{2}\right)^2=\frac{d^2+1}{2}=2w^2$$

如(A4.2)中所讲,$u^2=v^2=w^2=1$,这表明 $d=1$,但 $d=3$,这是矛盾的.

$2°$ 若 m 是 3 的幂,方程有解,则存在整数 x,y,使得 $x^2+x+1=3y^3$. 所以 $\left(\dfrac{x+2}{3}\right)^3-\left(\dfrac{x-1}{3}\right)^3=y^3$.
再次,如(P3.8)中所讲,上述之一的整数是等于 0 的,由于 $y\neq 0, x=1, y=1$ 或 $x=-2, y=1$.

$3°$ 最后,若 $m\neq 2,4\nmid m$ 且 m 不是 3 的幂,存在素数 $q>3$ 整除 m. 若给定的方程有解,则存在整数 x,y,使得 $x^2+x+1=3y^q$,因此,$(x-w)(x-w^2)=3y^q$.
令 $\alpha=x-w$,它的共轭为 $\alpha'=x-w^2$ 且 $\gcd(\alpha,\alpha')=\sqrt{-3}$. 的确,若 $\gamma\in \mathbf{Z}[w]$ 且 γ 整除 α,α',则 γ 整除 $\alpha-\alpha'=\sqrt{-3}$. 另一方面,$\sqrt{-3}$ 整除 $3y^q$,因此,它整除 $x-w$ 或 $x-w^2$,故它整除所有因子,由于 $w-w^2=\sqrt{-3}$.

设 $\beta=\dfrac{\alpha}{\sqrt{-3}}$,它的共轭为 $\beta'=-\dfrac{\alpha'}{\sqrt{-3}}$,因此,$\beta\beta'=y^q$ 且有 $\gcd(\beta,\beta')=1$,则 $\beta=\varepsilon\tau^q$,其中 $\tau\in \mathbf{Z}[w]$ 且 ε 是 $\mathbf{Q}(w)$ 的单元.

如前面提出的证明的开头所讲,可以选择 $\theta\in \mathbf{Z}[w]$,使得 $\beta=\theta^q$. 设 θ' 是 θ 的共轭,所以

$$\theta^q + \theta'^q = \beta + \beta' = \frac{\alpha - \alpha'}{\sqrt{-3}} = -1$$

从而 $\theta + \theta'$ 整除 1,由于 $\theta + \theta' \in \mathbf{Z}, \theta + \theta' = \pm 1$. 因此,

$\theta = \dfrac{\pm 1 + b\sqrt{-3}}{2}$,其中 $b \in \mathbf{Z}, b$ 是奇的,因此

$$-1 = \theta^q + \theta'^q = \theta^q + (\pm 1 - \theta)^q$$

在上角标的情况下

$$-2 = \sum_{j=1}^{q-1} \binom{q}{j} (-1)^j \theta^j$$

由 q 整除 2,因此,$q = 2$,这已经被排除了.

在下角标情况下

$$-1 = -1 - \sum_{j=1}^{q-1} \binom{q}{j} \theta^j$$

除以 $q\theta$

$$-1 = \theta \sum_{j=2}^{q-1} c_j \theta^{j-2}$$

其中系数 $c_j \in \mathbf{Z}$. 因此 θ 是单元.

因此,β 和 β' 也是单元. 于是 $y^q = \beta\beta' = \pm 1$. 由 $x^2 + x + 1 = \pm 3$,于是有 $x = -2$ 或 1.

其中前面的命题,Nagell 证明:

(A7. 3) 若 $m > 2$,则方程 $X^3 - Y^m = \pm 1$ 没有非零整数解.

证明 若方程有一个解,我们可以假设不失一般性,$m = q$ 是素数,$q > 3$. 假设 x, y 是非零整数,使得 $x^3 \mp 1 = y^q$,则 $(x^2 \pm x + 1)(x \mp 1) = y^q$. 由 (P1. 2),$\gcd\left(\dfrac{x^3 \mp 1}{x \mp 1}, x \mp 1\right) = 1$ 或 3,所以 $x^2 \pm x + 1 = a^q$ 或 $3a^q$.

用 $-x$ 替换 x(符号取"$-$"的情况),则 $x^2 + x +$

$1 = a^q$ 或 $3a^q$.

由前面的命题,表明 $x = \pm 1$ 或 -2,但 $x^3 \mp 1$ 不是 q^{th} 的幂(其中 $q > 3$).

$$8. \text{方程} \frac{X^n - 1}{X - 1} = Y^m$$

Nagell 和 Ljunggren 也考虑了类似的方程

$$\frac{X^n - 1}{X - 1} = Y^m \tag{8.1}$$

其中,$m \geqslant 2$ 和 $n > 3$($n = 3$ 的情况已经被解决).

显然充分考虑方程中 $m = q$ 是素数. 首先,我们将给出方程

$$\frac{X^n - 1}{X - 1} = Y^2 \tag{8.2}$$

的结果.

很容易看出这个方程有下列解 (x, y),其中 $|x| \leqslant 1$ 和 $y > 0$:若 n 是偶的为 $(0, 1)$,$(-1, 0)$. 若 n 为奇的为 $(-1, 1)$,若 n 是平方数为 $(1, \sqrt{n})$.

它还给出方程的解 (x, y),其中 $|x| > 1$.

(**A8.1**) 若 x, y 是整数,有 $|x| > 1$,$y > 0$ 且 $\frac{x^n - 1}{x - 1} = y^2$,其中 $n > 3$,则 $n = 4$,$x = 7$,$y = 20$ 或 $n = 5$,$x = 3$,$y = 11$.

证明 我们将分为几个部分证明. $1°$ 的证明是 Nagell(1921) 给出的;$2°$ 的证明是 Nagell 文章中证明的化简;$3°$ 的证明是 Ljunggren(1943) 给出的.

$1°$ 若 $4 \mid n$ 和 $|x| > 1$,$y > 0$,$\frac{x^n - 1}{x - 1} = y^2$,则 $n = 4$,$x = 7$,$y = 20$.

确实,记 $n = 2^a m$,其中 m 为奇的,$a \geqslant 2$. 设 $z = x^m$.

由 P 部分式(1.3)知

$$y^2 = \frac{x^n - 1}{x - 1} = \frac{z^{2^a} - 1}{z - 1} \cdot \frac{x^m - 1}{x - 1}$$

$$= \frac{x^m - 1}{x - 1} \cdot (z + 1)(z^2 + 1) \cdots (z^{2^{a-1}} + 1)$$

$$(8.3)$$

由(P1.9),若 $0 \leqslant j < i$,则

$$\gcd(z^{2^j} + 1, z^{2^i} + 1) = \begin{cases} 1 & \text{当 } z \text{ 是偶数} \\ 2 & \text{当 } z \text{ 是奇数} \end{cases}$$

由(P1.2)中(vii),若 $0 \leqslant i$,则

$$\gcd\left(\frac{x^m - 1}{x - 1}, x^{2^i m} + 1\right) = 1$$

从而,若 z 是偶数,在(8.3)中每个因子是平方的,特别 $z^2 + 1$ 是平方的,这是不可能的. 若 z 是奇的且 $a = 2$,则由(8.3),有

$$\begin{cases} z + 1 = 2e^2 \\ z^2 + 1 = 2f^2, \text{这里 } e, f \text{ 是整数} \end{cases}$$

由(P3.6)知,$x^m = z = \pm 1$ 或 7,于是 $m = 1, n = 4$,因此,$x = \pm 1$(舍去) 或 $x = 7$.

现在设 $a > 2$. 由同样的论据,存在整数 e, f 使得

$$\begin{cases} z^2 + 1 = 2e^2 \\ z^4 + 1 = 2f^2 \end{cases}$$

像之前一样,$z^2 = 1$ 或 7,所以 $z^2 = 1, m = 1, x = \pm 1$,这是不可能的.

$2°$ 若 $n > 3$ 是偶的且 $|x| > 1, y > 0$ 是整数,$\frac{x^n - 1}{x - 1} = y^2$,则 $n = 4, x = 7, y = 20$.

确实,由 $1°$ 我们可以假设 $n = 2m$,其中 $m \geqslant 2$ 是奇的,现在有

274

$$y^2 = \frac{x^m - 1}{x - 1}(x^m + 1)$$

且由（P1.2）的（vii）知 $\gcd\left(\dfrac{x - m - 1}{x - 1}, x^m + 1\right) = 1$，所以存在整数 t, u，使得 $\gcd(t, u) = 1$ 且

$$\begin{cases} \dfrac{x^m - 1}{x - 1} = t^2 \\ x^m + 1 = u^2 \end{cases}$$

最后一个关系式是不可能的，由 K_0 的结果可知. （见（A6.2））

3° 若 $n > 3$ 是奇的且 $|x| > 1$，y 是整数，$\dfrac{x^n - 1}{x - 1} = y^2$，则 $n = 5, x = 3, y = 11$.

首先假设 $x > 1$. 关系式可以写为

$$(x^n - 1)(x - 1) = [(x - 1)y]^2$$

于是

$$[(x - 1)y]^2 - x(x - 1)(x^{\frac{n-1}{2}})^2 = -(x - 1)$$

令 $x - 1 = t^2 s$，其中 s 是无平方整数，所以

$$(t^2 sy)^2 - xt^2 s(x^{\frac{n-1}{2}}) = -t^2 s$$

因此

$$(tsy)^2 - xs(x^{\frac{n-1}{2}})^2 = -s$$

观察发现 xs 不是平方数，这点是很重要的. 确定，$\gcd(x, s) = 2$，若 x 是平方数，则 $s \neq 1$，所以 xs 不是平方数.

考虑方程 $X^2 - DY^2 = C$，其中 $D = xs$，$C = -s$（无平方整数），且注意到 C 整除 $2D$. 这个方程有基本解 $(ts, 1)$，因为

$$t^2[(ts)^2 - (xs)1^2] = (t^2 s)^2 - xt^2 s$$
$$= (x - 1)^2 - x(x - 1)$$

275

$$= -(x-1) = -t^2 s$$

根据（P5.9）知，所有的正整数解是 (x_m, y_m)，其中 $m \geq 1, m$ 为奇的，且有

$$s^{\frac{m-1}{2}}(x_m + y_m \sqrt{xs}) = (ts + \sqrt{xs})^m$$

特别的，存在 $m \geq 1, m$ 为奇的，使得

$$tsy = x_m, \quad x^{\frac{n-1}{2}} = y_m$$

注意到，若素数 q 整除 y_m，则 q 整除 $D = xs$. 由（A4.1）知，必有 $m = 1$ 或 3. 若 $m = 1$，则 $x^{\frac{n-1}{2}} = 1$，这是不可能的，因为 $x > 1$. 若 $m = 3$，则

$$x^{\frac{n-1}{2}} = y_3 = \frac{3t^2 s^2 + xs}{s}$$

$$= 3t^2 s + x = 3(x-1) + x$$

$$= 4x - 3$$

对 $n > 3, x \cdot x^{\frac{n-3}{2}} = 4x - 3$，所以 $3 = x(4 - x^{\frac{n-3}{2}})$，因此 $x = 1$（舍去），或 $x = 3$. 所以 $n = 5$，必有 $y = 11$.

现在假设 $x < -1$ 且设 $z = -x > 1$，则有

$$y^2 = \frac{x^n - 1}{x - 1} = \frac{z^n + 1}{z + 1}$$

和

$$[(z+1)y]^2 - z(z+1)(z^{\frac{n-1}{2}})^2 = z + 1$$

设 $z + 1 = t^2 s$，其中 s 是无平方的，则有

$$(tsy)^2 - zs(z^{\frac{n-1}{2}})^2 = s$$

像之前一样，考虑方程 $X^2 - DY^2 = C$，其中 $D = zs$，$C = s$（无平方整数）且注意到 C 整除 $2D$. 同样的，zs 不是平方数，在前面的情况看来是这样的. 基本解是 $(ts, 1)$，类似的，这是很容易验证的.

所以，由（P5.9）知，存在 $m \geq 1, m$ 为奇的，使得

276

$ts\,y = x_m$ 和 $z^{\frac{n-1}{2}} = y_m$.

由于每个素数整除 y_m 必须整除 $D = zs$, 从而由 (A4.1) 知, $m = 1$ 或 $m = 3$. 若 $m = 1$, 则 $z^{\frac{n-1}{2}} = 1$, 这是不可能的. 若 $m = 3$, 则一个类似的计算给出

$$z^{\frac{n-1}{2}} = y_3 = 3t^2 s + z = 3(z+1) + z = 4z + 3$$

对于 $n > 3$, 有

$$z \cdot z^{\frac{n-3}{2}} = 4z + 3$$

即

$$z(z^{\frac{n-3}{2}} - 4) = 3$$

所以 $z = 1$(舍去)或 $z = 3$, 以及 $z^{\frac{n-3}{2}} = 5$, 矛盾.

现在我们提出方程

$$\frac{X^n - 1}{X - 1} = y^q \qquad (8.4)$$

有关的已知结果. 其中 q 是奇素数, $n > 3$($n = 3$ 的情况已经讨论过了).

首先建立方程(8.4)和方程

$$\frac{X^p - 1}{X - 1} = Y^q \qquad (8.5)$$

$$\frac{X^p - 1}{X - 1} = pY^q \qquad (8.6)$$

之间的关系. 其中 P 是 n 的任意奇素因子.

(**A8.2**) 设 $n > 3$ 是整数, 不能被 4 整除, q 是奇素数, x, y 为整数, 满足(8.4), 其中 $|x| > 1$, $y \neq 0$. 若 l 是奇素数整除 n, $n = 2^c l^a d$, $l \nmid d$, 则存在非零整数 $h \geqslant 1$, 且有 $t_0, t_1, \cdots, t_a$, 使得

$$\begin{cases} \dfrac{x^h - 1}{x - 1} = t_0^q \\[2mm] \dfrac{(x^h)^l - 1}{x^h - 1} = t_1^q \\[2mm] \vdots \\[2mm] \dfrac{(x^{h^{a-1}})^l - 1}{x^{h^{a-1}} - 1} = t_a^q \end{cases} \qquad \text{或} \qquad \begin{cases} = t_0^q \\[2mm] = l t_1^q \\[2mm] \vdots \\[2mm] = l t_a^q \end{cases}$$

此外,若 l 是 n 的最小奇素因子,则 $h = d$.

证明　若 n 是偶数,则 $n = 2k$,其中 k 为奇数,且有

$$y^q = \frac{x^n - 1}{x - 1} = \frac{x^{2k} - 1}{x^k - 1} \cdot \frac{x^k - 1}{x - 1} = (x^k + 1)\frac{x^k - 1}{x - 1}$$

由(P1.2)(vii)知,$\gcd(x^k + 1, \dfrac{x^k - 1}{x - 1}) = 1$,因此

$$\frac{x^k - 1}{x - 1} = t^q$$

若 n 是奇数,设 $k = n, t = y$.同样设 p 是 k 的最小素因子,假设 $k = p^a m$,其中 $a \geqslant 1, p \nmid m$.

由(P1.3)知

$$t^q = \frac{x^k - 1}{x - 1} = \frac{x^m - 1}{x - 1} \cdot \Phi_p(x^m) \cdot \Phi_{p^2}(x^m) \cdot \cdots \cdot \Phi_{p^a}(x^m)$$

$$(8.7)$$

注意到 $p \nmid \dfrac{x^m - 1}{x - 1}$.确实,设 e 为 x 模 p 的顺序.若 $p \mid \dfrac{x^m - 1}{x - 1}$,则 $p \mid x^m - 1$,所以 $e \mid m$.但是,$e \mid p - 1$,且由于 p 是 k 的最小素因子,$e = 1$,所以

$$x \equiv 1 (\operatorname{mod} p)$$

由(P1.3)(ii)知,p 整除

$$\gcd\left(\frac{x^m - 1}{x - 1}, x - 1\right) = \gcd(m, x - 1)$$

故 $p \mid m$,这是错误的.

由(P1.9)知
$$\gcd(x^m - 1, \Phi_{p^i}(x^m)) = 1 \text{ 或 } p$$

从而
$$\gcd\left(\frac{x^m - 1}{x - 1}, \Phi_{p^i}(x^m)\right) = 1$$

接下来,若 $0 \leqslant i < j \leqslant a$,则由(P1.9)知
$$\gcd(\Phi_{p^i}(x^m), \Phi_{p^j}(x^m)) = \begin{cases} p & \text{若 } x^m \equiv 1 (\bmod p) \\ 1 & \text{若 } x^m \not\equiv 1 (\bmod p) \end{cases}$$

首先,设 $x^m \not\equiv 1 (\bmod p)$,故 $x \not\equiv 1 (\bmod p)$. 那么,从(8.7)和以上考虑,存在非零整数 $u, v_1, \cdots, v_a$,使得

$$\begin{cases} \dfrac{x^m - 1}{x - 1} = u^q \\[2mm] \Phi_p(x^m) = \dfrac{(x^m)^p - 1}{x^m - 1} = v_1^q \\[2mm] \vdots \\[2mm] \Phi_{p^a}(x^m) = \dfrac{(x^{mp^{a-1}})^p - 1}{x^{mp^{a-1}} - 1} = v_a^q \end{cases} \tag{8.8}$$

若 $x^m \equiv 1 (\bmod p)$,则 $p \mid \Phi_{p^i}(x^m)$. 但由(P1.2)知,$p^2 \nmid \Phi_{p^i}(x^m) = \dfrac{x^{mp^i} - 1}{x^{mp^{i-1}} - 1}$. 因此,若
$$x^m \equiv 1 (\bmod p)$$
则存在非零整数 $u, v_1, \cdots, v_a$,使得

$$\begin{cases} \dfrac{x^m-1}{x-1}=u^q \\[2ex] \Phi_p(x^m)=\dfrac{(x^m)^p-1}{x^m-1}=pv_1^q \\[2ex] \vdots \\[2ex] \Phi_{p^a}(x^m)=\dfrac{(x^{mp^{a-1}})^p-1}{x^{mp^{a-1}}-1}=pv_a^q \end{cases} \qquad (8.9)$$

（这里 $q\mid a$，由于右边的乘积是 t^q）.

若 $m>1$，这个论证与方程 $\dfrac{x^m-1}{x-1}=u^q$ 是重复的. 经过有限次迭代后，可以得出结论，对每个 n 的奇素因子，声明中的一个集合中的关系之一必成立.

接一来的结果表明方程(8.4)的情况，其中 q 为奇素数，$n>3$，没有解. 在 1920 年，Nagell 证明了(i) 和(ii)，其全部分直到 1943 年被 Ljunggren 建立.

（A8.3） 方程(8.4)中，$n>3$ 且 q 为奇素数，没有解，其中 x,y 为整数，$\mid x\mid>1,y>0$，满足下列情况：

(i) 4 整除 n.

(ii) 3 整除 n.

(iii) $n\not\equiv-1(\bmod\ 6)$ 且 $q=3$.

证明 （i）假设 4 整除 n 且存在整数 x,y，其中，$\mid x\mid>1,y\neq0$，使得 $\dfrac{x^n-1}{x-1}=y^q$. 设 $n=2^am$，其中 m 为奇的，$a\geqslant2$. 设 $z=x^m$，有

$$y^a=\frac{x^m-1}{x-1}(z+1)(z^2+1)\cdots(z^{2^{a-1}}+1)$$

$$(8.10)$$

其中 $\gcd\left(\dfrac{x^m-1}{x-1},x^{2^im}+1\right)=1$，对于 $0\leqslant i$，有

$$\gcd(z^{2^j}+1, z^{2^i}+1) = \begin{cases} 1 & \text{当 } z \text{ 是偶数} \\ 2 & \text{当 } z \text{ 是奇数} \end{cases}$$

其中 $0 \leqslant j < i$.

若 z 是偶数,(8.10) 右边的因子是一组素数,那么,每个因子是 q^{th} 的幂,所以存在整数 t,使得

$$z^2 + 1 = t^q$$

然而,由 Lebesgue 的结果(A3.1)知,这是不可能的.

若 z 是奇数,相同的论证表明存在正整数 t,使得 $z^2 + 1 = 2t^q$. 然而,由(A11.1)知,这也是不可能的.

(ii) 设 $n = 3^a m$,其中 $a \geqslant 1, 3 \nmid m$. 由(i)知,我们可以假设 $4 \nmid n$,若 $|x| > 1, y \neq 0$ 且 $\dfrac{x^n - 1}{x - 1} = y^q$,由(A8.2)知,存在整数 $t_0, t_1, \cdots, t_a \neq 0$,使得

$$\begin{cases} \dfrac{x^m - 1}{x - 1} = t_0^q \\ \dfrac{(x^m)^3 - 1}{x^m - 1} = t_1^q \\ \vdots \\ \dfrac{(x^{m3^{a-1}})^3 - 1}{x^{m3^{a-1}} - 1} = t_a^q \end{cases} \quad \text{或} \quad \begin{cases} = t_0^q \\ = 3t_1^q \\ \vdots \\ = 3t_a^q \end{cases}$$

在第一种情况,由(A7.1)知,必有 $q = 3, x^m = 18$ 或 -19;因此,$m = 1, x = 18$ 或 -19. 所以 $n = 3^a > 3$,从而 $a \geqslant 2$ 且 $\dfrac{(x^3)^3 - 1}{x^3 - 1} = t_2^3$,则有,$x^3 = 18$ 或 -19,这是不可能的.

在第二种情况,由(A7.2)知,必有 $x^m = -2$,因此,$m = 1, x = -2$. 因此,$n = 3^a > 3$,所以 $a \geqslant 2$. 再者 $\dfrac{(x^3)^3 - 1}{x^3 - 1} = 3t_2^q$,故 $x^3 = -2$,这是不可能的.

(iii) 首先，设 $n = 2m$. 由于 $\dfrac{x^m - 1}{x - 1}$ 是奇的且

$$\gcd(x^m + 1, x^m - 1) = 1 \text{ 或 } 2$$

则 $\gcd\left(\dfrac{x^m - 1}{x - 1}, x^m + 1\right) = 1$. 若 $|x| > 1, y \neq 0, y^3 =$ $\dfrac{x^{2m} - 1}{x - 1} = \dfrac{x^m - 1}{x - 1}(x^m + 1)$，于是，存在 $u \neq 0$，使得 $x^m + 1 = u^3$. 这与 (A7.3) 矛盾.

若 $n \not\equiv -1 \pmod{6}$ 且存在 x, y 使得 $|x| > 1$, $y \neq 0$，有 $\dfrac{x^n - 1}{x - 1} = y^3$，则 $3 \nmid n$，因此，$n = 6t + 1$ 且记

$$x(x^{2t})^3 - (x - 1)y^3 = 1$$

然而，在 1935 年，Nagell 证明若 $|a| > 1$，方程
$$aU^3 - (a - 1)V^3 = 1 \qquad (8.11)$$
仅有平凡解 $u = v = 1$.

在目前情况下，表明 $|x| = 1$，这与假设相反.

作为好奇，我们指出 (A7.1) 的一个解释.

设 $b > 1$ 是一组数且 N 是自然数，其中，k 个数等于 1，给出一组 b

$$N = 11\cdots1_{(b)}$$

这样的数称循环整数.

根据 (A7.1)，$N = 111_{(b)}$（3 个数）是 m^{th} 幂 $(m \geqslant 2)$ 仅当 $b = 18, m = 3$.

同样，若 $k > 1$ 且 $N = 11\cdots1_{(b)}$（k 个数）是平方的，则 $b = 7, k = 4$ 或 $b = 3, k = 5$.

特别的，循环整数（从 1 开始不同）基于 10 不是平方的.

在 1972 年，Inkeri 证明循环整数（从 1 开始不同）基于 10 不是立方的.

Rotkiewicz 给出(1987)下列直接证明：

假设 $\dfrac{10^k-1}{10-1}=y^3$，若 $k\neq2$ 且 $k\geqslant3$，由（A8.3）知 $k=6h+5, h\geqslant0$. 因此，$10^{6(h+1)}-10=90y^3$，以 7 为模，则 $1-3\equiv-y^3(\bmod 7)$，所以 $y^3\equiv2(\bmod 7)$ 和 $y^6\equiv4(\bmod 7)$，这是不可能的.

R. Bond 认为循环整数（从 1 开始不同）基于 10 不是 5 次幂的. 确实，若 $\dfrac{10^k-1}{10-1}=x^5$，其中，$k\geqslant2$，则

$$x^5\equiv11(\bmod 100)$$

所以 x 是奇的，设 $x=20q+r$，其中，$1\leqslant r<20$，则 $x^5\equiv r^5(\bmod 100)$. 然而，由简单的计算得到，若 r 为奇的，$1\leqslant r\leqslant19$，则 $r^5\not\equiv11(\bmod 100)$.

更一般的结果，由 Inkeri 给出：

（A8.4） 若 $k>1, p$ 为素数，$x>1$，且 $v_p(x)=1$，则 $\dfrac{x^k-1}{x-1}$ 不是 p 次方幂.

证明 若 $\dfrac{x^k-1}{x-1}=y^p(y>1)$，则

$$x^k-x=(y^p-1)(x-1)$$

由 $v_p(x)=1$，有 $v_p(x^k)>1$，从而有 $v_p(x^k-x)=1$. 但是 $p\nmid x-1$，因此，$v_p(y^p-1)=1$. 故 $y\equiv y^p\equiv1(\bmod p)$ 且有 $y^p\equiv1(\bmod p^2)$，推出 $v_p(y^p-1)\geqslant2$，矛盾.

特别的，取基数 $x=10$，循环整数（$\neq1$）不是平方数，也不是 5 次方幂.

类似的问题已经考虑过了，给出基于 b 的序列 a，所有的数都等于 a.

基数为 10，在 1956 年由 Obláth 证明了：

若 $N=aa\cdots a_{(10)}$（n 个数字为 10，其中 $1<a\leqslant q$）是正则幂，则 $n=1,a=1,4,8$ 或 9. 注意到这个结果没有涉及循环整数.

在 1972 年，Inkeri 推广了上面的结果：

若 $2\leqslant b\leqslant 10$ 且 $N=aa\cdots a_{(b)}$（n 数等于 a，在基数 b 中，且 $1<a\leqslant b$）是正则幂，则 $b=7,a=4,n=4$ 且 N 是平方数.

相同的情况，R. Goormaghtigh 提出一个问题，所有为 a 的数分别等于 a'，则决定哪个整数，当令不同的基数计算（见 Shorey 和 Tijdeman 在 1976 年的文章；Balasubramanian 和 Shorey 在 1980 年的文章，Shorey 在 1984 年的文章）. 我们在 C 部分中说明这个问题.

我们将通过考察方程(8.1)解的存在性来结束这一部分. 其中 $y=p$，为素数，现在，允许 $m=1$.

显然，给出素数 p，寻找整数 $x>1,m\geqslant 1,n\geqslant 3$，使得

$$\frac{x^n-1}{x-1}=p^m \qquad (8.12)$$

像 Guralnick(1983)，Perlis(1978)，Estes(1985) 等的文章中证明的类似，这项研究与单个群的 p 进互补有关.（即，素数 p 存在子群，p 的幂指数），且存在非同构的数域有相同的 Pedekind zeta 函数.

接下来的命题，我们研究方程(8.12)的几个结果，可以在 Suryanarayana(1967,1970)，Edgar(1971,1985) 和 Estes(1985) 等的文章中找到.

（**A8.5**） 设 p 是素数，且 $x>1,m\geqslant 1,n\geqslant 3$ 为整数，满足方程(8.12).

(1)n 是素数，等于 x 模 p 且 $p\equiv 1(\bmod n)$，因此，

$p \neq 2$.

（2）若 $x = r^b, b \geqslant 1$，则
$$b = n^3, e \geqslant 0, p \equiv 1 \pmod{n^{e+1}}$$

且 p 不是费马素数.

（3）在（2）的假设下，若 r 是素数，则 n 不能整除 m.

证明　（1）假设 n 不是素数，设 $n = hk$，其中 $h, k > 1$，则
$$p^m = \frac{x^n - 1}{x - 1} = \frac{x^{hk} - 1}{x^k - 1} \cdot \frac{x^k - 1}{x - 1}$$

由于 $\dfrac{x^k - 1}{x - 1} > 1$，$p$ 整除 $\dfrac{x^k - 1}{x - 1}$ 或 $x^k \equiv 1 \pmod{p}$. 因此
$$\frac{x^{hk} - 1}{x^k - 1} = 1 + x^k + \cdots + x^{k(h-1)} \equiv h \pmod{p}$$

但 p 整除 $\dfrac{x^{hk} - 1}{x^k - 1}$，从而 $p \mid h$. 由于对每一个 n 的因子 h 这都满足，所以 n 是 p 的幂.

若 $n = 2^e (e \geqslant 2)$，则
$$\frac{x^4 - 1}{x - 1} = (x^2 + 1)(x + 1) = 2^f$$

其中 $f \geqslant 1$. 因此 $x^2 + 1$ 和 $x + 1$ 是 2 的幂. 但 $x^2 \not\equiv -1 \pmod{4}$，所以 $x^2 + 1 = 2$，故 $x = 1$，这是矛盾的.

若 $n = p^e (e \geqslant 2, p$ 为奇数$)$，则由以上分析 $(h = p, k = p^{e-1} > 1)$，$\dfrac{x^p - 1}{x - 1} = p^f (f \geqslant 1)$. 由 $p^2 \nmid \dfrac{x^p - 1}{x - 1}$，因此
$$p = \frac{x^p - 1}{x - 1} = 1 + x + \cdots + x^{p-1} \geqslant p$$

结果表明 $x = 1$，这与假设矛盾.

从而 n 是素数且 $x^n \equiv 1 \pmod{p}$. 若

$$x \equiv 1 \pmod{p}$$

由(P1.2)(ii)知,p 整除 n,所以 $p = n$,则 $p^m = \dfrac{x^p - 1}{x - 1}$,故表明以上 $m = 1, x = 1$ 是不可能的.

总之,由于 n 是素数,n 为 x 模 p,由(P1.4)知,$p \equiv 1 \pmod{n}$,因此,$p \neq 2$.

(2)假设 $x = r^b$,其中 $b \geqslant 1$. 若 $b > 1$,设 q 为素数,$q \neq n$,使得 $q \mid b$,记 $b = qs$,则

$$p^m = \frac{x^n - 1}{x - 1} = \frac{r^{bn} - 1}{r^b - 1} = \frac{r^{qsn} - 1}{r^{qs} - 1}$$

$$= \frac{r^{sn} - 1}{r^s - 1} \cdot \frac{1 + r^{sn} + r^{2sn} + \cdots + r^{(q-1)sn}}{1 + r^s + r^{2s} + \cdots + r^{(q-1)s}}$$

$$= \frac{r^{sn} - 1}{r^s - 1} \cdot \frac{\Phi_q(r^{sn})}{\Phi_q(r^s)}$$

$$= \frac{r^{sn} - 1}{r^s - 1} \cdot \Phi_{qn}(r^s)$$

由 $\dfrac{r^{sn} - 1}{r^s - 1} > 1$,则 $p \mid r^{sn} - 1$. 但由二项式知,$r^{qsn} - 1 = x^n - 1$ 有素因子 p,因为 n 是以 x 模 p 的.(由(1))表明 $sn = qsn$,这是不可能的. 因此,b 必是 n 的幂,即 $b = n^e$,其中 $e \geqslant 0$.

现在我们说明 $p \equiv 1 \pmod{n^{e+1}}$.

由(1)知,$x \not\equiv 1 \pmod{p}$,$x^n \equiv 1 \pmod{p^{e+1}}$,所以 $r^{n^e} = r^b = x \not\equiv 1 \pmod{p}$,其中

$$r^{n^{e+1}} = x^n \equiv 1 \pmod{p}$$

由于 n 为素数,则 n^{e+1} 为 n 模 p. 由(P1.4)知,$p \equiv 1 \pmod{n^{e+1}}$.

最后,若 p 为 Fermat 素数,即 $p = 2^{2^h} + 1$,则 n^{e+1}

整除 $p-1=2^{2^h}$，有 $n=2$，这是错误的.

（3）假设 $m=nk$，且设 $f=p^k$，所以 $f^n=\dfrac{x^n-1}{x-1}\equiv 1(\bmod\ x)$. 但是 $f\not\equiv 1(\bmod\ x)$，否则 $p^m=f^n>x^n>\dfrac{x^n-1}{x-1}$. 这是矛盾的. 由（1）知 n 为素数，则 f 模 x 等于 n. 因此，n 整除 $\varphi(x)=\varphi(r^b)=r^{b-1}(r-1)$. 注意到 n 不能整除 $r-1$，否则 $x=r^b\equiv 1(\bmod\ n)$，且

$$p^m=f^n=\frac{x^n-1}{x-1}=1+x+\cdots+x^{n-1}\equiv 0\ (\bmod\ n)$$

推出 $n=p$，这是错误的，由（1）可知，这表明 n 整除 r，由 r 为素数，则 $n=r$. 由于 $x=r^b=n^{n^e}$ 且

$$f^n\equiv 1(\bmod\ n^b)$$

则由（P1.1）知 $f\equiv 1(\bmod\ n^{b-1})$. 因此 $f-1=tn^{b-1}$，其中 $t\geqslant 1$.

因此 $(tn^{b-1}+1)^n=f^n=\dfrac{x^n-1}{x-1}$，所以

$$(x-1)(tn^{b-1})^n<(x-1)f^n<x^n=n^{bn}$$

从而

$$n^{n^e}-1=x-1<\left(\frac{n}{t}\right)^n$$

若 $e=0$，则 $x=n$ 和 $f\equiv f^n\equiv 1(\bmod\ n)$，这是矛盾的.

若 $e\geqslant 1$，则 $n^n\leqslant x=n^{n^e}<\left(\dfrac{n}{t}\right)^n+1$，所以 $e=t=1$ 和 $f-1=n^{n-1}$. 但 n 为奇的，所以 f 为偶的，从而 $p=2$，这是不正确的. 证毕.

为了结束这一部分，我们应该在 Siegel 的一般性定理中提到这一点，方程

$$\frac{X^n-1}{X-1}=X^{n-1}+X^{n-2}+\cdots+X+1=Y^q$$

其中 $q\geqslant 3,n\geqslant 3$,有许多有限的解.但如上所讲,很有可能,这个方程根本就没有解,我们将在 C 部分讲述这个问题.

9.2 或 3 的序列幂

我们从一个著名的中世纪天文学家 Leviben Gerson(见 Goldstein,1985)的结果开始.另一个证明见 Franklin(1923).

(A9.1) 8 和 9 是 2 或 3 的序列幂中唯一的连续整数.

证明 若 $2^n-3^m=1$,其中 $n\geqslant 2,m\geqslant 2$,则 $2^n\equiv 1(\bmod 3)$,所以 n 为偶数,记 $n=2n'$.从而有
$$3^m=2^{2n'}-1=(2^{n'}-1)(2^{n'}+1)$$
因此
$$\begin{cases}2^{n'}-1=3^{m'}\\2^{n'}+1=3^{m-m'}\end{cases}$$
其中 $0\leqslant m'<m-m'$.相减有,$2=3^{m'}(3^{m-2m'}-1)$,因此,$m'=0,n'=1$,且 $n=2m=1$,这与假设矛盾.

若 $3^m=2^n=1$,其中 $m\geqslant 2,n\geqslant 2$,则 $n\neq 2$,所以,$n\geqslant 3$,因此 $3^m\equiv 1(\bmod 8)$.故 m 一定是偶数,$m=2m'$.从而,$2^n=3^{2m'}-1=(3^{m'}-1)(3^{m'}+1)$,有
$$\begin{cases}3^{m'}-1=2^{n'}\\3^{m'}+1=2^{n-n'}\end{cases}$$
其中,$0\leqslant n'<n-n'$.相减有,$2=2^{n'}(2^{n-2n'}-1)$,因此,$n'=1,n=2n'+1=3,m=2$.

在 1936 年,Herschfeld 考虑了 2^x-3^y 的差.利用

Pillai(1931) 的结果,这不是基本的性质(见 C(6.4) 和 C(6.5)),他提出以下命题:

（A9.2） 若 $|d|$ 是充分小的,则最多有一组整数 (x,y) 满足 $2^x - 3^y = d$.

然而,对于 d 的小值来说,这不是真的.用初等方法,Herschfeld 给出:

（A9.3） 唯一一组正整数的 (x,y) 满足 $2^x - 3^y = d$,其中 $|d| \leqslant 10$,给出

(x,y)	d
$(2,1)$	1
$(1,1),(3,2)$	-1
$(3,1),(5,3)$	5
$(2,2)$	-5
$(4,2)$	7
$(1,2)$	-7

证明 显然,$2^x - 3^y \neq \pm 2, \pm 3, \pm 4, \pm 6, \pm 8, \pm 9$.首先注意到若 $2^x - 3^y = d(|d| \leqslant 10$ 和 $x \geqslant 3)$,则 $d = -1, 5$ 或 7.

确实,由于

$$3^y \equiv -d \pmod 8 \text{ 和 } 3^n \equiv 1 \text{ 或 } 3 \pmod 8$$

可得到 $d \equiv 7$ 或 $5 \pmod 8$,因此,$d = -1, 5$ 或 7.

从而,若 $d = 1, -5$ 和 -7,则 $x \leqslant 2$,且所有可能解为

$$2^2 - 3 = 1$$
$$2^2 - 3^2 = -5$$
$$2 - 3^2 = -7$$

现在设 $d = -1, 5$ 或 7.

假设 $2^x - 3^y = -1$，所以 $3^y \equiv 1 \pmod{2^x}$。若 $x > 2$，则 3 模 2^x 等于 2^{x-2}。确实，由 (P1.1) 知，$v_2(3-(-1)) = 2$，则 $v_2(3^{2^{x-2}} - 1) = x$。这表明

$$3^{2^{x-2}} \equiv 1 \pmod{2^x}$$

但 $3^{2^{x-3}} \not\equiv 1 \pmod{2^x}$。

由 $3^y \equiv 1 \pmod{2^x}$ 得到 $2^{x-2} \leqslant y$。

现在，若 $x \geqslant 4$，则

$$3^y - 1 \geqslant 3^{2^{x-2}} - 1 \geqslant 3^x - 1 > 2^x$$

与假设相反。这表明 $x \leqslant 3$，唯一可能的是 $2 - 3 = -1$，$2^3 - 3^2 = -1$。

接下来假设 $2^x - 3^y = 5$。显然有，$2^3 - 3 = 5$，$2^5 - 3^3 = 5 (y \leqslant 3)$，且无其他表示。确实，若 $y > 3$，则 $x > 6$ 且

$$3^y \equiv -5 \pmod{2^6}$$

但 3 模 2^6 等于 16，且

$$3^{11} \equiv -5 \pmod{2^6}$$

因此，$y = 11 + 16k$，其中 $k \geqslant 0$。考虑一致为模 17，由于 $3^{16} \equiv 1 \pmod{17}$，则

$$3^y \equiv 3^{11} \equiv -10 \pmod{17}$$

所以 $2^x \equiv 3^y + 5 \equiv -5 \pmod{17}$。然而，通过简单的计算表明不存在 2 的幂满足以上的。

最后，假设 $2^x - 3^y = 7$。若 $y \leqslant 3$，仅有 $2^4 - 3^2 = 7$ 是可能的。若 $y > 3$，则 $x > 6$。取模 3 和 4 一致，得到 x 和 y 是偶数，则

$$(2^{x/2} - 3^{y/2})(2^{x/2} + 3^{y/2}) = 7$$

所以必有 $2^{x/2} - 3^{y/2} = 1$ 和 $2^{x/2} + 3^{y/2} = 7$，这是不可能的。

因此，若 $x > 5$ 或 $y > 3$，则 $|2^x - 3^y| > 10$。

Herschfeld 也利用了同样的方法来证明若 $x > 8$ 或 $y > 5$，则 $| 2^x - 3^y | > 100$.

10. 插序

在前面，我们研究 Catalan 问题的许多特殊情况，作了一些结果之外，很容易建立，但也很难建立，可以用相对简单和众所周知的关于特殊数域算法的事实证明所有的定理. 我们发现有意义的是不能打断趋势，选择推迟到 A 部分的结尾，讨论的结果仍然没有得到证实. 基本上，他们关注 Diophantine 方程

$$X^3 - 3XY^2 + Y^3 = 1 \qquad (10.1)$$

和

$$2X^n - 1 = Z^2 \,(n \text{ 是奇数}) \qquad (10.2)$$

第一个方程是处理二进制立方形式整数问题的特殊例子. 虽然超出了本书的范围，我们也将补充一些信息，是必要的.

为了完整性，这个方程将考虑 n 为偶数. 它很容易简化为 n 是 2 的幂的情况. $n = 2$ 时，它变为方程

$$2X^2 - 1 = Z^2 \qquad (10.3)$$

这是 Fermat 方程之一，它已经被解决了. 在整数中有无穷多个解.

$n = 4$ 时，这是一个最有趣的方程

$$2X^4 - 1 = Z^2 \qquad (10.4)$$

它在整数中仅有有限多个解，在 1942 年完全由 Ljunggren 所解决.

事实证明，这个方程与 Fermat 的问题有关，源自于对 Diophantus 的观察. 我们将讨论 Fermat 的问题，给出方程

$$2X^4 - Y^4 = Z^2 \qquad (10.5)$$

这个方程的历史是有趣的. 这个完整的解决方案是由 Lagrange 给出的.

从一个完全不同的来源, 与快速计算数 π 的小数, Gravé 要求确定形式

$$m\,\mathrm{arctan}\,\frac{1}{x} + n\,\mathrm{arctan}\,\frac{1}{y} = k\,\frac{\pi}{4} \qquad (10.6)$$

的所有可能结果. 其中, m,n,k,x,y 是整数.

$\mathrm{St}\phi\mathrm{rmer}$ 解决了这个问题, 除了他错误地认为 Lagrange 解决了方程 (10.4) 的所有解. 正如我们所知, 这个问题仅被 Ljunggren 所完成, 且 Ljunggren 的证明支持了 $\mathrm{St}\phi\mathrm{rmer}$ 的论断.

11. 方程 $2X^n - 1 = Z^2$

现在我们给出 $\mathrm{St}\phi\mathrm{rmer}(1899)$ 结果的证明, 这需要建立在 (A5.2) 的基础上.

(A11.1) 若 $n > 2$ 不是 2 的幂, 则方程 $2X^n - 1 = Z^2$ 的正整数解仅有 $x = 1, z = 1$.

证明 由假设知, n 有奇因子. 故不失一般性, 假设 n 是奇数, 假设 x 和 z 是使 $2x^n - 1 = z^2$ 成立的正整数解, 且 $z \geqslant 2$, 从而 $x > 1$. 注意到 z 是奇数. 记 $z = 2t + 1, t \geqslant 1$, 则

$$x^n = t^2 + (t+1)^2 = [t + (t+1)i][t - (t+1)i]$$

在 Gaussian 整数环 $\mathbf{Z}[\mathrm{i}]$ 中, $t + (t+1)\mathrm{i}, t - (t+1)\mathrm{i}$ 分别为素数. 确实, 若素数 $\pi \in \mathbf{Z}[\mathrm{i}]$, 能整除所有元素, 则 π 整除 $2t, 2(t+1)$, 且 π 也整除 $x^n = t^2 + (t+1)^2$. 由于 $t^2 + (t+1)^2$ 是奇数, $\pi \nmid 2$, 所以 $\pi \mid t$ 和 $\pi \mid t+1$, 是不可能的.

由此可见 $t+(t+1)\mathrm{i}$ 是由 ε 为单位, n 次幂的, 即

$$t+(t+1)\mathrm{i}=\varepsilon(a+b\mathrm{i})^n \qquad (11.1)$$

其中, $a,b\in \mathbf{Z}, \varepsilon\in\{\pm 1,\pm \mathrm{i}\}$. 共轭为

$$t-(t+1)\mathrm{i}=\bar{\varepsilon}(a-b\mathrm{i})^n$$

因此

$$x^n=t^2+(t+1)^2=(a^2+b^2)^n$$

所以 $x=a^2+b^2$.

方程 (11.1) 两边同时乘 $(1-\mathrm{i})^n$. 由于

$$(a+b\mathrm{i})(1-\mathrm{i})=(a+b)-(a-b)\mathrm{i}$$

右边变为

$$\varepsilon[(a+b)-(a-b)\mathrm{i}]^n=\varepsilon[(a+b)A+(a-b)B\mathrm{i}]$$

其中 A 和 B 为整数. 由于 $1-\mathrm{i}=-\mathrm{i}(1+\mathrm{i})$, 则

$$(1-\mathrm{i})^{\frac{n-1}{2}}=(-\mathrm{i})^{\frac{n-1}{2}}(1+\mathrm{i})^{\frac{n-1}{2}}$$

所以乘以 $(1-\mathrm{i})^{\frac{n-1}{2}}$, 有 $(1-\mathrm{i})^{n-1}=(-1)^{\frac{n-1}{2}}2^{\frac{n-1}{2}}$ 和 $(1-\mathrm{i})^n=(1-\mathrm{i})(-2)^{\frac{n-1}{2}}$. 从而左边变为

$$[t+(t+1)\mathrm{i}](1-\mathrm{i})(-2)^{\frac{n-1}{2}}$$

$$=[(2t+1)+\mathrm{i}](-2)^{\frac{n-1}{2}}$$

$$=(2^{\frac{n-1}{2}}z+2^{\frac{n-1}{2}}\mathrm{i})(-1)^{\frac{n-1}{2}}$$

所以

$$2^{\frac{n-1}{2}}z+2^{\frac{n-1}{2}}\mathrm{i}=\varepsilon_1[(a+b)A+(a-b)B\mathrm{i}]$$

其中 ε_1 是 $\mathbf{Z}[\mathrm{i}]$ 中单位.

根据 ε_1 的可能值, $(a+b)A=\pm 2^{\frac{n-1}{2}}$. 由于 $x=a^2+b^2$ 是奇数, 则 a,b 奇偶不同. 因此, $a\pm b$ 是奇数, 由以上关系知, $a+b=\pm 1$ 或 $a-b=\pm 1$. 现在证明

$$a+b\mathrm{i}=\varepsilon_2[1+2r(1\pm \mathrm{i})]$$

其中 r 是整数, ε_2 是 $\mathbf{Z}[\mathrm{i}]$ 中单位.

确实, 若 a 是偶数, $a=2a_1$, 则

293

$$a + bi = 2a_1 \pm (\pm 1 - 2a_1)i = \pm i[\pm 1 \pm 2a_1(1 \pm i)]$$

若 b 是偶数, $b = 2b_1$, 则

$$a + bi = \pm 1 \pm 2b_1 + 2b_1 i = \pm i[\pm 1 \pm 2b_1(1 \pm i)]$$

代入之前的关系式, 有

$$t + (t + 1)i = \varepsilon_3[1 + 2r(1 \pm i)]^n$$

ε_3 是单位.

记 $[1 + 2r(1 \pm i)]^n = u \pm vi$. 由

$$(1 \pm i)^4 = (\pm 2i)^2 = -4$$

则

$$u = 1 + \binom{n}{1}2r - 2\binom{n}{3}(2r)^3 + 4\sum_{k=4}^{n} a_k \binom{n}{k}(2r)^k$$

$$v = \binom{n}{1}2r + 2\binom{n}{2}(2r)^2 + 2\binom{n}{3}(2r)^3 + 4\sum_{k=4}^{n} b_k \binom{n}{1}(2r)^k$$

其中, a_k, b_k 是整数.

由 $t + (t + 1)i = \varepsilon_3(u \pm vi)$, 则

$$u \pm v = \pm 1$$

有以下几种情况.

若 $u + v = 1$, 则 $1 + 4nr + 8hr = 1$ (h 是整数). 这表明 $n + 2h = 0$, 所以 n 是偶数, 矛盾.

若 $u \pm v = -1$, 则 $1 + 4h = -1$ (h 是整数), 这是不可能的.

若 $u - v = 1$, 则

$$1 - 2\binom{n}{2}(2r)^2 - 4\binom{n}{3}(2r)^3 +$$

$$4\sum_{k=4}^{n}(a_k - b_k)\binom{n}{k}(2r)^k = 1$$

因此

$$\binom{n}{2} = -2\binom{n}{3}2r + 2\sum_{k=4}^{n}(a_k - b_k)\binom{n}{k}(2r)^{k-2}$$

294

记 $n-1=2^s d$，$s \geqslant 1$，d 为奇数，计算两边的 $2-$adic 值.

首先

$$v_2\left(\frac{n(n-1)}{2}\right)=s-1$$

$$v_2\left(2\binom{n}{3}2r\right)=v_2\left(\frac{n(n-1)(n-2)2r}{3}\right)\geqslant s+1$$

众所周知，对每个 k，有

$$v_2(k!)=\frac{k-s_k}{2-1}\leqslant k-1$$

（s_k 表示 k 的 $2-$adic 展开的数字的和）. 因此

$$v_2\left(2(a_k-b_k)\binom{n}{k}(2r)^{k-2}\right)\geqslant 1+s-v_2(k!)+k-2$$

$$\geqslant k-1+s-(k-1)=s$$

因此，平等表达 $\binom{n}{2}$ 推出 $v_2\binom{n}{2}\geqslant s$，矛盾. 证毕.

12. π 和 Gravé 问题

Gravé 的问题起源于尝试计算 π 的位数. 历史上关于 π 的计算是不可思议的，远超出本书的范围. 对这个问题感兴趣的读者可以参看：Wrench(1960)，Borwein 和 Borwein(1986)，Castellanos(1988)，以及 1980 年，Le Petit Archimède 的书，都是表明 π 的特殊问题.

这里，我们仅选一点来介绍.

J. Gregory 在 1671 年给出正切函数的幂级数表达，即

$$\arctan x=x-\frac{x^3}{3}+\frac{x^5}{5}-\frac{x^7}{7}+\cdots \quad (|x|\leqslant 1)$$

对于 $x=1$,由 G. W. Leibniz 在 1674 年给出

$$\frac{\pi}{4} = 1 - \frac{1}{3} + \frac{1}{5} - \frac{1}{7} + \cdots$$

这个级数收敛太慢:对于 3 位小数它需要 2 000 组! 然而,利用反正切函数的加法公式可以加快收敛.

由于

$$\tan(x+y) = \frac{\tan x + \tan y}{1 - \tan x \tan y}$$

即 $x = \arctan u, y = \arctan v$,则

$$\arctan u + \arctan v = \arctan \frac{u+v}{1-uv}$$

例如,若 $1 = \frac{u+v}{1-uv}$,令 $u = \frac{1}{2}$,则 $v = \frac{1}{3}$,且给出 C. Hutton(1776) 的公式如下

$$\frac{\pi}{4} = \arctan \frac{1}{2} + \arctan \frac{1}{3} \qquad (12.1)$$

这个级数仍然收敛太慢. 取 $u = \frac{1}{3}$ 和 $\frac{1}{2} = \frac{u+v}{1-uv}$ 可以改进收敛速度,可以推出 $v = \frac{1}{7}$;类似的,取 $u = \frac{1}{5}$ 和 $\frac{1}{3} = \frac{u+v}{1-uv}$,则 $v = \frac{1}{8}$. 从而有

$$\arctan \frac{1}{2} = \arctan \frac{1}{3} + \arctan \frac{1}{7}$$

$$\arctan \frac{1}{3} = \arctan \frac{1}{5} + \arctan \frac{1}{8}$$

这一次给出了 Hutton(1776) 和 Euler(1779) 的公式如下

$$\frac{\pi}{4} = 2\arctan \frac{1}{2} - \arctan \frac{1}{7} \qquad (12.2)$$

$$\frac{\pi}{4} = 2\arctan \frac{1}{3} + \arctan \frac{1}{7} \qquad (12.3)$$

最后公式很容易写为下列形式，这是由 G. von Vega 在 1794 年提出来的

$$\frac{\pi}{4} = 2\arctan\frac{1}{5} + \arctan\frac{1}{7} + 2\arctan\frac{1}{8}$$

$$(12.4)$$

首先，$u = \frac{120}{119}$，由 $1 - \frac{u+v}{1-uv}$ 知，$v = -\frac{1}{239}$，因此

$$\frac{\pi}{4} = \arctan\frac{120}{119} - \arctan\frac{1}{239}$$

这得出 J. Machin(1706) 的公式如下

$$\frac{\pi}{4} = 4\arctan\frac{1}{5} - \arctan\frac{1}{239} \qquad (12.5)$$

上面这个公式的级数收敛得更快. 因此，Machin(1706) 计算 π 的 100 位小数，F. de Lagny(1719) 发现 π 的 112 位小数，然而 von Vega 在 1789 年得到 π 的 126 位正确的小数.

德国神童 Z. Dase 也采用了同样的方法. 在 1844 年，20 岁的他正确计算了 π 的 200 位小数，所有这些用了 2 个月时间! 顺便说一下，Dase 还计算了一个扩展的质数表，在 1861 年，从 6 000 000 到 9 000 000.

天文学家 T. Clausen 在 1847 年达到 248 位小数，经过 19 世纪的进一步努力，其中包括：W. Lehman 在 1853 年达到 261 位小数，W. Shanks 在 1873 年达到 707 位小数(但是，仅有 527 位是正确的，后来发现的).

这个计算采用了上面所示的公式，或者包含几个值的反正切函数的适当组合. 例如

$$\frac{\pi}{4} = 12\arctan\frac{1}{18} + 8\arctan\frac{1}{57} - 5\arctan\frac{1}{239}$$

$$(12.6)$$

由 Gauss 可知

$$\frac{\pi}{4} = 8\arctan\frac{1}{10} - \arctan\frac{1}{239} - 4\arctan\frac{1}{515}$$

(12.7)

由 S. Klingenstierna(1730) 和

$$\frac{\pi}{4} = 6\arctan\frac{1}{8} + 2\arctan\frac{1}{57} + \arctan\frac{1}{239}$$

(12.8)

由 C. Stφrmer(1896).

在 1962 年，D. Shanks 和 J. W. Wrench, Jr. 利用 Stφrmer 的公式计算 π 的 100 000 位小数. Gauss 公式 (12.6) 被 J. Guilloud 和 M. Bouyer 第一次达到了 1 百万位小数.

以上公式表明，这些包含三个反正切函数的是仅由两个反正切函数结合而得到. 这促使 Gravé 研究他的问题，我们将在下面详细说明.

在结束 π 小数点的计算题之前，我们提一下研究进展.

E. Salamin 在 1976 年设计了 π 的位数计算的快速收敛算法. 它是基于 Gauss 的算法，这个方法更精确的计算由 Borwein 给出.

在 1983 年，Y. Tamura 和 Y. Kanada 计算 $2^{23} = 8\ 388$，用 Salamin 的算汉知道 π 的 608 位小数. 在 1986 年，D. H. Bailey 用 Borwein 的算法计算 29 360 000 位数. 在 1989 年，D. Chudnovski 和 G. Chudnovski 计算 π 到 1 011 196 691 位数，刊登在 Focus，vol. 9，No. 5，1989. 对于他们的计算，Chudnovski 兄弟二人用相类的公式给出 Ramanujan，即

$$\frac{1}{\pi} = \frac{6\ 541\ 681\ 608}{640\ 320^{3/2}} \sum_{k=0}^{\infty} \left(\frac{13\ 591\ 409}{545\ 140\ 134} + k \right) \cdot$$

$$\frac{(6k)!}{(3k)!\ (k!\ )^3} \cdot \frac{(-1)^k}{(640\ 320)^{3k}}$$

我收到了一份来自 D. Sato(1989 年 11 月)的通讯,Y. Kanada 花了 74 小时 30 分钟计算了 π 的 1 073 740 000 位数,这超过了 Chudnovski 兄弟二人的结果,但在我写作的这一刻,也许不再是一个记录.

在这些介绍之后,我们回到 Gravé 问题,这个问题在 1885 年由 Stφrmer 解决了. 在 1899 年,他给出了一个简单的证明.

Gravé 问题:

G:找到所有整数 m,n,k,x,y,使得 $x \neq 0, y \neq 0$ 且

$$m\arctan \frac{1}{x} + n\arctan \frac{1}{y} = k\frac{\pi}{4}$$

首先,我们考虑类似的问题:

G':找到所有整数 m,k,a,b,使得 $a \neq 0$ 且

$$m\arctan \frac{b}{a} = k\frac{\pi}{4}$$

不重要的情况排除,我们假设 k,m,b 是非零的,此外,它满足 $\gcd(a,b)=1, \gcd(k,m)=1$,其中 $k>0$, $m>0$.

(**A12.1**)　仅有正整数 k,m,a,b 使得
$$\gcd(k,m) \neq 1, \gcd(a,b)=1$$
且
$$m\arctan \frac{b}{a} = k\frac{\pi}{4}$$
有 $k=m=a=b=1$.

证明　由于

$$a + \mathrm{i}b = \sqrt{a^2 + b^2}\, \mathrm{e}^{\mathrm{i}\arctan\frac{b}{a}}$$

和

$$1 - \mathrm{i} = \sqrt{2}\, \mathrm{e}^{-\mathrm{i}\frac{\pi}{4}}$$

则

$$m\arctan\frac{b}{a} - k\,\frac{\pi}{4} = 0$$

不考虑当 $\lambda = (a + \mathrm{i}b)^m (1 - \mathrm{i})^k$ 是实数的情形.

注意若 $\alpha \in \mathbf{Z}[\mathrm{i}]$ 是 Gaussian 素整数且 α 整除 λ, 则 $\alpha \sim 1 + \mathrm{i}$.

确实,若 α 与 $1 + \mathrm{i}$ 没有联系,则 $\alpha \nmid 2$;但 $1 - \mathrm{i} = -\mathrm{i}(1 + \mathrm{i})$,所以 $\alpha \nmid 1 - \mathrm{i}$,因此, $\alpha \mid (a + \mathrm{i}b)^m$,故 $\alpha \mid a + \mathrm{i}b$,但 $\lambda = \bar{\lambda}$,从而, $\alpha \mid a - \mathrm{i}b$,所以 $\alpha \mid 2a$, $\alpha \mid 2\mathrm{i}b$,因此, $\alpha \mid a$ 且 $\alpha \mid b$. 由于 $\gcd(a, b) = 1$,存在 $l, k \in \mathbf{Z}$,使得 $la + kb = 1$,因此, $\alpha \mid 1$,这是荒谬的.

若 $a + b\mathrm{i}$ 是单位,则 $a + b\mathrm{i} = \pm 1$ 或 $\pm \mathrm{i}$,所以 $a = \pm 1, b = \pm 1$.

若 $a + b\mathrm{i}$ 不是单位,则仅有 $a + b\mathrm{i}$ 的素因子与 $1 + \mathrm{i}$ 有联系. 现在注意 $(1 + \mathrm{i})^2 = 2\mathrm{i}$ 不能整除 $a + b\mathrm{i}$,否则 2 整除 a 和 b,这是荒谬的. 因此, $a + b\mathrm{i} = \varepsilon(1 + \mathrm{i})$,其中 ε 是单位. 总之, $a = \pm 1, b = \pm 1$. 由此得到 $k = m = 1$. 证毕.

现在我们考虑 Gravé 问题.

排除了不重要情形以及问题 G' 已经解决,足可以找到解 $x \neq 0, y \neq 0, k > 0, m > 0, n > 0, x \neq \pm 1, y \neq \pm 1$ 且 $x \neq y$.

解为素数若 $\gcd(m, n) = 1$. 所有解是容易确定的,一旦发现所有素数解. 确实,假设

$$m \arctan \frac{1}{x} + n \arctan \frac{1}{y} = k\,\frac{\pi}{4}$$

且设 $d = \gcd(m,n) \geqslant 1$. 记 $m = dm_1, n = dn_1$, 有

$$d\left(m_1 \arctan \frac{1}{x} + n_1 \arctan \frac{1}{y}\right) = k\,\frac{\pi}{4}$$

由反正切函数的加法公式知, 存在整数 a,b, 使得

$$d \arctan \frac{b}{a} = k\,\frac{\pi}{4}$$

若 $e = \gcd(d,k) \geqslant 1, d = ed', k = ek'$, 则

$$d' \arctan \frac{b}{a} = k'\,\frac{\pi}{4}$$

若 $a = 0$ 或 $b = 0$, 则 $\arctan \dfrac{b}{a}$ 是 $\dfrac{\pi}{2} = 2\,\dfrac{\pi}{4}$ 的倍数.

若 $a \neq 0$, 且 $b \neq 0$, 我们可以假设 $\gcd(a,b) = 1$ 且由 G'

知, $d' = k' = a = b = \pm 1$, 所以, $\arctan \dfrac{b}{a}$ 等于 $\dfrac{\pi}{4}$ 的奇数

倍. 因此, 在这两种情况下有

$$m_1 \arctan \frac{1}{x} + n_1 \arctan \frac{1}{y} = k_1\,\frac{\pi}{4}$$

其中, $\gcd(m_1,n_1) = 1$ 且 k_1 是整数.

现在我们将确定 Gravé 问题的所有本原解:

（**A12. 2**） Gravé 问题有 4 个本原解, 表达式如下

$$\arctan \frac{1}{2} + \arctan \frac{1}{3} = \frac{\pi}{4}$$

$$2\arctan \frac{1}{2} - \arctan \frac{1}{7} = \frac{\pi}{4}$$

$$2\arctan \frac{1}{3} + \arctan \frac{1}{7} = \frac{\pi}{4}$$

$$4\arctan \frac{1}{5} - \arctan \frac{1}{239} = \frac{\pi}{4}$$

证明 由于

$$x + \mathrm{i} = \sqrt{x^2 + 1}\, \mathrm{e}^{\mathrm{i}\arctan\frac{1}{x}}$$

$$y + \mathrm{i} = \sqrt{y^2 + 1}\, \mathrm{e}^{\mathrm{i}\arctan\frac{1}{y}}$$

和

$$1 - \mathrm{i} = \sqrt{2}\, \mathrm{e}^{-\mathrm{i}\frac{\pi}{4}}$$

则

$$m\arctan\frac{1}{x} + n\arctan\frac{1}{y} = k\,\frac{\pi}{4}$$

当且仅当 $\lambda = (x + \mathrm{i})^m (y + \mathrm{i})^n (1 - \mathrm{i})^k$ 是实数,则

$$\lambda = \bar{\lambda} = (x - \mathrm{i})^m (y - \mathrm{i})^n (1 + \mathrm{i})^k$$

设 $a, b, c, d, n > 0, s \geqslant 0$ 是整数,使得 $1 + \mathrm{i} \nmid a + \mathrm{i}b$,$1 + \mathrm{i} \nmid c + \mathrm{i}d$ 且

$$\begin{cases} x + \mathrm{i} = (1 + \mathrm{i})^r (a + \mathrm{i}b) \\ y + \mathrm{i} = (1 + \mathrm{i})^s (c + \mathrm{i}d) \end{cases}$$

则

$$\begin{cases} x^2 + 1 = 2^r (a^2 + b^2) \\ y^2 + 1 = 2^s (c^2 + d^2) \end{cases}$$

由于 $x^2 \equiv 0$ 或 $1 \pmod 4$,则 $r = 0$ 或 1,类似的,$s = 0$ 或 1. 同样,$a + \mathrm{i}b$ 不是单位,否则 $a^2 \mid b^2 - 1$ 且 $x^2 + 1 = 2^r$ $(r = 0$ 或 $1)$,所以,$x = 0$ 或 ± 1,这可以排除. 类似的,$c + \mathrm{i}d$ 不是单位.

注意到 $\gcd(a + \mathrm{i}b, a - \mathrm{i}d) = 1$,因为若 α 是素数,整除 $a + \mathrm{i}b$ 和 $a - \mathrm{i}b$,则 α 与 $1 + \mathrm{i}$ 是不相关的,从而,$\alpha \nmid 2$. 但 $\alpha \mid 2a$,$\alpha \mid 2\mathrm{i}b$,所以 $\alpha \mid a$,$\alpha \mid b$,这是不可能的. 因为 $\gcd(a, b) = 1$. 类似的,$\gcd(c + \mathrm{i}d, c - \mathrm{i}d) = 1$.

由于 $1 - \mathrm{i} = -\mathrm{i}(1 + \mathrm{i})$,则

$$(1 + \mathrm{i})^{rm} (a + \mathrm{i}b)^m (1 + \mathrm{i})^{sn} (c + \mathrm{i}d)^n (1 - \mathrm{i})^k$$

$$= (1 - \mathrm{i})^{rm} (a - \mathrm{i}b)^m (1 - \mathrm{i})^{sn} (c - \mathrm{i}d)^n (1 + \mathrm{i})^k$$

$$= (-\mathrm{i})^{rm} (1 + \mathrm{i})^{rm} (a - \mathrm{i}b)^m (-\mathrm{i})^{sn} (1 + \mathrm{i})^{sn} \cdot$$

$$(c-\mathrm{i}d)^n\mathrm{i}^k(1-\mathrm{i})^k$$

那么

$$(a+\mathrm{i}b)^m(c+\mathrm{i}d)^n=\mathrm{i}^l(a-\mathrm{i}b)^m(c-\mathrm{i}d)^n$$

l 为整数,推出

$$(a+\mathrm{i}b)^m=\varepsilon(c-\mathrm{i}d)^n$$

其中 ε 是单位.

由于 Gaussian 整环有唯一的因式分解,且 $\gcd(m,n)=1$,存在整数 u,v,使得

$$\begin{cases} a+\mathrm{i}b=\varepsilon_1(u+\mathrm{i}v)^n \\ c-\mathrm{i}d=\varepsilon_2(u+\mathrm{i}v)^m \end{cases}$$

因此

$$\begin{cases} x+\mathrm{i}=\varepsilon_1(1+\mathrm{i})^r(u+\mathrm{i}v)^n \\ y+\mathrm{i}=\overline{\varepsilon_2}(1+\mathrm{i})^s(u-\mathrm{i}v)^m \end{cases}$$

设 $\min\{m,n\}=p$,则

$$\begin{cases} x^2+1=2^r(u^2+v^2)^n \\ y^2+1=2^s(u^2+v^2)^m \end{cases}$$

且有

$$(xy-1)+(x+y)\mathrm{i}$$
$$=\varepsilon_1\overline{\varepsilon_2}(1+\mathrm{i})^{r+s}(u^2+v^2)^p(u+\mathrm{i}v)^{n-p}\cdot$$
$$(u-\mathrm{i}v)^{m-p}$$

因此,$x+y\equiv 0\pmod{u^2+v^2}$.

为方便起见,设 $w=u^2+v^2$.首先注意到若 $w=1$,则 $x^2+1=1$ 或 2 且 $y^2+1=1$ 或 2.由于 $x\neq 0,y\neq 0$ 且 $x\neq y$,这个舍去.因此,$w\neq 1$.

若 $n\geqslant 2$,则 $r\neq 0$,由 Lebesgue 的结果(A3.1),所以 $r=1$,且 $x^2+1=2w^n$.若 n 不是 2 的幂,由(A11.1)知,不可能的,其中 $x\neq\pm 1$.若 n 是 2 的幂,必有 Ljunggren(1942) 的如下结果:

方程

$$2X^4 - 1 = Z^2$$

仅有正整数解为 $(x, y) = (1, 1)$ 和 $(13, 239)$. 特别的，$2X^8 - 1 = Z^2$ 仅有解 $(x, y) = (1, 1)$.

这个结果被 Størmer 错误地归结为 Lagrange，他研究推广了方程 $2X^4 - Y^4 = Z^4$. Lagrange 从来没有做过这样的断言，也不能从他的工作中得到.

在目前的情况下，由 $x^2 + 1 = 2w^n$，n 为 2 的幂且 $w \neq 1$ 知，n 不是 8 的倍数，故 $n = 2$ 或 4.

相同的方法，若 $m \geqslant 2$，则 $m = 2$ 或 4.

通过 x 和 y 的变化，注意到 $x \neq y$ 且 $\gcd(m, n) = 1$，唯一的可能性为：

（Ⅰ）$\begin{cases} x^2 + 1 = w \\ y^2 + 1 = 2w \end{cases}$，因此，$r = 0, s = 1, n = m = 1$；

（Ⅱ）$\begin{cases} x^2 + 1 = w \\ y^2 + 1 = 2w^2 \end{cases}$，因此，$r = 0, s = 1, n = 1, m = 2$；

（Ⅲ）$\begin{cases} x^2 + 1 = w \\ y^2 + 1 - 2w^4 \end{cases}$，因此，$r = 0, s = 1, n = 1, m = 4$；

（Ⅳ）$\begin{cases} x^2 + 1 = 2w \\ y^2 + 1 = 2w^2 \end{cases}$，因此，$r = s = 1, n = 1, m = 2$；

（Ⅴ）$\begin{cases} x^2 + 1 = 2w \\ y^2 + 1 = 2w^4 \end{cases}$，因此，$r = s = 1, n = 1, m = 4$；

其中 $w \mid x + y$.

情况（Ⅰ）

$$\begin{cases} x + \mathrm{i} = \varepsilon_1(u + \mathrm{i}v) \\ y + \mathrm{i} = \varepsilon_2(1 + \mathrm{i})(u - \mathrm{i}v) = \varepsilon_3(1 + \mathrm{i})(x - \mathrm{i}) \\ \quad = \varepsilon_2[(x + 1) + (x - 1)\mathrm{i}] \end{cases}$$

若 $\varepsilon_3 = \pm 1$，则

$$1 = \pm(x-1), y = \pm(x+1)$$

所以 $x = 2, y = 3$. 若 $\varepsilon_3 = \pm i$, 则

$$1 = \pm(x+1) \text{ 和 } y = \mp(x-1)$$

因此, $x = -2, y = 3$, 则 $w = x^2 + 1 = 5$, 由于 $w = 5$ 整除 $x + y$, 必有 $x = 2$ (因此, $\varepsilon_3 \neq \pm i$), $y = 3$.

情况 (Ⅱ)

$$\begin{cases} x + i = \varepsilon_1(u + iv) \\ y + i = \bar{\varepsilon}_2(1+i)(u-iv)^2 = \varepsilon_3(1+i)(x-i)^2 \\ \qquad = \varepsilon_3 \left[(x^2 + 2x - 1) + (x^2 - 2x - 1)i \right] \end{cases}$$

因此, $x^2 \pm 2x - 1 = \pm 1$. 表明 $x = \pm 2, w = x^2 + 1 = 5$, $y^2 = 2w^2 - 1 = 49, y = \pm 7, 5$ 整除 $x + y$, 所以, $y = \mp 7$.

情况 (Ⅲ): 由 Ljunggren 的结果知, $y = \pm 239$, $w = 13$ 和 $x^2 + 1 = 13$, 这是不可能的.

情况 (Ⅳ)

$$\begin{cases} x + i = \varepsilon_1(1+i)(u+iv) \\ x + i = \bar{\varepsilon}_2(1+i)(u-iv)^2 = \bar{\varepsilon}_2(1+i)\dfrac{(x-i)^2}{\varepsilon_1^2(1-i)^2} \\ \qquad = \dfrac{\varepsilon_3}{4}(1+i)^3(x-i)^2 = \dfrac{\varepsilon_3}{2}(1+i)(x-1-2xi) \end{cases}$$

因此

$$2y + 2i = \varepsilon_3 \left[(x^2 + 2x - 1) + (x^2 - 2x - 1)i \right]$$

在情况 (Ⅲ), $x^2 \pm 2x - 1 = \pm 2$, 这表明 $x = \pm 3$ 或 ± 1. 由于 $2w = x^2 + 1$ 和 $w \neq 1$, 则 $x = \pm 3, w = 5, y^2 = 49$, 故 5 整除 $x + y, y = \pm 7$.

情况 (Ⅴ): 在情况 (Ⅲ), $y = \pm 239, w = 13, x^2 + 1 = 26$, 所以, $x^2 = 25$, 故 13 整除 $x + y, x = \mp 5$.

由 $\lambda = (x+i)^m(y+i)^n(1-i)^k$ 是实数决定 k 的值.

若 $x = 2, y = 3, m = n = 1$, 得到 $k = 1$.

若 $x=2, y=-7, m=2, n=1$,则 $k=1$. 然而,若 $x=-2, y=7, m=2, n=1$,则对 $k \neq 0, \lambda$ 不是实数.

若 $x=3, y=7, m=2, n=1$,则 $k=1$. 然而,若 $x=-3, y=-7, m=2^{①}, n=1$,则对 $k \neq 0, \lambda$ 不是实数.

类似的,若 $x=5, y=-239, m=4, n=1$,则 $k=1$, $x=-5, y=239$ 是不可能的.

所以 Gravé 问题的本原解如陈述中表明.

总之,Hutton,von Vega 和 Machin 的著名公式基本上是唯一可能的公式.

在他 1896 年的长篇回忆录中,Størmer 考虑更一般问题,整数解 $m_1, \cdots, m_r, a_1, \cdots, a_r, b_1, \cdots, b_r, k$ 使得 $b_1, \cdots, b_r > 0, \gcd(a_1, b_1) = \cdots = \gcd(a_r, b_r) = 1$ 且

$$m_1 \arctan \frac{a_1}{b_1} + \cdots + m_r \arctan \frac{a_r}{b_r} = k \frac{\pi}{4}$$

这是更复杂的问题. 在 $r=3, a_1=a_2=a_3=1, k \neq 0$ 的情况,Størmer 表明 102 特定解,6 是适当的解,在这个意义下

$$b_1, b_2, b_3 \notin \{\pm 2, \pm 3, \pm 5, \pm 7, \pm 239\}$$

这些都是

$$3\arctan \frac{1}{4} + 3\arctan \frac{1}{13} - \arctan \frac{1}{38} = \frac{\pi}{4}$$

$$3\arctan \frac{1}{4} + \arctan \frac{1}{20} + \arctan \frac{1}{1\,985} = \frac{\pi}{4}$$

$$5\arctan \frac{1}{6} - \arctan \frac{1}{43} - 2\arctan \frac{1}{117} = \frac{\pi}{4}$$

$$5\arctan \frac{1}{6} - 3\arctan \frac{1}{43} + 2\arctan \frac{1}{68} = \frac{\pi}{4}$$

---

① 原书漏写 m. ——译者注

306

$$5\text{arctan}\ \frac{1}{6} - 3\text{arctan}\ \frac{1}{117} - \text{arctan}\ \frac{1}{68} = \frac{\pi}{4}$$

$$5\text{arctan}\ \frac{1}{8} + 2\text{arctan}\ \frac{1}{18} + 3\text{arctan}\ \frac{1}{57} = \frac{\pi}{4}$$

这个问题与形式 $1 + x^2$ 的因式研究是有关的. 例如, Gaussian 素数. 但我们在这里不再说什么, 并以下列陈述结束:

Stϕrmer 的推测:

方程

$$m_1\text{arctan}\ \frac{1}{x_1} + m_2\text{arctan}\ \frac{1}{x_2} + m_3\text{arctan}\ \frac{1}{x_3} = k\ \frac{\pi}{4}$$

在整数 $x_1, x_2, x_3 > 0, m_1, m_2, m_3, k \neq 0$ 中只有有限的解.

13. 关于 Pythagorean 三角形的费马问题和方程 $2X^4 - Y^4 = Z^2$

在他对 Diophantus 的观察中, 1643 年 5 月 31 日给 Brûlard de St. Martin 的信中, Fermat 提出下列问题, 在 Diophantus 的书中问题 24 有关 Bachet 的注释. (见 Fermat 的全部作品, volume Ⅲ P. 269 和 volume Ⅱ. P. 259)

发现 Pythagorean 三角形(即, 直角三角形, 其中 a, b, c 是整数)使得假设 c 是整数的平方且和 $a + b$ 也是整数的平方.

显然, 若三角形存在, 则 $a \neq b$. 同样, 若 d 是任一整数, $d > 1$, 则三角形边 ad^2, bd^2, cd^2 有适合的表示, 反之亦然. 因此, 这就足够找到本原解, 即整数 (a, b, c) 的三元组, 使得 $1 \leqslant a < b < c$ 且没有平方 $d^2 > 1$ 同时整除 a, b, c.

307

用 S_F 来表示 Fermat 问题的本原解集.

Fermat 称这个问题有无穷多个本原解,其中最小的是

$$\begin{cases} a = 4\ 565\ 486\ 027\ 761 \\ b = 1\ 061\ 625\ 293\ 520 \\ c = 4\ 687\ 298\ 610\ 289 \end{cases} \qquad (13.1)$$

然而,Fermat 没有留下他这段话的书面证明.

很容易将 Fermat 问题的解简化为 Diophantine 方程

$$2X^4 - Y^4 = Z^2 \qquad （Ⅰ）$$

的解.

(A13.1) 引理 集 S_F 和正整数 (x, y, z) 三元组是双映射,使得 $z < y^2$, $2x^4 - y^4 = z^2$ 且 $\gcd(x, y) = 1$. 此外,若 $(a, b, c), (a', b', c') \in S_F$ 分别对应 (x, y, z), (x', y', z'),则 $a + b < a' + b'$ 当且仅当 $y < y'$.

证明 设 $(a, b, c) \in S_F$,定义正整数 x, y, z 由关系式

$$\begin{cases} u \mid b = y^2 \\ c = x^2 \\ b - a = z \end{cases} \qquad (13.2)$$

则

$$2x^4 - y^4 = 2(a^2 + b^2) - (a + b)^2 = (b - a)^2 = z^2$$

且显然 $z < y^2$. 此外, $\gcd(x, y) = 1$. 确实,首先,若 a, b 是偶数,则 $a + b = y^2$ 和 $c = x^2$,从而 $16 \mid c^2 = a^2 + b^2$, $16 \mid (a + b)^2$,因此, $4 \mid b - a$. 若 $a \equiv b \equiv 2 \pmod 4$,则 $a^2 \equiv b \equiv 4 \pmod 6$,因此, $c^2 = a^2 + b^2 \equiv 8 \pmod{16}$,但这是不可能的. 若 $a \equiv b \equiv 0 \pmod 4$,则 $4 \mid c$ 且 (a, b, c) 不是 Fermat 问题的本原解.

因此,我们已经证明,a,b 不能都是偶数. 现在,若 p 是素数且整除 x 和 y,则 p^2 整除 $z=b-a$,因此,$p^2 \mid 2a$,$p^2 \mid 2b$,所以 $p \not\equiv 2$,实际上,$p^2 \mid a$,$p^2 \mid b$. 因此,$p^4 \mid c^2 = a^2 + b^2$. 所以 $p^2 \mid c$ 且 $(a,b,c) \notin S_F$.

由于

$$\begin{cases} a = \dfrac{1}{2}(y^2 - z) \\ b = \dfrac{1}{2}(y^2 + z) \\ c = x^2 \end{cases} \tag{13.3}$$

则映射 $(a,b,c) \mapsto (x,y,z)$ 是单射.

相反的,设 (x,y,z) 满足所指示的条件,则 $y \equiv z \pmod 2$,从而 $2x^4 - y^2 = z^2$. 设 a,b,c 由以上关系式定义. 所以,a,b 是整数. 同样,$z < y^2$ 推出 $0 < a < b$. 由于 $a^2 + b^2 = \dfrac{1}{2}(y^4 + z^2) = x^4 = c^2$,则 $b < c$. 从 (13.2) 中也可以清楚地看出,$(a,b,c) \in S_F$ 和映射的象是 (x,y,z).

最后的断言现在是直接的.

在 Fermat 后,Euler 发现有理数 x 使得
$$ax^4 + bx^3 + cx^2 + dx + e$$
(其中,a,b,c,d,e 是整数) 是有理数的平方. 他提出一般的方法,从已知的 x,导出另一个有理数 x' 使得 $ax'^4 + bx'^3 + cx'^2 + dx' + e$ 也是有理数的平方. 这个方法在他的《代数》(Algebra) 一书第二部分第 4 章. 特别的,他考虑特殊情况 $ax^4 + b$ 也应用这个方法获得 Fermat 问题的解 (13.1). (见 loc. cit., XIV, P.240) 然而,由 Lagrange 指出,Euler 的方法不能得出全部解,Euler 也无法确定 (13.1) 是 Fermat 问题的最小

解.

这里我们不讲 Euler 的一般方法,但只需要给出表达式 ax^4+b 的特殊情况,Euler 关于 Fermat 问题的解(13.1)的具体测定.

(1)找到有理数 x 使得 ax^4+b 是有理数的平方的方法

设 a,b 是非零整数,且设 h,k 是正有理数使得

$$ah^4+b=k^2$$

目的是决定另一个有理数 x 使得 ax^4+b 也是有理数的平方.设 $y=\dfrac{x-h}{x+h}$,因此,$x=\dfrac{h(1+y)}{1-y}$,从而

ax^4+b

$$=\frac{ah^4(1+y)^4+b(1-y)^4}{(1-y)^4}$$

$$=\frac{k^2+4(k^2-2b)y+6k^2y^2+4(k^2-2b)y+k^2y^4}{(1-y)^4}$$

这个表达式应该是下列形式的平方

$$\frac{k+ty-ky^2}{(1\quad y)^2}$$

其中 t 是有理数.

由于

$$(k+ty-ky^2)^2=k^2+2kty+t^2y^2-2k^2y^2-$$
$$2kty^3+k^2y^4$$

则

$$4(k^2-2b)y+6k^2y^2+4(k^2-2b)y^3$$

应该等于

$$2kty+t^2y^2-2k^2y^2-2kty^3$$

令

$$4(k^2-2b)=2kt$$

所以

$$t = \frac{2k^2 - 4b}{k}$$

因此

$$6k^2 + 4(k^2 - 2b)y = t^2 - 2k^2 - 2kty$$

故

$$y(4k^2 - 8b + 2kt) = t^2 - 8k^2$$

从而有

$$y(8k^2 - 16b) = \frac{-4k^2 - 16bk^2 + 16b^2}{k^2}$$

和

$$y = \frac{-k^4 - 4bk + 4b^2}{k^2(2k^2 - 4b)}$$

则

$$1 + y = \frac{k^4 - 8bk^2 + 4b^2}{k^2(2k^2 - 4b)}$$

$$1 - y = \frac{3k^4 - 4b^2}{k^2(2k^2 - 4b)}$$

所以

$$x = \frac{h(1 + y)}{1 - y} = \frac{h(k^4 - 8bk^2 + 4b^2)}{3k^4 - 4b^2}$$

则 $ax^4 + b = z^2$,其中

$$z = \frac{k + ty - ky^2}{(1 - y)^2}, t = \frac{2k^2 - 4b}{k}$$

我们考虑特殊情况,$a = 2, b = -1$,这将与后面的有关.

若 $h = 1$,则 $2h^4 - 1 = k^2$,其中,$k = 1$,用 Euler 的方法,设

$$x = \frac{1 + 8 + 4}{-1} = -13$$

311

$$t = \frac{2+4}{1} = 6$$

$$y = \frac{-1+4+4}{2+4} = \frac{7}{6}$$

$$z = \frac{1+7-\frac{49}{36}}{\frac{1}{36}} = 239$$

应用相同的方法,首先,令 $h = 13$,得到值

$$x = \frac{42\ 422\ 452\ 969}{9\ 788\ 425\ 919}$$

这不是整数.

(2)Euler 关于 Fermat 问题的部分解

Euler 开始研究两个相关的正素整数 a , b 使得 $a + b$ 是平方数且 $a^2 + b^2$ 是双二次方的. 由于 $a^2 + b^2$ 是平方的,则 $a \not\equiv b (\bmod\ 2)$. 有 a 是奇数,b 是偶数.

众所周知,存在相关的正素整数 p , q,使得

$$\begin{cases} a = p^2 - q^2 \\ b = 2pq \end{cases}$$

则 $a^2 + b^2 = (p^2 + q^2)^2$,$p \not\equiv q (\bmod\ 2)$,因此,$b \equiv 0 (\bmod\ 4)$;由于 $a + b$ 是平方的,则 $p^2 - q^2 + 2pq = a + b \equiv 1 (\bmod\ 4)$,所以 q 是偶数且 p 是奇数. 由于 $a^2 + b^2$ 是双二次方的,则 $p^2 + q^2$ 是平方的,因此,存在相关的正素整数 r , s,使得

$$\begin{cases} p = r^2 - s^2 \\ q = 2rs \end{cases}$$

则 $p^2 + q^2 = (r^2 + s^2)^2$ 和 $a^2 + b^2 = (r^2 + s^2)^4$,所以

$$\begin{cases} a = (r^2 - s^2)^2 - 4r^2 s^2 = r^4 - 6r^2 s^2 + s^4 \\ b = 4r^3 s - 4rs^3 \end{cases}$$

因此

$$a + b = r^4 + 4r^3 s - 6r^2 s^2 - 4rs^3 + s^4$$

这个数将是另一个整数 m 的平方. 设 $m = r^2 + 2rs + s^2$，
则

$$m^2 = r^4 + 4r^2 s^2 + s^4 + 4r^3 s + 4rs^3 + 2r^2 s^2$$

推出

$$-6r^2 s^2 - 4rs^3 = 6r^2 s^2 + 4rs^3$$

因此 $-3r = 2s$，这不能满足正整数. 若 $a + b$ 是 $n = r^2 - 2rs + s^2$ 的平方，则

$$n^2 = r^4 + 4r^2 s^2 + s^4 - 4r^3 s - 4rs^3 + 2r^2 s^2$$

推出

$$-6r^2 s^2 + 4r^3 s = 6r^2 s^2 - 4r^3 s$$

因此，$2r = 3s$ 和 $r = \dfrac{3}{2}s$，取 $r = 3, s = 2$，导出 $a = -119$，

这是不可能的.

Euler 考虑 $r = \dfrac{3}{2}s + t$，其中 t 是已知的，所以 $a + b$
是平方数，现在

$$r^2 = \frac{9}{4}s^2 + 3st + t^2$$

$$r^3 = \frac{27}{8}s^3 + \frac{27}{4}s^2 t + \frac{9}{2}st^2 + t^3$$

$$r^4 = \frac{81}{16}s^4 + \frac{27}{2}s^3 t + \frac{27}{2}s^2 t^2 + 6st^3 + t^4$$

因此

$$a + b = \left(\frac{81}{16}s^4 + \frac{27}{2}s^3 t + \frac{27}{2}s^2 t^2 + 6st^3 + t^4\right) +$$

$$\left(\frac{27}{2}s^4 + 27s^3 t + 18s^2 t^2 + 4st^3\right) -$$

$$\left(\frac{27}{2}s^4 + 18s^3 t + 6s^2 t^2\right) -$$

$$(6s^4 + 4s^3 t) + s^4$$
$$= \frac{1}{16}s^4 + \frac{37}{2}s^3 t + \frac{51}{2}s^2 t^2 + 10st^3 + t^4$$

故
$$16(a+b) = s^4 + 296s^3 t + 408s^2 t^2 + 160st^3 + 16t^4$$

将是 $s^2 + 148st - 4t^2$ 的平方,其中
$$s^4 + 296s^3 t + 21\ 896s^2 t^2 - 1\ 184st^3 + 16t^4$$

使得
$$408s + 160t = 21\ 896s - 1\ 184t$$

因此
$$21\ 488s = 1\ 344t$$

即 $1\ 343s = 84t$.

所以,取 $s = 84, t = 1\ 344$,则
$$r = \frac{3}{2}s + t = 1\ 469$$

和
$$a = r^4 - 6r^2 s^2 + s^4 = 4\ 565\ 486\ 027\ 761$$
$$b = 4r^3 s - 4rs^3 = 1\ 061\ 652\ 293\ 520$$

这是 Fermat 的解.

Euler 的方法,当然,不允许我们推断值 a, b 是最小的.

在 1777 年,Lagrange 使用了无限下降法来确定方程 $2X^4 - Y^4 = Z^2$ 的所有整数解 (x, y, z). 他的证明,很巧妙,有关上述方程和类似方程 $X^4 - 2Y^4 = Z^2$ 与 $X^4 + 8Y^4 = Z^2$. 在 Lagrange 的工作中有三个新特征:第一,无限下降法表明解存在;第二,用这个方法可以描述所有解;第三,使用下降法,涉及多个方程的解.

随后,在 1853 年,Lebesgue 给出 Lagrange 结果的简单证明,用下降法,只涉及方程 $2X^4 - Y^4 = Z^2$ 的解.

我们将给出 Lebesgue 的证明,做得更精确些.

我们回到确定方程 $2X^4 - Y^4 = Z^2$ 的全部解.整数 (x, y, z) 的三元组是方程 $2x^4 - y^4 = z^2$ 的解,x, y, z 是非零的.当 $\gcd(x, y) = 1$ 时,解为本原的.方程的每个解可表为 $(dx, dy, d^2 z)$,其中 d 是任意非零整数且 (x, y, z) 是本原解,平凡解为 $(1, 1, 1)$.

为方便起见,我们可以考虑集合 S 的所有非平凡本原解 (x, y, z),其中,x, y 是正的且 $z \equiv 1 (\bmod 4)$.

首先,给出:

(A13.2) 引理 设 (x, y, z) 是(Ⅰ)的本原解,则:

(i) x, y, z 是奇数;

(ii) 下列条件是等价的

$$y^2 = |z|$$
$$x = 1$$
$$x = y = |z| = 1$$
$$xy = |z|$$

证明 (i) 若 y 是偶数,则 z 是偶数,因此,4 整除 $2x^4$,从而 x 也是偶数,与假设 $\gcd(x, y) = 1$ 相反.所以 y 是奇数且 z 也是奇数,因此

$$2x^4 \equiv y^4 + z^2 \equiv 1 + 1 \equiv 2 \,(\bmod 4)$$

故 $x^4 \equiv 1(\bmod 2)$ 和 x 是奇数.

(ii) 若 $y^2 = |z|$,则 $2x^4 = 2y^4$,所以 $x = y$,由于 $\gcd(x, y) = 1$,则 $x = y = 1$.

若 $x = 1$,则 $2 = y^4 + z^2$,所以 $y = |z| = 1$.显然,若 $x = y = |z| = 1$,则 $xy = |z|$.

最后,若 $xy = |z|$,则 $2x^4 - y^4 = z^2 = x^2 y^2$,因此,$2x^4 = y^2(x^2 + y^2)$,由于 y 是奇数,$\gcd(x, y) = 1$,则

$x = y = 1$，所以 $y^2 = |z|$.

现在，我们来到主要的结果，在解之间建立映射：

（A13.3）引理　（i）存在映射

$$\Psi : S \to S \cup \{(1,1,1)\}$$

使得若 $\Psi((x,y,z))^{①} = (r,s,t)$，则 $r < x$. 此外，$(13, 1, -239)$ 是 S 中唯一的本原解使得

$$\Psi((13,1,-239)) = (1,1,1)$$

（ii）存在映射 $\Phi : S \to S, \Phi' : S \to S$ 使得若

$$\Phi((r,s,t)) = (x,y,z)$$

则 $r < x$，若 $\Phi'((r,s,t)) = (x',y',z')$，则 $r < x'$. 此外，$\Phi((r,s,t)) \neq \Phi'(r,s,t)$，对每个 $(r,s,t) \in S$.

（iii）$\Psi \circ \Phi$ 和 $\Psi \circ \Phi'$ 在 S 上是恒等映射.

（iv）若 $(x,y,z) \in S$ 和 $(x,y,z) \neq (13,1, -239)$，则 $(x,y,z) = \Phi\Psi((x,y,z))$ 或 $(x,y,z) = \Phi'\Psi((x,y,z))$.

证明　（i）设 $(x,y,z) \in S$，所以 $x > 1, y > 1$, $z \equiv 1 \pmod 4$，则 $\dfrac{y^2 + z}{2}$ 是奇数，$\dfrac{y^2 - z}{2}$ 是偶数且 $\gcd\left(\dfrac{y^2 + z}{2}, \dfrac{y^2 - z}{2}\right) = 1$，因为 $\gcd(x,y) = 1$，所以很容易看出.

由 $2x^4 - y^4 = z^2$ 知

$$\left(\frac{y^2 + z}{2}\right)^2 + \left(\frac{y^2 - z}{2}\right)^2 = x^4$$

因此，存在互素整数 a, b，使得

$$\begin{cases} \dfrac{y^2 + z}{2} = a^2 - b^2 \\[2mm] \dfrac{y^2 - z}{2} = 2ab \\[2mm] x^2 = a^2 + b^2 \end{cases}$$

由此可见，a,b 都不是奇数，否则 $x^2 \equiv 1 + 1 = 2 \pmod 4$，这是不可能的.

由于 $y^2 = a^2 - b^2 + 2ab$，y 是奇数，则 a 是奇数且 b 是偶数. 即使只有 a,b 由上面的关系决定，ab 的符号是确定的. 但我们可以选择 a,b 唯一的方式使得 $a + b > 0$.

其次，存在互素整数 h, k，使得

$$\begin{cases} a = h^2 - k^2 \\ b = 2hk \\ x = h^2 + k^2 \end{cases}$$

注意，$|h|, |k|$ 是唯一的定义，所以它是 hk 的符号. 此外，$h \not\equiv k \pmod 2$，因此 $4 \mid b$.

从 $y^2 + 2b^2 = (a+b)^2$，由（P3.5）知，存在互素整数 e, f，使得

$$\begin{cases} y = |2e^2 - f^2| \\ a + b = 2e^2 + f^2 \\ b = 2ef \end{cases}$$

注意，f 是奇数，由于 $4 \mid b$，则 e 是偶数，因此，$|e|, |f|$ 是唯一的定义，所以它是 ef 的符号.

则

$$h^2 - k^2 + 2hk = a + b = 2e^2 + f^2$$

因此，h 是奇数，k 是偶数.

记 $h = e\dfrac{f}{k} = e\dfrac{n}{m}$，$k = f\dfrac{e}{h} = f\dfrac{n'}{m'}$，其中

$$\gcd(m,n)=\gcd(m',n')=1$$

则 $hk=ef$ 推出 $nn'=mm'$. 因此 $n'=m,m'=n$. 从而 $k=f\dfrac{m}{n}$. 由此可知, $m\mid e,n\mid f$ 且记 $e=mr,f=ns$, 其中 r,s 是互素的整数, 因此, $h=nr,k=ms$. 注意, n,s 是奇数, 由于 f 是奇数, 通过取 $r>0,s>0$ 来选择符号. 则 k,e,m 有相同的符号, h,f,n 也有相同的符号. 最后, 选择 $n>0$, 由于 hk 的符号是已知的, 则 n,h,k,e,f 是唯一确定的.

由 $h^2-k^2+2hk=2e^2+f^2$ 知
$$h^2-f^2+2hk-(k^2+2e^2)=0$$
即
$$n^2(r^2-s^2)+2rsmn-m^2(s^2+2r^2)=0$$
这个表达式的判别函数等于
$$r^2s^2+(r^2-s^2)(s^2+2r^2)=2r^4-s^4$$
它是奇数, 且由于 $\dfrac{n}{m}$ 是有理数, 它是平方数, 所以存在唯一的整数 t, 使得 $t^2=2r^4-s^4$ 和 $t\equiv 1(\bmod 4)$. 因此, $(r,s,t)\in S$.

接下来, 注意到
$$r\leqslant r^2<n^2r^2+m^2s^2=h^2+k^2=x$$
由此可知
$$\frac{n}{m}=-\frac{rs-t}{r^2-s^2}\ \text{或}\ -\frac{rs+t}{r^2-s^2}$$

定义映射
$$\Psi:S\rightarrow S\bigcup\{(1,1,1)\}$$
设 $\Psi((x,y,z))=(r,s,t)$, 其中, r,s,t 由以上过程已被定义.

现在, 我们确定解 $(x,y,z)\in S$ 使得

318

$$\Psi((x,y,z))=(1,1,1)$$

Euler 指出,$(13,1,-239)\in S$,通过 Ψ 来计算它的象.根据证明,$a=5,b=12,h=3,k=2,e=2,f=3,$ $m=2,n=3,r=1,s=1.$因此,$(13,1,-239)$ 的象等于 $(1,1,1).$

相反的,假设$(x,y,z)\in S$ 有象等于$(1,1,1)$,则 $h=f=n>0,k=e=m$ 且

$$h^2-k^2+2hk=2e^2+f^2=2k^2+h^2$$

所以 $2hk=3k^2.$因此,$h=3,k=2,$且

$$x=13,y=\mid 2e^2-f^2\mid=1$$

所以 $z=-239.$

(ii) 为方便起见,设 S^* 是整数(r,s,t) 的所有三元组的集合,使得 r,s 是正的,且互素的,$2r^4-s^4=t^2.$因此,$S\subseteq S^*.$则由(A12.1)有,$r^2-s^2\neq 0$ 和 $rs\neq t.$设

$$d=\gcd(rs-t,r^2-s^2)$$

$$\begin{cases} m=\dfrac{r^2-s^2}{d} \\ n=-\dfrac{rs-t}{d} \end{cases}$$

d 的符号被选为 $n>0$,则 m 的符号也是确定的.显然,$m,n\neq 0$ 且 $\gcd(m,n)=1.$设

$$\begin{cases} h=nr \\ k=ms \end{cases}$$

因此,$h,k\neq 0$,且 $\gcd(h,k)=1.$

确实,若素数 p 整除 m 和 h,则它整除 r,因此,它将整除 s,这是错误的.类似的,若素数 p 整除 s 和 h,则它整除 n,所以 p 整除 t,从而 p 整除 $2r^4$,由于 s 是奇数,则 $p\neq 2$,所以,$p\mid r$,这是错误的.

319

同样,$h \neq k$,否则 $h = k = 1$,所以 $r = s = 1$,这是假设. 设

$$\begin{cases} e = mr \\ f = ns \end{cases}$$

因此,$e, f \neq 0$ 且 $\gcd(e, f) = 1$(验证是相似的),则

$$\begin{cases} hk = ef \\ h^2 + 2hk - k^2 = 2e^2 + f^2 \end{cases}$$

确实

$$d^2(h^2 + 2hk - k^2)$$
$$= r^2(rs - t)^2 - 2rs(rs - t)(r^2 - s^2) -$$
$$s^2(r^2 - s^2)^2$$
$$= r^4 s^2 - 2r^3 st + 2r^6 - r^2 s^4 - 2r^4 s^2 + 2r^2 s^4 +$$
$$2r^3 st - 2rs^3 t - r^4 s^2 + 2r^2 s^4 - s^6$$
$$= 2r^6 - 2r^4 s^2 + 3r^2 s^4 - 2rs^3 t - s^6$$

而

$$d^2(2e^2 + f^2)$$
$$= 2r^2(r^2 - s^2)^2 + s^2(rs - t)^2$$
$$= 2r^6 \quad 4r^4 s^2 + 2r^2 s^4 + r^2 s^4 - 2rs^3 t +$$
$$2r^4 s^2 - s^6$$
$$= 2r^6 - 2r^4 s^2 + 3r^2 s^4 - 2rs^3 t - s^6$$

由 $hk = ef$ 可知,h, k 都不是奇数,否则,e, f 都是奇数且

$$h^2 + 2hk - k^2 \equiv 2 \pmod 4, \quad 2e^2 + f^2 \equiv 3 \pmod 4$$

这是错误的.

设

$$\begin{cases} a = h^2 - k^2 \\ b = 2hk \end{cases}$$

则 b 是偶数,$b \neq 0$,且 a 是奇数,因为 $h \not\equiv k \pmod 2$.

由此可知,$\gcd(a,b)=1$,因为若素数 p 整除 a 和 b,则 $p\neq 2$ 且若 $p\mid h$ 必有 $p\mid k$,且若 $p\mid k$,则 $p\mid h$,所有情况都是不可能的.

由此可见

$$a+b=h^2-k^2+2hk=2e^2+f^2$$

所以 $a+b>0$.

设

$$y=\mid 2e^2-f^2\mid$$

则

$$y^2+2b^2=(2e^2-f^2)^2+8e^2f^2$$
$$=(2e^2+f^2)^2=(a+b)^2$$

设 $x=h^2+k^2$,则

$$x^2=a^2+b^2 \text{ 和 } y^2=a^2-b^2+2ab$$

最后,设 $z=a^2-b^2-2ab$,因此,$z\equiv 1(\bmod 4)$. 因此

$$2x^4-y^4=2(a^4+2a^2b^2+b^4)-$$
$$(a^4+b^4+4a^2b^2-2a^2b^2+4a^3b-4ab^3)$$
$$=a^4+b^4+2a^2b^2-4a^3b+4ab^3$$
$$=(a^2-b^2-2ab)^2=z^2$$

表明 $(x,y,z)\in S$,此外

$$r\leqslant r^2<n^2r^2+m^2s^2=h^2+k^2=x$$

现在定义映射 $\Phi^*:S^*\to S$,通过将

$$\Phi^*((r,s,t))=(x,y,z)$$

接着定义映射 $\Phi,\Phi':S\to S$,如下

$$\Phi((r,s,t))=\Phi^*((r,s,t))$$

和

$$\Phi'((r,s,t))=\Phi^*((r,s,-t))$$

现在,我们表明若 $(r,s,t)\in S$,则 $\Phi((r,s,t))\neq$

321

$\Phi'((r,s,t))$，即
$$\Phi^*((r,s,t)) \neq \Phi^*((r,s,-t))$$
与假设矛盾.

从 (r,s,t)，根据 $\Phi^*((r,s,t))=(x,y,z)$ 的定义过程，有
$$\begin{cases} x^2 = a^2 + b^2 \\ y^2 = a^2 + 2ab - b^2 \\ z = a^2 - 2ab - b^2 \end{cases}$$

和
$$x = h^2 + k^2$$
$$a = h^2 - k^2$$
$$b = 2hk$$
$$h = mr$$
$$k = ms$$
$$m = \frac{r^2 - s^2}{d}$$
$$n = -\frac{rs - t}{d} > 0$$
$$d = \gcd(rs - t, r^2 - s^2)$$

$n > 0$ 这一条件完全确定了 d, m, h, k, a 和 b.

类似的，如果
$$\Phi^*((r,s,-t)) = (x,y,z)$$

那么
$$\begin{cases} x^2 = a'^2 + b'^2 \\ y^2 = a'^2 + 2a'b' - b'^2 \\ z = a'^2 - 2a'b' - b'^2 \end{cases}$$

且
$$x = h'^2 + k'^2$$
$$a' = h'^2 - k'^2$$

$$b' = 2h'k'$$

$$h' = m'r$$

$$k' = m's$$

$$m' = \frac{r^2 - s^2}{d'}$$

$$n' = -\frac{rs + t}{d'} > 0$$

$$d' = \gcd(rs + t, r^2 - s^2)$$

与其类似,$n' > 0$ 完全确定了 d', h', k', a' 和 b'.

从

$$\begin{cases} x = a^2 + b^2 = a'^2 + b'^2 \\ y^2 = a^2 - b^2 + 2a = a'^2 - b'^2 + 2a'b' \\ z = a^2 - b^2 - 2ab = a'^2 - b'^2 - 2a'b' \end{cases}$$

由此可得出结论 $a^2 = a'^2, b^2 = b'^2$ 和 $ab = a'b'$. 因为 $a + b > 0, a' + b' > 0, |a| = |a'|, |b| = |b'|$,那么一定有 $a = a', b = b'$,从 Pythagorean 方程的解的唯一性可知 $|h| = |h'|, |k| = |k'|, hk = h'k'$,从 $h = nr > 0$,$h' = n'r > 0$,得 $h = h', k = k'$,因此 $n = n', m = m'$. 同样 $d = d'$,且有 $rs + t = rs - t$. 所以 $t = 0$. 这是不可能的.

(iii) 设 $(r, s, t) \in S^*$. 我将证明

$$\Psi \circ \Phi^*((r, s, t)) = (r, s, (-1)^{\frac{t-1}{2}} t)$$

假设,如果 $(r, s, t) \in S$ 已经成立,那么

$$\Psi \circ \Phi((r, s, t)) = (r, s, t)$$

且

$$\begin{aligned} \Psi \circ \Phi'((r, s, t)) &= \Psi \circ \Phi^*((r, s, -t)) \\ &= (r, s, (-1)^{\frac{-t-1}{2}}(-t)) \\ &= (r, s, t) \end{aligned}$$

因此,设 $(r, s, t) \in S^*$. 根据规定 $(x, y, z) = \Phi^*((r, s,$

t)).依次认定

$$d = \gcd(r^2 - s^2, rs - t)$$

$$m = \frac{r^2 - s^2}{d}$$

$$n = -\frac{rs - t}{d} > 0$$

$$h = nr > 0$$

$$k = ms$$

$$e = mr$$

$$f = ns > 0$$

$$a = h^2 - k^2$$

$$b = 2hk = 2ef$$

$$x = h^2 + k^2$$

$$x^2 = a^2 + b^2$$

$$y^2 = a^2 + 2ab - b^2$$

$$z = a^2 - 2a - b^2$$

特别是 $z \equiv 1 (\bmod 4)$,而且

$$\frac{y^2 + z}{2} = a^2 - h^2, \frac{y^2 - z}{2} = 2ab$$

根据规定 $\Psi((x, y, z)) = (r', s', t')$,其认为 a', b' 满足

$$\frac{y^2 + z}{2} = a'^2 - b'^2, \frac{y^2 - z}{2} = 2a'b'$$

$$x^2 = a'^2 + b'^2 \text{ 和 } a' + b' > 0$$

同时,$y^2 = a'^2 - b'^2 + 2a'b'$. 另外,$a' = h'^2 - k'^2, b' = 2h'k', x = h'^2 + k'^2$ 且 $y = | 2e'^2 - f'^2 |, a' + b' = 2e'^2 + f'^2, b' = 2e'f'$. 最后,$h' = n'r', k' = m's', e' = m'r', f' = n's'$. 这时 $r' > 0, s' > 0$ 且 $n' > 0, f' > 0$.

因为 $| a | = | a' |, | b | = | b' |$ 是 Pythagorean 方程的解,且 $a + b > 0, a' + b' > 0, ab = a'b'$. 所以 $a = a'$,

324

$b=b'$，与其类似，$\mid h \mid=\mid h' \mid$，$\mid k \mid=\mid k' \mid$，$hk=h'k'$。除此之外，$h>0$，$h'>0$，因此 $h=h'$ 且 $k=k'$。

类似的，$\mid e \mid=\mid e' \mid$，$\mid f \mid=\mid f' \mid$，$ef=e'f'$。此外，$f>0$，$f'>0$，因此 $f=f'$，$e=e'$。这说明 $nr=n'r'$。$ms=m's'$，$ns=n's'$，$mr=m'r'$。所以 $\dfrac{n}{m}=\dfrac{n'}{m'}$。也因为 $\gcd(m,n)=\gcd(m'n')=1$ 且 $n>0$，$n'>0$，则 $m=m'$，$n=n'$。因此 $r=r'$，$s=s'$。最终 $\mid t' \mid=\mid t \mid$ 且因 $r'\equiv 1(\bmod\,4)$。所以 $t'=(-1)^{\frac{t-1}{2}}t$。

（iv）让$(x,y,z)\in S$，$(x,y,z)\neq(13,1,-239)$。且使$(r,s,t)=\Psi((x,y,z))$。根据 Ψ 的映射规定，将 a，b，h，k，e，f，m，n 代入，可以观察到

$$\frac{n}{m}=-\frac{rs-t}{r^s-s^2} \text{ 或 } -\frac{rs+t}{r^2-s^2}$$

首先，对 $\Phi((r,s,t))$ 的计算可获得(x,y,z)，在第二种情况中，$\Phi'((r,s,t))$ 等于(x,y,z)。

这个证明与（iii）相似的，因此其细节也被忽略了。

从这个引理中，我推断出以下命题，即它所有的解都出自于方程（Ⅰ）。

（**A13.4**）　如果$(x,y,z)\in S$，其存在一个唯一的序列$(\Phi_1,\cdots,\Phi_k)$（其中 $k\geqslant 0$）。使得 S 映射到了 S，这里 $\Phi_i\in\{\Phi,\Phi'\}$ 使得

$$(x,y,z)=\Phi_k\circ\cdots\circ\Phi_1((13,1,-239))$$

证明　假设存在$(x,y,z)\in S$ 为非指定排列，且认定其中一个解 x 是最小解，则$(x,y,z)\neq(13,1,-239)$，让 $\Psi((x,y,z))=(r,s,t)$。同样$(r,s,t)\neq(1,1,1)$，因此$(r,s,t)\in S$，而且 $r<x$。由 x 的最小值得

$$(r,s,t)=\Phi_k\circ\cdots\circ\Phi_1((13,1,-239))$$

其中 $k \geqslant 0$，且每一个 $\Phi_i \in \{\Phi, \Phi'\}$，但 $(x, y, z) = \Phi((r, s, t))$ 或 $(x, y, z) = \Phi'((r, s, t))$，且 $(x, y, z) = \Phi_{k+1}((r, s, t))$，这是 $\Phi_{k+1} = \Phi$ 或 Φ'，所以 $(x, y, z) = \Phi_{k+1} \circ \Phi_k \circ \cdots \circ \Phi_1((13, 1, -239))$ 是相矛盾的.

现在，我要证明其唯一性，设

$$(x, y, z) = \Phi_k \circ \cdots \circ \Phi_1((13, 1, -239))$$
$$= \Phi'_h \circ \cdots \circ \Phi'_1((13, 1, -239))$$

这里 $k \geqslant 0, h \geqslant 0$，且每一个 $\Phi'_0, \Phi'_j \in \{\Phi, \Phi'\}$，假设 $k > h$，并将 h 进行归纳. 如果 $h = 0$，且 $k \geqslant 1$，则 $x > 13$. 这是荒谬的事，更普遍的，让 $(r, s, t) = \Psi((x, y, z))$. 所以

$$(r, s, t) = \Phi_{k-1} \circ \cdots \circ \Phi_1((13, 1, -239))$$
$$= \Phi'_{h-1} \circ \cdots \circ \Phi'_1((13, 1, -239))$$

因此 $k - 1 = h - 1$，且 $\Phi_i = \Phi'_i$，其中 $i = 1, \cdots, h - 1$.

如果 $(x, y, z) = \Phi((r, s, t))$，则 $\Phi_h = \Phi'_h = \Phi$. 如果 $(x, y, z) = \Phi'((r, s, t))$，则 $\Phi_h = \Phi'_h = \Phi'$. 这证明了其唯一性.

我用数字计算来说明，首先，我将确定 $\Phi((13, 1, -239))$ 和 $\Phi'((13, 1, -239))$. 遵循 Φ, Φ' 的定义的各个步骤

$$\Phi((13, 1, -239)) = (1\,525, 1\,343, 2\,750\,257)$$
$$\Phi'((13, 1, -239))$$
$$= (2\,165\,017, 2\,372\,159, 3\,503\,833\,734\,241)$$

根据（A13.1），因 $1\,343^2 < 2\,750\,257$ 的解集 $\Phi((13, 1, -239))$ 并非费马定理的解，另一方面，$\Phi'((13, 1, -239))$ 是费马问题相对应的解 (a, b, c). 其最小和为 $a + b$，且不在 $(13, 1)$ 之中.

为讨论费马问题的历史性和解集的问题，请参见

霍夫曼的论文（1969）.

同样值得注意的是，一是（Ⅰ）的完整解集确定，那么所有有理数的解也都将立即变成已知的. 例如，如果 $(a, b, c) \in S$，则对于任意因式分解，$c = df$，让 $x = \dfrac{a}{d}, y = \dfrac{b}{d}, z = \dfrac{f}{d}$. 所以，$2x^4 - y^4 = z^2$. 这样就能够得到所有的（Ⅰ）的合理解集. 事实上，如果 x, y, z 是 $2x^4 - y^4 = z^2$ 的有理数的话，将其放在最小公分母上，$x = \dfrac{m}{d}, y = \dfrac{n}{d}, z = \dfrac{p}{d}$，其中 $d > 1, \gcd(m, n, p, d) = 1$. 让 $e = \gcd(m, n)$，且定义 $a = \dfrac{m}{e}, b = \dfrac{n}{e}$，则 $e^2 \mid pd$. 因此，如果 $c = \dfrac{pd}{e^2}$，则得出结论：$2a^4 - b^4 = c^2$ 且 $(a, b, \pm c) \in S$.

14. 方程式 $X^4 \pm 2^m Y^4 = \pm Z^2$ 和 $X^4 \pm Y^4 = 2^m Z^2$

正如刚刚看到的，费马问题导致方程（Ⅰ）

$$2X^4 - Y^4 = Z^2 \qquad （Ⅰ）$$

一些类似的四次方程，被古典作者们进行了研究. 系统地描述它们的解似乎非常有价值.

所涉及的方程分为五种类型

$$X^4 + 2^m Y^4 = Z^2 \qquad （A）$$

$$X^4 - 2^m Y^4 = Z^2 \qquad （B）$$

$$2^m X^4 - Y^4 = Z^2 \qquad （C）$$

$$X^4 + Y^4 = 2^m Z^2 \qquad （D）$$

$$X^4 - Y^4 = 2^m Z^2 \qquad （E）$$

这里 m 是大于等于 0 的整数. 很明显，（A），（B），（C）的类型是假定出来的，不具备一般性，其中 $m = 0, 1, 2, 3$；

而另一种类型中，$m=0,1$，表 1 中给出，对于每一个方程而言，其解集均为整数，当 $xyz=0$ 时，(x,y,z) 的解集不存在.

（1）类型（A）的方程

（A14.1） 如果 x,y,z 是非零整数

$$\gcd(x,y,z)=1$$

且 $x^4+2^m y^4=z^2$，则 $m\equiv 3\pmod 4$，且可以从 (u,v,w) 的解集中获得 (x,y,z) 的解集，其中 u,v,w 是奇数，方程 $2U^4-V^4=W^2$，其过程表述如下.

表 1

类型	方程	作者
A_0	$X^4+Y^4=Z^2$	Fermat
A_1	$X^4+2Y^4=Z^2$	Euler
A_2	$X^4+4Y^4=Z^2$	Euler
A_3	$X^4+8Y^4=Z^2$	Euler, Lagrange, Lebesgue
B_0	$X^4-Y^4=Z^2$	Fermat
B_1	$X^4-2Y^4=Z^2$	Euler, Lagrange, Lebesgue
B_2	$X^4-4Y^4=Z^2$	Euler
B_3	$X^4-8Y^4=Z^2$	Lebesgue
$C_0=B_0$	$X^4-Y^4=Z^2$	Lebesgue
$C_1=I$	$2X^4-Y^4=Z^2$ 方程（Ⅰ）	Euler, Lagrange, Lebesgue
C_2	$4X^4-Y^4=Z^2$	Euler
C_3	$8X^4-Y^4=Z^2$	Lebesgue
$D_0=A_0$	$X^4+Y^4=Z^2$	Lebesgue

续表

类型	方程	作者
D_1	$X^4 + Y^4 = 2Z^2$	Euler
$E_0 = B_0$	$X^4 - Y^4 = Z^2$	Euler
E_1	$X^4 - Y^4 = 2Z^2$	Euler

证明 首先注意,假设 y 是奇数,可能不具备一般性,事实上,如果 $y = 2^{m'} y'$,其中 $m' \geqslant 1, y'$ 是奇数,则 (x, y', z) 是 $X^4 + 2^{m+4m'} Y^4 = Z^2$ 的其中一个解,这种情况下,可得出结论 $\gcd(x, z)$ 是 2 的幂,还要注意的是 $x \equiv z \pmod 2$.

例 1 设 x, z 是奇数,因此

$$z^2 - x^4 = (z + x^2)(z - x^2) = 2^m y^4$$

且

$$\gcd(z + x^2, z - x^2) = 2$$

则 $2 \leqslant m$,且存在整数 p, q,使得

$$(a) \begin{cases} z + x^2 = 2p^4 \\ z - x^2 = 2^{m-1} q^4 \\ y = pq \end{cases} \text{或} (b) \begin{cases} z - x^2 = 2p^4 \\ z + x^2 = 2^{m-1} q^4 \\ y = pq \end{cases}$$

所以 p 和 q 是奇数,$\gcd(p, q) = 1$,且

$$\pm x^2 = p^4 - 2^{m-2} q^4$$

考虑第一种情况(a).

通过(P3.2),$m \neq 2$.考虑到上述模运算 8 的关系.因为 x, p, q 均为奇数,则 $m \neq 3, 4$,所以 $m \geqslant 5$,从 $p^4 - x^2 = 2^{m-2} q^4$ 和 $\gcd(p^2 - x, p^2 + x) = 2$ 可知,存在整数 r, s,使得

$$\begin{cases} p^2 \pm x = 2r^4 \\ p^2 \mp x = 2^{m-3}s^4 \\ q = rs \end{cases}$$

所以,r,s 是奇数,$\gcd(r,s)=1$,且

$$p^2 = r^4 + 2^{m-4}s^4$$

因此,(r,s,p) 是相同类型的方程的解,其中是 $m-4$,而不是 m. 也就是说,$\gcd(r,s,p)=1$ 和 s 均为奇数.

现在考虑,情况(b)

$$p^4 + x^2 = 2^{m-2}q^4$$

左侧模运算 4,求余均为 2,因此 $m=3$.

所以,通过上述讨论,无论是情况(b)还是情况(a)都会重复发生,这都会导致这种类型的关系

$$p^2 = r^4 + 2^n s^4$$

这里 $n=0,1,2,3$ 且 r,s,p 均为奇数,$\gcd(r,s,p)=1$.

因为(P3.1),$n \neq 0$. 也因为 $p^2 \equiv r^4 \equiv 1 (\mathrm{mod}\ 8)$,则 $n=3$,因此 $p^2 = r^4 + 8s^4$,其遵循有整数 h,k,使得

$$(\mathrm{a}') \begin{cases} p + r^2 = 2h^4 \\ p - r^2 = 4k^4 \\ s = hk \end{cases} 或 (\mathrm{b}') \begin{cases} p = r^2 = 2h^4 \\ p + r^2 = 4k^4 \\ s = hk \end{cases}$$

在情形 (a') 中

$$r^2 = h^4 - 2k^4$$

注意,h,k,r 是奇数,因此 $r^2 \equiv h^4 \equiv k^4 \equiv 1 (\mathrm{mod}\ 4)$. 所以上述关系是不可能的.

在情形 (b') 中,其遵循 (h,k,r) 是 $U^4 - 2V^4 = W^2$ 的解.

例 2 让 x 和 z 是偶数,让 2^n(其中 $n \geqslant 1$)是 2 除以 x 和 z 所较高者次幂,所以 $x = 2^n x_1, z = 2^n z_1$ 且 $x_1,$

z_1 是奇数.

从 $2^{2n}z_1^2 = 2^{4n}x_1^4 + 2^m y^4$. 其遵循 $m \geqslant 2n$, 且

$$z_1^2 = 2^{2n}x_1^4 + 2^{m-2n}y^4$$

如果 z_1 是奇数, 则 $m = 2n$, 且 y 是奇数, 因此 $y^4 + 2^{2n}x_1^4 = z_1^2$, 其中 x_1, y, z_1 是奇数, $\gcd(x, y, z_1) = 1$. 在另一个例子中, 必须让 $2n \equiv 3 \pmod 4$. 所以这是不可能的.

如果 z_1 是偶数, x_1 是奇数, 则有三种可能.

如果 $2n < m - 2n$, 则 $z_1 = 2^n z_2$, 且 $z_2^2 = x_1^4 + 2^{m-4n}y^4$. 因此 z_2 是奇数, 由第一种情形, $m - 4n \pmod 4$ 和 (x_1, y_1, z_1) 的解可从 (u, v, w) 中的解集中获得, 其中, 奇整数 u, v, w 满足方程 $U^4 - 2V^4 = W^2$.

如果 $2n = m - 2n$, 则 $z_2^2 = x_1^4 + y^4$, 这是不可能的.

如果 $2n > m - 2n$ 且 $m - 2n$ 是奇数, 则 2^{m-2n} 是 2 除 z_1^2 的确切的幂, 这是一个荒谬的问题. 所以, $m - 2n$ 是偶数, 因此 m 是偶数

$$z_1 = 2^{\frac{m-2n}{2}}z_2$$

且

$$z_2^2 = 2^{4n-m}x_1^4 + y^4$$

其中 y, x_1, z_2 是奇数, 在第一种情形中, 必须有 $4n - m \equiv 3 \pmod 4$ m 是偶数是不可能的.

(2) 类型 (B) 的方程

(**A14.2**)   如果 x, y, z 是非零整数

$$\gcd(x, y, z) = 1$$

且 $x^4 - 2^m y^4 = z^2$, 则 $m \equiv 1 \pmod 4$ 且 (x, y, z) 的解可从 (u, v, w) 的解集中获得, 其中 u, v, w 是奇数, 且方程 $2U^4 - V^4 = W^2$, 其过程表述如下.

证明   正如之前的证明一样, 可以假定 y 是奇数

没有影响其一般性. 所以 $\gcd(x,z)$ 是 2 的幂, 还有 $x \equiv z (\bmod 2)$.

　　情形 1: 设 x 和 z 是奇数.

　　因为 $x^4 \equiv z^2 \equiv 1 (\bmod 8)$, 则 $m \geqslant 3$, 同样

$$\gcd(x^2+z, x^2-z) = 2$$

且

$$x^4 - z^2 = (x^2+z)(x^2-z) = 2^m y^4$$

因此存在整数 p, q, 使得

$$\begin{cases} x^2 \pm z = 2p^4 \\ x^2 \mp z = 2^{m-1} q^4 \\ y = pq \end{cases}$$

那么 $x^2 = p^4 + 2^{m-2} q^4$, 其中 x, p, q 是奇数, 从 (A14.1) 得 $m-2 \equiv 3 (\bmod 4)$, 因此 $m \equiv 1 (\bmod 4)$, 从之前的结果看, (p, q, x) 的解可从 (u, v, w) 的解中获得, 其中 u, v, w 是奇数, 方程 $2U^4 - V^4 = W^2$. 可以表明其过程.

　　情形 2: 设 x 和 z 是偶数, 注意 $\gcd(x^2+z, x^2-z)$ 是 2 的幂, 所以说其等于 2^k, 其中 $k \geqslant 1$. 因方程

$$x^4 \quad z^2 = (x^2+z)(x^2-z) = 2^m y^4$$

其遵循 $2k \leqslant m$. 同样, 存在整数 p, q, 使得

$$\begin{cases} x^2 \pm z = 2^k p^4 \\ x^2 \mp z = 2^{m-k} q^4 \\ y = pq \end{cases}$$

那么, $x^2 = 2^{k-1} p^4 + 2^{m-k-1} q^4$. 注意 $k-1 \leqslant m-k-1$. 因此, 2^{k-1} 可整除 x^2.

　　如果 $k-1$ 是奇数, 则 $k = 2h$. 如果 $k-1 < m-k-1$, 则 2^{k-1} 可能是 2 除 x^2 的精确次幂, 这是不可能的. 如果 $k-1 = m-k-1$, 则 $m = 2k = 4h$, 且 $x^4 - (2^h y)^4 = z^2$. 这从 (P3.2) 中看也是不可能出现的.

如果 $k-1$ 是偶数,则 $x = 2^{\frac{k-1}{2}} x_1$ 和 $x_1^2 = p^4 + 2^{m-2k} q^4$. 通过(A14.1)可得 $m-2k \equiv 3 \pmod 4$,其中 k 是奇数,所以 $m \equiv 1 \pmod 4$ 且 (p, q, x_1) 的解可从 (u, v, w) 的解中获得,其中 u, v, w 是奇数,从方程 $2U^4 - V^4 = W^2$ 中得出.

(3) 类型(C) 的方程

(A14.3) 如果 x, y, z 是非零整数
$$\gcd(x, y, z) = 1$$
且 $2^m x^4 - y^4 = z^2$,则 $m \equiv 1 \pmod 4$ 且 (x, y, z) 可从 (u, v, w) 的解中获得,其中 u, v, w 是奇数,从方程 $2U^4 - V^4 = W^2$ 中得,其过程表述如下.

证明 和之前的讨论一样,假设 x 是奇数,且有 $y \equiv z \pmod 2$ 这里将产生两种情况.

情形1:设 y 和 z 是奇数.首先,$m=0$,从(P3.2)中看是不可能的. 如果 $m \geqslant 2$,考虑到关系模运算 4,$-1 \equiv 1 \pmod 4$,这是不可能的.因此,$m=1$ 且方程变成了 $2X^4 - Y^4 \equiv Z^2$.

情形2:设 y 和 z 是偶数,用 $n \geqslant 1$ 的最大数表示能够构成 2^n 除 y 和 z 的最大数.让 $y = 2^n y_1, z = 2^n z_1$,所以 y_1 或 z_1 是奇数,那么 $2n \leqslant m$ 且关系方程变为
$$2^{m-2n} x^4 - 2^{2n} y_1^4 = z_1^2$$
如果 z_1 是奇数,则 $m=2n$ 且 $x^4 - 2^{2n} y_1^4 = z_1^2$,通过(A14.1)得知 $2n \not\equiv 1 \pmod 4$ 是不成立的.

如果 z_1 是奇偶数,则 y_1 是奇数,则有三种可能.

如果 $2n < m = 2n$,则 $z_1 = 2^n z_2$ 且 z_2 是奇数,所以,$2^{m-4n} x^4 - y_1^4 = z_2^2$,其中 y_1, z_2 是奇数,在第一种情况下,这是不可能成立的.

如果 $2n = 2m - 2n$,且 $z_1 = 2^n z_2$ 且 $x^4 - y_1^4 = z_2^2$,

这也不成立.

如果 $2n > m-2n$, 且 $m-2n$ 是奇数,则 2^{m-2n} 可能是 2 除 z_1^2 的幂,这是个悖论. 所以, $m-2n$ 是偶数,因此 m 是偶数,这样 $z_1 = 2^{\frac{m-2n}{2}} z_2$ 且 $x^4 - 2^{4n-m} y_1^4 = z_2^2$,这说明 $4n-m \equiv 1 \pmod 4$ 是一个悖论.

我们将在稍后的部分重新返回到方程 $2U^4 - V^4 = W^2$ 中.

（4）类型（D）的方程

（A14.4） 如果 $m \geqslant 0$,是 $x^4 + y^4 = 2^m z^2$,其中 $xyz = 0$.

证明 假设 $m=0$ 或 1, $m=0$ 已在（P3.3）中展示过. 令 $m=1$.

假设 x, y, z 是非零整数,且有 $x^4 + y^4 = 2z^2$,则
$$(x^2 + y^2)^2 = 2(z^2 + x^2 y^2)$$
$$(x^2 - y^2)^2 = 2(z^2 - x^2 y^2)$$

因此,相乘后得
$$\left(\frac{x^4 - y^4}{2}\right)^2 = z^4 - x^4 y^4$$

这是不可能成立的.

（5）类型（E）的方程

（A14.5） 如果 $m \geqslant 0$ 是 $x^4 - y^4 = 2^m z^2$,则 $xyz = 0$.

证明 假设 $m=0$ 或 1, $m=0$ 是不可能的,假设 $m=1$ 且存在非零整数 x, y, z,使得 $x^4 - y^4 = 2z^2$,也就是
$$y^4 - 2z^2 = x^4$$

通过（P3.5）,存在相对素正整数 u, v,使得

$$\begin{cases} y^2 = \mid 2u^2 - v^2 \mid \\ z = 2uv \\ x^2 = 2u^2 + v^2 \end{cases}$$

因此 $\pm x^2 y^2 = 4u^4 - v^4$. 根据（A14.2）和（A14.3），这是不可能的.

前面的研究表明,最有趣的方程冲突是

$$2X^4 - Y^4 = Z^2 \qquad\qquad （Ⅰ）$$

并且,下面方程的解

$$X^4 - 2Y^4 = Z^2 \qquad\qquad （Ⅱ）$$

和

$$S^4 + 8T^4 = U^2 \qquad\qquad （Ⅲ）$$

是通过（Ⅰ）获得的.

在 Lagrange1777 年的论文中,他非常明确地描述了这些关系,我现在要做的,并不需要详细的细节证明.

描述 Lagrange 的结论,只要考虑原始的解就足够了.由于解可能采用正负坐标,这就足以限制对下列原始解集的关注.

$S_Ⅰ:(x,y,z)$ 关于（Ⅰ）的整个解集,这样 $\gcd(x, y) = 1$ 且 $z \equiv 1(\bmod 4)$.

$S_Ⅱ:(x,y,z)$ 关于（Ⅱ）的整个解集,这样 $\gcd(x, y) = 1$ 且 $x \geqslant 1, z \equiv 1(\bmod 4)$.

$S_Ⅲ:(x,y,z)$ 关于（Ⅲ）的整个解集,这样 $\gcd(x, y) = 1$ 且 $z \geqslant 1, x \equiv 1(\bmod 4)$.

三个一组的整数 (a,b,c) 的排列被定义为等于最大值 $\{\mid a \mid, \mid b \mid\}$.

排列 1 的解

$$(\pm 1, \pm 1, 1) \in S_Ⅰ$$

335

$$(1,0,1) \in S_{\mathrm{II}}$$

$$(1,0,1),(1,\pm 1,3) \in S_{\mathrm{III}}$$

Lagrange 在图上 S_{I}，S_{II}，S_{III} 之间构造各种集合，以增加排列的属性.

（A14.6） 在满射 $\theta_{\mathrm{III.I}}:S_{\mathrm{III}} \to S_{\mathrm{I}}$ 中，如果 $(s,t,u) \neq (1,0,1),(1,1,3)$，则排列 $\theta_{\mathrm{III.I}}(s,t,w)$ 大于排列 (s,t,u)

证明草图：

设 $d=|\gcd(u-3st,s^2-8t^2)|$，且规定

$$\begin{cases} m=\dfrac{u-3st}{d} \\ n=\dfrac{s^2-8t^2}{d} \end{cases}$$

$$\begin{cases} p=ns \\ q=ns-4mt \end{cases}$$

且最终

$$\begin{cases} x=ms+nt \\ y=ms-nt \\ z=(ms-nt)^2-2pq \end{cases}$$

则 $(x,y,z) \in S_{\mathrm{I}}$，规定 $\theta_{\mathrm{III.I}}(s,t,u)=(x,y,z)$ 且标记排列 (x,y,z) 大于排列 (s,t,u).

相反，假定 $(x,y,z) \in S_{\mathrm{I}}$，$(x,y,z) \neq (\pm 1,\pm 1,1)$，通过（A13.3）的证明，存在 p,q，使得

$$\begin{cases} 2x^2+z-y^2=2p^2 \\ 2x^2-z+y^2=2q^2 \end{cases}$$

接着，存在相对素整数，$m,n \neq 0$，使得

$$\frac{x+y}{p}=\frac{p-q}{x-y}=\frac{2m}{n}$$

再次，存在整数 s,t，使得

336

$$\begin{cases} x + y = 2ms \\ p = ns \\ p - q = 4mt \\ x - y = 2nt \end{cases}$$

设 $u = \dfrac{m(s^2 - 8t^2)}{x} + 3st$，则 $(s,t,u) \in S_{\mathrm{III}}$ 且

$\theta_{\mathrm{III,I}}(s,t,u) = (x,y,z)$.

其中省略了证明细节的验证.

（**A14.7**）　满射 $\theta_{\mathrm{III,II}}: S_{\mathrm{III}} \to S_{\mathrm{II}}$，如果 $t \neq 0$，则排列 $\theta_{\mathrm{III,II}}(s,t,u)$ 大于排列 (s,t,u).

证明草图：

设

$$\begin{cases} x = y \\ y = 2st \\ z = s^4 - 8t^4 \end{cases}$$

则 $(x,y,z) \in S_{\mathrm{II}}$，规定

$$\theta_{\mathrm{III,II}}(s,t,u) = (x,y,z)$$

且标记排列 (x,y,z) 大于排列 (s,t,u).

相反，假定 $(x,y,z) \in S_{\mathrm{II}}$，存在 p,q，使得 $p \equiv 1 \pmod 4$ 且

$$\begin{cases} x^2 + z = 2p^4 \\ x^2 - z = 2q^4 \\ y = 2pq \end{cases}$$

将 s,t,u，规定为

$$\begin{cases} s = p \\ t = q \\ u = x \end{cases}$$

则

$$(s,t,u) \in S_{\text{III}}$$

且

$$\theta_{\text{III},\text{II}}(s,t,u) = (x,y,z)$$

细节再次省略.

（A14.8） 存在 $\theta_{\text{I},\text{III}}: S_{\text{I}} \to S_{\text{III}}$ 和 $\theta_{\text{II},\text{III}}: S_{\text{II}} \to S_{\text{III}}$，使得：

（1）如果 $(x,y,z) \in S_{\text{I}}$，其中 $|x| \geqslant 2$，则排列 $\theta_{\text{I},\text{III}}(x,y,z)$ 大于排列 (x,y,z)，如果 $(x',y',z') \in S_{\text{II}}$ 且 $y' \neq 0$，则排列 $\theta_{\text{II},\text{III}}(x',y',z')$ 大于排列 (x',y',z').

（2）$\theta_{\text{I},\text{III}}(S_{\text{I}}) \bigcup \theta_{\text{II},\text{III}}(S_{\text{II}}) = S_{\text{II}}$.

证明草图：

设 $(x,y,z) \in S_{\text{I}}$，且设 s,t,u 等于

$$\begin{cases} s = z \\ t = xy \\ u = 2x^4 + y^4 \end{cases}$$

则 $(s,t,u) \in S_{\text{III}}$，规定 $\theta_{\text{I},\text{III}}(x,y,z) = (s,t,u)$.

设 $(x',y',z') \in S_{\text{II}}$，且让 s,t,u 等于

$$\begin{cases} s = z' \\ t = x'y' \\ u = x'^4 + 2y'^4 \end{cases}$$

则 $(s,t,u) \in S_{\text{III}}$，规定

$$\theta_{\text{II},\text{III}}(x',y',z') = (s,t,u)$$

明确证明（1）的验证没有任何困难.

相反，假定 $(s,t,u) \in S_{\text{III}}$，存在 p,q，使得

$$(\text{I})\begin{cases} u + s^2 = 4p^4 \\ u - s^2 = 2q^4 \\ t = pq \end{cases} \quad \text{或} \quad (\text{II})\begin{cases} u + s^2 = 2p^4 \\ u - s^2 = 4q^4 \\ t = pq \end{cases}$$

在情形（Ⅰ）中，$(p,q,s) \in S_{\mathrm{I}}$，且
$$\theta_{\mathrm{I},\mathbb{II}}(p,q,s) = (s,t,u)$$
在情形（Ⅱ）中，$(p,q,s) \in S_{\mathrm{II}}$，且
$$\theta_{\mathrm{II},\mathbb{II}}(p,q,s) = (s,t,u)$$

结合上述结论，Lagrange 推断：

（**A14.9**） （Ⅰ），（Ⅱ），（Ⅲ）每个方程都有无限的整数素数解.

它们都可以通过应用 $\theta_{\mathbb{II},\mathrm{I}}$，$\theta_{\mathbb{II},\mathrm{I}}$，$\theta_{\mathrm{I},\mathbb{II}}$，$\theta_{\mathrm{II},\mathbb{II}}$，获得排列 1 的解.

15. 通过二元三次方程形式表示整数

方程式
$$X^3 - 3XY^2 - Y^3 = 1 \qquad (15.1)$$
是 Ljunggren 处理的，用二元三次形式表示整数的方程的例子.

设 a,b,c,d 为整数，且设
$$F(X,Y) = aX^3 + bX^2Y + cXY^2 + dY^3$$
这是二元三次方程形式，也就是说，三次齐次多项式变量 X,Y，其中系数 a,b,c,d. 简单地说，其表示为 $F = \langle a,b,c,d \rangle$.

如果 k 是任何整数，则不定方程
$$F(X,Y) = k \qquad (15.2)$$
要解决的是下列问题.

(1) 方程有多少个解？无限多的解集，有限解集或没有解？

(2) 如果是有限解集，得出解的数量，或者至少得出上面估计的全部的解的数量. 最好的是，找到能够有效限制 x,y 绝对值的方式，使得 (x,y) 的解是整数.

对于形式(15.2)的三次方程,尽管有许多关于这个主题的深刻且巧妙的论文,这些问题也并没有被完全解决.

这将对那些迄今为止获得重要结果的方程做出具有指导意义的总结,即使是对这本书的主题产生附带的影响.

对于每一个二元整系数 $F=(X,Y)$ 且每一个整数 k,设

$$S_{F,k} = \{(x,y) \mid x,y \text{ 是整数且 } F(x,y)=k\}$$

其表示了 $F(X,Y)=k$ 的整数解集.

如果 $F(X,Y)$ 是可约的二元三次方程 ,也就是说 $F=GH$,这里

$$G(X,Y) = mX + nY$$

且

$$H(X,Y) = pX^2 + qXY + rY^2$$

这里 m,n,p,q 是整数,则其可简化成

$$S_{F,k} = \bigcup_{de=k} (S_{G,d} \cap S_{H,e})$$

(整合所有 (d,e) 配对的整数,如 $de=k$)

要确定 $mX+nY=d$ 的解集 $S_{G,d}$ 是很容易的,其集合是非空集合,且只有 $\gcd(m,n)$ 除 d 的这种情况下,$S_{G,d}$ 才是无限的.另一方面,确定方程

$$pX^2 + qXY + rY^2 = e$$

的解集 $S_{H,e}$ 是二元二次方程式理论的目标. 可能没有解,可能有有限多个解(在一定形式的情况下),可能有无限多个解(在不确定形式情况下),有关本主题的最新报告,详见本人个人论文(1990).

根据上述讨论的观点,我们现在假设,式子 $F(X,Y)$ 是不可约的.

二元三次式子 $F(X,Y)$ 和 $G(X,Y)$ 在存在整数 m,n,p,q 时被称为等价,这样 $mq-np=1$ 且
$$G(X,Y)=F(mX+nY,pX+qY)$$
在这种情况下,F 不可约且 G 不可约. 同时,每一个整数 k 在 $G(X,Y)=k$ 的整数解集和 $F(X,Y)=k$ 的整数解集间是双射的,这句话一般是用一个简单的给定形式替换,且表述 k 的式子和其他式子对应每一个双射.

正如不可约的二元二次式分成确定的和不确定的,它们的表现形式是截然不同的,也就是说,二元三次型式子的表现形式是由判别符号决定的.

一般来说,如果 $P(X)$ 是任意多项式,$n\geqslant 1$,其中首项系数 $a\neq 0$,且如果 $P'(X)$ 表示导数,$P(X)$ 的判别式为
$$\mathrm{Discr}(P)=(-1)^{\frac{n(n-1)}{2}}\frac{1}{a}\mathrm{Res}(P,P')$$
(这里 Res 代表留数),很明确,这种情况中
$$P(X)=aX^3+bX^2+cX+d$$
则
$$P'(X)=3aX^2+2aX+c$$
且
$$\mathrm{Discr}(P)=\det\begin{vmatrix} a & b & c & d & 0 \\ 0 & a & b & c & d \\ 3a & 2b & c & 0 & 0 \\ 0 & 3a & 2b & c & 0 \\ 0 & 0 & 3a & 2b & c \end{vmatrix}$$
这简单的计算结果可得
$$\mathrm{Discr}(P)=-27a^2d^2+18abcd+b^2c^2-4ac^3-4bd^3$$
如果 P 是不可约多项式,则 $\mathrm{Discr}(P)\neq 0$.

341

二元三次式的判别式 $F(X,Y)$，根据定义，其判别式等于 $P(X)=F(X,1)$

$$D=\mathrm{Discr}(F)=\mathrm{Discr}(P)$$

因此 F 是不可约的，所以 P 也是不可约的，因此 $D\neq0$.

在特殊情况下 $a=1,b=0$，所以

$$F(X,Y)=X^3+cXY^2+dY^3$$

那么 $D=-(27d^2+4c^3)$. 如果 $F(X,Y)=aX^3+dY^3$，则 $D=-27a^2d^2$.

简单地说，方程 $F(X,Y)=k$ 的判别式为 $D=\mathrm{Discr}(F)$.

1909 年，Thue 证明了有关丢番图逼近的重要定理，具体来说，是有关有理数代数的定理，这个理论中其导出关于丢番图方程派生的结果.

尤其，对于每一个二元三次不可约方程式 $F(X,Y)$ 方程（15.2）只有有限整数解.

需要强调的是，关于 Thue 定理的证明，无法进行解的数量和排列的估计. 事实上，许多方程式其实根本没有解.

在一定意义上，解的数量是没有边界的（详见 Mahler，1934）.

（A15.1） 让 $F(X,Y)$ 为不可约二元三次式.

（1）存在有限个三次整数 k（就是说，非三次方 $h^3>1$ 除以 k）. 所以，方程式 $F(X,Y)=k$ 有至少一个解.

（2）另一方面，每一个自然数 n，都存在一个整数 $k\neq0$（但一般为非三次方形式），所以方程 $F(X,Y)=k$ 有至少 n 个解.

现在我将表示解的数量的上界结果.

Delone 证 明 (1922), 请 参 阅 Delone 和 Faddeev(1940):

(**A15. 2**) 如果 d 是非立方整数,则方程式为

$$X^3 + dY^3 = 1 \qquad (15.3)$$

其判别式 $D = -27d^2 < 0$,存在无价值解$(1,0)$且有时根本没有解,非凡解存在的假设只有当其基本单位 $\in Q(\sqrt[3]{d})$ 的值域时,$0 < \varepsilon < 1$,这种情况下(x,y)是非凡解集.

1925b,Nagell 展开了前面的结果:

(**A15. 3**) 如果 $k = 1$ 或 3,假设 $a > 0$,d 是整数,且不是三次幂,则方程式

$$aX^3 + dY^3 = k \qquad (15.4)$$

其判别式为 $D = -27a^3d^2 < 0$,其有至多一个非零整数解.除了

$$2X^3 + Y^3 = 3 \qquad (15.5)$$

有解集$(x,y) = (1,1)$ 和$(4,-5)$.

补充结果由 Ljunggren 提出(1953).

Delone(1922) 和稍晚的 Nagell(1925) 研究了更多的一般性三次丢番图方程

$$\langle a,b,c,d\rangle(X,Y) = 1 \qquad (15.6)$$

其判别式 D 是负值.

(**A15. 4**) 假设 $D < 0$,除了下方列出的方程外,方程(15.6)至多有三个整数解,例外情况如下:

(a) 如果$\langle a,b,c,d\rangle$ 等同于$\langle 1,0,-1,1\rangle$或$\langle 1,-1,1,1\rangle$,则方程正好有 4 个解.

(b) 如果$\langle a,b,c,d\rangle$ 等同于$\langle 1,0,-1,1\rangle$,则方程有明确的 5 个解,其解如下

$$(x,y)=(0,1),(1,0),(1,1),(-1,1),(4,-3)$$

要注意的是定理不能增加,因为每一个整数 $m>1$,方程

$$X^3+mXY^2+Y^3=1 \tag{15.7}$$

恰好有 3 个解,为$(x,y)=(1,0),(0,1),(1,-m).$

相同的方法可得

(A15.5) 假设 $D<0$,则有每一整数 k,方程

$$\langle a,b,c,d\rangle(X,Y)=k$$

有至多 $5k$ 个(x,y) 的解为相对素整数.

现在我们把二元三次方程式与逆正向判别式结合在一起,这种情况更难处理,Siegel 在 1929 年有相应阐述.

(A15.6) 让 k 为整数,存在正整数 $D(k)$.这样如果 $F(X,Y)$ 是任意二元三次方程,其判别式 $D>D(k)$,则方程 $F(X,Y)=k$,有至多 18 个解.

值得注意的是 $D(k)$ 的数量很难求出.

在 Evertse(1983) 论文中指出:

(A15.7) 让 $F(X,Y)$ 是拥有正向判别式的二元三次方程式,则方程 $F(X,Y)=1$ 有至多 12 个整数解.

在一系列的论文中(1933,1934,1935),Skolem 发展 $p-$adic 法用来解决方程 $F(X,Y)=1$.其有些为二元三次方程式.

思考方程

$$F(X,Y)=X^3+bX^2Y+cXY^2+dY^2=1 \tag{15.8}$$

并假设其判别式 $D>0$.

方程

$$F(X,-1)=X^3-bX^2+cX-d=1 \tag{15.9}$$

有相同判别式 $D > 0$. 所以有 3 个实根, 记为

$$\eta'' < 0 < \eta' < \eta$$

若 (x, y) 是(15.8) 的解, 则

$$(x + \eta y)(x + \eta' y)(x + \eta'' y) = F(X, Y) = 1$$

所以 $x + \eta y$ 是 $\mathbf{Q}(\eta)$ 域值中的单位范数 1. 因为 $\mathbf{Q}(\eta)$ 有 3 个度数, 且 $\mathbf{Q}(\eta)$ 为实域, 所以其有两个基本单位 $\varepsilon_1, \varepsilon_2$. 因此

$$x + \eta y = \pm \varepsilon_1^m \varepsilon_2^n$$

这里 m, n 是整数. (注意 $1, -1$ 是 $\mathbf{Q}(\eta)$ 实域的单位根)

需要跟踪

$$\mathrm{Tr}\left[(\eta' - \eta'')(x + \eta y)\right]$$
$$= (\eta' - \eta'')(x + \eta y) + (\eta'' - \eta)(x + \eta' y) +$$
$$(\eta - \eta')(x + \eta'' y)$$
$$= (\eta'\eta - \eta''\eta + \eta''\eta' - \eta\eta' + \eta\eta'' - \eta'\eta'')y = 0$$

因此 $\mathrm{Tr}\left[(\eta' - \eta'')\varepsilon_1^m \varepsilon_2^n\right] = 0$.

上述叙述应视为一个指数方程, 以确定 m, n, 也就是 x, y. 求出这个基本单位可能是困难的, 因此, 以一种关系求出 m, n 是困难的, 需要另一种关系被发现, 不论用什么方法.

1943 年, Ljunggren 应用 Skolem 的方法去解决具体的方程

$$X^3 - 3XY^2 - Y^3 = 1$$

(**A15.8**) (15.1) 唯一的解是 $(x, y) = (1, 0), (0, -1), (-1, 1), (1, -3), (-3, 2), (2, 1)$.

证明草图:

$F(X, Y) = X^3 - 2XY^2 - Y^3$ 是不可约的, 且有判别式 $D = 81$, 其多项式为

$$F(X, -1) = X^3 - 3X + 1$$

有 3 个实根 η,η',η'',记为

$$\eta'' < 0 < \eta' < \eta$$

这里根满足于下列关系

$$\begin{cases} \eta + \eta' + \eta'' = 0 \\ \eta\eta' + \eta'\eta'' + \eta''\eta = -3 \\ \eta\eta'\eta'' = -1 \end{cases}$$

并且

$$\begin{cases} \eta^2 = \eta' + 2 \\ \eta'^2 = \eta'' + 2 \\ \eta''^2 = \eta + 2 \end{cases}$$

满足以下

$$\begin{cases} \eta\eta' = \eta - 1 \\ \eta'\eta'' = \eta' - 1 \\ \eta''\eta = \eta'' - 1 \end{cases}$$

同时

$$\begin{cases} \dfrac{\eta' - \eta''}{\eta - \eta} = -\eta'' \\ \dfrac{\eta - \eta''}{\eta - \eta'} = -\eta\eta'' \end{cases}$$

因此 $\mathbf{Q}(\eta) = \mathbf{Q}(\eta') = \mathbf{Q}(\eta'')$,且域值有 2 个基本单位,其次,它可能表明 $\{\eta,\eta'\}$ 是基本单位制.

若 (x,y) 是一个解,则 $x + \eta y$ 是一个标准单位,所以存在整数 m,n,使得

$$x + \eta y = \pm \eta^m \eta'^n$$

因此

$$(\eta' - \eta'')\eta^m \eta'^n + (\eta'' - \eta)\eta'^m \eta''^n + (\eta - \eta')\eta''^m \eta^n = 0$$

因此

$$\frac{\eta' - \eta''}{\eta - \eta}\eta^m \eta'^n + \frac{\eta'' - \eta}{\eta - \eta}\eta'^m \eta''^n + \eta''^m \eta^n = 0$$

346

Catalan Theorem

所以

$$-\eta^{m}\eta'^{n}\eta'' + \eta\eta'^{m}\eta''^{n+1} + \eta''^{m}\eta^{n} = 0$$

用 $\eta^{m-n}y'^{m}$ 做乘法得

$$\eta^{2m-n-1}\eta'^{n+m-1} + (-1)^{n+1}\eta^{m-2n}\eta'^{2m-n-1} = (-1)^{m+1}$$

$$(15.10)$$

如果 m 是偶数，n 是奇数，则两边有不同的标志.

注意，如果 (m,n) 是 $(15,10)$ 的解，则 $(-n+1, m-n)$ 和 $(n+1-m, -m+1)$ 也是 $(15,10)$ 的解. 在结合之下，多种关系被 η,η',η'' 满足，这允许我们在 3 组解中建立解集

$$\{(m,n),(-n+1,m-n),(n+1-m,-m+1)\}$$

在每组中，均有一个解拥有两个分量偶数. 因此，其足以求出所有的 $(15,10)$ 的解集 (m,n)，其中 m,n 是偶数.

而后，方程 (15.10) 采用形式

$$\eta^{2m-n-1}\eta'^{m+n-1} - \eta^{m-2n}\eta'^{2m-n-1} = -1$$

用 $\eta\eta'\eta'' = -1$ 做乘法得

$$\eta^{2m-n}\eta'^{m+n}\eta'' - n^{m-2n}\eta'^{2m-n}\eta\eta'' = 1$$

可以写成

$$M^{2}\eta'' - N^{2}\eta\eta'' = 1$$

这里

$$\begin{cases} M = \eta^{m-\frac{n}{2}}\eta'^{\frac{n+m}{2}} \\ N = \eta^{\frac{m-2n}{2}}\eta'^{m-\frac{n}{2}} \end{cases}$$

因此

$$(M\sqrt{\eta''} + N\sqrt{\eta\eta''})^{2}(M\sqrt{\eta''} - N\sqrt{\eta\eta''})^{2}$$
$$= (M^{2}\eta'' - N^{2}\eta\eta'')^{2} = 1$$

所以

$$(M\sqrt{\eta''} + N\sqrt{\eta\eta''})^{2} = M^{2}\eta'' + N^{2}\eta\eta'' + 2MN\eta''\sqrt{\eta}$$

347

属于 $\mathbf{Q}(\sqrt{\eta})$ 且其为最小单位,其中为等于 1 的相应基数(超 $\mathbf{Q}\sqrt{\eta}$).

根据 Dirichlet 定理,$\mathbf{Q}(\sqrt{\eta})$ 有 4 个基本单位系统,因为 4 个 $\mathbf{Q}(\sqrt{\eta})$ 的结合是实数,两个是非实数,对于这些基本单位,2 个被当作 η,η',另外 2 个被 Ljunggren 艰难地求出

$$\begin{cases} \lambda_1 = (\sqrt{\eta''} + \sqrt{\eta\eta''})^2 \\ \lambda_3 = \dfrac{1}{2}(\eta'' + \sqrt{\eta})^2 \end{cases}$$

另两个关系单位

$$\begin{cases} \lambda_2 = (\eta'\sqrt{\eta''} + \eta'\eta''\sqrt{\eta\eta''})^2 \\ \lambda_4 = (\eta\eta''^2\sqrt{\eta''} + \eta^2\eta''\sqrt{\eta\eta''})^2 \end{cases}$$

其满足关系

$$\begin{cases} \lambda_1\lambda_4 = \lambda_3^2 \\ \lambda_1^2\lambda_4 = \lambda_2 \end{cases}$$

所以 $\lambda_1\lambda_3^2 = \lambda_2$.

就 λ_1,λ_3 而言,单位 $(M\sqrt{\eta''} + N\sqrt{\eta\eta''})^2$ 是可表现的,所以存在整数 p,q,使得 $(M\sqrt{\eta''} + N\sqrt{\eta\eta''})^2 = \lambda_1^p\lambda_3^q$. 显然

$$(M + N\sqrt{\eta})^2 = \eta''^{p-1}(1 + \sqrt{\eta})^{2p}\frac{1}{2^q}(\eta'' + \sqrt{\eta})^{2q}$$

同样

$$\frac{M + N\sqrt{\eta}}{(1 + \sqrt{\eta})^p(\eta'' + \sqrt{\eta})^q} = \pm\frac{\eta''^{\frac{p-1}{2}}}{2^{\frac{q}{2}}}$$

如果 p 是偶数,则 $\eta'' \in \mathbf{Q}(\sqrt{\eta})$,因 q 是偶数或 q 为奇数时 $\eta'' \in \mathbf{Q}(\sqrt{2y})$,但这并不是真的,因此 p 是奇数,q 是偶数,记为 $q = 2q_1$,那么

$$(M\sqrt{\eta''}+N\sqrt{\eta\eta''})^2=\lambda_1^p(\lambda_3^2)^{q_1}$$
$$=\lambda_1^p(\lambda_1^{-1}\lambda_2)^{q_1}=\lambda_1^{p-q_1}\lambda_2^{q_1}$$

因此

$$M\sqrt{\eta''}+N\sqrt{\eta\eta''}$$
$$=\pm(\sqrt{\eta''}+\sqrt{\eta\eta''})^h(\eta'\sqrt{\eta''}+\eta'\eta''\sqrt{\eta\eta''})^k$$

这里 $h=p-q$,且 $k=q$,因此 h,k 有不同的奇偶校验.

让

$$\begin{cases}\varepsilon_1=\sqrt{\eta''}+\sqrt{\eta\eta''}\\ \varepsilon_2=\eta'\sqrt{\eta''}+\eta'\eta''\sqrt{\eta\eta''}\end{cases}$$

且他们共轭

$$\begin{cases}\varepsilon'_1=\sqrt{\eta''}-\sqrt{\eta\eta''},\varepsilon'_2=\eta'\sqrt{\eta''}-\eta'\eta''\sqrt{\eta\eta''}\\ \varepsilon''_1=\sqrt{\eta}+\sqrt{\eta'\eta},\varepsilon'_2=\eta''\sqrt{\eta}+\eta''\eta\sqrt{\eta'\eta}\\ \varepsilon'''_1=\sqrt{\eta}-\sqrt{\eta'\eta},\varepsilon'''_2=\eta''\sqrt{\eta}-\eta''\eta\sqrt{\eta'\eta}\\ \varepsilon_1^{iv}=\sqrt{\eta'}+\sqrt{\eta''\eta'},\varepsilon_2^{iv}=\eta\sqrt{\eta'}+\eta'\sqrt{\eta''\eta'}\\ \varepsilon_1^{v}=\sqrt{\eta'}-\sqrt{\eta''\eta'},\varepsilon_2^{v}=\eta\sqrt{\eta'}-\eta'\sqrt{\eta''\eta'}\end{cases}$$

注意 $\varepsilon_1^{-1}=\sqrt{\eta''}-\sqrt{\eta\eta''}$ 且 $\varepsilon_2^{-1}=\sqrt{\eta''}-\eta'\eta''\sqrt{\eta\eta''}$,应归于先前所表明的关系和 η,η',η'' 的满足.

那么

$$M\sqrt{\eta''}+N\sqrt{\eta\eta''}=\pm\varepsilon_1^h\varepsilon_2^k$$

考虑共轭

$$\begin{cases}M'=\eta'^{m-\frac{n}{2}}\eta''^{\frac{n+m}{2}}\\ M''=\eta''^{m-\frac{n}{2}}\eta^{\frac{n+m}{2}}\end{cases}$$

且

$$\begin{cases}N'=\eta'^{\frac{m-2n}{2}}\eta''^{m-\frac{n}{2}}\\ N''=\eta''^{\frac{m-2n}{2}}\eta^{m-\frac{n}{2}}\end{cases}$$

则

$$MM'M'' = \pm 1, \quad NN'N'' = \pm 1$$

因此

$$
\begin{cases}
\varepsilon_1^h \varepsilon_2^k + \varepsilon_1'^h \varepsilon_2'^k = \pm 2M \sqrt{\eta''} \\
\varepsilon_1^h \varepsilon_2^k - \varepsilon_1'^h \varepsilon_2'^k = \pm 2N \sqrt{\eta \eta''}
\end{cases}
$$

且相似的对此共轭

$$
\begin{cases}
(\varepsilon_1^h \varepsilon_2^k + \varepsilon_1'^h \varepsilon_2'^k) \cdot (\varepsilon_1''^h \varepsilon_2''^k + \varepsilon_1'''^h \varepsilon_2'''^k) \cdot \\
\quad ((\varepsilon_1^{IV})^h (\varepsilon_2^{IV})^k + (\varepsilon_1^V)^h (\varepsilon_2^V)^k) = \pm 8i \\
((\varepsilon_1)^h (\varepsilon_2)^k - (\varepsilon_1')^h (\varepsilon_2')^k) \cdot (\varepsilon_1''^h \varepsilon_2''^k - \varepsilon_1'''^h \varepsilon_2'''^k) \cdot \\
\quad ((\varepsilon_1^{IV})^h (\varepsilon_2^{IV})^k - (\varepsilon_1^V)^h (\varepsilon_2^V)^k) = \pm 8
\end{cases}
$$

$$(15.11)$$

因此 h, k 需要满足指数方程 (15.11).

很容易发现 $(h, k) = (1, 0)$ 或 $(0, 1)$ 是解. 因此, 如果 (h, k) 是解, 则 $(-h, -k)$ 也是解, 所以

$$h \not\equiv k \pmod 2$$

通过上述论讨有 4 种情况:

$$
1° \begin{cases} h \equiv 1 \pmod 4 \\ k \equiv 0 \pmod 4 \end{cases};
$$

$$
2° \begin{cases} h \equiv 1 \pmod 4 \\ k \equiv 2 \pmod 4 \end{cases};
$$

$$
3° \begin{cases} h \equiv 0 \pmod 4 \\ k \equiv 1 \pmod 4 \end{cases};
$$

$$
4° \begin{cases} h \equiv 2 \pmod 4 \\ k \equiv 1 \pmod 4 \end{cases}.
$$

经过较长的计算, 且应用 Skolem 的 $p-$adic 理论, Ljunggren 推断, 在许多情况下:

$1°\ h = 1, k = 0$;

$2°$ 没有 h, k 的可能值;

$3°h = 0, k = 1$;

$4°h = -2, k = 1$.

考虑到 h, k 隐式变化的迹象（还原 4 种情况）且 M, N 为正数,则：

$1°M\sqrt{\eta''} + N\sqrt{\eta\eta''} = \sqrt{\eta''} + \sqrt{\eta\eta''}$. 因此 $M = 1$, $N = 1$, 且有 $m = n = 0$.

$3°M\sqrt{\eta''} + N\sqrt{\eta\eta''} = \pm\varepsilon_2$ 或 $\pm\varepsilon_2^{-1}$.

所以 M, N 为正数,则

$$M\sqrt{\eta''} + N\sqrt{\eta\eta''} = \eta'\sqrt{\eta''} - \eta'\eta''\sqrt{\eta\eta''}$$

因此

$$\begin{cases} \eta^{\frac{m-2n}{2}}\eta'^{\frac{n+m}{2}} = \eta' \\ \eta^{\frac{m-2n}{2}}\eta'^{m-\frac{n}{2}} = -\eta'\eta'' = \frac{1}{\eta} \end{cases}$$

且其意味着 $m = \dfrac{2}{3}, n = \dfrac{4}{3}$. 这相互矛盾.

$4°M\sqrt{\eta''} + N\sqrt{\eta\eta''} = \pm\varepsilon_1^{-2}\varepsilon_2$ 或 $\pm\varepsilon_1^2\varepsilon_2^{-1}$,且用相类计算得出 $m = n = 2$.

因此,当 $(m, n) = (0, 0)$ 时 (x, y) 的解为 $(1, 0)$ 或 $(1, 1)$,所以

$$x + y\eta = 1$$

则 $(x, y) = (1, 0)$

或 $x + y\eta = -\eta$

则 $(x, y) = (0, -1)$

或 $x + y\eta = \eta\eta' = \eta - 1$

则 $(x, y) = (-1, 1)$

当 $(m, n) = (-2, -2)$ 时,(x, y) 的解为 $(3, 0)$ 或 $(1, 3)$,所以

$$x + y\eta = \eta^{-2}\eta'^{-2} = \eta''^2 = 2 + \eta$$

因此 $\qquad (x,y)=(2,1)$

或者 $\qquad x+y\eta=\eta^3=1-3\eta$

因此 $\qquad (x,y)=(1,-3)$

或者 $\qquad x+y\eta=\eta'^3=-3+2\eta$

因此 $\qquad (x,y)=(-3,2)$

除了尚未详细研究的步骤外,这个结论就是证明的草图.

最近,解决 Thue 的方程(15.2)的实际方法已经被设计出来.例如,Blass,Glass,Meronk 和 Steiner 的论文(1987).Tzanakis 和 de Weger(1989a,1989b)和 de Weger 的论文(1987).

例如,Tzanakis 和 de Weger 解决 ThueMahlker 方程

$$X^3-3XY^2-Y^3=\pm 2^{n_0}\times 17^{n_1}\times 19^{n_2}$$

(这里 $0\leqslant n_0,n_1,n_2$),他们找到 156 个解 $\pm(x,y)$,其中 $\gcd(x,y)=1$.

特别是,下述解集

$$X^3-3XY^2-Y^3=\pm 3\times 17\times 19$$

是 $(\pm 10,\pm 1),(\pm 1,\mp 11),(\pm 11,\mp 10)$.

$X^3-3XY^2-Y^3=1$ 的解集在(A15.8)中被给出,也在这个方法中得出.

16. 四次方程

我们曾指出,Stφrmer 认为 Lagrange 陈述下面方程只有正整数解(1,1)和(239,13)是不正确的,方程为

$$X^2-2Y^4=-1 \qquad (16.1)$$

然而,Lagrange 在他的论文(1777)中并无过多的争

辩.

方程(16.1)只是这类 4 次元方程的一个例子,这一点已经被广泛研究,并且在许多数论问题中都有相关.

首先,我要引用下面 Thue 的结果(1917),这样可以证明丢番图逼近.

(**A16.1**） 让 A,B,C,D 为整数,这样
$$B^2 - 4AC \neq 0$$
且让 $n \geqslant 3$,则方程
$$AX^2 + BX + C = DY^n \qquad (16.2)$$
只有有限整数解.

Thue 给出的证据并不意味着有效地给出,甚至没有其数量界线. 另一个证明是 Landau 和 Ostrowski(1920) 给出的. 后来,在 1933 年,Skolem 提出用新的 $p-adic$ 求出最终的解,在 1938 年初的一系列论文中,Ljunggren 进行这类方程的研究
$$AX^2 - BY^4 = C \qquad (16.3)$$
(其中,A,B,C 有适当的限制),通过某些域的基本单位制(2,4,6,8 度 —— 根据方程的研究）或一定的代整数环,Ljunggren 指导研究指数方程满足基本单位,在多情况下有一个以上的未知指数.

我将在这里对 Ljunggren 和 Cohn 的相关方程结果进行报告
$$X^2 - DY^4 = \pm 1, \pm 4 \qquad (16.4)$$
和
$$Y^4 - DX^2 = \pm 1, \pm 4 \qquad (16.5)$$
这里 $D > 0$,D 不是二次的.

1967 年初,Cohn 根据补充假设 D,思考上面的方

353

程.

Cohn 假设：方程 $X^2 - DY^2 = -4$，没有奇整数解 x,y. 1967 年，Cohn 用另一个 D 的假设进行证明.

Cohn 方法的兴趣在于上面丢番图方程的解和平方的实际测定及二阶线性递归数列的双平方性之间的明确关系. 因此，在 1964 年，Cohn 就解决了 Fibonacci 和 Lucas 的数的问题.

Fibonacci 平方的仅有的数量 1 和 144. Lucas 平方的仅有数为 1 和 4. Fibonacci 双平方的仅有数是 2 和 8. Lucas 双平方的仅有数为 2 和 18.

现在我要开始描述 Ljunggren(1938b) 的结果.

（**A16.2**） （1）让 A,B 为正整数，且 $c = 1,2$ 或 4，则方程（16.3）有至多 2 个正整数解（这些解可以从某一四次方域单位的基本系统中有效地计算出来）.

（2）若 $C = 1$ 或 $C = 4$，且 $B \equiv 3 \pmod 4$，则（16.3）有至多一个正整数解.

在同一年份的之前的论文（1938a）中，Ljunggren 研究了更多的限制方程

$$AX^4 - BY^4 = \pm C \qquad (16.6)$$

这里 $A,B > 0$，且 $C = 1,2,4$ 或 8.

方程（16.6）据说是与四次方程域 $\mathbf{Q}(\sqrt[4]{\dfrac{A}{B}})$ 是相关联的.

（**A16.3**） 关于上述记号和假说.

（1）所有类型方程（16.6）与被给出的四次方程域 $\mathbf{Q}(\sqrt[4]{d})$ 相关（其中 $A = Bdm^4, m \neq 0$）. 这样 $d \neq 5$，则有至多一个方程有非零整解，另一方面，方程 $X^4 - 5Y^4 = 1$ 和方程 $X^4 - 5Y^4 = -4$ 这两个方程有非无价值

解.

（2）方程（16.6）有至多一个正整数解 x,y，且

$$\frac{1}{C}(x\sqrt[4]{A}+y\sqrt[4]{B})(x^2\sqrt{A}+y^2\sqrt{B})=\varepsilon^k$$

这是 ε 是相对范数 1 对于域 $\mathbf{Q}(\sqrt[4]{\dfrac{A}{B}})$ 的基本单位，且 $k=1,2$ 或 4. 此外，$k=4$ 仅针对方程

$$X^4-5Y^4=1 \text{ 和 } X^4-3Y^4=1$$

（3）方程（16.6）中 $C=1$ 或 2，有至多一个正整数解，其可以从平方环 $\mathbf{Z}(\sqrt{AB})$ 的基本单位中进行有效的计算.

即使一种算法在原则上可以从上述结果的证明中进行推导，但计算是令人生畏的，且需要以单位基本系统的明确的知识为基础. 然而，在特殊情况下，实际的解的计算可能实施的更全面.

第一个例子是 Tartakowsky（1926）已经处理过的，是再一次的一种简单的方式被 Ljunggren（1938a 和 1942a）来处理.

（**A16.4**） 方程

$$X^4-DY^4=1 \tag{16.7}$$

有至多一个正整数解 x,y. 若 ε 是环 $\mathbf{Z}[\sqrt{D}]$ 的基本单位，且有范数 -1，则仅有解 $x=3,y=2$ 且 $D=5$ 成立. 若 ε 有范数 1，则 $x^2+y^2\sqrt{D}=\varepsilon^2$，其中 $\varepsilon=169+2\sqrt{7\,140}$.

Ljunggren 也证明了类似的结果，这里有写出来，其方程为

$$X^2-DY^4=4 \tag{16.8}$$

在（1942a）中，Ljunggren 思考方程

$$X^2 - DY^4 = -1 \qquad (16.9)$$

他证明了：

（A16.5） 假设域 $\mathbf{Q}(\sqrt{D})$ 的基本单位并不等于环 $\mathbf{Z}(\sqrt{D})$ 的基本单位，则方程（16.9）有至多两个正整数解，且其可能存在有效计算.

在同一论文中，Ljunggren 应用其算法计算方程

$$X^2 - 2Y^4 = -1$$

在经过很长的计算后，其展示：

（A16.6） 方程（16.1）的唯一正整数解为（1.1）和（239,13）.

由于证明过程错综复杂且难以理解，这里必须省略. 找到一个证明该定理更加容易的方法是非常值得的.

在后来的论文（1942b,1951,1967）中，Ljunggren 处理方程

$$X^2 - DY^4 = -4 \qquad (16.10)$$
$$AX^2 - BY^4 = -1 \qquad (16.11)$$
$$AX^2 - BY^4 = \quad 4 \qquad (16.12)$$

得到相同脉络的结果.

值得注意的是 Bumby(1967) 的论文，发现（1,1）和（11,3）是方程 $2X^2 - 3Y^4 = -1$ 的唯一正整数解.

就实际确定解的算法而言，Cohn 设计了一个更简便的方法，包括 Jacobi 符号的计算. 只有 D 值满足先前指出的 Cohn 假设才是可应用的.

我十分简洁地表明了 Cohn 如何让这些丢番图方程推导二阶线性递归序列.

让 $D > 0$，D 非二次方. 这样方程 $X^2 - DY^2 = -4$ 有一个正整数奇数解，让 (a,b) 为奇正整数基本解，规

356

定

$$\begin{cases} \alpha = \dfrac{a + b\sqrt{D}}{2} \\ \beta = \dfrac{a - b\sqrt{D}}{2} \end{cases}$$

因此 $\alpha + \beta = a$, $\alpha - \beta = b\sqrt{D}$, $\alpha\beta = -1$.

对于每个整数 n, 让

$$\begin{cases} U_n = \dfrac{\alpha^n - \beta^n}{\sqrt{D}} \\ V_n = \alpha^n + \beta^n \end{cases}$$

则 $U_0 = 0$, $U_1 = b$, $V_0 = 2$, $V_1 = a$, $U_{-n} = (-1)^{n-1}U_n$, $V_{-n} = (-1)^n V_n$, 且

$$\begin{cases} U_n = aU_{n-1} + U_{n-2} \\ V_n = aV_{n-1} + V_{n-2} \end{cases}$$

同样容易领会.

对于每一个方程 $X^2 - DY^2 = \pm 1, \pm 4$, 常规的解依据上述序列表示, 同时也在表 2 中被指出.

表 2

方程	通解 (x, y)
$X^2 - DY^2 = 1$	$\left(\dfrac{1}{2}V_{6n}, \dfrac{1}{2}U_{6n}\right)$
$X^2 - DY^2 = 4$	(V_{2n}, U_{2n})
$X^2 - DY^2 = -1$	$\left(\dfrac{1}{2}V_{6n-3}, \dfrac{1}{2}U_{6n-3}\right)$
$X^2 - DY^2 = -4$	(V_{2n-1}, U_{2n-1})

因此, 方程 $X^2 - DY^4 = 1$ 的解由指数 n 给出, 所以

357

$\dfrac{1}{2}U_{6n}-\square$（平方）且 $U_6=2\square$（双平方），与其相似，$X^4-DY^2=1$ 的解与指数 n 一致，这样 $V_{6n}=2\square$.

同样适用于每一个方程

$X^2-DY^4=\pm1,\pm4,Y^4-DX^2=\pm1,\pm4$

Cohn 处理序列 $(U_n)_n\geqslant0,(V_n)_n\geqslant0$，显示只有一个或两个平方或双平方. 在多种情况下进行使用以作出明确的计算. 在第二篇(1967)论文中，他思考 D 的值能够使得 $X^2-DY^2=-4$ 没有奇数整数解，但 $X^2-DY^2=4$ 有一个奇数整数解.

读者们会领悟 Cohn 方法的简洁细致. 不久以前，McDaniel 和 Riboboim(1992)从线性重复序列中获得平方和双平方的完整计算

$U_0=0,U_1=1,U_n=PU_{n-1}-QU_{n-2}\quad(n\geqslant2)$

$V_0=1,V_1=P,V_n=PV_{n-1}-QV_{n-2}\quad(n\geqslant2)$

这里 P,Q 是奇数，比较重要的是 $D=P^2-4Q>0$.

上述四次方程(16.4),(16.5)研究所得的许多成果中涉及 D 值的判别式方程没有整数解，典型的结论出自 Mordell(1964).完整结论出于 Ljunggren(1966) 和 Mordell(1968).

（**A16.7**）（1）若 P 是基本数，$P\equiv1(\mathrm{mod}\,4)$，则 $X^2-PY^4=1$，没有正整数解.

（2）若 $P\neq2,5,29$，方程 $X^4-PY^2=1$ 没有正整数解，$P=5$ 有唯一解 $(3,4)$，且 $P=29$ 有唯一解 $(99,1\,820)$.

请参阅 Cohn 的论文(1967)关于这类方法的结论.

B 部分　可分割性条件

下文我的目的是追溯正整数 x,y 可除性条件的根源. 如其假设满足 $x^m - y^n = 1$, 其中, $m,n \geq 2$. 这种方法背后的观点为获得条件是限制性的, 没有数值 x,y 能够满足它们.

1. 获得连续幂 8 和 9

下面我们将思考 Catalan 问题的几个特殊例子, 承认连续幂 8 和 9 的唯一解.

Gérono 在 1870 年和 1871 年证明:

(B1. 1)　(1) 若 q 是素数, $y \geq 1$ 是整数, $m,n \geq 2$ 且有 $q^m - y^n = 1$, 则 $q=2$, $y=3$, $m=2$ 和 $n=3$.

(2) 若 p 是素数, $x \geq 1$ 是整数, $m,n \geq 2$, 且有 $x^m - p^n = 1$, 则有 $p=2$, $x=3$, $m=2$ 和 $n=3$.

证明　(1) 首先我注意到 n 是奇数. 的确, 若 $n = 2u$, 则 $q^m - (y^u)^2 = 1$ 在 (A3.1) 中不可能存在的.

让 l 为 n 的基本除数, 且有 $n = ln'$, 所以 $l \neq 2$. 因 $m \geq 2$, 则 $y \neq 1$, 因此 $z = y^{n'} \geq 2$, 且 $q^m - z^l = 1$. 这样 $q^m = (z+1)\dfrac{z^l+1}{z+1}$. 这里所有因子均是 q 的幂且不等于 1 (通过 (B1.2)). 因为 q 整除 $\gcd(z+1, \dfrac{z^l+1}{z+1}) = 1$ 或 l (通过 (P1.2)), 则 $q = l$. 所以 q 是奇数. 再次通过 (P1.2), 因 q 是奇数, 则 q^2 不能整除 $\dfrac{z^q+1}{z+1}$. 所以 $\dfrac{z^q-1}{z+1} = q$. 通过 (P1.2), $q=3$, 且 $z=2$. 因此 $y=2$, $n=3$.

(2) 相似证明,让 l 是 m 的基本除数,$m = lm'$,$z = x^{m'}$,所以 $z \geqslant 2$. 因此 $p^n = z^l - 1 = (z-1)\dfrac{z^l - 1}{z - 1}$. 这里所有因子是 p 的幂,显然 $\dfrac{z^l - 1}{z - 1} > 1$. 若 $z - 1 = 1$,则 $z = 2$(为素数),$z^l - p^n = 1$,且这是被第一部分证明排除的,所以 p 能整除所有的因子,但

$$\gcd(z - 1, \frac{z^l - 1}{z - 1}) = 1 \text{ 或 } l$$

因此,$p = l$ 如之前一样,若 p 是奇数,则 p^2 不能整除 $\dfrac{z^p - 1}{z - 1}$,所以 $\dfrac{z^p - 1}{z - 1} = p$. 因为 $z \geqslant 2$,则其明显不能成立,所以 $p = 2$,$2^n = z^2 - 1$,且有

$$\begin{cases} z - 1 = 2^{n_1} \\ z + 1 = 2^{n_2} \end{cases}$$

其中 $0 \leqslant n_1 < n_2$,且 $n_1 + n_2 = n$. 因此 $2 = 2^{n_1}(z^{n_2 - n_1} - 1)$,$n_1 = 1$,$n_2 = 2$,$n = 2$,且最终 $x = 3$ 和 $m = 2$.

对于 Gérono 上述结论的许多特殊情况,可以找到文献:详见 Catalan(1885),Carmichael(1909),Coheen 问题被 Hausmann(1941),Cassels(1953),Wall(1957) 解决.

由于其简单,我计入 Wall 的证明. 若两个基本幂是连续的,则它们必然是 8 和 9. 的确,基本幂其中的一个必然是偶数,所以假设 p 是奇素数,$m, n \geqslant 2$ 是 $2^m - p^n = \pm 1$.

若 n 是奇数,则

$$2^m = p^n \pm 1 = (p \pm 1)\frac{p^n \pm 1}{p \pm 1}$$

右边的第二个因子大于 1,且为奇数(通过(P1.2)),这

是不可能的,所以 n 是偶数,计为 $n=2k$. 让 $p^k=2h+1$,因此

$$2^m = (2h+1)^2 \pm 1$$

若为 + 号,$2^m=4h^2+4h+2=2(2h^2+2h+1)$,这是不可能的.若为 - 号,$2^m=4h^2+4h$.因此,可被 4 整除,$2^{m-2}=h(h+1)$ 只有当 $m=3$ 时成立,其中 $h=1$,$p=3$,$n=2$.

后续结论可扩大到 Moret-Blance(A6.3) 的一个.

(B1.2) (1) 若 $x^m-y^x=1$,其中,$m,x \geqslant 2$,则 $x=3$,$m=2$,$y=2$.

(2) 若 $x^y-y^n=1$,其中,$n,y \geqslant 2$,则 $x=3$,$n=3$ 且 $y=2$.

证明 (1) 让 p 是 m 的基本因子,$m=pm'$ 且 $z=x^{m'}$,让 q 是 x 的最大基本因子,且 $x=qx'$,$t=y^{x'}$,则 $z^p-t^q=1$. 从 (A3.1) 得 $q \geqslant 3$,且若 p 是奇数,则 Lemma(A1.1). 无论

$$\begin{cases} t+1=b^p \\ \dfrac{t^q+1}{t+1}=v^p \end{cases}$$,其中 $x=bv$,$q \nmid bv$,$\gcd(b,v)=1$

或

$$\begin{cases} t+1=q^{p-1}b^p \\ \dfrac{t^q+1}{t+1}=qv^p \end{cases}$$,其中 $x=qbv$,$q \nmid v$,$\gcd(b,v)=1$

通过 (B1,1) 得 $t \neq 2$. 因此通过 (P1.11),二项式 t^q+1 是 l 的基本因子,且 $l \equiv 1 \pmod q$. 所以 $q < l$. 同样 $l \nmid t+1$,因此 l 能整除 $\dfrac{t^q+1}{t+1}$. 所以,所有情况下,$l \mid v$. 因此 $l \mid x$,且因此 $l \leqslant q$,这自相矛盾. 由此得出 $p=2$,且通过 (A6.2),必然地 $z=3$,$t=2$,$q=3$,且 $x=3$,$m=2$,

$y=2$.

（2）证明是相似的.

现在,过程显示,8 和 9 是唯一的连续整数幂,这被 Hampel(1956) 证明,是 Oblâth 在 1954 年（甚至早于 Hample 论文的出版）就给出了简便的证明过程. 另一个简单证明过程被 Schinzel(1956) 给出. 1956 年, Rotkiewicz 延伸了这个结论（Hample 方法中 $a=1$ 的情况）.

（**B1.3**）　让 $a \geqslant 1, x, y, m, n \geqslant 2$ 为整数,有 $\gcd(x, y)=1$,且 $|x-y|=a, x^m - y^n = a^n$,则 $x=3$, $y=2, m=2, n=3$ 且 $a=1$.

证明　通过假设 $x=y \pm a$,且 $\gcd(y, a)=1, y=a$.

若 $x=y+a$,则 $y^n + a^n=(y+a)^m$. 通过（P1.7）得 $n=3, y=2, a=1$,所以 $x=3, m=2$（或 $n=3, y=1$, $a=2$,但这被排除了）.

若 $x=y-a$,且若 p 是 $y^{2n} - a^{2n}$ 的基本因子,则 $p \nmid y^n - a^n$,因此 p 整除 $y^n + a^n=(y-a)^m$. 所以 $p \mid y=a$,是不可能的,通过（P1.7）, $n=3, a=1, y=2$. 所以 $x=1$（已被排除）,或 $y+a$ 是 2 的幂且 $n=1$（这也被排除了）.

2. Cassels 定理和第一推论

Cassels 定理是研究 Catalan 问题的主要规则,其证明需要三个前提.

在最后的部分中,我将给出一个直接但突出的推论:不存在三个连续幂.

（**B2.1**）**引理**　让 a, b, t 是实数,这里 $b>0, t>1$,

且 $a + b^t > 0$. 让 $f_{a,b}(t) = (a + b^t)^{1/t}$，则 $f'_{a,b}(t) > 0$，当且仅当 $b^t \log b^t > (a + b^t) \log(a + b^t)$.

尤其，当 $m > n > 1$ 且 $z > 1$，则 $(z^n - 1)^m <$ $(z^m - 1)^n$，且 $(z^m + 1)^n < (z^n + 1)^m$.

证明 简单化，让 $f(t) = f_{a,b}(t)$，则

$$f'(t) = \frac{(a + b^t)^{\frac{1}{t}}}{t} \left[\frac{b^t \log b}{a + b^t} - \frac{1}{t} \log(a + b^t) \right]$$

因此，$f'(t) > 0$，当且仅当 $\dfrac{b^t \log b}{a + b^t} > \dfrac{1}{t} \log(a + b^t)$，或

等价的 $b^t \log b > (a + b^t) \log(a + b^t)$.

当 $a = -1, b = z > 1, t > 1$，则 $z^t > z^t - 1 > 0$. $\log z^t > \log(z^t - 1)$，因此 $z^t \log z^t > (z^t - 1) \log(z^t - 1)$，所以 $f'_{-1,z}(t) > 0$，且若 $m > n > 1$，则

$$(z^n - 1)^{\frac{1}{n}} < (z^m - 1)^{\frac{1}{m}}$$

所以 $(z^n - 1)^m < (z^m - 1)^n$.

相似的，当 $a = 1, b = \dfrac{1}{z}, t > 1$，则 $0 < \dfrac{1}{z^t} < 1$,

$\dfrac{1}{z^t} \log \dfrac{1}{z^t} < 0 < (1 + \dfrac{1}{z^t}) \log(1 + \dfrac{1}{z^t})$. 所以 $f'_{1,\frac{1}{z}}(t) <$

0，且若 $m > n > 1$，则 $(1 + \dfrac{1}{z^m})^{\frac{1}{m}} < (1 + \dfrac{1}{z^n})^{\frac{1}{n}}$. 因此

$$(z^m + 1)^n < (z^n + 1)^m$$

下一个引理给上述 $l - $adic 值的阶乘以界限.

(B2.2) 引理 让 r, m, n 是正整数，让 l 是素数，不能整除 n，则有

$$v_l(r!) \leqslant v_l \left[\frac{m}{n} \left(\frac{m}{n} - 1 \right) \cdots \left(\frac{m}{n} - (r - 1) \right) \right]$$

证明 让

$$a = \frac{m}{n} \left(\frac{m}{n} - 1 \right) \cdots \left(\frac{m}{n} - (r - 1) \right)$$

是让 $v_l(a) = e < \infty$,因为 $l \nmid n$,则 $e > 0$. 此外,存在 $n' \geqslant 1$. 这样,$nn' \equiv 1 (\bmod\ l^{e+1})$ 让 $m' = mn'$,则

$$\frac{m}{n} - m' = \frac{m}{n}(1 - nn') \equiv 0 (\bmod\ l^{e+1})$$

所以

$$\frac{m}{n} - k \equiv m' - k (\bmod\ l^{e+1})$$

其中,$k = 0, 1, \cdots, r-1$.

让 $a' = m'(m' - 1) \cdots (m' - (r-1))$,则 $a' \equiv a (\bmod\ l^{e+1})$,即 $v_l(a' - a) \geqslant e+1$,因为 $\dfrac{a'}{r!} = \dbinom{m'}{r}$,则 $v_l(a') \geqslant v_l(r!)$.

若 $v_l(r!) > v_l(a - a') = v_l(a) = e$,这自相矛盾,证明了 $v_l(a) \geqslant v_l(r!)$.

(B2.3) 引理 若 $p > q$ 是奇素数,x, y 是整数,$x, y \geqslant 2$ 且 $x^p - y^q = \pm 1$,则

$$(x \mp 1)^p q^{(p-1)q} > (y \pm 1)^q$$

证明 $x \mp 1 \geqslant \dfrac{x}{2}$,$x^p = y^q \pm 1 > \dfrac{y^p}{2}$,$y > \dfrac{y+1}{2}$,

所以

$$(x \mp 1)^p \geqslant \left(\frac{x}{2}\right)^p > \frac{y^q}{2^{p+1}} > \frac{(y \pm 1)^q}{2^{q+p+1}}$$

但 $q^{(p-1)q} > 2^{p+q+1}$. 的确

$$(p-1)(q-1) \geqslant (q+1)(q-1) = q^2 - 1 > 2 + q$$

所以 $q \geqslant 3$. 所以 $(p-1)q > p + q + 1$. 因此

$$(x \mp 1)^p > \frac{(y \pm 1)^q}{q^{(p-1)q}}$$

可证明结论.

现在,我证明 Cassels 定理(1953,1961).

（**B2.4**） 让 p,q 为奇素数，且 x,y 是正整数，这样 $x^p - y^q = \pm 1$，则 p 整除 y 且 q 整除 x.

证明 在不失普遍性的条件下，我可以假设 $p > q$，且注意 $x \geqslant 2, y \geqslant 2$.

1° 首先我将说明 $q \mid x$.

若 $q \nmid x$，则 $q \nmid y^q \pm 1$，从

$$x^p = y^q \pm 1 = (y \pm 1)\frac{y^q \pm 1}{y \pm 1}$$

和（P1.2）.由此得出 $\gcd(y \pm 1, \dfrac{y^q \pm 1}{y \pm 1}) = 1$，且存在整数 $b \geqslant 1$，使得

$$y \pm 1 = b^p$$

情况 1：若 $y + 1 = b^p$，则 $b \geqslant 2$，且

$$x^p = y^q + 1 = (b^p - 1)^q + 1 < b^{pq}$$

所以 $x < b^q$. 因此 $x \leqslant b^q - 1$，其由引理（B2.1）得出 $(b^q - 1)^p < (b^p - 1)^q$. 因为 $q < p$，所以

$$y^q + 1 = x^p \leqslant (b^q - 1)^p < (b^p - 1)^q = y^q$$

这十分荒谬.

情况 2：若 $y - 1 = b^p$，则 $x^p = y^q - 1$，且从 $q < p$，所以得出 $x < y$. 尤其是 $y \geqslant 3$，且 $b \geqslant 2$. 现在，有 $x^p = (b^p + 1)^q - 1 > b^{pq}$. 因此 $x > b^q$，所以 $x \geqslant b^q + 1$. 其由引理（B2.1）可得 $\left(1 + \dfrac{1}{b^r}\right)^q < \left(1 + \dfrac{1}{b^p}\right)^p$，所以

$$y^q - 1 = x^p \geqslant (b^q + 1)^p > (b^p + 1)^q = y^q$$

这是个谬论.

2° 我将表明 $p \mid y$.

显然 $y^q \geqslant 8$. 因为 $q \mid x$，则 $q \leqslant x$，从

$$x^p = y^q \pm 1 = (y \pm 1)\frac{y^p \pm 1}{y \pm 1}$$

中间得出 $\gcd(y\pm 1,\dfrac{y^q\pm 1}{y\pm 1})=q$.

通过(P1.2),存在整数 $b,c>0$.这样

$$\begin{cases} y\pm 1=q^{p-1}b^p \\ \dfrac{y^q\pm 1}{y\pm 1}=qc^p \end{cases}$$

且 $q\nmid c,x=qbc$.

我也从(P1.2)中推断得 $c\neq 1$,否则 $y=2,q=3$,且 $x^p=y^q+1=9$.所以 $x=3,p=2<q$.这与假设相反.

其次,我表明 $c\equiv 1(\bmod\ q^{p-1})$.

的确,通过(P1.2),$qc^p=\dfrac{y^p\pm 1}{y\pm 1}=k(y\pm 1)+q$,这里 k 是 q 的整数倍.

因为 q^{p-1} 整除 $y\pm 1$,则 q^p 整除 $q(c^p-1)$.因此 q^{p-1} 整除 c^p-1.若 $c\not\equiv 1(\bmod\ q^{p-1})$,则 c 模 q^{p-1} 有其他 p,这样 p 整除 $\varphi(q^{p-1})=q^{p-2}(q-1)$,因此 $p\mid q-1$,所以 $p<q$.这相互矛盾,因此 $c\equiv 1(\bmod\ q^{p-1})$.

所以 $x\neq qb$(因为 $c\neq 1$),且 $x\equiv qb(\bmod\ q^p)$,因为 $c\equiv 1(\bmod\ q^{p-1})$.

现在我将假设 $p\nmid y$ 是为了得出这个矛盾.

从 $y^q=x^p\mp 1=(x\mp 1)\dfrac{x^p\mp 1}{x\mp 1}$ 和引理(A1.1)可以得出 $p\nmid y$.存在整数 $a\geqslant 1$.这样 $x\mp 1=a^q$.现在我将比较整数 a,b.

首先,我说明 $a>b$.的确,通过引理(B2.3)

$$a^{pq}=(x\mp 1)^p>\dfrac{(y\pm 1)^q}{q^{(p-1)q}}=b^{pq}$$

因此 $a>b$.

接着,我说明 $a^q \geqslant \dfrac{1}{2} q^p$. 正如已经看到的,$x \neq qb$,且 $x \equiv qb \pmod{q^p}$. 所以,如果我假设 $a^q < \dfrac{1}{2} q^p$,则

$$q^p \leqslant \mid x - qb \mid = \mid a^q \pm 1 - qb \mid$$
$$\leqslant a^q + qb \pm 1 < \frac{1}{2} q^p + qb \pm 1$$

因此 $qb \mp 1 > \dfrac{1}{2} q^p$,但 $b \geqslant 2, q \geqslant 3$,因此 $a^q > b^q \geqslant qb + 1$. 所以 $a^q \geqslant \dfrac{1}{2} q^p$.

现在我将给出 $x^p y^q$ 的下限. 首先,有 $x^p = (a^q \pm 1)^p \geqslant (a^q - 1)^p, y^q = x^p \mp 1 = (a^q \mp 1)^p \mp 1 \geqslant (a^q - 1)^p$. 因此

$$\left(1 - \frac{2}{q^p}\right)^p \geqslant \left(1 - \frac{2}{3^p}\right)^p > \frac{1}{3} \geqslant \frac{1}{q}$$

由此可得

$$\min\{x^p, y^q\} \geqslant (a^q - 1)^p = a^{pq}\left(1 - \frac{1}{a^q}\right)^p$$
$$\geqslant a^{pq}\left(1 - \frac{2}{q^p}\right)^p > a^{pq}\frac{1}{q} \quad (2.1)$$

因为 $a^q \geqslant \dfrac{1}{2} q^p$.

其次,我将给出 $\mid x^{\frac{p}{q}} - y \mid$ 的上限,因为

$$(x^{\frac{p}{q}} - y) \frac{(x^{\frac{p}{q}})^q - y^q}{x^{\frac{p}{q}} - y} = x^p - y^q = \pm 1$$

则

$$\mid x^{\frac{p}{q}} - y \mid = \frac{1}{\left| \sum_{i=0}^{q-1} x^{\frac{pi}{q}} y^{q-1-i} \right|}$$

Catalan 定理

但对于每一个 $i=0,1,\cdots,q-1$

$$x^{\frac{p_i}{q}}y^{q-1-i} > \left(a^{pq}\,\frac{1}{q}\right)^{\frac{i}{q}+\frac{q-1-i}{q}} = a^{p(q-1)}\,\frac{1}{q^{\frac{q-1}{q}}} > a^{p(q-1)}\,\frac{1}{q}$$

因此

$$|x^{\frac{p}{q}}-y| < \frac{1}{a^{p(q-1)}} \tag{2.3}$$

可写作

$$x^{\frac{p}{q}} = (a^q \pm 1)^{\frac{p}{q}} = \sum_{r=0}^{\infty} t_r \tag{2.4}$$

这里

$$t_r = (\pm 1)^r\,\frac{\frac{p}{q}\left(\frac{p}{q}-1\right)\left(\frac{p}{q}-r+1\right)}{r!}a^{p-rq} \neq 0$$

$$\tag{2.5}$$

尤其是 $t_0 = a^p$. 若 l 是任意素数，$l \neq q$ 且 $r \geqslant 1$，则通过引理（B2.2）

$$v_l(r!) \leqslant v_l\left[\frac{p}{q}\left(\frac{p}{q}-1\right)\cdots\left(\frac{p}{q}-r+1\right)\right]$$

所以 $v_l(t_r) \geqslant v_l(a^{p-rq}) \geqslant 0$，其中 $p \geqslant nq$. 让

$$R = \left[\frac{p}{q}\right]+1, \rho = \left[\frac{R}{q-1}\right], Rq > p$$

众所周知，$v_q(k!) = \frac{R-s}{q-1}$，其中 s 是 R 的 $q-$adic 展开式的数值的总和

$$k = R_0 + R_1 q + \cdots + R_m q^m$$
$$0 \leqslant R_i \leqslant q-1$$
$$s = R_0 + R_1 + \cdots + R_m$$

因为 $\frac{R-s}{q-1} < \frac{R}{q-1}$，所以 $v_q(R!) \leqslant \rho$.

对任意 $r < R$，若 $l \neq q$，则

368

$$v_l(t_r q^{R+\rho} a^{Rq-p}) \geqslant v_l(a^{(R-r)q}) \geqslant 0$$

且

$$v_l(t_R q^{R+\rho} a^{Rq-p}) = 0$$

同样

$$v_q(t_r q^{R+\rho} a^{Rq-p}) = -r - v_q(r!) + R + \rho +$$
$$(R-r)q v_q(a) \geqslant 0$$

这样 $t_r q^{R+\rho} a^{Rq-p}$ 是整数,每一个 $r = 0, 1, \cdots, R$.

所以数值

$$I = a^{Rq-p} q^{R+\rho} \left((y - x^{\frac{p}{q}}) + \sum_{r \geqslant R+1} t_r \right)$$

$$= a^{Rq-p} q^{R+\rho} \left(y - \sum_{r=0}^{R} t_r \right) \qquad (2.6)$$

是整数,所以 $Rq - p > 0$.

我将说明 $I \neq 0$.

记为 $I = I_1 + I_2 + I_3$,这里

$$\begin{cases} I_1 = a^{Rq-p} q^{R+\rho} (y - x^{\frac{p}{q}}) \\ I_2 = a^{Rq-p} q^{R+\rho} t_{R+1} \neq 0 \\ I_3 = a^{Rq-p} q^{R+\rho} \sum_{r > R+1} t_r \end{cases} \qquad (2.7)$$

若 $r > k$,则 $\left| \dfrac{t_{r+1}}{t_r} \right| = \left| \dfrac{\frac{p}{q} - r}{r+1} \right| \dfrac{1}{a^q} < \dfrac{1}{a^q} \leqslant \dfrac{2}{q^p}$,所以

$\left| \dfrac{p}{q} - r \right| = r - \dfrac{p}{q} < r + 1$,因此

$$\left| \dfrac{I_3}{I_2} \right| = \left| \sum_{r > R+1} \dfrac{t_r}{t_{R+1}} \right| \leqslant \sum_{r > R+1} \left| \dfrac{t_r}{t_{R+1}} \right|$$

$$= \left| \dfrac{t_{R+2}}{t_{R+1}} \right| + \left| \dfrac{t_{R+3}}{t_{R+1}} \right| + \cdots$$

$$< \dfrac{2}{q^p} + \left(\dfrac{2}{q^p} \right)^2 + \left(\dfrac{2}{q^p} \right)^3 + \cdots$$

$$= \frac{2}{q^p} \cdot \frac{1}{1 - \frac{2}{q^p}} = \frac{2}{q^p - 1}$$

$$\leqslant \frac{2}{3^5 - 2} < \frac{1}{10}$$

接着,我将说明

$$\frac{1}{q^2(R+1)^2} \leqslant \left| a^{(R+1)q-p} t_{R+1} \right| \leqslant \frac{1}{4} \qquad (2.8)$$

的确

$$\left| \frac{p}{q}\left(\frac{p}{q} - 1\right) \cdots \left(\frac{p}{q} - R\right) \right|$$

$$\leqslant R(R-1)\cdots 2 \left| \frac{p}{q} - R + 1 \right| \left| \frac{p}{q} - R \right| \leqslant R! \ \frac{1}{4}$$

因为 $\left(R - \frac{p}{q}\right) + \left(\frac{p}{q} + 1 - R\right) = 1.$ 所以,其结果至多

等于 $\frac{1}{4}$. 通过 (2.5), $|t_{R+1}| \leqslant \frac{a^{p-(R+1)q}}{4(R+1)}$.

另一方面

$$\left| \frac{p}{q}\left(\frac{p}{q} - 1\right) \cdots \left(\frac{p}{q} - R\right) \right| \geqslant (R-1)(R-2)$$

$$\vdots$$

$$1 \left| \frac{p}{q} - R + 1 \right| \left| \frac{p}{q} - R \right| \geqslant \frac{(R-1)!}{q^2}$$

因为 $R - \frac{p}{q} \geqslant \frac{1}{q}$, 且 $\frac{p}{q} - (R-1) \geqslant \frac{1}{q}$. 因此通过

(2.5), $|t_{R+1}| \geqslant \frac{a^{p-(R+1)q}}{q^2 R(R+1)}$, 所以

$$\frac{1}{q^2(R+1)^2} \leqslant \frac{1}{q^2(R+1)R} \leqslant \left| a^{(R+1)q-p} t_{R+1} \right|$$

$$\leqslant \frac{1}{4(R+1)} \leqslant \frac{1}{4} \qquad (2.9)$$

我运用这些评估说明 $\left|\dfrac{I_1}{I_2}\right| < \dfrac{1}{10}$. 的确，通过 (2.9) 和 (2.3) 得

$$\left|\frac{I_1}{I_2}\right| = \left|\frac{y - x^{\frac{p}{q}}}{t_{R+1}}\right| \leqslant a^{(R+1)q-p} \mid y - x^{\frac{p}{q}} \mid q^2 (R+1)^2$$

$$< \frac{a^{(R+1)q-p} q^2 (R+1)^2}{a^{p(q-1)}}$$

$$= \frac{q^2 (R+1)^2}{a^{q(p-R-1)}}$$

所以 $p > q \geqslant 3$，则 $p \geqslant 5$，因此

$$p - R - 1 = p - \left[\frac{p}{q}\right] - 2 \geqslant 2$$

的确，若 $p = 5$ 为实数，且当 $p \geqslant 7$，则 $p\left(\dfrac{q-1}{q}\right) \geqslant$ $p^{\frac{2}{3}} \geqslant 4$，所以 $p - \left[\dfrac{p}{q}\right] \geqslant p - \dfrac{p}{q} \geqslant 4$，所以 $R + 1 \leqslant p - 2 \leqslant p$. 因此

$$\frac{q^2 (R+1)^2}{a^{q(p-R-1)}} \leqslant \frac{q^2 (R+1)^2}{\left(\frac{1}{2} q^p\right)^2} \leqslant \left(\frac{2p}{q^{p-1}}\right)^2 \leqslant \left(\frac{2p}{3^{p-1}}\right)^2$$

$$\leqslant \left(\frac{2 \times 5}{3^4}\right)^2 \leqslant \frac{1}{10}$$

我推断

$$\mid I \mid = \mid I_2 \mid \left|1 + \frac{I_1}{I_2} + \frac{I_3}{I_2}\right| \geqslant \mid I_2 \mid \left(1 - \frac{1}{10} - \frac{1}{10}\right) \neq 0$$

因此 $I \neq 0$ 是因为 I 是整数，那么 $\mid I \mid \geqslant 1$.

现在，我将得到其矛盾性，通过获得 $\mid I \mid$ 的上限估值.

下面包括 (2.8)

$$\mid I_2 \mid = \left|\frac{q^{R+p} a^{(R+1)q-p} t_{R+1}}{a^q}\right| \leqslant \frac{q^{R+p}}{4a^q} \leqslant \frac{1}{2} q^{R+p-p}$$

因此

$$1 \leqslant \mid I \mid = \mid I_2 \mid \left| 1 + \frac{I_1}{I_2} + \frac{I_3}{I_2} \right|$$

$$\leqslant \frac{1}{2} q^{R+\rho-p} \left(1 + \frac{1}{10} + \frac{1}{10} \right) < q^{R+\rho-p}$$

所以 $R + \rho - p > 0$，但

$$R + \rho \leqslant R\left(1 + \frac{1}{q-1}\right) \leqslant \left(\frac{p}{q}+1\right) \frac{q}{q-1}$$

$$= \frac{p+q}{q-1} < \frac{2p}{q-1} \leqslant p$$

我认为 $R + \rho - q < 0$ 且这自相矛盾.

其他 Cassels 定理的证明被 Hyurö(1964b) 给出.

运用 Cassels 定理，Makowski 通过 Leveque(1950) 和 Sierpiński(1960) 解决了 1962 年的问题. 相似的证明被 Hyyrö 在 1963(Makowski 结论中未被认识的方面) 找到，且被芬兰人发表.

（B2.5） 三个连续的整数不可能为正数幂.

证明 假定三个连续的整数是正数幂，所以存在素数 l, p, q 和整数 x, y, z，使得

$$x^l - y^p = 1, y^p - z^q = 1$$

通过 Cassels 定理，$p \mid x$ 和 $p \mid z$，因此，$p \mid x^l - z^q = 2$. 所以 $x^l - y^2 = 1$. 通过 (A3.1) 可知这不可能.

其他涉及 $F_{a,n} = a^{a^n} + 1$ 的值的 Cassels 定理的结果（其中 $a \geqslant 2, n \geqslant 0$）被 Ferentinou Nicolacopoulou 在 1963 年和 Ribenboim 在 1979 年研究，我现在将做下说明.

（B2.6） $F_{a,n}$ 是非正数幂（其中 $n \geqslant 1$）.

证明 若 $F_{a,n}$ 是正数幂，记为 $a^{a^n} + 1 = m^p$，其中有素数 p 和 $m \geqslant 2$. 若 q 是基本除数 a，且 $a^n = qa'$，则

$m^p - (a^{a'})^q = 1$. 通过 Cassels 定理得 $q \mid m$,但 $q \mid a$ 是不可能成立的.

在最后的章节,我将运用 Cassels 定理改述引理 (A1.1):

(B2.7) 若 p, q 是奇素数,且当 $x, y \geqslant 1$. 这样,$x^p - y^q = 1$,则存在自然数 a, b, u, v,使得

$$
\begin{cases}
x - 1 = p^{q-1} a^q \\
\dfrac{x^p - 1}{x - 1} = pu^q
\end{cases} , p \nmid u, \gcd(a, u) = 1, y = pau
$$

$$
\begin{cases}
y + 1 = q^{p-1} b^p \\
\dfrac{y^q + 1}{y + 1} = qv^p
\end{cases} , q \nmid v, \gcd(b, v) = 1, x = qbv
$$

证明　通过 Cassels 定理得 $p \mid y$ 和 $q \mid x$. 因此,只有上述选项可能发生.

3. Catalan 方程的解的素因子

在这部分,我将指出满足 Catalan 方程最终解 x, y 的素因子的条件. 在不失普通性的原则下,我假设指数是素数,且思考方程 $X^p - Y^q = 1$. 此外,通过(A3.1),(A6.2) 和(A7.3) 可得 $p, q > 3$.

根据 Gérono 结论(B1.1) 可知,x, y 并不是素数.

已有许多 Gérono 结论的扩展,涉及各种 x, y 解的素因子.

最好先证明 Rotkiewicz(1960) 的结论,其直接推论表由 Obláth 和 Hampel 首次证明.

(B3.1)　(1) 若 q 是素数,m 是奇数且 $m \geqslant 3$,当 $x, y \geqslant 1$,且 $x^m - y^q = 1$,则存在一个素数 l,使得 $l \equiv 1 \pmod{q}$ 且 q^l 整除 x.

(2) 若 p 是奇素数,$n \geqslant 2$,若 $x, y \geqslant 1$ 且 $x^p -$

$y^n = 1$,则存在素数 h,使得 $h \equiv 1 (\mathrm{mod}\ p)$ 且 p^h 整除 y.

证明 (1)让 p 是素数整除 m,$m = bm'$ 且 $z = x^{m'}$,所以 $z^p - y^q = 1$.通过假设和(A3.1)p, q 是奇数,由引理(B2.7)得

$$\begin{cases} y + 1 = q^{p-1}b^p \\ \dfrac{y^q + 1}{y + 1} = qv^p \end{cases}$$

这里 $\gcd(b, v) = 1$ 且 $qbv = z$.

因为 $y \neq 2$,从(B1.1),由(P1.2)可以得到 $y^q + 1$ 有本原因子 l,这样 $l \nmid y + 1$,因此 l 可整除 $\dfrac{y^{q+1}}{y+1}$.同样,$l \equiv 1 (\mathrm{mod}\ q)$(由(P1.4)).由此可得 $l \mid v$,因此 $l \mid z$,所以 $l \mid x$.因为 $l \neq q$ 且从(B2.4)得 $q \mid x$,所以 $ql \mid x$.

(2)证明是相似的.

Obláth1941 年的结论是相似的推论,Obláth 证明了1941年接下来的结论:

(B3. 2) 假设 $p, q > 3$,$x, y \geqslant 1$ 且 $x^p - y^q = 1$,则 x, y 的素因子并非式了 $2^a3^b \mid 1$(其中 $a, b \geqslant 0$)的一切形式.

证明 若 $x^p - y^q = 1$,则 $p, q > 3$ 已被证实.从(B3.1)可知,存在 x 素因子 l 和 q 素因子 h,这样 $l \equiv 1 (\mathrm{mod}\ q)$ 且 $h \equiv 1 (\mathrm{mod}\ p)$.所以,$l, h$,并非成立 $2^a3^b + 1$(其中 $a \geqslant 0, b \geqslant 0$).

尤其,若 $x^p - y^q = 1$(其中 $p, q \geqslant 3$),则 x, y 各有至少两个奇素因子. 另一个这个事实的证明被 Ribenboim(1979)给出. 这样,x, y 并不能成立 10 次幂(在1960年被 Hampel 证明). 同样,x, y 不成立式子 2^al^b,这里 l 是奇素数,且 $a, b \geqslant 1$(优于 Obláth 在 1940

年的证明).

相似的 x,y 不成立式子 $2^a 3^b k^c$, 这里 $a \geqslant 0, b \geqslant 1$, $c \geqslant 1$. 由(B3.1)可知, 存在素数 $l > q$. 这样 l 整除 $x = 2^a 3^b k^c$, 所以 $l = k$. 由(B2.4)得 $q \mid x$, 所以 $q = k$ 是相互矛盾的. 相似的, 存在素数 $h > p$. 这样 h 可整除 $y = 2^a 3^b k^c$, 所以 $h = k$. 从 $p \mid y$, 得 $p = k$. 这是荒谬的.

对每一个整数 $a \geqslant 1$, 让 $w(a)$ 表示 a 的素因子的明确数值.

（**B3.3**） 若 $x^m - y^n = 1$, 其中, $m, n \geqslant 3, x, y \geqslant 1$, 则 $w(x) \geqslant 1 + w(n), w(y) \geqslant 1 + w(m)$ 且 $w(xy) \geqslant 3 + w(m) + w(n)$.

证明 设 $p_1 < \cdots < p_{w}(m)$ 为素数整除 m, 且让 $q_1 < \cdots < q_{w(n)}$ 为素数整除 n. 显然 $p_i \neq q_j$ 且 $p_1, q_1 \neq 2$, 由(A3.1)和(A6.2)可得. 通过(B2.4), 每个 p_i 整除 x, 每个 q_j 整除 y.

设 $n_1 = \dfrac{n}{q_w(n)}$, $y_1 = y^{n_1}$, 因此 $x^m - y_1^{q_{w(n)}} = 1$. 由 (B3.1)可知存在素数 l. 这样 $l \mid x$ 且

$$l \equiv 1 (\bmod q_{w(n)})$$

则 $q_{w(n)} < l$ 且因此 $w(x) \geqslant 1 + w(n)$. 相似的, $w(y) \geqslant 1 + w(m)$.

最后, 这里没有素数可以整除 x, y 两者, 且有 $2 \mid xy$, 由此可得 $w(xy) \geqslant 5$.

上述的思考可以得出

$$x \geqslant q_1 \cdots q_{w(m)} (2q_{w(m)} + 1)$$
$$y \geqslant p_1 \cdots p_{w(n)} (2p_{w(n)} + 1)$$

这样, 若 $x^p - y^q = 1$, $p, q \geqslant 3, x, y \geqslant 1$, 则 $x \geqslant q(2q + 1), y \geqslant p(2p + 1)$. 由 A 部分的结论得 $p, q \geqslant$

5,因此 $x,y \geqslant 55$.

在 1961 年,Rotkiewicz 通过详细分析得出 $x,y > 10^6$. 我省略了这个证明过程.

4. Hyyrö 定理

现在我将表明 Hyyrö 给出的可除性条件和其比 Cassels 定理条件更清晰的部分,我将保持引理(B2.7)的标记法.

Hyyrö(1964b) 证明:

(B4.1) 让 p,q 是奇素数,让 x,y 是正整数且有 $x^p - y^q = 1$,则:

(1) $a = qa_0 - 1, b = pb_0 + 1$,其中整数 $a_0, b_0 > 1$.

(2) $x \equiv 1 - p^{q-1} (\bmod\ q^2), y \equiv -1 + q^{p-1} (\bmod\ p^2)$.

(3) $q^2 \mid x$ 当且仅当 $p^{q-1} \equiv 1 (\bmod\ q^2)$,$p^2 \mid y$ 当且仅当 $q^{p-1} \equiv 1 (\bmod\ p^2)$.

证明 (1) 通过引理(B2.7) 得 $a \equiv a^q \equiv a^q p^{q-1} \equiv x - 1 \equiv 1 (\bmod\ q)$. 相似的,$b \equiv b^p \equiv b^p q^{p-1} \equiv y + 1 \equiv 1 (\bmod\ p)$.

因此 $a = qa_0 - 1$,其中 $a_0 \geqslant 1$,所以 $a > 0$,且 $b = bp_0 + 1$,其中 $b_0 \geqslant 0$,所以 $b > 0$. 但实际上 $b_0 \geqslant 1$.另外,$b = 1$,因此 $x^p = y^q + 1 < (y+1)^q$,且这说明,就像我下面的解释

$$x < y(y+1)^{\frac{q}{p}} = q^{(\frac{p-1}{p})q} < q^a < 2q(q-1)^q$$
$$\leqslant p^{q-1}a^q = x - 1 < x$$

是一个谬论. 我用 $q - 1 < qa_0 - 1 = a$ 和 $p,q \geqslant 3, 2 < \left(\frac{p}{2}\right)^{q-1}$ 的事实所得.

（2）有 $a^q \equiv -1 \pmod{q^2}$，所以

$$x \equiv 1 + p^{q-1}a^q \equiv 1 - p^{q-1} \pmod{q^2}$$

相似的，$b^q \equiv 1 \pmod{p^2}$，所以

$$y \equiv -1 + q^{p-1}b^p \equiv -1 + q^{p-1} \pmod{p^2}$$

（3）这同样从上述同余数来理解．

现在我也考虑其中一个指数可能是复合指数的情况．Hyrrö（1964a）指出：

（B4.2） 让 $q \geqslant 3$ 是素数，让 $m \geqslant 3$ 且让 x,y 是正整数，那么 $x^m - y^q = \pm 1$，则：

（1）若 $e \geqslant 1$ 且 q^e 整除 x，则

$$\begin{cases} y \pm 1 = q^{em-1}c^m \\ \dfrac{y^q \pm 1}{y \pm 1} = qv^m \end{cases}$$

其中整数 $c,v > 1$，$\gcd(c,v) = 1$，$q \nmid v$，$x = q^e cv$．此外，每一个 v 的素因子 l 有 $l \equiv 1 \pmod{q}$，因此

$$v \equiv 1 \pmod{q}$$

同时 $y \pm 1$ 整除 $v^m - 1$，q^{em-1} 整除 $v - 1$，且 $x > q^{e(m+1)-1}$，$x - 1 > q^{e(m+1)-1}c$．

（2）若 m 是复合数，且若 p 是 m 的任意素除数，则

$$p^{q-1} \equiv 1 \pmod{q^2}$$

（3）若 m 是复合数，则 $q^2 \mid x$．

证明 （1）有 $x^m = y^q \pm 1 = (y \pm 1)\dfrac{y^q \pm 1}{y \pm 1}$，且 $q \nmid m$．通过（P1.2）

$$\frac{y^q \pm 1}{y \pm 1} = k(y \pm 1) + q = (y \pm 1)^{q-1} + k'q$$

（其中整数 k,k'），所以 $q \mid y \pm 1$，当且仅当 q 整除 $\dfrac{y^q \pm 1}{y \pm 1}$ 时成立．通过假设，q^e 整除 x，所以从（P1.2）得 $\gcd(y \pm$

$1,\dfrac{y^q\pm1}{y\pm1})=q$. 同时, 通过相同的结论可知, q^2 不整除

$\dfrac{y^q\pm1}{y\pm1}$, 因此

$$\begin{cases} y\pm1 = q^{em-1}c^m \\ \dfrac{y^q\pm1}{y\pm1} = qv^m \end{cases}$$

其中, $c,v\geqslant1,\gcd(c,v)=1,q\nmid v,x=q^ecv$.

由此, 我推断

$$((\mp y)^{q-1}-1)+((\mp y)^{q-2}-1)+\cdots+$$
$$((\mp y)-1)$$
$$=\dfrac{(\mp y)^q-q}{(\mp y)-1}-q=q(v^m-1)$$

即

$$\left[\dfrac{(\mp y)^{q-1}-1}{(\mp y)-1}+\cdots+\dfrac{(\mp y)^2-1}{(\mp y)-1}+1\right]\cdot$$
$$((\mp y)-1)=q(v^m-1)$$

因为 $\mp y\equiv1(\bmod q)$, 则括号里的数为

$$\sum_{j=0}^{q-2}(\mp y)^j+\sum_{j=0}^{q-3}(\pm y)^j+\cdots+((\mp y)+1)+1$$
$$\equiv(q-1)+(q-2)+\cdots+2+1$$
$$\equiv\dfrac{q(q-1)}{2}\equiv0(\bmod q)$$

其由 $(\mp y)-1$ 整除 v^m-1 可得, 因此 q^{em-1} 整除 v^m-1.

现在我将指出, 若 l 是 v 的任意素因子, 则 $l\equiv1(\bmod q)$. 的确, $l\neq q,l\nmid c$, 所以 $l\nmid y=1$. 另一方面, l 整除 $\dfrac{(\mp y)^q-1}{(\mp y)-1}$, 因此其整除 $y^q\pm1$. 通过(P1.4)可知 $l\equiv1(\bmod q)$. 这说明 $v=1(\bmod q)$. 但由(P1.2)可

知,$\dfrac{v^m-1}{v-1}=(v-1)f+m$(其中 f 是整数),因为 q 整除 $v-1$,且 $q\nmid m$,则 $q\nmid\dfrac{v^m-1}{v-1}$.因为 $q^{em-1}\mid v^m-1$,则 $q^{em-1}\mid v-1$ 且所以 $x=q^ecv>q^e(v-1)\geqslant q^{e(m+1)-1}$.事实上,我也指出了 $x-1>q^ec(v-1)>q^{e(m+1)-1}c$.

（2）通过（A3.1）和（A6.2）可知 m 是奇数,让 p 是 m 的任意素因子,所以 $m=pm'$,其中 $m'>2$.若 $z=x^{m'}$,则 $z^p-y^q=\pm1$,是因为 Cassels 定理,可得 $q\mid z$ 和 $q\mid x$.因此 $q^2\mid x^{m'}=z$,所以通过（B4.1）得 $p^{q-1}\equiv1(\bmod q^2)$.

（3）为了说明第三个断言,我将 m 记为 $m=p_1p_2\cdots p_s$,其中每个 p_i 均为奇素数（不需要很确切）,所以 $s\geqslant2$.我归纳定义

$$x_s=x,x_{s-1}=x_s^{p_s},x_{s-2}=x_{s-1}^{p_{s-1}},\cdots,x_0=x_1^{p_1}$$

我指出对于每一个 $i=0,1,\cdots,s$,存在整数 a_i,$h_i\geqslant1$,使得所有 h_i 的素因子都在 $p_1,\cdots,p_i$ 的范围之内,且 $x_i\mp1=h_ia_i^q$.

的确,若 $i=0$,则 $x_0\mp1=x_1^{p_1}\mp1=y^q$（因为 $x_1=x^{p_2\cdots p_s}$）,则我得 $h_0=1,a_0=y$.

对 i 进行归纳,且标记每个 p_i 都是奇数

$$h_{i-1}a_{i-1}^q=x_{i-1}\mp1=x_i^{p_i}\mp1=(x_i\mp1)\frac{x_i^{p_i}\mp1}{x_i\mp1}$$

因为 $\gcd(x_i\mp1,\dfrac{x_i^{p_i}\mp1}{x_i\mp1})=1$ 或 p_i.由此可得 $x_i\mp1$ 必然等于 $h_ia_i^q$,这里,h_i 的素因子满足 $p_1,\cdots,p_{i-1},p_i$.由 $i=s$,我得出 $x\mp1=h_sa_s^q$.

因为每个 p_i 都满足 $p_i^{q-1}\equiv1(\bmod q^2)$,通过第二部分的证明可得 $h_s^{q-1}\equiv1(\bmod q^2)$.如此

$$h_s^q \equiv h_s \pmod{q^2}$$

因为 $q \mid z$,因此 $q \mid x$,则

$$\mp 1 \equiv h_s a_s^q \equiv h_s a_s \pmod{q}$$

所以

$$\mp 1 \equiv (h_s a_s)^q \equiv h_s a_s^q \pmod{q^2}$$

因此 $q^2 \mid x$.

5. Inkeri 定理

我将介绍几个影响给出方程 $X^p - Y^q = 1$ 没有非零整数解的成对素指数 (p, q) 的 Inkeri 定理.

Inkeri 定理的假设包括分圆域 $\mathbf{Q}(\zeta_p)$ 的类数 h_p 和虚二次域 $\mathbf{Q}(\sqrt{-p})$ 的类数 $H(-p)$,这里 p 是奇素数.

在 P 部分中我回忆起关于分圆域 $\mathbf{Q}(\zeta)$ 的算法的基本事实,这里 $\zeta = \cos\dfrac{2\pi}{p} + \mathrm{i}\sin\dfrac{2\pi}{p}$ 是 1 的原始 p^{th} 根.

关于类数 $H(-p)$,我需要以下事实.

让 $K = \mathbf{Q}(\sqrt{-d})$,其中 $d > 1, d$ 无平方因子.

其判别式为

$$D = \begin{cases} -d, & \text{如果 } d \equiv 3 \pmod 4 \\ -4d, & \text{如果 } d \equiv 1 \text{ 或 } 2 \pmod 4 \end{cases}$$

所以

$$K = \mathbf{Q}(\sqrt{D})$$

对于接下来的结果,参见 Narkiewicz(1974),第 389 页.

(B5.1) 类数 $H(D)$ 满足下列不等式

$$H(D) \leqslant \frac{2}{\pi}\sqrt{|D|}\left(1 + \log\frac{2}{\pi}\sqrt{|D|}\right) \quad (5.1)$$

对于 $|D| > \mathrm{e}^{24}$,其简单估计为

$$H(D) \leqslant \frac{1}{3} \sqrt{|D|} \log |D| \qquad (5.2)$$

尤其是当 p 是素数, $p \equiv 3 (\mathrm{mod}\ 4)$, 则 $-p$ 是 $\mathbf{Q}(\sqrt{-p})$ 的判别式

$$H(-p) \leqslant \frac{1}{2} \sqrt{p} \log p \qquad (5.3)$$

这个无说服力的估计认为无论如何每一个 $p \geqslant 7$.

在 1963 年, Gut 给出这个推论的基本证明

$$H(D) < \frac{|D|}{4} \qquad (5.4)$$

这将足以用许多证据来证实.

我也需要一些 Fermat 商数的简单性质, 其中基数 $a \geqslant 1$

$$\psi_p(a) = \frac{a^{p-1} - 1}{p} \qquad (5.5)$$

(这里 p 是奇素数且 $p \nmid a$).

(B5. 2) 引理 若 p 是奇素数, 如果 p 不是 ad 的除数, 则

$$d\psi_p(p \pm d) \equiv d\psi_p(d) \mp 1 (\mathrm{mod}\ p)$$

证明 因为

$$(p \pm d)^p \equiv \pm d^p (\mathrm{mod}\ p^2)$$

所以

$$(p \pm d)^p - (p \pm d) \equiv \pm (d^p - d) - p (\mathrm{mod}\ p^2)$$

且被 p 整除

$$(p \pm d)\psi_p(p \pm d) \equiv \pm d\psi_p(d) - 1 (\mathrm{mod}\ p)$$

所以最终

$$d\psi_p(p \pm d) \equiv d\psi_p(d) \mp 1 (\mathrm{mod}\ p)$$

尤其是

$$\psi_p(p \pm 1) \equiv \mp 1 (\mathrm{mod}\ p)$$

$$2\psi_p(p\pm2)\equiv2\psi_p(2)\mp1(\bmod\ p)$$

Inkeri 定理的应用将以 p^2 为模规定 q^{p-1} 的余数表（这里 p,q 是不同素数），是 p^{th} 分圆域的类数的第一因子 h_p 的表，也是 $H(-p)$ 的表.

现在我将证明 Inkeri 第一定理(1964)：

(B5.3) 让 p,q 是奇素数，$p,q\geqslant3$，且让 x,y 是非零整数，则有 $x^p-y^q=1$.

(1) 若 $p\equiv3(\bmod\ 4)$，且 $q\nmid H(-p)$，则 $p^{q-1}\equiv1(\bmod\ q^2)$，$q^2$ 整除 x，且 $y\equiv-1(\bmod\ q^{2p-1})$.

(2) 若 $q\equiv3(\bmod\ 4)$，且 $q\nmid H(-q)$，则 $q^{p-1}\equiv1(\bmod\ p^2)$，$p^2$ 整除 y，且 $x\equiv1(\bmod\ p^{2q-1})$.

(3) 若 $p>q>3$，$p\equiv q\equiv3(\bmod\ 4)$，且 $q\nmid H(-p)$，则 $p^{q-1}\equiv1(\bmod\ q^2)$，$q^{p-1}\equiv1(\bmod\ p^2)$，$p^2\mid x$，$q^2\mid y$，$x\equiv1(\bmod\ p^{2q-1})$ 且 $y\equiv-1(\bmod\ q^{2p-1})$.

证明 (1) 通过引理(B2.7)

$$\begin{cases}x-1=p^{q-1}a^q\\\dfrac{x^p-1}{x-1}=pu^q\end{cases}\tag{5.6}$$

其中，$p\nmid u$，$\gcd(a,u)=1$，$y=pau$. 此外，u 是奇数，通过(P1.2)部分(vi)，可得.

我将应用(P1.10)，标记 $p\equiv3(\bmod\ 4)$，则 $p^*=(-1)^{\frac{p-1}{2}}p=-p$. 因此

$$pu^q=\frac{x^p-1}{x-1}=F_1(x)^2+pG_1(x)^2\tag{5.7}$$

这里 $F_1(x)=\dfrac{F(x)}{2}$，$G_1(x)=\dfrac{G(x)}{2}$，且

$$\begin{cases}F(X)=A(X)+B(X)\\G(X)=-\dfrac{\tau}{p}[A(X)-B(X)]\end{cases}$$

是多项式,其中有整数系数,回忆(P1.10) 可知

$$A(X) = \prod_a (X - \zeta^a)$$

(a 运行的二次方余数 $\bmod p, 1 \leqslant a \leqslant p-1$)

$$B(X) = \prod_b (X - \zeta^b)$$

(b 运行的二次方无余数 $\bmod p, 1 \leqslant b \leqslant p-1$),且 r 是主要的 Gaussian 和

$$\tau = \sum_{m=1}^{p-1} \left(\frac{m}{p} \right) \zeta^m = \sum_a \zeta^a - \sum_b \zeta^b$$

标记 $r^2 = -p$,现在我得到 $F_1(x), G_1(x)$ 是整数. 的确,若通过(P1.12) 知 x 是偶数,$G(x)$ 是偶数,所以 $G_1(x)$ 是整数,因此 $F_1(x)$ 是整数. 若 x 是奇数

$$G(x) \equiv G(1) \equiv 1 + a_2 + \cdots + a_{\frac{p-5}{2}} + 1 (\bmod 2)$$

因为 $G(x) = X^{\frac{p-1}{2}} G(\frac{1}{x})$,则 $a_2 = a_{\frac{p-5}{2}}, a_3 = a_{\frac{p-7}{2}}, \cdots$,因此,$G(x) \equiv 0 (\bmod 2)$,这样 $G_1(x)$ 是整数,且再次证明 $F_1(x)$ 是整数,由(5.7) 得.

从(5.7) 可知 $p \mid F_1(x)$,记为 $F_1(x) = ps$,$G_1(x) = t$,则从(5.7) 可得下列方程

$$a^q = ps^2 + t^2 = (t + \sqrt{-p} s)(t - \sqrt{-p} s) \quad (5.8)$$

现在我将指出 $\gcd(s, t) = 1$. 的确,若素数 l 整除 s 和 t,则 l 整除 u 且 $l \neq 2$,因为 u 是奇数. 但 l 整除 $F(x)$,$G(x)$,所以其整除 $A(x) = \frac{1}{2}[F(x) + G(x)]$ 且

$B(x) = \frac{1}{2}[F(x) - G(x)]$ 在分圆域 $\mathbf{Q}(\zeta)$ 中.

让 L 是 $\mathbf{Q}(\zeta)$ 的素理想且整除 l,则存在 a, b,其中

$1 \leqslant a, b \leqslant p-1$,使得 $(\frac{a}{p}) = 1, (\frac{b}{p}) = -1$,且 L 整除

Catalan 定理

$A(x)$ 的因式 $x-\zeta^a$ 和 $B(x)$ 的因式 $x-\zeta^b$. 因此 L 整除 $\zeta^a-\zeta^b=\zeta^a(1-\zeta^{b-a})$, 因为 $a\not\equiv b(\bmod p)$, 则 $1-\zeta^{b-a}$ 是与 $1-\zeta$ 的联合, 但 p 是与 $(1-\zeta)^{p-1}$ 的联合, 所以 L 整除 p, 也就是 $l=p$. 因此 $p\mid u$, 这相互矛盾.

由于 $\gcd(s,t)=1$, 由此可得 $\mathbf{Q}(\sqrt{-p})$ 的主理想通过 $t+\sqrt{-p}s$ 和 $t-\sqrt{-p}s$ 形成, 是相对素数. 的确, 若 $\mathbf{Q}(\sqrt{-p})$ 的素理想 Q 整除上述理想, 则 Q 整除 $2t$, 但 $Q\mid u$ 和 u 是奇数, 所以 $Q\nmid 2$, 因此 $Q\mid t$, 所以 Q 整除 $\sqrt{-p}s$. 但 $\gcd(s,t)=1$, 因此, Q 必须整除 $\sqrt{-p}$, 所以 $Q\mid p$, Q 的指数是 p 的幂, 不等于 1, 所以 p 整除 Q 指数, 且整除 u^2, 所以 p 整除 u, 这与假设相反.

从 (5.8), 我思考存在一个 $\mathbf{Q}(\sqrt{-p})$ 的理想 I, 使得通过 $t+\sqrt{-p}s$ 形成主理想 $(t+\sqrt{-p}s)=I^q$. 那么, 在 $\mathbf{Q}(\sqrt{-p})$ 的小组中另一组理想 I 整除 q, 但也整除 $\mathbf{Q}(\sqrt{-p})$ 的类数 $H(-p)$. 因为 $q\nmid H(-p)$, 则 I 是其自己的主理想, 回忆当 $p>3$ 时, $\mathbf{Q}(\sqrt{-p})$ 的单位为 $1,-1$, 将其记作

$$t+\sqrt{-p}s=\left(\frac{m+\sqrt{-p}n}{2}\right)^q$$

这里 m,n 是整数, $m\equiv n(\bmod 2)$, 计算上述关系式的两边

$$2^{q-1}G(x)\equiv 2^q t=m^q-\binom{q}{2}m^{q-2}n^2p\pm\cdots\pm qmn^{q-1}p^{\frac{q-1}{2}}$$
$$\equiv m^q(\bmod qm)$$

从 $(P1.10)$ 得 $G(x)=x(1+a_2x+\cdots+x^{\frac{p-5}{2}})$, 因为 $q\mid x$. 上述同余式说明 $q\mid m$, 因此 $q^2\mid m^q$, $q^2\mid mq$. 因此 $q^2\mid G(x)$ 和 $q^2\mid x$ 正如我要证明的一样.

因为 $x^p - y^q = 1$，从 (B4.1) 得 $p^{q-1} \equiv 1 (\mathrm{mod}\, q^2)$，通过引理 (B2.7) 存在正整数 b, v，使得

$$\begin{cases} y + 1 = q^{p-1} b^p \\ \dfrac{y^p + 1}{y + 1} = q v^q \end{cases}$$

其中，$q \nmid v, x = qbvc$，且 $\gcd(b, v) = 1$。因为 $q^2 \mid x$，则 $q \mid b$，且因此 q^{2p-1} 整除 $y + 1$，所以

$$y \equiv -1 (\mathrm{mod}\, q^{2p-1})$$

(2) 若 $x^p - y^q = 1$，则 $(-y)^2 - (-x)^p = 1$.

表述 (2) 跟随 (1) 而来，交换 p 和 q.

(3) 因为 $p > q > \dfrac{q}{4} > H(-1)$，由 Gut 结论 (5.4) 的上述引用所得，则 $p \nmid H(-q)$。现在结论从 (1) 和 (2) 中得到.

这是被 Aaltonen 和 Inkeri (1990) 给出的简单结果.

(B5.4) 让 p, q 是素数，有 $p = q + d$，这里 $-3p < d < 3q$。假设，方程 $X^p - Y^q = 1$ 有无值整数解.

(1) 若 $p \equiv 3 (\mathrm{mod}\, 4)$，则 $p^{q-1} \equiv 1 (\mathrm{mod}\, q^2)$ 且

$$\dfrac{d^q - d}{q} \equiv 1 (\mathrm{mod}\, q).$$

(2) 若 $q \equiv 3 (\mathrm{mod}\, 4)$，则 $q^{p-1} \equiv 1 (\mathrm{mod}\, p^2)$ 且

$$\dfrac{d^p - d}{p} \equiv -1 (\mathrm{mod}\, p).$$

证明 (1) 通过假设，$d < 3p$，因此 $\dfrac{p}{4} = \dfrac{q + d}{4} < q$。因为 $H(-p) < \dfrac{p}{4}$，如已表明的一样。通过 (B5.1)，$p^{q-1} \equiv 1 (\mathrm{mod}\, q^2)$。因此，Fermat 商满足 $\psi_q(p) \equiv$

$0(\bmod p)$，从引理(B5.2)可得
$$d\psi_q(q+d) \equiv d\psi_q(d)-1 \equiv (\bmod q)$$
所以
$$\frac{d^q - d}{q} \equiv 1(\bmod q)$$

（2）证明相似，此处省略.

上述结果尤其应用于双素数 $p=q+2$ 中.唯一双素数小于 10^4，满足同余式
$$p^{q-1} \equiv 1(\bmod q^2) \quad 当 p \equiv 3(\bmod 4)$$
或者
$$q^{p-1} \equiv 1(\bmod p^2) \quad 当 q \equiv 3(\bmod 4)$$
为(5.7).那么对所有上述范围内的双素数，不同于(5.7)，Catalan 方程有唯一无值解，方程 $X^5 - Y^7 = \pm 1$ 将在之后被思考.

这里有关于(B5.3)的另一个应用.

（B5.5） 让 p,q 为素数，有 $q=kp+r$，其中 $1 \leqslant k,r$ 是奇数，$|r| < p$，且也有 $r^q \equiv r(\bmod q^2)$，假设，$p \equiv 3(\bmod 4)$，且 $X^p - Y^q \equiv 1$，有非零整数解，则
$$r\psi_q(k) \equiv 1(\bmod q)$$

证明 k 是偶数且 $r > -p$，因此 $q > (k-1)p \geqslant p$，那么，$q \nmid H(-p)$ 且有 $q \nmid rk$.因为 $p \equiv 3(\bmod 4)$，通过(B5.3)得 $p^q \equiv p(\bmod q^2)$，因此
$$k^q p \equiv (kp)^q \equiv (q-r)^q \equiv -r^q \equiv -r(\bmod q)$$
那么
$$0 \equiv k^q p + r = (k^q - k)p + q(\bmod q^2)$$
且被 q 整除
$$r\psi_q(k) \equiv r\frac{k^{q-1}-1}{q} \equiv -p\frac{k^q - k}{q} \equiv 1(\bmod q)$$

这里应注意，每个 $m=0,1,\cdots,q-1$，同余式 $X^q -$

$X \equiv mq \pmod{q^2}$ 有最少 $q-1$ 个成对的不同解,以 q^2 为模. 的确,先让 $m=0$,若 $j=1,2,\cdots,q-1$,则 $j^q \equiv j \pmod{q}$. 所以 $j^q \equiv j + h_j q \pmod{q^2}$,其中,$0 \leqslant h_j \leqslant q-1$. h_j 被 j 特殊定义,接着

$$(j + h_j q)^q \equiv j^q \equiv j + h_j q \pmod{q^2}$$

这使 $X^q - X \equiv 0 \pmod{q^2}$ 的解增加到 $q-1$,其以 q^2 为模两两不一致. 此外,若 $m=1,2,\cdots,q-1$,且 $x^q \equiv x \pmod{q^2}$,则

$$(x - mq)^q \equiv x^q \equiv x \pmod{q^2}$$

所以

$$(x - mq)^q - (x - mq) \equiv mq \pmod{q^2}$$

其给出 $X^q - X \equiv mq \pmod{q^2}$ 的增两两不一致增加到 $q-1$.

(B5.6)引理 让 p,q 为奇素数,假设 $p = 2kq + e$,其中,$q \nmid k$,$e^q \equiv e \pmod{q^2}$,则 $p^{q-1} \not\equiv 1 \pmod{q^2}$.

证明 由

$$p^q \equiv (2kq + e)^q \equiv e^q \equiv e \pmod{q^2}$$

若 $p^q \equiv p \pmod{q^2}$,$e \equiv p \equiv 2kq + e \pmod{q^2}$,因此 $q \mid k$,这与假设相反.

这一结果认定,尤其当 $e = \pm 1$.

那么,若 $p = 2q + 1$ 或 $4q - 1$ 或 $6q + 1$(其中 $q > 3$),则 $p^{q-1} \not\equiv 1 \pmod{q^2}$.

(B5.7)引理 让 p,q 为素数,且假设下列一个条件被满足:

(1) $p = 2q + 1$;

(2) $p = 4q - 1$;

(3) $p < q^{1.462}$ 且 $p \equiv 3 \pmod{4}$;

(4) $p = 6q + 1$;

387

则有 $H(-p) < q$.

证明 （1）如上述表明，$H(-p) < \dfrac{p}{4} = \dfrac{2q+1}{4} < q$.

（2）再次 $H(-p) < \dfrac{p}{4} = \dfrac{4q-1}{4} < q$.

（3）若 $p=3$ 或 7 其为无理数，若 $p \geqslant 11$，则必须有 $q \geqslant 7$.

让 $2t = 1.462$，给出 $H(-p)$ 的预测

$$\frac{H(-p)}{q} < \frac{1}{2q}\sqrt{p}\log p < \frac{\log q^t}{q^{1-t}} = \frac{t}{1-t}\frac{\log q^{1-t}}{q^{1-t}}$$

函数 $f(x) = \dfrac{\log x^{1-t}}{x^{1-t}}$ 为 $x^{1-t} > e$ 而减少. 同样

$\dfrac{0.731}{0.269} \times \dfrac{\log 7^{0.269}}{7^{0.269}} < 1$. 因此对每个素数 $q \geqslant 7$. 都有 $H(-p) < q$.

（4）若 $q \geqslant 53$，则

$$\frac{p}{q} = 6 + \frac{1}{q} \leqslant 6.2 < q^{0.462}, \quad p < q^{1.462}$$

但 $p \equiv 3(\bmod 4)$，因此通过（3）可得 $H(-p) < q$.

若 $5 \leqslant q < 53$，则因为 $p = 6+1$ 为素数，所以 $q = 5,7,11,13,17,23,37,47$. 因此 $p = 31,43,67,79,103,139,223,238$. 根据图表 $H(-p) = 3,1,1,5,5,3,7,3$. 因此 $H(-p) < q$.

（B5.8） 让 p,q 为素数，且假设满足下列某一条件：

（1）$p = 2q+1$；

（2）$p = 4q-1$；

（3）$p = 6q+1$；

（4）$p = 2kq + e$，其中 $q \nmid k, e^q \equiv e(\bmod q^2)$ 且 $p <$

$q^{1.462}, p \equiv 3 (\mathrm{mod}\ 4)$.

则方程 $X^p - Y^q = 1$，没有非零整数解.

证明 记所有情况下，$p \equiv 3 (\mathrm{mod}\ 4)$ 且有 $H(-p) < q$. 所以，通过引理(B5.7)，得 $q \nmid H(-p)$. 通过引理(B5.6)，得 $p^{q-1} \not\equiv 1 (\mathrm{mod}\ q^2)$. 由引理(B5.1) 得 $X^p - Y^q = 1$ 有一个无理数解.

在 1990 年，Inkeri 证明了分圆域干涉的另一个定理.

首先，其方便建立下列结论：

(B5.9) 让 $p, q \geqslant 3$ 为相异素数，那么 q 不能整除 p^{th} 分圆域 $\mathbf{Q}(\zeta)$ 的类数 h_p. 假设存在非零整数 x, y 使得 $x^p - y^q = 1$，则存在 $\mathbf{Q}(\zeta)$ 的实根 ε, η，使得

$$\begin{cases} \varepsilon^p = \alpha^q + \overline{\alpha}^q \\ \eta x = \beta^q + \overline{\beta}^q \end{cases}$$

其中，$\alpha, \beta \in \mathbf{Z}[\zeta]$，且 α, β 不是根.

证明 通过引理(B2.7)

$$pu^q = \frac{x^p - 1}{x - 1} = (x - \zeta)(x - \zeta^2) \cdots (x - \zeta^{p-1})$$

因为 $q \mid x$，则 $3 \leqslant q \leqslant |x|$，所以

$$pu^q = x^{p-1} + x^{p-2} + \cdots + x + 1$$
$$\geqslant |x|^{p-1} - |x|^{p-2} + \cdots - |x| + 1$$
$$\geqslant |x|^{p-2}(|x| - 1) + 1 \geqslant 3^{p-2} + 1 > p$$

因此 $u \neq 1$，接着

$$p = \Phi_p(1) = (1 - \zeta)(1 - \zeta^2) \cdots (1 - \zeta^{p-1})$$

因此

$$u^q = \prod_{i=1}^{p-1} \delta_i \qquad (5.9)$$

389

$$\delta_i = \frac{x - \zeta^i}{1 - \zeta} = \frac{x - 1}{1 - \zeta^i} + 1, \ i = 1, \cdots, p - 1$$

$$(5.10)$$

但 $p \mid x - 1$（由引理(B2.7)）和由 P 部分,知 $1 - \zeta^i$,$1 - \zeta$ 是 $(p) = (1 - \zeta)^{p-1}$ 的关系式,因此 $\delta \in \mathbf{Z}[\zeta]$,其中 $i = 1, \cdots, p - 1$.

现在,我得到 δ_i, δ_j 在 $i < j$ 时是相对素数. 的确,若 P 是 $\mathbf{Z}[\zeta]$ 的素理想,那么 P 整除 δ_i, δ_j,则 P 整除 $\zeta^i(1 - \zeta^{j-1})$,因为 $1 - \zeta^{j-1}$ 和 $1 - \zeta$ 是联合的,则 P 整除素理想 $(1 - \zeta)$,所以 $P = (1 - \zeta)$. 由引理 (B2.7) 得 $x - 1 = p^{q-1}a^q$,所以 $p^2 \mid x - 1$,因此,$p^{2(p-1)}$ 整除 $x - 1$. 通过 (5.10) 得 $\delta_i \equiv 1 \pmod{p}$,这相互矛盾.

由 (5.9) 得 $(\delta_i) = J_i^q$,这里 J_i 是 $\mathbf{Z}[\zeta]$ 的理想. 因为 $u \neq 1, \delta_i$ 不是根,所以 $J_i \neq \mathbf{Z}[\zeta]$.

由假设 $q \nmid h_p$ 得,每个理想 J_i 都是特殊的,所以对每一个 $i = 1, \cdots, p - 1$,$\delta_i = \varepsilon_i \alpha_i^q$,这里 ε 是根,$\alpha_i \in \mathbf{Z}[\zeta]$,$\alpha_i$ 不是根,因此 $x - \zeta^i = \varepsilon_i \alpha_i^q (1 - \zeta^i)$.

正如 P 部分所表明的,$\varepsilon_i = \zeta^{k_i} \eta_i$. 这里 $0 \leqslant k_i \leqslant p - 1$ 且 η_i 是实根,所以

$$x - \zeta^i = \zeta^{k_i} \eta_i \alpha_i^q (1 - \zeta^i) \qquad (5.11)$$

尤其,当 $i = 2$

$$x - \zeta^2 = \zeta^{k_2} \eta_2 \alpha_2^q (1 - \zeta^2) = \zeta^{k_2+1} \eta_2 \alpha_2^q (\zeta^{-1} - \zeta)$$

因为 $p \neq q$,存在整数 e, f,使得 $ep + fq = 1$. 因此

$$\zeta^{k_2+1} = \zeta^{(k_2+1)ep} \zeta^{(k_2+1)fq} = \zeta^{(k_2+1)fq}$$

且

$$x - \zeta^2 = \eta_2 \gamma^q (\zeta^{-1} - \zeta) \qquad (5.12)$$

其中 $\gamma = \zeta^{(k_2+1)f} \alpha_2 \in \mathbf{Z}[\zeta]$,$\gamma$ 不是根,获得共轭复数

$$x - \zeta^{-2} = \eta_2 \overline{\gamma}^q (\zeta - \zeta^{-1}) \qquad (5.13)$$

且减去

$$\zeta^2 - \zeta^{-2} = \eta_2 (\gamma^q + \overline{\gamma}^q)(\zeta - \zeta^{-1})$$

因此

$$\frac{\zeta + \zeta^{-1}}{\eta_2} = \gamma^q + \overline{\gamma}^q$$

现在我得到

$$\zeta + \zeta^{-1} = \frac{\zeta^2 - \zeta^{-2}}{\zeta - \zeta^{-1}} = \frac{\zeta^{-2}(1 - \zeta^4)}{\zeta^{-1}(1 - \zeta^2)}$$

因为 $1 - \zeta^2, 1 - \zeta^4$ 是联系的,则 $\zeta + \zeta^{-1}$ 是根,且因此

$$\eta = \frac{\zeta + \zeta^{-1}}{\eta_2}$$

是实根. 让 $\varepsilon = -\eta^e$,所以 ε 是实根,且 $\alpha = \eta^{-f} \gamma \in \mathbf{Z}[\zeta]$,$\alpha$ 不是根,则

$$\varepsilon^p = \alpha^q + \overline{\alpha}^q$$

由 (5.7) 得 $\zeta^{-2} x - 1 = \eta_2 \gamma^2 (\zeta^{-1} - \zeta) \zeta^{-2}$,得 $\beta = \zeta^{-2f} \gamma \in \mathbf{Z}[\zeta]$,$\beta$ 不是根,则

$$\zeta^{-2} x - 1 = \eta_2 \beta^q (\zeta^{-1} - \zeta)$$

获得共轭

$$\zeta^2 x - 1 = \eta_2 \beta^{-q} (\zeta - \zeta^{-1})$$

且减去

$$(\zeta^2 - \zeta^{-2}) x = \eta_2 (\beta^q + \overline{\beta}^q)(\zeta - \zeta^{-1})$$

所以 $\eta x = \beta^q + \overline{\beta}^q$. 这里

$$\eta = \frac{\zeta^2 - \zeta^{-2}}{\eta_2 (\zeta - \zeta^{-1})} = \frac{\zeta + \zeta^{-1}}{\eta_2}$$

从这个命题得出 Inkeri 可能从方程 $X^3 - Y^m = \pm 1$ 的 Nagell 结论$(A7.3)$中得出其他的证明.

$X^3 - Y^q = \pm 1$ 的新证明只有无价值解,当 $q \geqslant 5$ 时.

391

令 $\zeta = \dfrac{-1+\sqrt{-3}}{2}$ 为 1 的原始立方根，则 $\zeta^2 = \dfrac{-1-\sqrt{-3}}{2}$ 和 $\mathbf{Q}(\zeta) = \mathbf{Q}(\sqrt{-3})$，众所周知，只有 1，$-1$ 是 $\mathbf{Q}(\sqrt{-3})$ 的实根.

若 $x, y \neq 0$，$x^3 - y^q = 1$，由 (B5.9) 得 $\pm 1 = \alpha^q + \bar{\alpha}^q$. 此时 $\alpha \in \mathbf{Z}\left[\dfrac{-1+\sqrt{-3}}{2}\right]$，$\alpha \neq \pm 1$. 因为

$$\frac{\pm 1}{\alpha + \bar{\alpha}} = \frac{\alpha^q + \bar{\alpha}^q}{\alpha + \bar{\alpha}} = \alpha^{q-1} - \alpha^{q-2}\bar{\alpha} + \cdots +$$

$$\alpha\bar{\alpha}^{q-2} + \bar{\alpha}^{q-1} \in \mathbf{Z}\left[\frac{-1+\sqrt{-3}}{2}\right]$$

则 $\alpha + \bar{\alpha}$ 是实根，所以 $\alpha + \bar{\alpha} = \pm 1$.

从 (P1.11) 可以看出，应用于 $\alpha, \bar{\alpha}$

$$\alpha^q + \bar{\alpha}^q - (\alpha + \bar{\alpha})^q = \pm q(\alpha\bar{\alpha})N$$

其中 $N = 1 + Mr$，$M \in \mathbf{Z}$，且 r 是在 $\mathbf{Q}(\sqrt{-3})$ 中可以整除 $\alpha\bar{\alpha}$ 的素数. 因此，$\pm 1 - (\pm 1) = q(\alpha\bar{\alpha})N$. 左手边要么是 0，要么是 2，且其不可能是 2，因为 $q \neq 2$. 那么 $N = 0$ 是必然的，但是 $1 + Mq = 0$ 是不可能的.

类似的，$x^q - y^3 = 1$，其中 $q \geqslant 5$，$x, y \neq 0$ 是不可能的，这意味着 $(-y)^3 - (-x)^q = 1$.

(B5.10) 让 p, q 是明确奇素数，如果存在非零整数 x, y 使得 $x^p - y^q = 1$，则：

(1) 若 $q \nmid h_p$，则 $q^2 \mid x$，且 $p^{q-1} \equiv 1 (\bmod\ q^2)$.

(2) 若 $p \nmid h_p$，则 $p^2 \mid y$，且 $q^{p-1} \equiv 1 (\bmod\ p^2)$.

证明 (1) 假设 $q \nmid h_p$. 由此通过 (B5.9) 知存在 $\mathbf{Q}(\zeta)$ 的实根 ε, η（其中 ζ 是 1 的原始 p^{th} 根），使得

$$\begin{cases} \varepsilon^p = \alpha^q + \bar{\alpha}^q \\ \eta x = \beta^q + \bar{\beta}^q \end{cases}$$

其中 $\alpha,\beta \in \mathbf{Z}[\zeta]$，$\alpha,\beta$ 非根.

运用(P1.11) 的定义于 $\beta,\overline{\beta}$

$$\eta x = \beta^q + \overline{\beta}^q = (\beta + \overline{\beta}^q)^q + q(\beta\overline{\beta})(\beta+\overline{\beta})\delta$$

$$(5.14)$$

其中,$\delta \in \mathbf{Z}[\zeta]$.

由 Cassels 定理可知 $q \mid x$，所以 $x = qx$，则 $q \mid (\beta + \overline{\beta})^q$. 在域 $\mathbf{Q}(\zeta)$ 中，主理想 (q) 是明显的素理想 $Q_1,\cdots,$ Q_f（正如 P 部分中表明的）的乘积. 每一个素理想 Q_i，$Q_i \mid (\beta + \overline{\beta})^q$，因此，$Q_i \mid \beta + \overline{\beta}$，所以 $Q_i^q \mid (\beta + \overline{\beta})^q$，且

$$Q_i^2 \mid q(\beta\overline{\beta})(\beta + \overline{\beta})$$

通过 (5.14)，Q_i^2 整除 $x = qx_1$. 因此对每一个 $i = 1,\cdots,$ f，有 $Q_i \mid x_1$，用 $(q) = Q_1\cdots Q_f$，这遵循 $q \mid x_1$，由此 $q^2 \mid x$.

由(B5.3) 得出结论，$p^{q-1} \equiv 1(\mathrm{mod}\ q^2)$.

(2) 由 $x^p - y^q = 1$，得出 $(-y)^q - (-x)^p = 1$，且这一结论由(1) 推出.

这个定理尤其适用于说明方程 $X^5 - Y^7 = \pm 1$，在整数范围内唯有无价值解. 另外，因为 $7 \nmid h_5 = 1$，则 $5^6 \equiv 1(\mathrm{mod}\ 49)$ 这是不正确的. 事实上没有被事先建立.

(B5.10) 有一个推论：

(**B5. 11**) 让 p,q 是奇素数，假设 $p = 2kq + e$，其中 $q \nmid k, e^q \equiv e(\mathrm{mod}\ q^2)$. 若 $q \nmid h_p$，则方程 $X^p - Y^q = 1$ 没有非 0 整数解.

证明 通过引理(B5.6)，$p^{q-1} \not\equiv 1(\mathrm{mod}\ q^2)$ 且通过(B5.10)方程 $X^p - Y^q = 1$ 有唯一无价值解.

下一个结果需要用到同余式 $a^{q-1} \equiv 1(\mathrm{mod}\ q^2)$ 的表格，其中 q 是素数不能整除 a. 由 D. H. Lehmer 用二

进制算法计算 $q < 6 \times 10^9$. 在 1971 年, Brillhart, Tonascia 和 Weinberger 扩展了 Kloss 关于 $a \leqslant 2 < 100$ 各 q 的极限的表格, 这些极限被 W. Keller 和 P. Clark 增加, 他们出版了下列极限计算的结果: $q < 7.5 \times 10^9 (a = 2)$, $q < 5 \times 10^8 (a < 100$, 且 a 是奇素数), $q < 9.3 \times 10^7 (a < 100$ 不是幂也不是素数).

我只需要同余式 $p^{q-1} \equiv 1 (\bmod q^2)$ 的结果(表3), 其中 p 也是素数. 在过去, 这些计算理论被很多作者创造, 每个人都扩展了之前的结果, 如 Aaltonen 和 Inkeri(1991). 列出了 $p < 10^3$ 和 $q < 10^4$ 的所有解. 我给出了一个更新的关于 p 范围的列表, 标注 $*$ 的解由 Keller 给出, 标 $**$ 的由 Clark 给出.

表 3　$p^{q-1} \equiv 1 (\bmod q^2)$

p	q
2	1 093　3 511
3	11　1 006 003
5	20 771　40 487　53 471　161
7	5　491 531
11	71
13	863　1 747 591
17	3　46 021　48 947
19	3　13 743　137　63 061 489
23	13　2 481 757　13 703 077
29	None
31	7　79　6 451　28 606 861*
37	3　77 867
41	29　1 025 273　138 200 401*
43	5　103
47	None
53	3　47　59　97
59	2 777

Catalan Theorem

续表

p	q
61	None
67	7 47 268 573
71	3 47
73	3
79	7 263 3 037
83	4 871 13 691 315 746 063**
89	3 13
97	7 2 914 393*
101	5
103	None
107	3 5 97
109	3
113	None
127	3 19 907
131	17
137	29 59 6 733
139	None
149	5
151	5 2 251
157	5
163	3
167	None
173	3 079
179	3 17
181	3 101
191	13
193	5 4 877
197	3 7 653
199	3 5

395

Catalan 定理

续表

p	q
211	None
227	71　349
229	31
233	3　11　157
239	11　13
241	11　523　1 163
251	3　5　11　17　421
257	5　359
263	7　23　251
269	3　11　83　8 779
271	3
277	1 993
281	None
283	None
293	5　7　19　83
307	3　5　19　487
311	None
313	7　41　149　181
317	107　349
333	211　359
337	13
347	None
353	8 123
359	3　23　307
367	43　2 213
373	7　113
379	3
383	None
389	19　373
397	3
401	5　83　347

续表

p	q
409	None
419	173 349 983 3 257
421	101 1 483
431	3 2 393
433	3
439	31 79
443	5
449	3 5 1 789
457	5 11 919
461	1 697 5 081
463	1 667
467	3 29 743 7 393
479	47 2 833
487	3 11 23 41 1 069
491	7 79
499	5 109
503	3 17 229 659 6 761
509	7 14
521	3 7 31 53
523	3 9 907
541	3
547	31
557	3 5 7 23
563	None
569	7 263
571	23 29
577	3 13 17 71
587	7 13 31
593	3 5
599	5
601	5 61

续表

p	q
607	5 7
613	3 4 073
617	101 1 087 6 077
619	7 73
631	3 1 787 5 741
641	43
643	5 17 307 859
647	3 23
653	13 17 19 1 381
659	23 131 2 221 9 161
661	None
673	61
677	13 211
683	3 1 279
691	37 509 1 091 9 157
701	3 5
709	None
719	None
727	None
733	17
739	3 9 719
743	5
751	5 151 409
757	3 5 17 71
761	41 907
769	None
773	3
878	37 41
809	3 59
811	3 211
821	19 83 233 293 1 229

续表

p	q
823	13 2 309
827	3 17 29 9 323
829	3 17
839	5 227
853	None
857	5 41 157 1 697
863	3 7 23 467
877	None
881	3 7 23
883	3 7
887	11 607
907	5 17
911	127
919	3
929	None
937	3 41 113 853
941	11 1 499
947	5 021
953	3
967	11 19 4 813
971	3 11 401 9 257
977	11 17 109 239 401
983	None
991	3 13 431
997	197 1 223

算出的结果通常用到类数 $H(-q)$，h_q 属于虚二次域 $\mathbf{Q}(\sqrt{-q})$ 也属于 1 的 q^{th} 次根的分圆域，尤其它们分解素因子将被需要．表已被建立（在需要的范围内），如 Borevich 和 Shafarevich 书中提到的那样．

399

我回忆类数 h_q 被表示为自然乘积 $h_q = h_q^- h_q^+$,第二因子是实分圆域 $\mathbf{Q}(\zeta_q + \zeta_q^{-1})$ 的类数. 尽管 h_q^- 在表里相当的广泛,也几乎没有计算出第二因子 h_q^+,现在的目的是记录 $h_q^+ = 1(q < 71)$.

(B5. 12) (1) 若 $p \equiv q \equiv 3 (\bmod 4)$ 且 $5 \leqslant p$,$q < 10^4$,且 $X^p - Y^q = 1$ 有唯一无价值整数解,其中 $(p,q) = (83, 4\,871)(4\,871, 83)$ 可能例外.

(2) 若 $p \equiv 3 (\bmod 4), q \equiv 1 (\bmod 4)$ 且 $5 < p$,$q < 500$,则 $X^p - Y^q = 1$,有唯一无价值整数解,其中 $(p,q) = (19,137),(107,97),(223,349),(251,421)$,$(419,173),(419,349),(499,109)$ 可能例外.

证明 假设 $X^p - Y^q = 1$ 有整数有价值解,则对 $X^q - Y^p = 1$ 来说也如此.

(1) 首先,令 $5 \leqslant p < 73, 5 \leqslant q < 10^4$,其中 $p \equiv 31 (\bmod 4)$.

我来指出 $p^{q-1} \equiv 1 (\bmod q^2)$. 的确,若 $p^{q-1} \not\equiv 1 (\bmod q^2)$,通过(B5.3),知 $q \mid H(-p)$,由表来看,$(p,q) \subset \{(47,5),(71,7)\}$,则 $p \nmid h_q$,因此由(B5.10) 知 $q^{p-1} \equiv 1 (\bmod p^2)$,这是矛盾的.

由 $p^{q-1} \equiv 1 (\bmod q^2), p \equiv 3 (\bmod 4), 5 \leqslant p < 73$,$5 \leqslant q < 10^4$,表格给出

$$
\begin{aligned}
(p,q) \in \{ &(7,5),(11,71),(19,7),(19,13),\\
&(19,43),(19,137),(23,13),(31,7),\\
&(31,79),(31,6\,451),(43,5),(43,103),\\
&(59,2\,777),(67,7),(67,47),(71,47),\\
&(71,331)\}
\end{aligned}
$$

若 $q \equiv 3 (\bmod 4)$,可以看出 $p \nmid H(-q)$,因此通过 (B5.3) 知 $q^{p-1} \equiv 1 (\bmod p^2)$. 但是,当 $(p,q) = (31,$

6 451) 检查表或直接计算是不正确的. 如果

$$q \equiv 1 (\mathrm{mod}\ 4)$$

则除去 $(19,137)$,$(59,2\ 277)$ 这种可能性之外,$p \nmid h_q$. 通过 (B5.10),$q^{p-1} \equiv 1 (\mathrm{mod}\ p^2)$,但这在表中看来是不正确的.

如果 $q \equiv 3 (\mathrm{mod}\ 4)$ 且 $5 \leqslant q < 73, 5 \leqslant p < 10^4$ 会得到同样的结论.

(2) 现在令 $73 \leqslant p, q < 10^4, p \equiv q \equiv 3 (\mathrm{mod}\ 4)$.

我将指出 $q \nmid H(-p)$. 的确,如果 $q \mid H(-p)$,则从表中可以看出

$$(p,q) \in \{(4\ 391,79),(5\ 399,79),(7\ 127,79),$$
$$(3\ 911,83),(5\ 039,83),(8\ 423,83),$$
$$(8\ 231,107),(9\ 239,139)\}$$

但 $H(-q) < q < p$,所以 $p \nmid H(-q)$ 且由 (B5.3) 可得 $q^{p-1} \equiv 1 (\mathrm{mod}\ p^2)$. 无论怎样,根据表上面的数对 (p,q) 不满足这个同余式.

这说明 $q \nmid H(-p)$ 是由 (B5.3)

$$p^{q-1} \equiv 1 (\mathrm{mod}\ q^2)$$

既然方程 $X^q - Y^p = 1$,也会有非平凡解,那么

$$q^{p-1} = 1 (\mathrm{mod}\ p^2)$$

现在符合记录的唯一的 (p,q),其中 $73 \leqslant p, q < 10^4$,使得

$$p^{q-1} = 1 (\mathrm{mod}\ q^2), q^{p-1} = 1 (\mathrm{mod}\ p^2)$$

是 $(p,q) = (83,4\ 871)$. 这由表的直接计算所决定.

(3) 现在令 $73 \leqslant p < 500, 5 \leqslant q < 500$,且 $p \equiv 3 (\mathrm{mod}\ 4)$. 首先我来说明 $q \nmid H(p)$. 另外,若 $q \mid II(-p)$. 由表可得

$$(p,q) \in \{(79,5),(103,5),(127,5),(131,5),$$

$$(179,5),(191,13),(227,5),(239,5),$$
$$(263,13),(347,5),(383,17),(439,5),$$
$$(443,5),(479,5)\}$$

那么 $p\nmid h_q$ 且由(B5.10),得 $q^{p-1}\equiv 1(\bmod\ p^2)$,这一结论根据表来看是不对的.

因此 $q\nmid H(-p)$ 且(B5.3),$p^{q-1}\equiv 1(\bmod\ q^2)$,由表得

$(p,q)\in\{(107,5),(107,97),(131,17),(151,5),$
$$(179,17),(191,13),(199,5),(223,349),$$
$$(239,13),(251,5),(251,17),(251,421),$$
$$(307,5),(419,173),(419,349),(443,5),$$
$$(467,29),(487,41),(499,5),(499,109)\}$$

除去 $(107,97)$,$(223,349)$,$(251,421)$,$(419,173)$,$(419,349)$,$(499,109)$ 这几种可能,$p\nmid h_q$;由此经(B5.10)得 $q^{p-1}\equiv 1(\bmod\ p^2)$,但是根据表,这是不对的.

(4) 建立于(1),(2),(3)中的事实足以证明命题.

Mignotte 最近对 Fermat 商进行了广泛的计算(1992 年与我亲切的传达).当 $p\equiv 1(\bmod\ 4)$ 时每一个素数 $p<700$.当 $p\equiv 3(\bmod\ 4)$ 时每一个素 $p<3\ 040$.他限定所有素数 $q<2^{30}$ 使得 $p^{q-1}\equiv 1(\bmod\ q^2)$.这些计算进行了 183 天,结果,发现有很多数对 (p,q).使得 $X^p-Y^q=\pm 1$ 仅有平凡解.

在 C 部分中我将叙述在对数处理其他对指数时,怎样提出联合一次齐式的方法.

C 部分　　分 析 方 法

我的目的是指明解决 Catalan 方程所估计的数量和大小,假设存在非平凡解.

首先,我考虑了严格的指数 $m,n \geqslant 2$,并且观察了方程 $X^m - Y^n = 1$ 的可能解 x,y.

其次,给出不同的整数 $a,b \geqslant 2$,我在方程 $a^U - b^V = 1$ 的自然数 U,V 中寻找解.

最后,我在指数丢番图方程 $X^U - Y^V = 1$ 的自然数 x,y,u,v 中考虑了解.

相应的,这部分被一分而三,它们将出现在丢番图方程的基本理论这一部分后面.

1. 丢番图方程的一些一般性理论

为了证明一个方程仅有有限多解 $(x_1, \cdots, x_k)$,每个 x_i 是一个整数,它足以成功实现下面的目标之一:

(a) 为了证明无穷多解的存在,产生一个矛盾.

(b) 为了明确地确定一个整数 $N \geqslant 1$ 使得解的个数小于等于 N.

(c) 为了明确地确定一些整数 $C \geqslant 1$ 使得每个解 $(x_1, \cdots, x_k)$ 必须满足 $|x_i| \leqslant C (i = 1, \cdots, k)$ 这一条件,通过尝试绝对值达到 C 的所有可能的整数,确定所有的解原则上是有可能的.

对于情况(a),没有说明有多少个解或解可以达到多大.

对于情况(b),没有迹象表明解有多大;那么,即

使 $N-1$ 个解已经知道了,也可能推断不出是否有其他解存在或这个解有多大.

最后对于情况(c)是最令人满意的.但是,如果用证明的方法得到的常数 C 太大是常有的事,那在合理的事件内明确所有的解是不可能的了.

在这个简短的部分,我将明确地说明主要的通用定理.这些定理将被用于说明正在研究的方程有有限多解.

某定理设法弄清了宽类丢番图方程有有限多解.这定理绝对没被形容为优美定理,读者若对可访问的方式感兴趣,可翻阅我 1986 年出版的书《不定解方程理论的一些基本方法》.当然也有一些书广泛地处理了这些问题,也许这里最接近主题的是 Shorey 和 Tijdeman1986 出版的书.

在 1909 年,Thue 证明到:

(C1.1) 令

$$F(X,Y) = a_0 X^n + a_1 X^{n-1} Y + \cdots + a_{n-1} XY^{n-1} + a_n Y^n$$

且 $a_0, a_1, \cdots, a_n$ 是整数,$a_0 \neq 0$ 且 $n \geqslant 3$. 如果 a 是任一个非零整数,且如果多项式 $F(X,1)$ 的根是明确的,那么方程 $F(X,Y) = a$ 仅有整数个有限多解.

Thue 定理证明依赖于代数有理数近似值,这一理论起源于证明了弱解式的 Liouville.

(C1.2) 令 α 是一个实代数基于次数 $d \geqslant 2$,那么存在一个有效可计算数 $C > 0$(以 α 为依据),使得如果 $\frac{a}{b}(b > 0, \gcd(a,b) = 1)$ 是任一一个有理数,那么

$$\left| \alpha - \frac{a}{b} \right| > \frac{C}{b^d} \qquad (1.1)$$

最佳逼近定理已经被 Roth 在 1955 年证明了,它

比以前 Gel'fond，Dyson 和 Siegel 的方法有所提高.

（**C1.3**） 如果 α 是一个真正的无理整数（也许被假设为次数大于 2），那么若每个 $\varepsilon > 0$ 存在 $C > 0$（依赖于 α, ε）使得对于每个有理数 $\dfrac{a}{b}$（$b > 0$, $\gcd(a, b) = 1$）有

$$\left| \alpha - \frac{a}{b} \right| > \frac{C}{b^{2+\varepsilon}} \tag{1.2}$$

然而常数 C 不是不效约束.

在 Roth 定理的基础上，可以直接推进 Thue 定理，但是这个问题在我的目的之外.

另一方面，关于方程的整数解，Siegel 在 1929 年已经证明了.

（**C1.4**） 令 $f(x, y)$ 为一个 n 次多项式，且整数系数在复数域不可约，令

$$F(X, Y, Z) = Z^n f\left(\frac{X}{Y}, \frac{Y}{Z} \right)$$

为齐次多项式，令 C 为 $F(X, Y, Z) = 0$ 时的射影平面曲线，如果曲线 C 有方格大于零点，那么方程 $f(X, Y) = 0$ 仅有整数有限方解. 这里我只对 Catalan 应用或相似方程感兴趣，所以其足以陈述一个明确的结果. 由 Inkeri 和 Hyyrö 在 1964 年给出（详见 Leveque, 1964）. 通过这样做，我不需要解释任何代数几何的概念，如出现在（C1.4）中的证明的类型.

（**C1.5**） 让 $m, n \geqslant 2$，其中 $\max\{m, n\} \geqslant 3$. 假设 $f(X)$ 是有整数导数和不同根的度数 m 的多项式，则对任意非零整数 a，方程 $f(X) = aY^n$ 有至多有限个整数解.

在 1976 中，Schinzel 和 Tijdeman 证明了下列定理

((C1.5)的改进,因为指数 n 是不固定的推理). 对数
线性形式定理,在下面讨论的是证明的必要因素.

　　(C1.6)　让 $g(X)$ 是有理数系数多项式.

　　若 $g(X)$ 有至少三个纯零点,则存在有效计算数
$C(g) > 0$. 使得若 x, y, z 是整数,$\mid y \mid \geqslant 2, z \geqslant 2$ 且
$g(x) = y^z$,则 $\mid x \mid, \mid y \mid, z < C(g)$.

　　涉及丢番图方程的有理数解,主要猜想由
Mordell 提出,并由 Faltings(1985)证明,这里,我将引
用这个基本定理的唯一特例.

　　(C1.7)　让 $f(X, Y, Z) \in \mathbf{Z}[X, Y, Z]$ 是非连续
同类多项式,使得对应投射平面曲线 C 是非奇异的,且
有属性大于一,则存在唯一有限多 C 曲线点与有理数
一致.

　　十分明确的是,存在唯一有限多个整数三元式
(x, y, z),其中 $\gcd(x, y, z) = 1$,使得 $f(x, y, z) = 0$.

　　迄今为止需要注意,上述整数 x, y, z 没有已知的
数值或大小的界线.

　　我回想到曲线 C 是非奇异的,若不存在任意三元
整数 $(x, y, z) \neq (0, 0, 0)$,使得其同时有

$$\frac{\partial f}{\partial X}(x, y, z) = 0, \frac{\partial f}{\partial Y}(x, y, z) = 0, \frac{\partial f}{\partial Z}(x, y, z) = 0$$

　　对非是奇异平面曲线 C,对 f 有度数 n,这由公式

$$g = \frac{(n-1)(n-2)}{2} \tag{1.3}$$

给出. 上述所有的结论并不总是足以获得 Catalan 方程
和其他丢番图方程的解的数量或大小的明确上限.

　　在 1966 开篇,Baker 研究对数线性式,且可以获得
基本定理,其工作对丢番图近似和丢番图方程极其重
要,这鼓励了许多数学家们的研究.

这不是我的意图,我也没有能力进入参加发展的讨论.对于讨论历史的话题详见 Baker(1977 和 1994),第一个描述界限是在 Baker 1973 的论文中(详见同系列的另外两篇论文)与 Tijdeman 定理中有特定的关系.对对数线性式的理论细节和证据,读者们可在下列论文中查询:Phillipon 和 Waldschmidt(1988),Wüstholz(1988),Blass,Glass,Mansky,Meronk 和 Steiner(1990)与 Waldschmidt(1990a),尤其是最新研究结果 Baker 和 Wüstholz(1993).

我将引述 Baker 定理 —— 并非最初始形式.

我将介绍下面的表示法.

若 α 是任意度数 $d \geqslant 1$ 的代数值,让

$$F(X) = a_0 X^d + a_1 X^{d-1} + \cdots + a_d$$

(其中 $a_0, a_1, \cdots, a_d$ 为整数,$a_0 \neq 0$,$\gcd(a_0, a_1, \cdots, a_d) = 1$)是其最小多项式.所以 $F(X)$ 在 $\mathbf{Q}$ 和 $F(\alpha) = 0$ 上不可约,α 的顶点是

$$H(\alpha) = \max\{|a_0|, |a_1|, \cdots, |a_d|\} \quad (1.4)$$

让 log 表示对数函数的主要计算.

让正整数 n, d 和实数 $A \geqslant 1$,$B \geqslant e$ 被给定,由 $\mathscr{A}(A)$ 代表,所有代数 $\alpha_i \neq 0, 1$ 的 $n-$数组 $(\alpha_1, \cdots, \alpha_n)$ 的集合,使得:

(a) 域值 $\mathbf{Q}(\alpha_1, \cdots, \alpha_n)$ 的度数至多等于 d.

(b) 若 $A_i = \max\{H(\alpha_i), e\}$,则

$$(\log A_1)(\log A_2) \cdots (\log A_n) \leqslant A \quad (1.5)$$

让 $\mathscr{B}(B)$ 是有理数 $b_i \neq 0$ 所有数 $n-$数组 $(b_1, \cdots, b_n)$ 的集合,使得

$$\max_{1 \leqslant i \leqslant n}\{|b_i|\} \leqslant B \quad (1.6)$$

让 $S = S(n, d, A, B)$ 是所有对数线性式的集合

407

$$\Lambda = b_1 \log \alpha_1 + \cdots + b_n \log \alpha_n \qquad (1.7)$$

使得 $\Lambda \neq 0$，且 $(\alpha_1, \cdots, \alpha_n) \in \mathscr{A}(A)$，$(b_1, \cdots, b_n) \in \mathscr{B}(B)$.

我现在将在上下文中引述最新的由 Baker 和 Wüstholz 的理论，其是超过 25 的在这个领域广泛和艰苦努力的果实.

（C1.8） 若 $\Lambda \in S$，则

$$|\Lambda| > \exp(-CA \log B) \qquad (1.8)$$

这里

$$C = (16dn)^{2(n+2)} \qquad (1.9)$$

Baker 运用其方法估计对数线性式的下界，为了获得丢番图方程更广泛的解的大小的下界，我后面将回到这个问题. 这项工作中的许多已包含在了 Baker 的经典书籍(1975) 中，它开启了潘多拉盒子，且使得数学家们忙于为解建立有效界线，是构造提出这些解的算法.

1. 方程 $X^m - Y^n = 1$

让 $m, n > 3$，且思考方程

$$X^m - Y^n = 1$$

我的目的是讨论下列问题：这个方程有非零整数解吗？如果有，有多少？我也将说明假设的解的上限和下限，且决定最终解的算法.

与之相比，我将给出 m^{th} 幂和 n^{th} 幂之间不同大小的预测.

2. 解的数量和大小的上限

我将应用前面的结论去推断方程 $X^m - Y^n = 1$ 的解的数量和大小的上限.

甚至更普遍的是:

（**C2.1**） 若 $m,n \geqslant 2$,其中 $\max\{m,n\} \geqslant 3$,且若 a,b,k 是非零整数,则方程 $aX^m - bY^n = k$ 有唯一有限多个整数解.

证明 这个结果直接应用于（C1.5）的多项式 $f(X) = aX^m - k$,其明确有不同的根.

尤其是,取 $m,n \geqslant 2,\max\{m,n\} \geqslant 3$,且 $k \geqslant 1$,方程 $X^m - Y^n = k$ 有唯一有限多个整数解.

与上述结论等价的公式如下:令
$$z_1 < z_2 < z_3 < \cdots$$
有连续递增的所有的整数幂,为 m^{th} 或 n^{th}.

（**C2.2**） 若 $m,n \geqslant 2,\max\{m,n\} \geqslant 3$,则
$$\lim_{i \to \infty}(z_{i+1} - z_i) = \infty$$

证明 对每个 $N \geqslant 1$ 和每个 $k = 1,2,\cdots,N$. 每个方程 $X^m - Y^n = k, X^n - Y^m = k, X^m - Y^m = k, X^n - Y^n = k$ 有唯一有限解. 因此,存在 M 使得,若 $i < j$ 且 $z_j - z_i \leqslant N$,则 $j \leqslant M$. 另一方面,若 $i \geqslant M$,则 $z_{i+1} - z_i > N$. 这就意味着 $\lim\limits_{i \to \infty}(z_{i+1} - z_i) = \infty$.

方程 $X^m - Y^2 = k$ 或 $X^2 - Y^m = k$ 的特例,在 1917 年被 Thue 获得（如我在（A16.1）中和再次在 1920 年被 Landau 和 Ostrowski 引用）.

事实上,$X^m - Y^n = k$ 有有限解也应用于 Mahler 的如 $\max\{x,y\}$ 趋于无穷的增长型最大素因子 $x^m - y^n$ 的定理（1953）,详见（C8.4）.

二次或三次序列有值得特别注意的目的性,关于其差距,Stark 在 1973 年证明了,并通过改进获得 Baker 的对数线性式的界线原点.

(C2.3) 对每个 $\varepsilon > 0$,存在数 $C(\varepsilon) > 0$,使得若 $x, y > 0$ 且 $x^3 \neq y^2$,则 $|x^3 - y^2| > C(\varepsilon)(\log x)^{1-\varepsilon}$.

这个结果没有达到 Hall(1971) 推测:

Hall 猜想 存在一个数 $C > 0$,使得若 $x, y > 0$,且 $x^3 \neq y^2$,则 $|x^3 - y^2| > C x^{\frac{1}{2}}$ 成立.

下面的弱陈述是尚未证实的:

Hall 的弱猜想 存在数 $C > 0$ 和 $\delta > 0$,使得若 $xy > 0, x^3 \neq y^2$,则 $|x^3 - y^2| > C x^{\delta}$ 成立.

这些猜想被讨论于 Nair 的文章中(1978). 在 Birch,Chowla,Hall 和 Schinzel(1965) 的支撑下得到了结果. 存在无穷多整数 $x, y > 0$,使得 $x^3 \neq y^2$,$|x^3 - y^2| < \frac{1}{9} x^{\frac{3}{5}}$. 极为有趣的另一个问题是 Mordell 方程的研究

$$X^3 = Y^2 - k$$

其中 $k \neq 0$,鉴于(A2.2),也许需假设 $k \neq \pm 1$.

这研究的目的是明确能得到 Mordell 方程中所有整数解的每个 k,精选文章由 Mordell(1913) 和 Hemer(1952,1954) 的创作. London 和 Finkelstein(1973) 的书中包含一个不错的解决方案的介绍,并给出许多 k 值的全部解.

若任一 $k \neq 0$,令 $N(k)$ 表示 Mordell 方程 $X^3 = Y^2 - k$ 整数值的个数.

正如 Mordell 的书(1968) 中所显示的,方程 $X^3 = Y^2 - 7$ 没有有理数解. 因此对于每个整数 $t \geqslant 1$,方程

$X^3 = Y^2 - 7t^6$ 没有整数值, 即 $N(7t^6) = 0$. 这说明 $N(k) = 0$.

另一方面, 在 1930 年, Fueter 给出了一个标准使方程 $X^3 = Y^2 - k(k$ 没有 6 次幂因子) 有无限多有理数解(已知它有一个有理数解). Mordell 在 1966 年给出了一个较为简单的证明, 这样 $X^3 - Y^2 = 3$ 有解 $(1,2)$, 且 Fueter 的标准也许被应用于这个有限多有理数解的方程, 这一事实被 Mordell(1973) 用于证明

$$\limsup_{k \to \infty} N(k) = \infty$$

确实, 给出 $n \geqslant 1$, 令 $\left(\dfrac{a_i}{d}, \dfrac{b_i}{d}\right)$, $i = 1, 2, \cdots, n$(整数 a_i, $b_i, d, d > 0$) 是 $X^3 = Y^2 - 3$ 的解, 那么

$$(a_i d)^3 = (b_i d^2)^2 - 3d^6$$

因此 $N(3d^6) \geqslant n$.

现在令 $N'(k)$ 表示 $X^3 = Y^2 - k$ 的相关素数解 (x, y) 的数量. Mohanty 在相同的文章(1973) 中证明

$$\limsup_{k \to \infty} N'(k) \geqslant 6$$

他也说明将很难使

$$\limsup_{k \to \infty} N'(k) = \infty$$

成立, 是真的. 这个问题取决于相差椭圆曲线的 Mordell-Weil 簇的秩和生成元.

Mordell 方程的观点是非常重要的, 它远远超出了本书的目标.

陈述(C2.1) 没有包含任何有关解的大小和数量的明确肯定. 应用他的对数线性形式方法, Baker 得出了使得 $x^m - y^n = k(k \neq 0)$ 的整数, x, y 的大小的上界, 如下:

(**C2.4**) 令 $m, n \geqslant 2$, 且 $\max\{m, n\} \geqslant 3$, 令 $k \neq$

0,并假设 $x^m - y^n > k$,且同时

$$\max\{|x|,|y|\} < \exp\exp((5n)^{10}(m^{10m}|k|)^{m^2})$$

这个界限巨大,但目前没有已知方法来减少他们大体上的大小.

然而,关于解的个数,较小的下界由 Hyyrö 在 1960a 中给出.运用下面 Davenport 和 Roth(1955) 的一般性结论.

(**C2.5**) 让 β 是度数 $d \geqslant 3$ 的代数整数,且 $H(\beta)$ 其顶点(这是其极小多项式系数绝对值的最大值).让 $C = 3 + \log(1+|\beta|) + 2\log(1+H(\beta))$.若 $0 < k \leqslant \frac{1}{3}$,则成对整数 (c,b) 的个数,其中 $b \geqslant 1$,且

$$\gcd(c,b) = 1$$

使得

$$\left|\beta - \frac{c}{b}\right| < \frac{1}{2^{b^{2+k}}}$$

至多等于

$$\frac{2}{k}\log C + \exp\left(\frac{70d^2}{k^2}\right)$$

Hyyrö 证明下列引理:

(**C2.6**) **引理** 假设 $x^p - y^q = 1$,其中 p,q 是奇数素数,且 x,y 是正整数.通过之前引理(B2.7)的表示法

$$0 < \frac{q^{\frac{p-1}{p}}}{p^{\frac{q-1}{q}}} - \frac{a}{b} < \frac{1}{2b^{\min(p,q)}}$$

证明 让

$$\alpha = \frac{q^{\frac{p-1}{p}}}{p^{\frac{q-1}{q}}}$$

因为

$$(1+y)^q = \frac{\left(1+\dfrac{1}{y}\right)^q \left(1+\dfrac{1}{x-1}\right)^p (x-1)^p}{1+\dfrac{1}{y^q}}$$

则

$$\alpha = \frac{a}{b} \cdot \frac{\left(1+\dfrac{1}{y}\right)^{\frac{1}{p}} \left(1+\dfrac{1}{x-1}\right)^{\frac{1}{q}}}{\left(1+\dfrac{1}{y^q}\right)^{\frac{1}{pq}}}$$

但是

$$\left(1+\frac{1}{y^q}\right)^{\frac{1}{q}} < 1 + \frac{1}{y}$$

所以

$$\left(1+\frac{1}{y^q}\right)^{\frac{1}{pq}} < \left(1+\frac{1}{y}\right)^{\frac{1}{p}} < \left(1+\frac{1}{y}\right)^{\frac{1}{p}} \left(1+\frac{1}{x-1}\right)^{\frac{1}{q}}$$

因此 $\dfrac{a}{b} < \alpha$.

另一方面,由于 $1 < \left(1+\dfrac{1}{y^p}\right)^{\frac{1}{pq}}$,那么

$$\alpha - \frac{a}{b} = \frac{a}{b} \left[\frac{\left(1+\dfrac{1}{y}\right)^{\frac{1}{p}} \left(1+\dfrac{1}{x-1}\right)^{\frac{1}{q}}}{\left(1+\dfrac{1}{y^q}\right)^{\frac{1}{pq}}} - 1 \right]$$

$$< \frac{a}{b} \left[\left(1+\frac{1}{y}\right)^{\frac{1}{p}} \left(1+\frac{1}{x-1}\right)^{\frac{1}{q}} - 1 \right]$$

但是

$$\left(1+\frac{1}{x-1}\right)^{\frac{1}{q}} < 1 + \frac{1}{q(x-1)}$$

$$\left(1+\frac{1}{y}\right)^{\frac{1}{p}} < 1 + \frac{1}{py}$$

413

因此

$$\left(1+\frac{1}{y}\right)^{\frac{1}{p}}\left(1+\frac{1}{x-1}\right)^{\frac{1}{q}}-1$$

$$< \left(1+\frac{1}{py}\right)\left(\frac{1}{q(x-1)}\right)-1$$

$$=\frac{1}{py}+\frac{1}{q(x-1)}+\frac{1}{byq(x-1)}$$

$$<\frac{1}{py}\left[1+\frac{1}{2q(x-1)}\right]+\frac{1}{q(x-1)}\left[1+\frac{1}{2py}\right]$$

$$<\frac{2}{p(y+1)}+\frac{2}{q(x-1)}$$

因为

$$\left(1+\frac{1}{y}\right)\left(1+\frac{1}{2q(x-1)}\right)<\frac{3}{2}\times\frac{13}{12}=\frac{39}{24}<2$$

(应用 $x-1 \geqslant 2, y \geqslant 2$). 因此

$$\frac{1}{y}\left[1+\frac{1}{2q(x-1)}\right]<\frac{2}{y+1}$$

这样

$$\alpha-\frac{a}{b}<\frac{2a}{b}\left[\frac{1}{p(y+1)}+\frac{1}{q(x-1)}\right]$$

若 $p<q$, 则 $x>y$, 实际上, $x \neq y+1$(通过 (B1.3)),所以

$$\alpha-\frac{a}{b}<\frac{2a}{b}\cdot\frac{2}{p(y+1)}=\frac{4a}{pq^{p-1}b^{p+1}}$$

但 $\frac{a}{b}<\alpha=\frac{q^{\frac{p-1}{p}}}{p^{\frac{q-1}{q}}}<q$,因此 $\alpha-\frac{a}{b}=\frac{4}{bq^{p-2}b^{p}}<\frac{1}{2b^{p}}$.

若 $q<p$, 则 $x<y$ 且通过引理(B2.3)

$$(x-1)^{p}q^{(p-1)q}>(y+1)^{q}$$

也就是

$$p^{p(q-1)}a^{pq}p^{(p-1)q}>q^{q(p-1)}b^{pq}$$

414

因此，$p^{\frac{q-1}{q}} > \dfrac{b}{a}$. 现在

$$\alpha - \frac{a}{b} < \frac{2a}{b} \cdot \frac{2}{q(x-1)} = \frac{4a}{bqp^{q-1}a^q} < \frac{1}{2b^q}$$

因为 $\left(\dfrac{b}{a}\right)^{q-1} < p^{\frac{(q-1)^2}{q}} < \dfrac{qp^{q-1}}{8}$. 最后，不等式成立. 因为，通过 A 部分的结论，则 $8^9 < q^{2q-1} < q^q p^{q-1}$.

其完成了引理的证明.

我现在将呈现 Hyyrö(1964a) 的结论.

（**C2.7**） 若 $m, n \geqslant 2$，则方程 $X^m - Y^n = 1$，有至多 $\exp\{631m^2n^2\}$ 个整数解.

证明 让 p, q 是素数，使得 $p \mid m, q \mid n$，则 $X^m - Y^n = 1$ 的解的个数至多等于 $X^p - Y^q = 1$ 的解的个数. 因此足以证明，方程 $X^p - Y^q = 1$ 其数量至多为 $\exp\{631p^2q^2\} \leqslant \exp\{631m^2n^2\}$. 此外，我将假设，$r = \min\{p, q\} \geqslant 5$，通过 A 部分的结论.

运用之前的表示法，令 $\beta = p\alpha$，使

$$\alpha = \frac{q^{\frac{p-1}{p}}}{p^{\frac{q-1}{q}}}$$

如果 (x, y) 是方程 $X^p - Y^q = 1$ 的一个整数解，通过引理(C2.6)，$0 < \alpha - \dfrac{a}{b} < \dfrac{1}{2b^r}$. 那么由引理(B4.1)得知 $p < b$，则 $0 < \beta - \dfrac{pa}{b} < \dfrac{1}{2b^r} < \dfrac{1}{2b^{r-1}}$，或同样标注 $\gcd(pa, b) = 1$.

为了运用 Davenport 和 Roth 定理，观察 $\beta^{pq} = p^p q^{(p-1)q}$. 由此 β 是一个代数整数. 由于多项式 $X^{pq} - p^p q^{(p-1)q}$ 超过 **Q** 域不可约（因为它的常数项不是一个 pq 次幂），则 β 有次数 $d = pq$ 超过 **Q** 域. 它的顶点是

415

$H(\beta) = p^p q^{(p-1)q}.$

当 $\gcd(c,b)=1$ 且 $\left| \beta - \dfrac{c}{b} \right| < \dfrac{1}{2b^{r-1}}$ 时，解 (x,y) 的个数不超过整数对 (c,b) 的个数，但是 $r-1 \geqslant 4 > 2 + \dfrac{1}{3} \geqslant 2 + k$，所以 $\dfrac{1}{2b^{r-1}} < \dfrac{1}{2b^{2+k}}$. 通过 Davenport 和 Roth 定理. 这个数至多为 $\dfrac{2}{k}\log C + \exp\left\{ \dfrac{70 p^2 q^2}{k^2} \right\}$. 取 $k = \dfrac{1}{3}$，则 $6\log C + \exp 630\, p^2 q^2$. 这里

$$C = 3 + \log(1+\beta) + 2\log(1 + p^p q^{(p-1)q})$$

但是

$$1 + \beta = 1 + \frac{pq^{\frac{p-1}{p}}}{p^{\frac{q-1}{q}}} = 1 + p^{\frac{1}{q}} q^{1-\frac{1}{p}} < 2 p^{\frac{1}{q}} q^{1-\frac{1}{p}}$$

$$< p^{1-\frac{1}{q}} q^{1-\frac{1}{p}} < pq$$

因为 $2 < p^{1-\frac{2}{q}}$，所以当 $p^2 < \left(\dfrac{p}{2}\right)^5 \leqslant \left(\dfrac{p}{2}\right)^q$，$p,q \geqslant 5$ 时.

即 $1 + p^p q^{(p-1)q} = 1 + \beta^{pq} <\cdot (1+\beta)^{pq} <\cdot (pq)^{pq}$. 这样的话 $C < 3 + \log(pq) + 2pq\log(pq)$. 因为 $p,q \geqslant 5$，所以 $3 \leqslant \log 35 \leqslant \log(pq)$，因此 $c < 2(pq+1)\log(pq)$. 但是

$$\log(pq+1) < \log(2pq) + \log 2 + \log(pq)$$
$$< \frac{4}{3}\log(pq)$$

所以

$$6\log C < 6\left(\log 2 + \frac{4}{3}\log(pq) + \log\log(pq) \right)$$

$$\log 2 + \log\log(pq) < 2\log\log(pq) < \log(pq)$$

因此 $6\log C < 6 \times \dfrac{5}{3}\log(pq) = 10(\log(pq))$.

因此，$6\log C + \exp\{630 p^2 q^2\} < \exp\{631 p^2 q^2\}$. 证明结束.

在他的文章(1964b)，Hyyrö 用丢番图近似值法深入地研究了方程 $aX^n - bY^n = Z$ 的解的个数及大小.

尤其，Hyyrö 证明下面这个定理，它的建立是微妙的.

（**C2.8**） 令 $n \geqslant 5, D \geqslant 2$ 为整数，那么指数丢番图方程 $X^n - D^U Y^n = \pm 1$, 至多有一个整数解 u, x, y, 且 $0 \leqslant u \leqslant n, x \geqslant 2, y \geqslant 1$（如果 $n = 5$ 或 6，则 $x \geqslant 3$）.

这一结果用于证明：

（**C2.9**） 如果 $m > 2, p, q$ 是奇质数，且 $p^e \mid m$, 其中 $e \geqslant q$, 那么丢番图方程 $X^m - Y^q = \pm 1$, 没有整数 x, $y \geqslant 2$.

证明 假设存在 $x, y \geqslant 2$, 使得 $x^{p^q} - y^q = \pm 1$, 那么有 A 部分的结果 $q \geqslant 5$.

通过 Cassels 定理，$p \mid y$ 和 $q \mid x$, 因此

$$(x^{p^{q-1}})^p - y^q = \pm 1$$

令 r, s 定义为 $p^q = rq + s$, 且 $0 < s < q, p^q > q > s$, 这样 $r \neq 0$.

接下来我们将明确整数 $a_1, \cdots, a_q$, 由于

$$y^q = x^{p^q} \mp 1 = (x^{p^{q-1}} \mp 1)\,\frac{x^{p^q} \mp 1}{x^{p^{q-1}} \mp 1}$$

是由于 $p \mid y, p^2 \nmid \dfrac{x^{p^q} \mp 1}{x^{p^{q-1}} \mp 1}$ (P1.2)，那么对于一些整数 $a_1, x^{p^{q-1}} \mp 1 = p^{q-1} a_1^q$, 又

$$x^{p^{q-1}} \mp 1 = (x^{p^{q-2}} \mp 1)\,\frac{x^{p^{q-1}} \mp 1}{x^{p^{q-2}} \mp 1}, \quad p^{q-1} \mid x^{p^{q-1}} \mp 1$$

但是 $p^2 \nmid \dfrac{x^{p^{q-1}} \mp 1}{x^{p^{q-2}} \mp 1}$，因此对于一些整数 a_2，$x^{p^{q-1}} \mp 1 = p^{q-2}a_2^q$．继续这种方法，$x^p \mp 1 = pa_{q-1}^q$，且 $x \mp 1 = a_q^q$．

现在，考虑指数丢番图方程 $X^q - x^U Y^q = \mp 1$，其中 $q \geqslant 5$，$x \geqslant 2$．这些方程中 U，X，Y 未知，有解 (s, y, x^r)，这是因为 $y^q - x^{s + rq} = \mp 1$，$(1, a_q, 1)$ 是因为

$$a_q^q - x = \mp 1$$

这与之前的定理矛盾．

3. 解的下界

在 1964a，Hyyrö 计算了使得 $x^m - y^n = 1$ 的假设的正整数解 x，y 的下界．

假设 p，q 是奇质数，x，y 是正整数且 $x^p - y^q = 1$．为了读者的便利，我需要引理(B2.7)．

存在正整数 a, b, u, v，使得

$$\begin{cases} x - 1 = p^{q-1} a^q \\ \dfrac{x^p - 1}{x - 1} = pu^q \end{cases} \quad p \nmid u, y = pau, \gcd(a, u) = 1$$

$$(3.1)$$

和

$$\begin{cases} y + 1 = q^{p-1} b^p \\ \dfrac{y^q + 1}{y + 1} = qv^p \end{cases} \quad q \nmid v, x = qbv, \gcd(b, v) = 1$$

$$(3.2)$$

此外，通过(B4.1)，$a = qa_0 - 1$，$b = pb_0 + 1$ 且 a_0，b_0 为正整数．

令 a_1 为分割 a 的最大整数，使得它的所有的质因子不全等于 1 模数 q．

(C3.1) 引理 用上述的表述法

（1）

$$a \equiv \frac{q^{p-1}-1}{p} (\mathrm{mod}\ p)$$

$$b \equiv -\frac{p^{q-1}-1}{q} (\mathrm{mod}\ q)$$

（2）

$$u = p^{q-1}a_1^q u_1 + 1, a_1 \geqslant q-1, u_1 \geqslant 1$$

$$2 \mid a_1 u_1, q \mid a_1 + 1$$

$$v = q^{p-1}b_1^p v_1 + 1, b_1 \geqslant 1, v_1 \geqslant 1$$

$$2 \mid b_1 v_1, p \mid b_1 - 1$$

（3）无论 $2 \mid a_0$ 和 $2 \mid b_1$ 或 $2 \mid b_0$ 和 $2 \mid a_1$.

（4）

$$u \equiv p^{q-2}(\mathrm{mod}\ q), u_1 \equiv 1 - p^{q-2}(\mathrm{mod}\ q)$$

$$v \equiv q^{p-2}(\mathrm{mod}\ p), v_1 \equiv q^{p-2} - 1(\mathrm{mod}\ p)$$

证明　（1）通过 Cassels 定理(B2.4)，$q \mid x$. 通过 (B4.2)部分(1)，$v = 1(\mathrm{mod}\ q)$. 类似 $u = 1(\mathrm{mod}\ p)$. 从 (B4.1)可以得知

$$a \equiv au \equiv \frac{y}{p} \equiv \frac{q^{p-1}-1}{p}(\mathrm{mod}\ p)$$

且

$$b \equiv bv \equiv \frac{x}{q} \equiv -\frac{p^{q-1}-1}{q}(\mathrm{mod}\ q)$$

（2）通过 Cassels 定理，$p \mid y$. 通过(B4.2)部分 (1)，$x-1$ 除 $u^q - 1$，p 除 $u-1$，因此 $u > -1$.

现在我证明 $\gcd\left(a_1, \frac{u^q-1}{u-1}\right) = 1$. 事实上，如果存在 l 使得 $l \mid \frac{u^q-1}{u-1}$. 但 $l \nmid u-1$，那么 l 是 u^q-1 的质因子，通过(P1.4)，$l = 1(\mathrm{mod}\ q)$，因此 $l \nmid a_1$. 如果 $l \mid$

$a_1, l \mid u - 1$，则 $l \mid \gcd(u - 1, \dfrac{u^q - 1}{u - 1})$。所以 $l - q$。由
(P1.2)(2) 部分；所以 $q \mid a$，因此 $q \mid x - 1$。但由 Cassels
定理知 $q \nmid x$，这是不合理的。因此 $p^{q-1} a_1^q$ 整除 $p^{q-1} a^q =$
$x - 1$，这可除 $u^q - 1 = \dfrac{u^q - 1}{u - 1}(u - 1)$，且因此 $p^{q-1} a_1^q$ 整
除 $u - 1$。所以 $u = p^{q-1} a_1^q u_1 + 1$，其中 $u_1 \geqslant 1$。但 $\dfrac{x^p - 1}{x - 1}$
总是奇数，所以 u 是奇数，因此 $2 \mid a_1 u_1$。此外，$a = a_1 a_2$。
这里 $a_2 \equiv 1 \pmod q$，因此 $a_1 \equiv a \equiv -1 \pmod q$，由
(B4.1) 知，那么 $q \mid a_1 + 1$。

现在我将思考整数 v。因为

$$\frac{(-y)^q - 1}{(-y) - 1} = \frac{y^q + 1}{y + 1} = qv^p$$

我同样的方式证明

$$v = q^{p-1} b_1^p v_1 + 1$$

其中 $v_1 \geqslant 1, 2 \mid b_1 v_1$，且 $p \mid b_1 - 1$，记为 $b = b_1 b_2$，其中
$b_2 \equiv 1 \pmod p$。由 (B4.1) 知，$b_1 \equiv b \equiv 1 \pmod p$。因
此 $p \mid b_1 \quad 1, b_1 \geqslant 1$。

（3）假设 $2 \nmid a_0$ 或 $2 \nmid b_1$。若 $2 \nmid a_0$，则由 (B4.1) 知
$2 \mid a$，因此 $2 \mid a_1$，同样 $2 \mid y$（因为 $y = pau$），因此 $2 \nmid x$。
所以 $2 \nmid b$，且因此由 (B4.1)，$2 \mid b_0$。

若 $2 \nmid b_1$，则 $2 \nmid b$，所以 $2 \mid b_0$。同时由（2）知 $2 \mid v_1$，
所以 $2 \nmid v$，因此 $2 \nmid x$，所以 $2 \mid y$，因此 $2 \mid au$，但因为
$2 \mid a_1 u_1$，由（2）知，所以 $2 \nmid u$，那么 $2 \mid a$。所以 $2 \mid a_1$。

（4）$pu \equiv pu^q \equiv \dfrac{x^p - 1}{x - 1} \equiv 1 \pmod q$。因为由
Cassels 定理知 $q \mid x$，则 $u \equiv p^{q-2} \pmod q$。同时

$$u \equiv a_1 u_1 + 1 \pmod q$$

且 $a_1 \equiv -1 (\mathrm{mod}\ q)$,因此

$$u \equiv 1 - u \equiv 1 - p^{q-2} (\mathrm{mod}\ q)$$

相似的

$$qv \equiv qv^p \equiv \frac{y^q + 1}{y + 1} \equiv 1 (\mathrm{mod}\ p)$$

因为 $y \equiv 0 (\mathrm{mod}\ p)$,由 Cassel 定理可知,则

$$v \equiv q^{p-2} (\mathrm{mod}\ p)$$

由 $v \equiv b_1 v_1 + 1 (\mathrm{mod}\ p)$ 和 $p_1 \equiv 1 (\mathrm{mod}\ p)$ 可知

$$v_1 \equiv v - 1 \equiv q^{p-2} - 1 (\mathrm{mod}\ p)$$

尤其值得注意:$u_1 \geqslant 2$.

(C3.2) 引理 若 $k, z > 1$,则:

$(1) \left(1 + \dfrac{1}{z}\right)^{1/k} > 1 + \dfrac{1}{2kz}.$

$(2) \left(1 - \dfrac{1}{z}\right)^{1/k} > 1 - \dfrac{1}{k(z-1)}.$

证明 这是个非常简单的应用.

(1) 记作 $t = \dfrac{1}{z}$,则 $0 < t < 1$,让

$$f(t) = (1 + t)^{1/k} - (1 + \frac{t}{2k})$$

则 $f(0) = 0$,且 $f'(t) = \dfrac{1}{k}(1 + t)^{\frac{1}{k} - 1} - \dfrac{1}{2k}$.

因为 $t < 1$,则 $(1 + t)^{k-1} < 2^k$,因此 $\dfrac{1}{(1+t)^{(k-1)/k}} > \dfrac{1}{2}$,指出 $f'(t) > 0$. 这样,$f(t) > 0$. 对每个 t 来说,其证明了(1).

(2) 让

$$g(t) = (1 - t)^{1/k} - (1 - \frac{t}{k(1-t)})$$

421

则 $g(0)=0$,且

$$g'(t) = \frac{1}{k}(1-t)^{\frac{1}{k}-1} + \frac{1}{k(1-t)^2} > 0$$

因此 $g(t) > 0$,指明(2).

下面的结果给出了满足 $x^p - y^q = 1$ 的正整数 x,y 的下限.

(C3.3) 运用上述标记法

(1)

$$x \geqslant \max\{p^{q-1}(q-1)^q + 1,$$
$$q(2p+1)(2q^{p-1}+1)\}$$
$$y \geqslant \max\{q^{p-1}(p+1)^p - 1,$$
$$p(q-1)(2p^{q-1}(q-1)^q + 1)\}$$

(2)

$$x > (q^{1/p}v)^{q/(q-1)}$$
$$y > \left[p^{1/q}\left(1 - \frac{1}{q(x-1)}\right)u \right]^{p/(p-1)}$$

证明 (1)首先假设 x 是偶数,则 a 是奇数且由引理(C3.1)(3),a_0 和 b_1 是偶数,所以 $b_1 \geqslant p+1, b \geqslant 2p+1$,且 $a \geqslant 2q-1$.

从 $x > p^{q-1}a^q \geqslant p^{q-1}(2q-1)^q$,则

$$x \geqslant p^{q-1}(2q-1)^q + 1$$

另一方面

$$x = qbv \geqslant q(2p+1)[q^{p-1}(p+1)^p + 1]$$

相似的

$$y+1 = q^{p-1}b^p \geqslant q^{p-1}(2p+1)^p$$

因此

$$y \geqslant q^{p-1}(2p+1)^p - 1$$

但

$$y = pau \geqslant p(2p-1)[2p^{q-1}(2q-1)^q + 1]$$

422

因为 $u_1 \geqslant 2$，a_1 是奇数，所以 $2q \mid a_1 + 1$.

现在，假设 x 是奇数，因为 y 是偶数，同样考虑证明

$$x \geqslant p^{q-1}(q-1)^q + 1$$
$$x \geqslant q(2p+1)(2q^{p-1}+1)$$

和

$$y \geqslant q^{p-1}(2p+1)^p - 1$$
$$y \geqslant p(q-1)[2p^{q-1}(q-1)^q + 1]$$

由于 $u_1 \geqslant 2$，将其代入，如下

$$x \geqslant \max\{p^{q-1}(q-1)^q + 1$$
$$q(2p+1)(2q^{p-1}+1)\}$$
$$y \geqslant \max\{q^{p-1}(2p+1)^p - 1$$
$$p(q-1)[2p^{q-1}(q-1)^q + 1]\}$$

（2）由于 $x^p - y^q = 1$，那么通过（C3.2）

$$x = qbv = q^{1/p}y^{1/p}\left(1 + \frac{1}{y}\right)^{1/p}v$$
$$= q^{1/p}x^{1/q}\left(1 - \frac{1}{x^p}\right)^{1/pq}\left(1 + \frac{1}{y}\right)^{1/p}v$$

也可以得到

$$y = pau = p^{1/q}x^{1/q}\left(1 - \frac{1}{x}\right)^{1/q}u$$
$$= p^{1/q}y^{1/p}\left(1 + \frac{1}{y^q}\right)^{1/pq}\left(1 - \frac{1}{x}\right)^{1/q}u$$

通过引理（C3.2），有

$$x > q^{1/p}x^{1/q}\left[1 - \frac{1}{pq(x^p-1)}\right]\left[1 + \frac{1}{2py^q}\right]v$$
$$> q^{1/p}x^{1/q}v$$

因为

$$\frac{1}{pq(x^p-1)} + \frac{1}{2p^2q(x^p-1)y^q}$$

423

$$= \frac{1}{pqy^q} + \frac{1}{2p^2qy^{2q}}$$

$$< \frac{1}{4py^q} + \frac{1}{4py^q} = \frac{1}{2py^q}$$

那么 $x^{\frac{q-1}{q}} > q^{1/p}v$，也因此 $x > (q^{1/p}v)^{q/(q-1)}$.

相似的，通过引理(C3.2)

$$y > p^{1/q}y^{1/p}\left[1 + \frac{1}{2pqy^q}\right]\left[1 - \frac{1}{q(x-1)}\right]u$$

$$> p^{1/q}y^{1/q}\left[1 - \frac{1}{q(x-1)}\right]u$$

因此

$$y^{(p-1)/p} > p^{1/q}\left[1 - \frac{1}{q(x-1)}\right]u$$

最后

$$y > \left[p^{1/q}\left[1 - \frac{1}{q(x-1)}\right]u\right]^{p/(p-1)}$$

更明确的，Hyyrö 证明(1964a):

(C3.4) 如果 $p,q > 3$ 且为质数，$x,y \geqslant 2$ 且满足 $x^p - y^q = 1$，那么 $x,y > 10^{11}$.

证明 如果 $p < q$，那么 $p \geqslant 5, q \geqslant 7, x > y$，所以通过引理(C3.1)

$$x > y > \max\{7^4 \times 6^5 - 1, 5 \times 6(5^6 \times 6^7 + 1)\} > 10^{11}$$

如果 $q < p$，那么 $q \geqslant 5, p \geqslant 7$ 且 $y > x$. 首先假设 x 是偶数，通过引理(C3.1)的证明可以看出

$$y > x \geqslant \max\{7^4 \times 9^5 + 1, 5 \times 8(5^6 \times 8^7 + 1)\} > 10^{11}$$

现在假设 x 是奇数，从 $x^p > y^q$ 能得出 $(x+1)^p > (y+1)^q$. 事实上，若 $x < y$，那么

$$\frac{(y+1)^q}{y^q} = \left(1 + \frac{1}{y}\right)^q < \left(1 + \frac{1}{x}\right)^q < \left(1 + \frac{1}{x}\right)^p$$

$$= \frac{(x+1)^p}{x^p} < \frac{(x+1)^p}{y^p}$$

因此 $(y+1)^q < (x+1)^p$. 这样 $x+1 > (y+1)^{\frac{q}{p}}$. 结合之前的标记法

$$y > x > (y+1)^{\frac{q}{p}} - 1 = q^{\frac{(p-1)q}{p}} b^q - 1 > q^{q-1} b^q - 1$$

但是,通过(B4.1)和引理(C3.1)

$$\begin{cases} b \equiv 1 \pmod{p} \\ b \equiv -\dfrac{p^{q-1}-1}{p} \pmod{q} \end{cases}$$

并且

$$b \equiv 1 \pmod{2}, 因为 x 是奇数$$

我应该检验各种各样的例子,首先赋予 p,q 小的值. 让 $q=5$,那么

P	7	11	13	17	19	$\geqslant 23$
$b \geqslant$	85	67	53	171	191	47

的确,如果 $p=7$,那么 $b \equiv -\dfrac{74-1}{5} \equiv 0 \pmod{5}, b \equiv 1 \pmod 7$,于是 $b \equiv 1 \pmod 2$,因此通过中国剩余定理,$b \equiv 15 \pmod{70}$. 如果 $b=15$,那么 $b_1=15$(回想 b_1 是 b 因数的乘积,它是 1 模 p 并不一致);因此通过 (B4.1) 和引理 Lemma(C3.1) $x > v > 5^6 \times 15^7 = y+1$;然而 $y > x$,所以这并不合理,这说明 $b \geqslant 85$.

同理,如果 $p=11$,那么

$$b \equiv -\frac{11^4-1}{5} \equiv 2 \pmod 5$$

所以 $b \equiv 67 \pmod{110}$. 如果 $p=13$,那么

$$b \equiv -\frac{13^4 - 1}{5} \equiv 3 \pmod 5$$

所以 $b \equiv 53 \pmod{130}$. 如果 $p \equiv 17$, 那么

$$p \equiv -\frac{17^4 - 1}{5} \equiv 1 \pmod 5$$

所以 $p \equiv 1 \pmod{170}$, 因为 $b \geqslant p+1$, 所以 $b \geqslant 171$. 如果 $p = 19$, 那么

$$p \equiv -\frac{19^4 - 1}{5} \equiv 1 \pmod 5$$

所以 $p \equiv 1 \pmod{190}$, 但是 $b \geqslant p+1$, 所以 $b \geqslant 191$. 接下来, 如果 $p \geqslant 23$, 因为 $b = pb_0 + 1$ 且 b 是奇数, 所以 $b \geqslant 2p+1 \geqslant 47$.

所以, 总有 $b \geqslant 47$ 且 $y > x > 5^4 \times 47^5 - 1 > 10^{11}$.

最后, 让 $q \geqslant 7, p \geqslant 11$; b 是奇数, 所以 $b \geqslant 2p + 1 \geqslant 23$, 因此 $x > 7^6 \times 23^7 - 1 > 10^{11}$.

下一个 Hyyrö 的结果关于 x, y 的下界, 当指数 m, n 其中一个为合数时, 另一个可能是质数.

(C3.5) 让 $m, n > 2$, 且假设 x, y 是正整数使 $X^m - Y^n = 1$, 如果 m 是含数, 那么 $x > 10^{84}$, 如果 n 是合数那么 $y > 10^{84}$.

证明 随着表示法适当的改变, 这两个例子也许被同时处理, 因此假设 q 是一个质数, m 是一个合数, x, y 是正整数. 让 $x^m - y^q = \pm 1$; 由 A 部分的结果, $q \geqslant 5$ 是必然的. 让 p 为质数除 m, 再一次 $p \geqslant 5$. 由 (B4.2)

$$p^{q-1} \equiv 1 \pmod{q^2}$$

Hyyrö 用 Riesel 表格 (1964) 推断:

如果 $5 \leqslant p < 150$ 且 $5 \leqslant q < 150$, 其中一种可能见于表 4.

因为 m 是合数, 表示为 (B4.2), $q^2 \mid x$, 表示为

(B4.2) 部分 (1)，$x > q^{2(m+1)-1} = q^{2m+1}$，即 $x - 1 > q^{2m+1}c$，在该情况下

$$\begin{cases} y \pm 1 = q^{2m-1}c^m \\ \dfrac{y^q \pm 1}{y \pm 1} = qv^m \end{cases}$$

使 $c, v \geqslant 1, \gcd(c, v) = 1, q \nmid v, x = q^2 cv$（表示 (B4.2) 部分 (1)）.

我现在应该证明 $x > 10^{84}$，这足以说明陈述内容.

让 p 为最小的质数除 m；因此通过 A 部分的结合，$p \geqslant 5$ 且 $m \geqslant 25$.

我一连考虑了好几种情况.

表 4

q	p				
5	7	43	101	107	149
7	19	31	67	79	97
13	19	23	89		
17	131				
19	127				
29	41	137			
43	19				
47	53	67	71		
59	53	137			
71	11				
79	31				
97	53	107			
103	43				
137	19				

(a) 首先使 $p = 5$. 由 (B4.2)，$5^{q-1} \equiv 1 \pmod{q^2}$. 用于上述表格，$q > 100$，因此 $x > 100^{51} > 10^{100}$.

（b）现在使 $p=7$ 且 $q=5$，首先假设 m 是 7 的乘方，因此 $m \geqslant 49$.

这看起来 $x-1 > q^{2m+1}c$. 从 $x^m = y^q \pm 1$ 得出

$$(x-1)^m < x^m - 1 \leqslant x^m \pm 1 = y^q$$

即 $q^{2m-1}c^m \geqslant y-1$. 这使得

$$\begin{cases} x-1 > 5^{99}c \\ y^s > (x-1)^{49} \\ 5^{97}c^{49} \geqslant y-1 \end{cases}$$

因此 $x-1 > 5^{99}, y^5 > 5^{99 \times 49}$，这样

$$c^{49} \geqslant \frac{y-1}{5^{97}} > \frac{5^{\frac{99 \times 49}{5}} - 1}{5^{97}} = 5^{\frac{99 \times 49}{5}} - \frac{1}{5^{97}} > 5^{873} - \frac{1}{5^{97}}$$

所以 $c^{49} \geqslant 5^{873}$. 因此 $c > 5^{17}$，故 $x-1 > 5^{99+17} = 5^{116}$ 且 $y^5 > 5^{116 \times 49}$，这样 $c^{49} \geqslant \frac{y-1}{5^{97}} > 5^{\frac{116 \times 49}{5}} - \frac{1}{5^{97}}$. 因此 $c^{49} > 5^{1\,039}$，即 $c > 5^{21.2}$. 故 $x-1 > 5^{99+21.2} = 5^{120.2} > 10^{84}$，到这 $x > 10^{84}$. 如果 $p=7, q=5$ 且 m 不是 7 的乘方，使 l 的质数除 m 且 $l > 7$. 由（B4.2）$l^{q-1} \equiv 1 (\bmod l^2)$ 且 $q=5$，由表格得 $l \geqslant 43$，这样 $m \geqslant 7 \times 43 = 301$ 且 $x > q^{2m+1} > 5^{603} > 10^{100}$.

剩余的例子如下：

（c）如果 $\beta = 7$ 且 $7 \leqslant q < 150$，由表知

$$7^{q-1} \not\equiv 1 (\bmod q^2)$$

由（B4.2）表示这个例子是不可能的.

（d）如果 $\beta > 7$ 且 $7 \leqslant q < 150$，由 Riesel 表格和同余 $p^{q-1} \equiv 1 (\bmod q^2)$，要么 $p=11$，要么 $p \geqslant 19$.

如果 $\beta = 11$，则 $q = 71$，因此 $m \geqslant 121$，所以

$$x > q^{2m+1} \geqslant 71^{243} > 10^{100}$$

另一方面，如果 $p \geqslant 19$，则 $m \geqslant 361$，因此

$$x > q^{2m+1} \geqslant 5^{763} > 10^{100}$$

（e）如果 $q > 150$ 且 $p \geqslant 7$，那么

$$m \geqslant 49 \text{ 且 } x > q^{2m+1} > 150^{99} > 10^{100}$$

下一个 Hyyrö（1964a）的结果表明合数指数的连续乘方一定是一个很大的值．

（**C3.6**） 如果 $x^m - y^n = 1$，在该情况下 m, n 是合数，那么 x^m, y^n 至少有 10^9 位数．

证明 让 p 为最小的质数除 m，q 为最小的质数除 n，适当地变换标记法，考虑到 $x^m - y^n = \pm 1, p < q$ 这一假设不失一般性．

使 $m = pm', n = qn'$，且 $x' = x^{m'}, y = y^{n'}$，所以 $x'^p - y^n = 1, x^m - y'^q = 1$．

由于（B4.2）

$$p^{q-1} \equiv 1 (\bmod\, q^2)$$

且

$$q^{p-1} \equiv 1 (\bmod\, p^2)$$

同样的，由 Riesel 的表格，这表明 $q > 150$．

如果 $p = 5$ 或者 7，这个已知的表格表明

$$q > 200\,000$$

（注意 $5^{20\,770} \equiv 1 (\bmod\, 20\,771^2)$）．因此 $n > 4 \times 10^8$；通过（B4.2）$y > p^{2m+1} > 5^{8 \times 10^8} > 10^{5 \times 10^8}$．因此 $y^n - 1 > 10^{3 \times 10^8 \times 2 \times 10^8} > 10^{10^9}$．

如果 $p \geqslant 11$，那么 $n \geqslant q^2 > 22\,500$，所以

$$y > p^{2n+1} > 11^{45\,000}$$

所以

$$y^n - 1 > 11^{45\,000 \times 22\,500} > 10^{10^9}$$

以上所有下界或许能被用于扩展同余的 $p^{q-1} \equiv 1 (\bmod\, q^2)$ 和 $q^{p-1} \equiv 1 (\bmod\, p^2)$ 的表．

4. 确定最终解的算法

Hyrrö 表明(在 1964a)一个连续的分数算法重新得到 $X^p - Y^q = 1$ 的解,如果任一存在.

我保留前面的符号.

假设 p, q 是不同的奇素数, $x, y \geqslant 1$ 是满足 $x^p - y^q = 1$,令

$$\alpha = \frac{q^{\frac{p-1}{p}}}{p^{\frac{q-1}{q}}}$$

首先我给出一个引理.

(C4.1) 引理   用以上表示法

$$0 < \alpha - \frac{a}{b} < \frac{1}{2b^r} < \frac{1}{2b^2}$$

限定 $r = \min\{p, q\}$.

证明   很显然

$$(x-1)^p < x^p - 1 < y^q + 1 < (y+1)^q$$

所以,通过(3.1) 和(3.2)

$$p^{(q-1)p}a^{qp} = (x-1)^p < (y+1)^q = q^{(p-1)q}b^{qp}$$

因此

$$\frac{a}{b} < \alpha$$

接下来 $q^{\frac{p-1}{p}-1} < 1 < p^{\frac{q-1}{q}}$,因此

$$\frac{q^{\frac{p-1}{p}}}{p^{\frac{q-1}{q}}} = \alpha < q$$

我证明 $\frac{b}{a} < p$.通过引理(B2.3)

$$p^{(q-1)p}a^{qp}q^{(p-1)q} = (x-1)^pq^{(p-1)q} > (y+1)^q$$
$$= q^{(p-1)q}b^{pq}$$

因此

430

$$p^{(q-1)p}a^{qp} > b^{pq}$$

所以

$$\frac{b}{a} < p^{\frac{q-1}{q}} < p$$

现在我给出一个 a 的表达式作为与因子 $\dfrac{a}{b}$ 的乘积

$$\alpha = \frac{q^{\frac{p-1}{p}}}{p^{\frac{q-1}{q}}} = \frac{a}{b} \cdot \frac{(y+1)^{\frac{1}{p}}}{(x-1)^{\frac{1}{q}}}$$

$$= \frac{a}{b} \cdot \frac{\left(1+\dfrac{1}{y}\right)^{\frac{1}{p}}\left(1+\dfrac{1}{x-1}\right)^{\frac{1}{q}}}{\dfrac{x^{\frac{1}{q}}}{y^{\frac{1}{p}}}}$$

$$= \frac{a}{b} \cdot \frac{\left(1+\dfrac{1}{y}\right)^{\frac{1}{p}}\left(1+\dfrac{1}{x-1}\right)^{\frac{1}{q}}}{\left(1+\dfrac{1}{y^{q}}\right)^{\frac{1}{pq}}}$$

$$< \frac{a}{b}\left(1+\frac{1}{y}\right)^{\frac{1}{p}}\left(1+\frac{1}{x-1}\right)^{\frac{1}{q}}$$

因此

$$\alpha - \frac{a}{b} < \frac{a}{b}\left[\left(1+\frac{1}{y}\right)^{\frac{1}{p}}\left(1+\frac{1}{x-1}\right)^{\frac{1}{q}} - 1\right]$$

然后我估算括号内的函数,令 $x-1=\dfrac{1}{x}$,$y+1=\dfrac{1}{Y}$,所以 $y=\dfrac{1-Y}{Y}$,那么

$$\left(1+\frac{1}{x-1}\right)^{\frac{1}{q}}\left(1+\frac{1}{y}\right)^{\frac{1}{p}} = (1+X)^{\frac{1}{q}}\left(1+\frac{Y}{1-Y}\right)^{\frac{1}{p}}$$
$$= F(X,Y)$$

有值 $F(0,0)=1$,通过中值定理

$$F(X,Y) \leqslant F(0,0) + \frac{2}{q}X + \frac{2}{p}Y$$

431

所以

$$\alpha - \frac{a}{b} < \frac{a}{b}\left[\frac{2}{q(x-1)} + \frac{2}{p(y+1)}\right]$$

$$= \frac{a}{b}\left[\frac{2}{qp^{q-1}a^q} + \frac{1}{pq^{p-1}b^q}\right]$$

$$< \frac{a}{b}\left[\frac{2}{qab^{q-1}} + \frac{2}{pq^{p-1}b^p}\right]$$

$$< \frac{2}{qb^2} + \frac{1}{pq^{p-2}b^2} < \frac{1}{2b^r} < \frac{1}{2b^2}$$

因为 $5 \leqslant p, q$(由 A 部分得).

(C4.2) 令 p, q 是不同的奇素数,如果存在整数 $x, y \geqslant 2$ 使得 $x^p - y^q = 1$,它们也许可以用以下算法求得. 令 $\alpha = \dfrac{q^{\frac{p-1}{p}}}{p^{\frac{q-1}{q}}} = [c_0, c_1, \cdots, c_n, \cdots]$($\alpha$ 的简单连分数的展开). 令 $\dfrac{A_j}{B_j}(j \geqslant 0)$ 收敛于 α,存在一个偶数指数 $i \geqslant 0$ 使得 $x = p^{q-1}A_i^q + 1, y = q^{p-1}B_i^p - 1$. 此外,对于指数 i,以下各种成立.

(1)$A_i > 1, B_i > 1$.

(2)$A_i \equiv -1(\bmod q), B_i \equiv 1(\bmod p)$.

(3)$A_i \equiv \dfrac{q^{p-1}-1}{p}(\bmod p), B_i \equiv -\dfrac{p^{q-1}-1}{q}(\bmod q)$.

(4)$c_{i+1} \geqslant -A_i^{r-2}, c_{i+1} \geqslant B_i^{r-2}$,限定 $r = \min\{p, q\}$.

证明 猜想 $x, y \geqslant 2$ 是整数使得 $x^p - y^q = 1$.

通过上述引理,$0 < \alpha - \dfrac{a}{b} < \dfrac{1}{2b^2}$.通过(P4.9),存在一个指数 $i \geqslant 0$ 使得 $a = A_i, b = B_i$. 因此

$$x = p^{q-1}A_i^p + 1, y = q^{p-1}B_i^q - 1$$

通过(P4.4)，(P4.5)从$\dfrac{a}{b} < \alpha$，其后 i 为偶数. 通过(B4.1)$A_i > 1, B_i > 1$，且 $A_i \equiv -1 (\mathrm{mod}\ q), B_i \equiv 1(\mathrm{mod}\ p)$. 通过引理(C3.1)

$$A_i \equiv \frac{q^{p-1}}{p}(\mathrm{mod}\ p) \text{ 和 } B_i \equiv -\frac{p^{q+1}-1}{q}(\mathrm{mod}\ q)$$

因此

$$B_i + B_{i+1} = B_i + c_{i+1}B_i + B_{i-1}$$
$$< 2(c_{i+1}B_i + B_i)$$

因为 $B_{i-1} < B_i$，从(P4.7)和引理(C4.1)

$$\frac{1}{2B_i^r} > \alpha - \frac{A_i}{B_i} > \frac{1}{B_i(B_i + B_{i+1})}$$
$$> \frac{1}{2B_i(c_{i+1}B_i + B_i)}$$

所以 $B_i(c_{i+1}B_i + B_i) > B_i^r$，因此 $B_i^2 c_{i+1} > B_i^r - B_i^2$，因此 $c_{i+1} \geqslant B_i^{r-2}$.

结果证明，我发现 $c_{i+1} \geqslant -A_i^{r-2}$，因为 $\alpha > 0$ 意味着 $c_0 \geqslant 0, A_i \geqslant 0$，因此 $c_{i+1} > 0 > -A_i^{r-2}$.

应该强调的是这个算法还没有算出这个方程的任何解.

Ⅱ. 方程 $a^U - b^V = 1$

5. 什么将被讨论

研究方程

$$a^U - b^V = 1 \tag{5.1}$$

从较高的观点着手，正如我现在将要解释的.

考虑下面的问题.

问题 1 已知整数 $A, B, k \geqslant 1$ 和 $M_1, \cdots, M_m$, $N_1, \cdots, N_n > 1 (m, n \geqslant 1)$,找出所有整数 $u_1, \cdots, u_m$, $v_1, \cdots, v_n \geqslant 0$,使得

$$AM_1^{u_1} \cdots M_m^{u_m} - BN_1^{v_1} \cdots N_n^{v_n} = k \qquad (5.2)$$

这个问题有一个特殊的例子:

问题 1′ 已知整数 $A, B, k \geqslant 1, a, b > 1$,找出所有整数 $u, v \geqslant 0$,使得

$$Aa^u - Bb^v = k \qquad (5.3)$$

现在令 E_1, E_2 为有限的非空的质数集合;由 $E_1^{\times}$ 表示的质数的有限积集属于 E_1,也要考虑问题:

问题 2 已知整数 $A, B, k \geqslant 1$,集合 E_1, E_2(同上),找出所有整数 $M \in E_1^{\times}, N \in E_2^{\times}$,使得

$$AM - BN = k \qquad (5.4)$$

若 $A = B = 1$,考虑上述问题是特别有趣的.

在这部分,我讨论这些问题是否只有有限多解.

沉思一刻,当且仅当这是问题 2 的情况时满足问题 1 有唯一的有有限多解的推断.的确,一个含义是明显的,另一个含义是

$$E_1 = \{p \text{ 是素数} \mid p \text{ 整除 } M_1 M_2 \cdots M_m\}$$

和

$$E_2 = \{p \text{ 是素数} \mid p \text{ 整除 } N_1 N_2 \cdots N_n\}$$

在下个部分,我证明这些问题的确有唯一的有限多解.证明将需要用到 Thue 定理(C1.1).

这有一份学习这一问题的年表.

1908——Størmer 演示出问题 1,当 $k = 1$ 或 2 时,只有唯一的有限多解,这有效地在有限多的步骤内得到.

1908——Thue 证明问题 1′ 有唯一的有限多解；然而他的证明没有考虑到让这些解由有限的步骤得到.

1918——Pólya 推演问题 2 有唯一的有限多解；他的方法没有推出一个有效的步骤来限定这些解.

1925a——Nagell 扩展了 Stφrmer $k = 3$ 的结果，并有有效的证明.

1931——Pillai 给 (u, v)，$u, v \geqslant 0$ 这对整数一个较高的估算，使得 $0 < a^u - b^v \leqslant k$. 该情况下 $a, b > 1, k \geqslant 0$ 且为一个趋于无穷的整数.

1936——Herschfeld 证明：每个满足够大的 $|k|$，方程 $2^U - 3^V = k$ 有至多一个解. Pillai 将这一结论扩展至方程 $a^U - b^V = k$.

1952,1953——Leveque 在 $u, v \geqslant 2$ 的基础上建立 $a^U - b^V = 1$ 至多有一个解. 同时，Cassels 给出了一个算法来限定最终的解.

1958——Nagell 用 Thue 的结论给出了问题 1 有唯一有限多解的另一种证明.

1960——Cassels 证明了问题 1 和问题 2 的解被有效地估计在有限的步骤内.

6. 解的个数的有限性

我开始证明问题 1 和 2 之前部分有唯一有限多解. 证明以 Thue 理论(C1.1)为基础，但并没有有效地得出有限解的数量和大小.

下面的命题记录在 Pólya(1918) 和 Pillai(1931)，Nagell(1958) 中也曾出现过.

（**C6. 1**）　(i) 令 E_1, E_2 为两个有限非空质数集，令 $A, B, k \geqslant 1$ 且为整数，那么存在的有限多的整数

$M \in E_1^{\times}, N \in E_2^{\times}$,使得
$$AM - BN = k$$

(ii) 令 $M_1, \cdots, M_m, N_1, \cdots, N_n > 1$(且 $m \geqslant 1, n \geqslant 1$),令 $A, B, k \geqslant 1$,那么存在有限多的整数 $u_1, \cdots, u_m$,$v_1, \cdots, v_n \geqslant 0$,使得
$$AM_1^{u_1} \cdots M_n^{u_n} - BN_1^{v_1} \cdots N_n^{v_n} = k$$

(iii) 令 $A, B, k \geqslant 1, a, b > 1$,那么存在有限多的整数 $u, v \geqslant 0$,使得
$$Aa^u - Bb^v = k$$

证明 (i) 令 $E_1 = \{p_1, \cdots, p_r\}, E_2 = \{q_1, \cdots, q_s\}$,令 C 为所有数对 (a, b) 的集合,满足
$$a = p_1^{e_1} \cdots p_r^{e_r} \quad 0 \leqslant e_i \leqslant 2$$
$$b = q_1^{f_1} \cdots q_s^{f_s} \quad 0 \leqslant f_j \leqslant 2$$
因此,C 是一个有限集合.任一 $(a, b) \in C$ 使 $S_{(a,b)}$ 为解 (u, v) 的集合,在整数中,该方程
$$E_{(a,b)}: AaU^3 - BbV^3 = k$$
由(C1.1),知集合 $S_{(a,b)}$ 是有限的,因此 $S = \bigcup_{(a,b) \in C} S_{(a,b)}$ 也是有限的.

令 T 为 $AX - BY = k$ 的解的集合 $(x, y) \in E_1^{\times} \times E_2^{\times}$.

任一 $x \in E_1^{\times}, y^x \in E_2^{\times}$ 可被写成独特的形式
$$\begin{cases} x = au^3 \\ y = bv^3 \end{cases}$$
此对 $(a, b) \in C, u \in E_1^{\times}, v \in E_2^{\times}$.

如果 $(x, y) \in T$,那么 $Aau^3 - Bbv^3 = k$,因此 $(u, v) \in S_{(a,b)}$.

映射 $\varphi: T \to C \times S$,给出 $\varphi(x, y) = ((a, b), (u, v))$ 是单射,因为 $C \times S$ 是有限的,所以集合 T 也是.

436

(ii) 令 $E_1 = \{p \text{ 是素数} \mid p \text{ 整除 } M_1 M_2 \cdots M_m\}$，$E_2 = \{p \text{ 是素数} \mid p \text{ 整除 } N_1 N_2 \cdots N_n\}$，那么(ii)立即从(i)得到.

(iii) 这里(ii)中一个特殊的情况.

下面的解结果是(C6.1)的直接结论：

(C6.2) (i) 令 $E = \{p_1, p_2, \cdots, p_r\}$ 是一个非空的质数集合，再令

$$E^{\times}: z_1 < z_2 < z_3 < \cdots$$

$E^{\times}$ 中的连续元素有序的增长，那么

$$\lim_{i \to \infty}(z_{i+1} - z_i) = \infty$$

(ii) 令 $a, b > 1, a \neq b$，再令

$$S: t_1 < t_2 < t_3 < \cdots$$

这一系列整数是 a 或 b 的幂，那么

$$\lim_{i \to \infty}(t_{i+1} - t_i) = \infty$$

证明 (i) 每一 $k \geqslant 1$，仅存在有限多的整数，$x, y \in E^X$ 使得 $0 < x - y \leqslant k$，正如(C6.1)所示，因此，$\lim_{i \to \infty}(Z_{i+1} - Z_i) = \infty$.

(ii) 这立刻从(i)得出，考虑到集合 $E = \{p \text{ 是素数} \mid p \text{ 除 } ab\}$.

在 §C9，我将标示之前结论的有效形式.

接下来的结果与 Herschfeld 在 1936 记录的相似.

(C6.3) 给出整数 $A, B, k \geqslant 1, a, b \geqslant 2$，令 $t \geqslant 0$ 为最小的整数使得 $k \leqslant Aa^t$. 任一 $i = 0, 1, 2$ 和 $j = 0, 1$，考虑方程

$$E_{i,j}: X^3 - (Bb^j)Y^2 = (Aa^{t+i})^2 k$$

令 N 为方程 $(E_{i,j})$ 的整数解的最大数量值，$x, y \geqslant 1$(注意，由(C1.5)知这一数量是有限的).

那么方程

$$E : Aa^U - Bb^V = k$$

至多有 $6N$ 个整数解.

证明 令 T 为方程 (E) 所有正解 (u,v) 的集合，如果 $Aa^u - Bb^v = k$，那么 $k \leqslant Aa^u$，因此 $t \leqslant u$，令

$$\begin{cases} u - t = 3m + i & (0 \leqslant i \leqslant 2) \\ v = 2n + j & (0 \leqslant j \leqslant 1) \end{cases}$$

那么 $Aa^{t+1}(a^m)^3 - Bb^j(b^n)^2 = k$，因此

$$[(Aa^{t+1})^2 a^m]^3 - Bb^j[Aa^{t+i}b^n]^2 = (Aa^{i+1})^2 k$$

令 $S_{i,j}$ 为解 (x,y) 的集合，$x,y \geqslant 1$，此解为方程 $(E_{i,j})$ 的，令

$$S = \{(x,y,i,j) \mid 1 \leqslant x,y, 0 \leqslant i \leqslant 2,$$
$$0 \leqslant j \leqslant 1 \text{ 且 } (x,y) \in S_{i,j}\}$$

遵循 $\sharp(S) \leqslant 6N$.

由之前考虑到映射 $\varphi : T \to S$，给出

$$T(u,v) = ((Aa^{t+1})^2 a^m, b^n, i, j)$$

是单射，因此 $\sharp(T) \leqslant \sharp(S) \leqslant 6N$.

在 1936 年，Pillai 研究了下面这个方程

$$a^U - b^V = k$$

k 足够大，值得注意的是他对当 $\gcd(a,b) \neq 1$，这种情况的处理是不可接受的.

在他的研究中，Pillai 用到了一种他之前的估计（1931）：

（C6.4） 令 $a,b \geqslant 2$ 且为整数，使得 $\dfrac{\log a}{\log b}$ 不是有理数.

(i) 令 $A,B \geqslant 1$，任一 $\delta > 0$，存在可有效计算的正整数 u_0（依据 δ, A, B, a, b）使得如果 $u > u_0, v \geqslant 1$ 且 $Aa^u > Bb^v$，那么

$$Aa^u - Bb^v \geqslant a^{\mu(1-\sigma)}$$

(ii) 让 $k \geqslant 1$,令 $N(k)$ 表示整数对 (u,v) 的数量,且 $u,v \geqslant 0$,使得

$$0 < a^u - b^v \leqslant k$$

那么,渐近 k 趋于 ∞

$$N(k) \sim \frac{(\log k)^2}{2(\log a)(\log b)}$$

这样,举个例子,已知 $a,b \geqslant 2$,存在 u_0,使得如果 $u > u_0, v \geqslant 1$ 且 $a^u > b^v$,那么 $a^u - b^v > a^{\frac{1}{2}u}$.

Pillai 在 1936 年证明过:

(**C6.5**) 令 $a,b \geqslant 2$ 为相关的素数,那么存在一个有效计算数 $k_0 \geqslant 1$,使得如果 $k \geqslant k_0$,那么存在至多一对正整数 (x,y) 使 $a^x - b^y = k$.

证明 证明将被分成几个部分.

(1) 存在 $n \geqslant 1$ 使得 $b^n = la^m + 1$,此时 $m \geqslant 2$ 且 $\gcd(a,l) = 1$. 此外,m,l 也被 n 独特地限定了.

事实上,因为 $\gcd(a,b) = 1$,存在 $n \geqslant 1$ 使得 $b^n \equiv 1 \pmod{a^2}$;选择 n 最小的可能性.

令 $a = p_1^{e_1} \cdots p_r^{e_r}$,同时 $p_1, \cdots, p_r$ 是不同的质数且 $e_1 \geqslant 1, \cdots, e_r \geqslant 1$,那我会写成

$$b^n = 1 + h p_1^{f_1} \cdots p_r^{f_r} a^m$$

此时应有 $m \geqslant 2$,$\gcd(h,a) = 1$,$0 \leqslant f_i$,其他 j,$f_j \leqslant e_j - 1$.

将证明存在 $n' \geqslant n, m' \geqslant m$,使得

$$b^{n'} = 1 + h' p_1^{f'_1} \cdots p_r^{f'_r} a^{m'}$$

此时有 $\gcd(h',a) = 1$,$0 \leqslant f'_i, f'_j \leqslant e_j - 1$ 对于一些 j 来说,此外

$$f'_i = \begin{cases} 0 & (f_i \leqslant e_i) \\ f_i - e_i & (e_i < f_i) \end{cases}$$

439

这个过程将被重复. 任一 $i=1,\cdots,r$ 看作为一系列指数 $f_i,f_i^{(1)},f_i^{(2)},f_i^{(3)},\cdots$. 这样得到, 由于存在 k 使得 $f_i<ke_i$ 满足任一 $j=1,\cdots,r$, 那么 $f_i^{(k+1)}=0$. 在有限地多次重复之后, 得到存在 n 和 $m\geqslant 2$ 使得 $b^n=1+la^m$, 此时 $\gcd(a,l)=1$.

现在我来指出如何限定 n',m',h' 和 $f'_i(i=1,\cdots,r)$.

考虑指数 j 的集合 J 使得 $f_j\leqslant e_j-1$, 且令 $t=\prod_{j\in J}p_j^{e_j-f_j},n'=nt$. 那么, 由于 $m+2\leqslant 2m$

$$b^{n'}=(1+hp_1^{f_1}\cdots p_r^{f_r}a^m)^t$$
$$=1+htp_1^{f_1}\cdots p_r^{f_r}a^m+kp_1^{f_1}\cdots p_r^{f_r}a^{2m}$$
$$=1+hp_1^{f_1}\cdots p_r^{f_r}a^{m+1}+k'p_1^{f_1}\cdots p_r^{f_r}a^{m+2}$$
$$=1+h'p_1^{f_1}\cdots p_r^{f_r}a^{m'}$$

如果 $f_j\leqslant e_j$, 则 $m'=m+1$, 当 $e_i+1\leqslant f_j$ 时 $f'_i\leqslant f_i-e_i$.

这证明了论断.

(2) 令 $n\geqslant 1$ 为最小的整数使 $b^n=1+la^m$, 且 $\gcd(l,a)=1,m\geqslant 2$, 则 n 是 b 模 a^m 的顺序.

的确, 令 r 为 b 模 a^m 的顺序, 则 $b^r=1+ha^m$ 且 $n=rt$, 那么

$$1+la^m=b^n$$
$$=(1+ha^m)^t$$
$$=1+tha^m+\binom{t}{2}h^2a^{2m}+\cdots$$
$$=1+h(t+\binom{t}{2}ha^m+\cdots)a^m$$

所以 $l=h(t+\binom{t}{2}ha^m+\cdots)$, 因此 $\gcd(h,a)=1$. 通过

选择 n 的最小值, $n=r$ 是 b 模 a^m 的顺序.

（3）由以上表示法, 任一 $i \geqslant 0$, b 模 a^{m+i} 的顺序是 na^i, $b^{na^i} = 1 + l_i a^{m+i}$, 且 $\gcd(l_i, a) = 1$.

用归纳法表示 i, 是真正的为 $i = 0$. 令它的假设真的为 $i \geqslant 0$. 如果 $j = kna^i + r$, 且 $0 \leqslant r < na^i$, $b^j \equiv 1 \pmod{a^{m+i+1}}$, 那么 $b^j \equiv 1 \pmod{a^{m+i}}$, 所以 $b^r \equiv b^r(b^{na^i})^k \equiv b^j \equiv 1 \pmod{a^{n+i}}$. 这样用归纳法, $r = 0$. 现在令 $1 \leqslant k$, 那么

$$b^{kna^i} = (1 + l_i a^{m+1})^k = 1 + l_i a^{m+i}(k + \binom{k}{2} l_i a^{m+i} + \cdots)$$

由于 $k = 1, \cdots, a-1$, $b^{kna^i} \not\equiv 1 \pmod{a^{m+i+1}}$, 然而

$$b^{na^{i+1}} = 1 + l_i(1 + \binom{a}{2} l_i a^{m+i-1} + \cdots) a^{m+i+1}$$
$$= 1 + l_{i+1} a^{m+i+1}$$

且 $\gcd(l_{i+1}, a) = 1$, 这完成了归纳法.

（4）如果 $N, M \geqslant 2$ 使得 $b^N \equiv 1 \pmod{a^M}$, 那么 na^{M-m} 整除 n.

事实上, 通过（3）b 模 a^M 的顺序是 na^{M-m}, 因此 na^{M-m} 整除 N.

（5）如果 $\gcd(a, b) = 1$ 和 $a^x - b^y = a^X - b^Y$ 与 x, y, X, Y 为正整数 $X > x$, 那么 $Y \geqslant a^{x-m}$.

事实上, 首先观察 $Y > y$, 那么

$$a^x(a^{X-x} - 1) = b^y(B^{Y-y} - 1)$$

因此 $b^{Y-y} - 1$ 是可被 a^x 除尽的. 通过（4）, na^{x-m} 除 $Y - y$, 因此 $a^{x-m} \leqslant na^{x-m} \leqslant Y - y \leqslant Y$.

（6）通过（C6.3）存在 x_0, 有效计算数, 使得如果 $a^x > b^y$, $x > x_0$, 那么 $a^x - b^y \geqslant a^{x/2}$, 通过（1）, 存在 m 的特性证明. 令 $x_1 = \max\{x_0, 3(m+1)\}$ 和 $k > a^{x_1}$. 如

果 $a^x - b^y = a^X - b^Y$ 且 $x < X$，那么 $X < 2x$. 的确，$a^x > k > a^{x_1}$，因此 $X > x > x_1 > x_0$. 那么 $a^x = k + b^y > k = a^X - b^Y \geqslant a^{X/2}$，作为需求 $x > \dfrac{X}{2}$.

另一方面，通过（5）

$$a^X = k + b^Y > b^Y \geqslant b^{a^{x-m}} \geqslant 2^{a^{x-m}}$$
$$> 1 + a^{x-m} + \frac{a^{x-m}(a^{x-m} - 1)}{2} +$$
$$\frac{a^{x-m}(a^{x-m} - 1)(a^{x-m} - 2)}{6}$$
$$> \frac{(a^{x-m} - 2)^3}{6} > a^{3(x-m-1)}$$

因为 $a \geqslant 2$，因此 $X > 3(x - m - 1)$. 但是 $x > x_1 \geqslant 3(m + 1)$，所以 $X > 2x$，这与推断的证明相矛盾.

Pillai 声名以上的结果对方程 $Aa^U - Bb^V = k$ 是有效的，条件是当 k 足够大且进一步假设 $\gcd(a,b) = 1$.

Pillai 也研究了当 $\gcd(a,b) = 1$ 时的方程

$$a^x - b^y = a^U - b^V$$
$$u^U + b^V = u^X \quad b^Y$$
$$a^U - b^V = b^Y - a^X$$

注意，$a^U + b^V = a^X + b^Y$ 与 $a^U - b^Y = a^X - b^V$ 是一样的.

从（C6.1）和（C6.5）得出，当 $(u,v) \neq (x,y)$ 时 $a^U - b^V = a^X - b^Y$ 仅有有限多解 (u,v,x,y). 的确，通过（C6.5），如果 $|k|$ 足够大，那么至多有一对整数 (x,y) 使得 $a^x - b^y = k$；类似的，任一 k，有至多有限的 (x,y) 使得 $a^x - b^y = k$.

Pillai 也曾在 1944 年演示了方程 $a^U + b^V = a^X - b^Y$ 和 $a^U - b^V = b^Y - a^X$ 当 $\gcd(a,b) = 1$ 时仅有有限多解，然而 Pillai 没有有效的限定解.

在 1945 年,他研究了特殊方程

$$2^U \pm 3^V = 2^X - 3^Y, 2^U \pm 3^V = 3^Y - 2^X$$

Pillai 注意到方程 $2^X - 3^Y = 2^U - 3^V$ 有 3 个解

$$-1 = 2 - 3 = 2^3 - 3^2$$
$$5 = 2^3 - 3 = 2^5 - 3^3$$
$$18 = 2^4 - 3 = 2^8 - 3^5$$

Pillai 推测没有其他的解. 1976 年,Chein 声称他建立了这个猜想,但是他的说明没有出版(至少,如果存在,它不会在数学评论中回顾).

Pillai 用基础的方法解决了其他方程.

唯一值 $a = 2^u + 3^v = 2^x - 3^y$ 是

a	$2^u + 3^v$	$2^x - 3^y$
5	$2 + 3$	$2^5 - 3^3 = 2^3 - 3$
7	$2^2 + 3$	$2^4 - 3^2$
13	$2^2 + 3^2$	$2^8 - 3^5 = 2^4 - 3$
29	$2 + 3^3$	$2^5 - 3$
247	$2^2 + 3^5$	$2^8 - 3^2$

唯一值 $a = 2^u - 3^v = 3^y - 2^x$ 是

a	$2^u + 3^v$	$3^y - 2^x$
1	$2^2 - 3$	$3 - 2, 3^2 - 2^3$
5	$2^2 - 3, 2^5 - 3^3$	$3^2 - 2^2$
7	$2^4 - 3^2$	$3^2 - 2$
23	$2^5 - 3^2$	$3^3 - 2^2$

唯一值 $a = 2^u + 3^v = 3^y - 2^x$ 是

a	$2^u + 3^v$	$3^y - 2^x$
5	$2 + 3$	$3^2 - 2^2$
7	$2^2 + 3$	$3^2 - 2$
11	$2 + 3^2, 2^3 + 3$	$3^3 - 2^4$
17	$2^3 + 3^2$	$3^4 - 2^6$
19	$2^4 + 3$	$3^3 - 2^3$
25	$2^4 + 3^2$	$3^3 - 2$
73	$2^6 + 3^2$	$3^4 - 2^3$

方程 $a^U - b^V = 1$ 被发现的更多.

补充 Pillai(C6.5) 的结果, Leveque 在 1952 年证明了:

(C6.6) 如果 $a, b \geq 2$, 方程 $a^U - b^V = 1$ 有至多一个正整数解 u, v, 除非 $a = 3, b = 2$, 此时只有两个解 $(u, v) = (1, 1)$ 和 $(u, v) = (2, 3)$.

证明 假设 $(u, v), (x, y)$ 是解, 且 $u < x$. 因为 $a^u - b^v = a^x - b^y = 1$, 那么

$$v < y, \quad a^u(a^{x-u} - 1) = b^v(y^{y-v} - 1)$$

由于 $a^u - b^v = 1$, 则 $\gcd(a, b) = 1$, 因此 $b^v = a^u - 1$ 必然等同于 $a^{x-u} - 1$, 同样, $a^u = b^v + 1$ 必然等同于 $b^{y-v} - 1$. 那么 $u = x - u$, 即 $x = 2u$, 即 $b^{y-v} - b^v = 2$. 因此, $y - v > v$ 且 $b^v(b^{y-2v} - 1) = 2$. 因此 $v = 1, b = 2, b^{y-2v} - 1 = 1$, 那么 $y - 2v = 1$, 则 $y = 3$. 因此 $u = 1, x = 3, a = 2$.

Leveque 这一简单的结果有一个有趣的推论, 这个推论是关于连续整数的幂的和

$$S_1(n) = \sum_{j=1}^{n} j = \frac{n(n+1)}{2}$$

$$S_2(n) = \sum_{j=1}^{n} j^2 = \frac{n(n+1)(2n+1)}{6}$$

$$S_3(n) = \sum_{j=1}^{n} j^3 = \frac{n^2(n+1)^2}{4}$$

$$\vdots$$

因此对于任一 $n \geqslant 1, S_3(n) = [S_1(n)]^2$ 是真实的. 接下来演示的是唯一可能的例子.

（**C6.7**） 如果 $t \geqslant 1, u \geqslant 2, v \geqslant 3$ 像是这样

$$S_v(n) = [S_t(n)]^u$$

任一 $n \geqslant 1$，那么 $t=1, u=2, v=3$.

证明 令 $n=2, 1+2^v = (1+2^r)^u$. 令 $1+2^t = a$, 因为 $a^u - 2^v = 1$,同样 $a - 2^t = 1$. 这样 $(u,v), (1,t)$ 是方程 $a^U - 2^V = 1$ 的解. 通过 (C7.6)，$a=3, t=1, u=2, v=3$.

事实上，很容易证明更广泛的结果，即使没有 (C6.7) 或这本书中的任何结果的帮助. 反而，需要使任一 $k \geqslant 1$ 存在一个多项式 $S_k(X) \in \mathbf{Q}[x]$ 的事实，$k+1$ 的程度影响系数 $\dfrac{1}{k+1}$，这样

$$S_k(n) = \sum_{j=1}^{n} j^k, 任一 n \geqslant 1$$

这个结果由 Euler 第一个建立.

遵循 Allison1961 年的记录,如果 t, u, v, w 是正整数,且 $t < v, [S_v(n)]^w = [S_t(n)]^u$,任一 $n \geqslant 1$,那么 $w=1, t=1, u=2, v=3$.

证明当然是非常简单的.

7. 决定最终解的算法

在 1953 年,Cassels 指出了一种算法,找出了 $a^U -$

$b^V = 1$ 的最终解,从而提供了 Leveque 的结果的另一种证明:

(C7.1) 令 $a, b \geqslant 2$,并令 $u, v \geqslant 2$,从而使得 $a^u - b^v = 1$.要么 $a = 3, b = 2, u = 2, v = 3$,要么 a 和 b 其中之一不是 2 的幂,u, v 是最小的整数使得

$$a^u \equiv 1 (\bmod B), b^y \equiv -1 (\bmod A)$$

此时 A 是 a 不同奇素数的乘根.

证明 假设存在 $u, v \geqslant 2$ 使得 $a^u - b^v = 1$.我排除当 $a = 3, b = 2, u = 2, v = 3$ 这一情况,通过(B1.1),a 和 b 不能成为 2 的幂,因此 $A \neq 1, B \neq 1$.

现在让 h, k 为最小的正整数使得

$$a^h \equiv 1 (\bmod B), b^k \equiv -1 (\bmod A)$$

首先我演示 $v = k$.由于

$$b^v = -1 + a^u \equiv -1 (\bmod A)$$

因为 $A \mid a$,遵循 k 除 v,如果 $\dfrac{v}{k}$ 是偶数,那么

$$-1 \equiv b^v \equiv (b^k)^{\frac{v}{k}} \equiv (-1)^{\frac{u}{k}} \equiv 1 (\bmod A)$$

因此 A 除 2;但是 $A \neq 2$,因为 A 是奇数,所以 $A = 2$ 是不可能的.

因此 $\dfrac{v}{k}$ 是奇数.如果 $u \neq k$,令 p 是一个奇质数除 $\dfrac{u}{k}$.由于 $v = pv_1, k \mid v_1, \dfrac{v_1}{k}$ 一定是奇数.令 $c = b^{v_1} \geqslant 2$,那么 $a^u = b^v + 1 = (c+1)^{\frac{c^p+1}{c+1}}$.但是 $\dfrac{c^p + 1}{c+1} > p$.除非 $c = 2, p = 3$(由(P1.2)得),因此 $b = 2, v_1 = 1, v = 3$,这一情况被排除.再者,通过引理(A1.1),$p^2 \nmid \dfrac{c^p + 1}{c+1}$ 和 $\dfrac{c^p + 1}{c+1}$ 都是奇数,无论 c 是奇数或者偶数.因此存在一

个奇素数 $q,q \neq p$，使得 $q \mid \dfrac{c^{p}+1}{c+1}$；那么 $q \nmid c+1$，因为

$\gcd(c+1, \dfrac{c^{p}+1}{c+1}) = 1$ 或 p. 若 $q \mid a$，则 $q \mid A$，$b^{v_1}+1 \not\equiv$

$0(\bmod A)$，因为 $\dfrac{v_1}{k}$ 是奇数. 证明 $v=k$ 是矛盾的.

现在我将证明 $u=h$. 由于
$$a^{u} = 1 + b^{v} \equiv 1(\bmod B)$$

遵循 $h \mid u$. 如果 $\dfrac{u}{h}$ 不是 2 的一个幂，令 p 为一个奇素数

除 $\dfrac{u}{h}$，过程同之前一样，那么 $u = pu_1$，是 $h \mid u_1$. 令 $d =$

$a^{u_1} \geqslant 2$，因为
$$b^{v} = a^{u} - 1 = (d-1)\dfrac{d^{p}-1}{d-1}$$

通过相同的自变量，存在一个奇素数 q 使得 $q \neq p$，q 除

$\dfrac{d^{p}-1}{d-1}$，但是 $q \nmid d-1$；因此 $q \mid b$，因此 $q \mid B$，$a^{u_1} \not\equiv$

$1(\bmod q)$，因此 $a^{u_1} \not\equiv 1(\bmod B)$，$a^{k} \not\equiv 1(\bmod B)$ 更

加是不合理的.

这个 $\dfrac{u}{h}$ 是 2 的一个幂，我指出如果 2 除 $\dfrac{u}{h}$，这将得

出一个矛盾. 由于建立 $u=h$.

令 2 除 $\dfrac{u}{h}$，则 $u = 2u_1$，且 $h \mid u_1$. 由于
$$b^{v} = a^{u} - 1 = (a^{u_1} - 1)(a^{u_1} + 1)$$

要么 $a^{u_1} + 1$ 是 2 的一个幂，要么存在一个奇素数 p 除

以 $a^{u_1} + 1$，因而 b；那么 $p \nmid a^{u_1} - 1$，因此
$$a^{u_1} \not\equiv 1(\bmod p)$$

于是 $a^{u_1} \not\equiv 1(\bmod B)$，从而 $a^{n} \not\equiv 1(\bmod B)$，极端无理

性.

如果 $a^{u_1}+1=2^t$,那么 a 是一个奇数;如果 $u_1 \geqslant 2$,那么 $2^t \equiv 2 \pmod 4$,因此 $t=1$,$a^{u_1}=1$,$a=1$.相反的,假设如果 $u_1=1$,那么 $u=2$,则 $a^2-b^v=1$.

由于 $a+1=2^t$,遵循 $a-1=2^t-2=2(2^{t-1}-1)$,则 $t \geqslant 2$.由于

$$b^v=a^2-1=(a-1)(a+1)$$

遵循 $a-1=2c^v$,因为 $\gcd(a+1,a-1)=2$.做减法,$2=2^t-2c^v$,那么 $2^{t-1}-c^v=1$.通过(B1.1),$t=1$ 或 2,因此 $a=1$ 或 3(因此 $b=2$,$u=2$,$v=3$).由于这些值已被假设排除,所以证明完成.

8. 两次多项式的最大素因子的值

这有趣地展示了以上考虑的问题和多项式素因子的值之间的关系.令 $P[m]$ 表示之前 $m>1$ 时的最大素因子.

首先,我将给出一个十分简单的结论,由于 Schur(1912):

(C8.1) 若 $f(X)$ 是任意不恒定丢番图积分系数,则 $\limsup\limits_{n \to \infty} P[f(n)]=\infty$.

证明 其与所表示的可整除 $f(n)$ 的一些值的素数集合是等价的,其中 $n \geqslant 1$ 是无穷的.

令 $f(X)=a_0 X^d+a_1 X^{d-1}+\cdots+a_d$,其可假设 $a_0>0$,并不失普遍性原则.

假设 $a_d \neq 0$ 且素数 p 的集合的分割为 $f(n)=$ ($n \geqslant 1$)为有限的一些值,就是说等于 $\{p_1,\cdots,p_r\}$.令 $a=|a_d|$,且让 c 为整数使得 $f(cap_1\cdots p_r)>a$.标记

$$b=\frac{f(cap_1\cdots p_r)}{a}$$

为整数且 $b > 1$. 由此可得
$$b \equiv 1 (\operatorname{mod} p_1 p_2 \cdots p_r)$$
由 $b > 1$ 知存在素数 p 整除 b, 则 $p \mid f(ca p_1 \cdots p_r)$. 因此 $p \in \{p_1, \cdots, p_r\}$. 另一方面, $b \equiv 0 (\operatorname{mod} p_1 \cdots p_r)$ 且这是矛盾的.

应用 Thue 的结论, Pólya 在 1918 年指出:

(**C8.2**) 让 $f(X) = (aX + b)(cX + d)$, 这里 a, b, c, d 是整数, 且 $a, c \geqslant 1, \dfrac{b}{a} \neq \dfrac{d}{c}$, 则
$$\lim_{n \to \infty} P[f(n)] = \infty$$

证明 其足以表示 $\liminf\limits_{n \to \infty} P[f(n)] = \infty$.

假设 $\liminf\limits_{n \to \infty} P[f(n)] = k < \infty$. 因此存在整数 n 的无穷集合 S, 使得每个 $n \in S, an + b, cn + d \in E^x$. 标记
$$c(an + b) - a(cn + d) = bc - ad \neq 0$$
然而, 通过(C6.1)得方程
$$cX - aY = bc - ad$$
在 E^x 中有唯一有限多个解, 这是矛盾的.

尤其是上述结论也适用于
$$f(X) = X(X + 1) \text{ 或 } X(X + 2)$$
这方面见 Størmer 给出的稍后(C9.3)的证明.

Pólya 同样也指出:

(**C8.3**) 让 $f(X)$ 为不可约积分系数二次多项式, 则
$$\lim_{n \to \infty} P[f(n)] = \infty$$

证明 若
$$f(X) = aX^2 + Bx + c$$
让
$$g(X) = X^2 + Bx + ac$$

所以

$$g(aX) = af(X)$$

其足以显示 $\lim\limits_{n \to \infty} P[g(na)] = \infty$. 所以,存在 n_0,使得若 $n \geqslant n_0$,则 $P[af(n)] = [g(an)] > a$. 由此可知,对于 $n \geqslant n_0$,有 $P[f(n)] = P[g(na)]$. 因此

$$\lim\limits_{n \to \infty} P[f(n)] = \infty$$

所以我假设在不失普遍性条件下,$f(X)$ 是首一的.

令 D 为 $f(X)$ 的差别式. 因为 $f[X]$ 是不可约的,则 $D \neq 0$,且 $f(X)$ 的根 α, α' 是域 $k = \mathbf{Q}(\sqrt{D})$ 的代数整数,对于每一个 $\gamma \in K$,用 γ' 表示其共轭值.

令 $w = \dfrac{1 + \sqrt{D}}{2}$,所以 K 的每一个代数,都有式子

$c + dw$(这里 c, d 是整数),标记 $\dfrac{\alpha' - \alpha}{w' - w}$ 是整数.

用 h 来表示 K 的类数.

若陈述是错误的. 通过(C8.1)

$$\liminf_{n \to \infty} P[f(n)] = k < \infty$$

所以存在整数 n 的无穷集合 S,使得若 $p \mid f(n)$,则 $p \leqslant k$. 让 $E = \{p \text{ 素数} \mid p \leqslant k\}$,且令 $F = \{P \mid \text{域 } K \text{ 的} P \text{ 素理想使得 } P \text{ 整除一些素数 } p \in E\}$. 所以,$F$ 是有限的,记作 $F = \{P_1, P_2, \cdots, P_r\}$.

让 F^x 表示 K 的全部理想的集合,其中,理想的有限乘积属于 F.

证明的想法是定义集合 S 到集合 T 的整数对的映射 Φ. 众所周知,其是有限的,且表明对于每一个 $(x, y) \in T$,有至多有限多个 $n \in S$ 使得 $\Phi(n) = (x, y)$,这是荒谬的.

T 的定义如下:

让 U 是 K 的单位集合. 若 $D<0$, 让 $U_0=U$, 所以 U_0 有至多 6 个要素. 若 $D>0$, 让 ε 是基本单位, 且让 $U_0=\{\pm 1, \pm\varepsilon \pm\varepsilon^2\}$, 则每个 K 的单位都有式子 $\delta\gamma^3$, 这里 $\gamma\in U$ 且 $\delta\in U_0$ 是唯一的定义.

让 F_0^x 是 K 的代数整数 β 的集合, 使得:

(1) 主要理想 (β) 在 F^x 中, 且相反的每一个在 F^x 中的主要理想等于某些 (β), 这里 $\beta\in F_0^x$.

(2) 若 $\beta_1, \beta_2\in F_0^x, \beta_1\neq\beta_2$, 则 $(\beta_1)\neq(\beta_2)$. 因此 F_0^x 如同 F^x 是有限集合, 对每一个 $\delta\in U_0$ 和 $\beta\in F_0^x$, 让

$$g_{\delta,\beta}(X,Y)=\frac{\delta\beta(X+\omega Y)^3-\delta'\beta'(X+\omega' Y)^3}{\omega'-\omega}$$

显而易见的 $g_{\delta,\beta}(X,Y)$ 是积分系数二元三次式. 此外, 多项式 $g_{\delta,\beta}(Z,1)$ 是不可约的, 因为其根 ρ 使得 $\frac{\rho+w}{\rho+w'}$ 是 $\frac{\delta'\beta'}{\delta\beta}$ 的立方根.

让 $T_{\delta,\beta}$ 是丢番图方程积分解 (x,y) 的集合

$$g_{\delta,\beta}(X,Y)=\frac{\alpha'-\alpha}{\omega'-\omega}$$

通过 Thue 定理 (C1.1), 每一个集合 $T_{\delta,\beta}$ 都是有限的, 让 $T=U\{T_{\delta,\beta}\mid\delta_t U_0, \beta\in F_0^x\}$, 所以 T 是有限集合.

现在, 我将定义映射 $\Phi: S\to T$.

若 $n\in S$, 因为 $f(n)=(n-\alpha)(n-\alpha')$, 则主要理想 $(n-\alpha)\in F^x$, 因此

$$(n-\alpha)=P_1^{e_1}\cdots P_r^{e_r}I^{3h}$$

这是 I 是 k 的理想, $0\leqslant e_i<3h$, 对每个 $i=1,\cdots,r$.

但 I 是主要理想, 记作 $I^h=(c+wd)$, 其中 c,d 是整数, 则 $P_1^{e_1}\cdots P_r^{e_r}$ 也是主要理想. 那么, 存在唯一 $\beta\in$

451

F_0^x 使得 $(n-\alpha)=(\beta)\cdot(c+wd)^3$.

因为每个 k 的单位都有式子 $\delta\gamma^3$（其中 $\delta\in U_0$，$\gamma\in U$），则存在 $\delta\in U_0$ 和整数 x,y，使得

$$n-\alpha=\delta\beta(x+wy)^3$$

以共轭值

$$n-\alpha'=\delta'\beta'(x+\omega'y)^3$$

因此

$$\frac{\alpha'-\alpha}{\omega'-\omega}=\frac{\delta\beta(x+\omega y)^3-\delta'\beta'(x+\omega'y)^3}{\omega'-\omega}$$

用以前的表示法，(x,y) 是 $g_{\delta,\beta}(X,Y)=\dfrac{\alpha'-\alpha}{\omega'-\omega}$ 的解，那么 $(x,y)\in T_{\delta,\beta}\subseteq T$.

定义 $\Phi(n)=(x,y)$.

若 $(x,y)\in T$. 因为 U_0,F_0^x 是有限集合，存在至多有限多个 $n\in S$，使得 $n-\alpha=\delta\beta(x+\omega y)^3$，因此

$$\Phi(n)=(x,y)$$

这个结论得以证明.

对于多项式 $f(X)=X^2+1$ 的特别的例子，详见 Stφrmer 的其他证明，在（C9.3）之后.

在 1933 年，Mahler 显示更多

$$\lim_{n\to\infty}\frac{P[n^2-1]}{\log\log n}\geqslant 1,\lim_{n\to\infty}\frac{P[n^2+1]}{\log\log n}\geqslant 2$$

关于 $P[f(n)]$ 的增长，在文献中有许多结论. 对许多积分系数多项式 $f(X)$，但此话题超越了本书的范围，读者若愿意可翻阅 Shorey 和 Tijdeman 的 1986 年的书（特别注意页码 $56,57,124\sim 137,142,149,150$）和 Langevin(1974,1975) 的各种论文.

我在这里提到的方程 $aX^m-bY^n=k$ 的解，数量是有限的，如（C2.1）所见，也可以通过使用 Mahler 1953

年的有趣结论证明有关最大素因子.

Mahler 证明：

(C8.4) 让 $m \geqslant 2, n \geqslant 3$, 让 a, b 是非零整数, 对每一个整数 $t \geqslant 1$, 让

$$M(t) = \min\{P[|ax^m - by^n|]|$$
$$\max\{x, y\} = t, \gcd(x, y) = 1\}$$

则 $\lim\limits_{t \to \infty} M(t) = \infty$.

尤其是对任意 $k \neq 0$, 若 $\max\{x, y\}$ 足够大, 则

$$|x^m - y^n| \geqslant P[|x^m - y^n|] > k$$

9. 有效结论

在这里, 我将对前面已有的一些命题给出有效的证明.

我将以 Størmer 关于给定有限集的整数素因子序列的首创结论开始. 在开始之前, 也许值得提到的是 Størmer 是如何带领这个问题的研究的.

从级数展开式开始

$$\log(1 + x) = x - \frac{x^2}{2} + \frac{x^3}{3} - \frac{x^4}{4} + \cdots$$

其很容易得到. 当 N, h 是正整数时, 有

$$\log\left(\frac{2N + 2h}{2N + h}\right)$$
$$= \log\left(1 + \frac{h}{2H + h}\right)$$
$$= \frac{h}{2N + h} - \frac{1}{2}\left(\frac{h}{2N + h}\right)^2 + \frac{1}{3}\left(\frac{h}{2H + h}\right)^3 - \cdots$$

$$\log\left(\frac{2N}{2N + h}\right)$$
$$= \log\left(1 - \frac{h}{2N + h}\right)$$

$$= -\frac{h}{2N+h} - \frac{1}{2}\left(\frac{h}{2N+h}\right)^2 - \frac{1}{3}\left(\frac{h}{2N+h}\right)^3 - \cdots$$

$$\log\left(\frac{N+h}{N}\right)$$

$$= 2\left[\frac{1}{1+\dfrac{2N}{h}} + \frac{1}{3}\left(\frac{1}{1+\dfrac{2N}{h}}\right)^3 + \frac{1}{5}\left(\frac{1}{1+\dfrac{2N}{h}}\right)^5 + \cdots\right]$$

若 h 很小,也就是说 $h=1$ 或 2,且 N 很大,则上述级数收敛非常快.

假设素数 $p_1,\cdots,p_{r-1}$ 的对数已知,且目的是计算 $\log p_r$. 若 N 是自然数,有唯一素因子 $p_1,\cdots,p_{r-1}$ 且 $N+h$ 有唯一素因子 $p_1,\cdots,p_{r-1}$ 和 p_r. 上述公式允许一个计算 $\log p_r$. 此外,较大的是 N,较快的是集合.

(C6.1) 表明,给定 $h \geqslant 1$ 和 $E=\{p_1,\cdots,p_r\}$,存在唯一有限多个正整数 N,使得 $N(N+h) \in E^\times$. 结论无效,Størmer 得 $h=1$ 或 2,且通过上述特性可以确定有效整数 N(详见 (C9.3)). 用上述的方法,他的结论战胜了有些想找到任意级数迅速收敛到 $\log p_r$ 的初衷.

让 $E=\{p_1,\cdots,p_r\}(r \geqslant 1)$ 是素数集合,如之前一样,让 $E^\times$ 表示自然数集合,所有数的素因子属于 E.

让 $a \geqslant 1$,且思考集合

$$D_a(E) = \{D = ap_1^{e_1}\cdots p_r^{e_r} \mid D \text{ 不是二次的,每个 } e_i = 0,1 \text{ 或 } 2\}$$

很清楚 $\sharp D_a(E) \leqslant 3^r$.

Størmer 在 1879 中表示:

(C9.1) 给定 $a \geqslant 1$ 且 E 如上所示. 若 $x \geqslant 1$ 且 $x^2 \mp 1 \in aE^\times$,存在 $D \in D_a(E)$ 且 $y \geqslant 1$,使得 (x,y) 是 $X^2 - DY^2 = \pm 1$ 的基本解. 特别是存在至多 3^r 个这样的整数 x,且他们可以在有限的步骤里进行有效的

计算.

证明 假设 $x^2 \mp 1 = au$,其中 $u \in E^\times$,所以 $u = \prod_{i=1}^r p_i^{d_i}$,且每一个 $d_i \geqslant 0$,令

$$e_i = \begin{cases} 0 & \text{若 } d_i = 0 \\ 1 & \text{若 } d_i \text{ 是奇数} \\ 2 & \text{若 } d_i \text{ 是偶数 } d_i \geqslant 2 \end{cases}$$

且 $D = a \prod_{i=1}^r p_i^{e_i}$. 因为 $e_i \leqslant d_i$ 且 $d_i - e_i$ 是偶数对每个 $i = 1, \cdots, r$,则 $au = Dy^2$. 对有些整数 $y \geqslant 1$,因此 $x^2 - Dy \mp 1$ 且必然地 D 不是二次,所以 $D \in D_a(E)$.

注意,$p_i \mid y$ 当且仅当 $d_i \neq e_i$,当 d_i 是奇数且大于 1 或 d_i 是偶数且大于 2 时确实发生. 反过来,意味着 $e_i \geqslant 1$. 因此,若 $p_i \mid y$,则 $p_i \mid D$. 对于 $x^2 - Dy^2 = \pm 1$,可得从(A4.2)(x, y) 是这个方程的基本解.

若 x, x^2 是使得 $x^2 \mp 1, x'^2 \mp 1 \in aE^\times$ 且其对应相同整数 $D \in D_a(E)$,则 $y = x'$. 因为两个数都等于 $X^2 - DY^2 = \pm 1$ 的第一个整数基本解. 最后,P 部分中表明,这些整数可能在有限步骤内得以计算.

由此可知,若 $a_1, \cdots, a_r \geqslant 1$,存在唯一有限多个整数 x 使得 $x^2 \mp 1 \in \{a_1^{e_1} \cdots a_r^{e_r} \mid e_1, \cdots, e_r \geqslant 0\}$,且这些整数可以在有限步骤中得到有效计算.

通过数字化说明其方法,Størmer 确定了所有整数 $x \geqslant 1$,使得所有 $1 + x^2$ 的素除数 p,都有 $p \leqslant 13$

$$1 + 1^2 = 2$$
$$1 + 2^2 = 5$$
$$1 + 3^2 = 10 = 2 \times 5$$
$$1 + 5^2 = 26 = 2 \times 13$$

$$1 + 7^2 = 50 = 2 \times 5^2$$
$$1 + 8^2 = 65 = 5 \times 13$$
$$1 + 18^2 = 325 = 5^2 \times 13$$
$$1 + 57^2 = 3\,250 = 2 \times 5^3 \times 13$$
$$1 + 239^2 = 57\,122 = 2 \times 13^4$$

的确,若 $p \mid 1 + x^2$,则无论 $p = 2$ 或 $\left(\dfrac{-1}{p}\right) = \pm 1$,所以 $p \equiv 1 \pmod 4$,因此 $1 + x^2 = 2^a \times 5^b \times 13^c$,其中 $a, b,$ $c \geqslant 0$ 且 $a = 0$ 或 1. 若 $1 + x^2$ 是上述式子,则存在 $D \in$ $D_1(E) \bigcup D_2(E)$,这里 $E = \{5, 13\}$,使得 (x, y) 是 $X^2 - DY^2 = -1$ 的基本解,但 $D_1(E) \bigcup D_2(F) = \{2, 5, 13,$ $2 \times 5, 2 \times 13, 2 \times 5^2, 2 \times 13^2, 5 \times 13, 5^2 \times 13, 5 \times 13^2,$ $2 \times 5 \times 13, 2 \times 5^2 \times 13, 2 \times 5 \times 13^2, 2 \times 5^2 \times 13^2\}$,根据(P5.3),计算 $\sqrt{D}$ 的连续派系扩展,对每一个 $D \in$ $D_1(E) \bigcup D_2(E)$,可得 $X^2 - DY^2 \equiv -1$ 的基本解 $(x,$ $y)$:

D	x	y
2	1	1
5	2	1
10	3	1
13	18	5
26	5	1
50	7	1
65	8	1
130	57	5
325	18	1
338	239	13
650	—	—
845	12 238	421
1 690	—	—
8 450	54 608 393	594 061

注意当 $D=650$ 或 $1\,690$ 时,方程无解.当 $D=845$ 或 $8\,450$ 时,y 有一个素因子大于 13. 根据这些 D 的值,且当观察到 $D=13$ 和 $D=325$ 有相同基本解,这仍有九个确切的 x 的上述表示的值.

运用 Skolem 的结论(A4.3),接下来的展示将应用与(C9.1)相同的证明.

(**C9.2**) 存在至多有限多个整数 $x \geqslant 1$,使得 $x^2 \mp 4 \in aE^{\times}$,且它们可以在有限步骤内得以有效计算.

(**C9.3**) 令 $a \geqslant 1, E=\{p_1, \cdots, p_r\}, h=1$ 或者 2. 这时有至多 3^r 个整数 $x \geqslant 1$,如此 $x(x+h) \in aE^{\times}$,并且这些整数可以在有限步骤内得以有效计算.

证明 令 $h=1$,因为

$$x(x+1)=x^2+x=\frac{1}{4}\left[(2x+1)^2-1\right]$$

则若 $x(x+1) \in aE^{\times}$,$(2x+1)^2-1 \in 4aE^{\times}$,通过 (C9.1) 有至多 3^r 个整数且可以在有限步骤内得以有效计算.

让 $h=2$. 因为 $x(x+2)=x^2+2x=(x+1)^2-1$,则若 $x(x+2) \in aE^{\times}$,$(x+1)^2-1 \in aE^{\times}$. 因此,有至多 3^r 个整数 $x \geqslant 1$ 且可以在有限步骤内得以有效计算.

上述结论允许我们给出新的证明:若 $f(X)=X(X+1),(X+2),X^2+1$ 或 X^2-1,则

$$\lim_{n \to \infty}P[f(n)]=\infty$$

(这是(C8.2) 和(C8.3) 的特例)

的确,对前两个多项式,通过(C9.3)可知,存在唯一有限多个 $n \geqslant 1$,使得 $P[f(n)] \leqslant k$,因此存在 n_0 使

457

得若 $n > n_0$，则 $P[f(n)] > k$．陈述得以证明，对其他两个多项式，证明相似且详见(C9.1)．

现在让 $A, M_1, M_2, \cdots, M_n, B, N_1, N_2, \cdots, N_n$ ($m \geqslant 1, n \geqslant 1$) 是整数，其中 $A, B > 0$，且每个 $M_i > 1, N_i > 1$．让 E 是素数集合，除以 $ABM_1 \cdots M_n$，$N_1 \cdots N_n$ 的乘积且让 $\sharp(E) = r$．

在 1898 中，Stφrmer 从上述结论推断：

(C9.4) 通过上述表示，存在唯一有限多个自然数数组 $(e_1, \cdots, e_m, f_1, \cdots, f_n)$，使得

$$AM_1^{e_1} \cdots M_m^{e_m} - BN_1^{f_1} \cdots N_n^{f_n} = 1 \text{ 或者 } 2 \quad (9.1)$$

且其可以在有限步数内得以有效计算．

证明 让 $X = \{(e_1, \cdots, e_m, f_1, \cdots, f_n) \mid$ 与(9.1)有关$\}$ 且 $S' = \{(f_1, \cdots, f_n) \mid$ 存在$(e_1, \cdots, e_m)$ 使得其与 (9.1) 有关$\}$．

我将证明，S' 是有限的，且可以在有限多步中进行有效计算，由此可知，S 有相同的性质．

对每个 $(f_1, \cdots, f_n) \in S'$，让 $N = BN_n^{f_n} \cdots N_n^{f_n}$，所以 $N \in E^\times$，且也有 $N + h \in E^\times$ 对 $n - 1, 2$，从(9.1)关联可知，因此 $N(N + h) \in E^\times$．

通过(C9.2)，整数 N 的集合 S'' 使得 $N(N + h) \in E^\times$ 是有限的且可在有限步数内有效计算．但对每个 $N \in S''$，存在至多有限个 $(f_1, \cdots, f_n) \in S'$ 使得 $BN_1^{f_1} \cdots N_n^{f_n} = N$，因此 S' 是有限的且可在有限步数内有效计算．

运用(C9.1)和相似证明(C9.4)，Skolem 在 1945a 中创立(详见 Nagell 1955)．

(C9.5) 存在唯一有限多自然数数组 $(e_1, \cdots, e_m, f_1, \cdots, f_n)$ 使得

Catalan Theorem

$$AM_1^{e_1}\cdots M_m^{e_m} - BN_1^{f_1}\cdots N_n^{f_n} = 4$$

且其可在有限步骤得以有效计算.

通过立方式定理,Nagell 在 1925a 中证明:

(C9.6) 存在唯一有限多个自然数数组$(e_1,\cdots,e_m,f_1,\cdots,f_n)$使得

$$AM_1^{e_1}\cdots M_m^{e_m} - BN_1^{f_1}\cdots N_n^{f_n} = 3$$

且其可在有限步数内有效计算.

运用 Gel'fond 的丢番图近似值定理 Cassels 得到 (C6.1) 的有效说法和(C9.1)的扩充.

Gel'fond 证明(详见其书,1960,第 174 页或 Gel'fond 1940).

(C9.7) 让 K 是数域且 P 是 K 中的素理想,让 $\alpha,\beta \in K, \alpha,\beta \neq 0$,独立运行(也是 $\alpha^m = \beta^n$,其中 m,n 是整数,表示 $m=n=0$).假设 α,β 是 $P-$adic 单位(也就是 $v_P(\alpha) = v_P(\beta) = 0$,这里 v_P 代表 $P-$adic 估值).

则存在有效计算整数 x_0(依赖于 α,β,P),使得若存在整数 $x,u,v,m \geq 1$,使 $\alpha^u \equiv \beta^v \pmod{P^n}$,其中 $|u|+|v| \leq x$,且 $m \geq [(\log x)^7]$,则 $x < x_0$.

Cassels(1960) 应用这个结论获得了(C9.1)的下列扩展.

(C9.8) 让 E 是素数有限集合,让 $D > 0, D$ 无平方,且 $k \neq 0$,使得 k 无素因子属于 E,则有唯一有限多个整数解(x,y),其中 $y \in E^\times$,对于方程

$$X^2 - DY^2 = k$$

且在有限步骤可被找到.

从这个结论,Cassels 推断了(C6.1)的形式.

(C9.9) 让 E_1, E_2 是素数有限集合,对任意整数 $k \neq 0$,存在唯一有限整数 $x \in E_1^\times, y \in E_2^\times$ 使得 $x -$

$y=k$,此外,这些整数 x,y 可在有限步数内找到.

证明　在(C6.1)中已确定有限多个解的存在,其证明解可基于(C9.8)有效决定,且与(C6.1)相似.

首先,我认为其足以确定有效解 (x,y),其中 $\gcd(x,y,k)=1$.这些正确的解 (x,y) 使得 x,y,k 是成对相对素数,因为 $x-y=k$.

通过删除,若有必要,E_1,E_2 的素数可以被假设,不失普遍性 $E_1 \bigcap E_2 = \varnothing$ 且 k 在 $E_1 \bigcup E_2$ 中无素因子.

让 T 是所有成对整数 (a,b) 的集合,使得

$$a=\prod p_i^{e_i},\text{对每个 } p_i \in E_1 , 0 \leqslant e_i \leqslant 1$$

$$b=\prod p_j^{f_j},\text{对每个 } p_j \in E_2 , 0 \leqslant f_j \leqslant 1$$

很清楚,T 是有限集合.

对每个 $(a,b) \in T$,思考方程

$$F_{(a,b)} : U^2 - ab V^2 = ak$$

由 S 代表,$X-Y=k$ 的解集 $(x,y) \in E_1^{\times} \times E_2^{\times}$,使得 x,y,k 是成对相对素数,由 $W_{(a,b)}$ 代表 $F_{(a,b)}$ 的解集 (u,v),使得 $v \in E_2^{\times}$,因为每个 ak 的素因子都不属于 E_2 通过(C9.8),$W_{(a,b)}$ 是有限的,且可以在有限步数内有效确定,所以 $\bigcup\limits_{(a,b) \in T} W_{(a,b)}$ 也是有限的,且可在有限步数内有效确定.

证明推断,其足以明确,单射映象

$$\varphi : S \to \bigcup_{(a,b) \in T} W_{(a,b)}$$

让 $(x,y) \in S$,则记为 $x=ax_1^2,y=by_1^2$.标记 a,b,x_1,y_1 是 x,y 的完整定义,则 $(ax_1)^2-ab y_1^2=ak$,这里无 ak 的素因子属于 $E_2^{\times}$.因此 $(ax_1,y_1) \in W_{(a,b)}$ 且被要求的单射映象 φ 被 $\varphi((x,y))=(ax_1,y_1)$ 定义

仍是同一个问题,让 $E=\{p_1,\cdots,p_r\}$,其中 $r \geqslant 2$,

让 $p = \max\{p_1, \cdots, p_r\}$ 且在此之前 $E^{\times}: z_1 < z_2 < \cdots$

Tijdeman 在 1973 中指出:

(**C9.10**)   存在有效计算数 $C = C(p) > 0$,使得

$$z_{i+1} - z_i \geqslant \frac{z_i}{(\log z_i)^C}$$

对 $z_i \geqslant 3$.

方程

$$aX^n - bY^n = \pm k \qquad (9.2)$$

(a, b, k 是非零整数,$n \geqslant 3$) 有至多有限多个解(详见 (C2.1)).

当 $n = 3, a > 0$ 且 b 是非立方时,则如同 (A15.3) 中所表明,方程 (9.2) 有至多一个整数解(其中 $2X^3 + Y^3 = 3$ 例外,这有 2 个解).

对于 $n = 4$,正如在 (A16.3) 中已经说明的,Ljunggren 指出

$$aX^4 - bY^4 = \pm 1 \qquad (9.3)$$

有至多一个正整数解.

在 1954 中,Domar 指出,对 $n \geqslant 5$

$$aX^n - bY^n = \pm 1 \qquad (9.4)$$

有至多 2 个整数解.

在其论文 (1983) 中,Evertse 给出方程 (9.2) 的解的个数的上限.

让 $w(k)$ 代表 k 的不同素因子的个数,则 Evertse 指出,方程 (9.2) 有至多 $2n^{w(k)} + 6$ 个整数解.

我希望引述几个还没证明但对方程已经有效的结果

$$\frac{X^n - 1}{X - 1} = Y^m$$

已在 A 部分中研究,且与方程相似.

461

1976 年，Shorey 和 Tijdeman 证明：

(C9.11) 让 $x > 1$，存在有效可计算数 $C = C(x) > 0$，使得若 $m \geqslant 2, n \geqslant 1, y \geqslant 1$，且 $\dfrac{x^n - 1}{x - 1} = y^m$，则 $m, n < C$.

换言之，基本 x 仅有有效有限数.

1980 年，Balasubramanian 和 Shorey 认为数字可以同时用在不同的基数重复数字，确切地说，他们证明：

(C9.12) 让 E 是素数有限集，有有效可计算数 $C = C(E) > 0$，使得若 $a, b \in E^\times$，$\gcd(a, b) = 1$. 若 x，$y > 1$，其中 $a(x - 1) \neq b(y - 1)$，若 $m, n \geqslant 1$，且

$$a \frac{x^m - 1}{x - 1} = b \frac{y^n - 1}{y - 1}$$

则 $a, b, m, n, x, y < C$.

许多作者已经获得了特例，如 Balasubramanian 和 Shorey 的论文中表明的那样.

在 1986 中，Shorey 证明了我将引述的有趣事实：

(C9.13) 存在有效可计算数 $C > 0$，使得若 $x > 1, q$ 是素数，$n_1 \equiv n_2 \pmod{q}$ 且 $\dfrac{x^{n_1} - 1}{x - 1}, \dfrac{x^{n_2} - 1}{x - 1}$ 是 q^{th} 的幂，则 $x, q, n_1, n_2 < C$. 尤其是由于 1 是 q^{th} 的幂，如果 $n \equiv 1 \pmod{q}$ 和 $\dfrac{x^n - 1}{x - 1}$ 是 q^{th} 的幂，则 $n, x, q < C$.

那么，若 q 是素数且 $x \geqslant C$，则 $\sharp \left\{ n > 1 \mid \dfrac{x^n - 1}{x - 1} \text{ 是 } q^{\text{th}} \right.$ 的幂 $\left. \right\} \leqslant q - 1$.

让 $C_1 = \sum\limits_{x < C} C(x)$（这里 $C(x)$ 在 (C9.13) 中被定义），对每一个素数 q，让 $S = \{n > 1 \mid$ 存在 $x > 1$ 使得

$\dfrac{x^n-1}{x-1}$ 是 q^{th} 的幂},则 $\#(S)<q+C_1$. 的确,让 $S_x=$

$\{x>1 \mid \dfrac{x^n}{x-1}$ 是 q^{th} 的幂},则 $\#(S_x)\leqslant C(x)$. 通过

上述,$\#(\bigcup\limits_{x\geqslant C} S_x)\leqslant q-1$. 也有

$$\#\bigcup\limits_{x<C} S_x \leqslant \sum\limits_{x<C} S_x \leqslant \sum\limits_{x<C} C(x)=C_1 $$

因此

$$\#S \leqslant \#(\bigcup\limits_{x\geqslant C} S_x)+\#(\bigcup\limits_{x<C} S_n)<q+C_1$$

Ⅲ. 方程 $X^U - Y^V = 1$

现在我将思考 Catalan 方程
$$X^U - Y^V = 1$$
问题是,我想起决定自然数 (x,y,m,n) 的四部分,其中 $x,y\geqslant 1, m,n\geqslant 2$,使得 $x^m-y^n=1$. 在之前思考的方程方差中,无论 x,y 或 m,n 都没有保持不变.

10. Tijdeman 定理

所有结果发展到现在,这本书不足以得出结论,只存在有限多个四元整数 (x,y,m,n),其中 $x\geqslant 1, y\geqslant 1, m\geqslant 2, n\geqslant 2$,使得 $x^m-y^n=1$.

这是 Tijdeman 在 1976 年最终建立的,应用于对数中线性形式的下限,在 (C1.8) 中指明.

首先,我证明:

(C10.1) 引理

(1) 如果 $If \mid a \mid \leqslant \dfrac{1}{2}$,于是

463

$$| \log(1+a) | < 2 | a |$$

（2）如果 $0 < a \leqslant \dfrac{1}{2}$，$0 < c$，于是

$$| \log[(1-a)^c + a^c] | \leqslant 2ac$$

（3）如果 $0 < a \leqslant \dfrac{1}{2}$，$0 < c$，于是

$$| \log[(1+a)^c - a^c] | \leqslant 2ac$$

证明 （1）

$$| \log(1+a) | = \left| a\left(\sum_{n=1}^{\infty} (-1)^{n-1} \frac{a^{n-1}}{n} \right) \right|$$

$$\leqslant | a | \sum_{n=1}^{\infty} \frac{| a |^{n-1}}{n}$$

$$\leqslant | a | \sum_{n=1}^{\infty} \frac{1}{2^{n-1}} = 2 | a |$$

（2）其充分证明

$$| \log[(1-a)^c + a^c] | \leqslant c | \log(1-a) |$$

也就是

$$c\log(1-a) \leqslant \log[(1-a)^c + a^c] \leqslant -c\log(1-a)$$

或等于

$$(1-a)^c \leqslant (1-a)^c + a^c \leqslant (1-a)^{-c}$$

一个不等式十分明显，其足以指出 $(1-a)^{2c} + a^c(1-a)^c \leqslant 1$. 对于这个目的，思考应变量导数是

$$f'(x) = -2c(1-x)^{2c-1} - c(1-x)^{c-1}x^c + c(1-x)^c x^{c-1}$$

现在我将指出，对 $0 \leqslant x \leqslant 1$ 来说 $f'(x) \leqslant 0$.

的确

$$f'(x) = -2c(1-x)^{2c-1} - c(1-x)^{c-1}x^c + c(1-x)^c x^{c-1}$$

我希望证明

$$c(1-x)^c x^{c-1} \leqslant 2c(1-x)^{2c-1} + c(1-x)^{c-1}x^c$$

或等价的

$$(1-x)x^{c-1} \leqslant 2(1-x)^c + x^c$$

若 $0 \leqslant x \leqslant \dfrac{1}{2} \leqslant 1-x \leqslant 1$,则

$$(1-x)x^{c-1} \leqslant (1-x)^c < 2(1-x)^c + x^c$$

若 $0 \leqslant 1-x \leqslant \dfrac{1}{2} \leqslant x \leqslant 1$,则相似的

$$(1-x)x^{c-1} \leqslant x^c < 2(1-x)^c + x^c$$

因此,$f(x)$ 是无变化的非增函数,那么

$$1 = f(0) \geqslant f(a) = (1-a)^{2c} + (1-a)^c a^c$$

对 $0 \leqslant a \leqslant \dfrac{1}{2}$.

(3) 其足以指明

$$|\log[(1+c)^c - a^c]| \leqslant c\log(1+a)$$

就是说

$$-c\log(1+a) \leqslant \log[(1+a)^c - a^c] \leqslant c\log(1+a)$$

或等价于

$$(1+a)^{-c} \leqslant (1+a)^c - a^c \leqslant (1+a)^c$$

一个不等价并不重要且别的也一样.因为

$$(1+a)^{2c} - a^c(1+a)^c = (1+a)^c[(1+a)^c - a^c] \geqslant 1$$

现在我将证明 Tijdeman 的主要定理.

(C10.2) 存在数字 $C > 0$ 是有效计算数,使得若 x, y, m, n 是正整数时,$m, n \geqslant 2$,且 $x^m - y^n = 1$,则

$$x^m, y^n < C$$

证明 (1) 若 p, q 是素数,让 $E_{(p,q)}$ 是成对正整数 (x, y) 的集合,使得若 $(x, y) \in E_{(p,q)}$,则 $x^p, y^q < C(p, q)$.

其足以说明,存在 $C' > 0$,使得若 $E_{(p,q)} \neq \varnothing$,则

$p,q < C'$,接着 $C = \max\{C(p,q) \mid p,q < C'\}$ 满足所需条件. 的确,若 $m,n \geqslant 2$,$x,y \geqslant 1$ 且 $y^m - y^n = 1$,让 p,q 是素数,使得 $p \mid m,q \mid n$,让 x',y' 是整数,使得 $x^m = x'^p$,$y^n = y'^q$,所以 $x'^p - y'^q = 1$. 因此 $(x',y') \in E_{(p,q)}$,所以 $y^n < x^m = x'^p < C(p,q) \leqslant C$.

（2）前言之后,我开始证明常量 C 的存在. 让 x,$y \geqslant 1$,p,q 是素数,且 $x^p - y^q = 1$. 让 $\varepsilon = \pm 1$,且记为 $x^p - y^q = \varepsilon$,我将假设 $q < p$.

我将指出

$$q < 2^{44} \times 3^{10} (\log p)^3$$

通过（B2.7）

$$\begin{cases} x - \varepsilon = p^{-1} r^q, p \mid r \\ y + \varepsilon = q^{-1} s^p, q \mid s \end{cases}$$

记作 $x,y > 1$. 因此 $r \neq 0,s \neq 0$,初始方程重新写为

$$(p^{-1} r^q + \varepsilon)^p - (q^{-1} s^p - \varepsilon)^q = \varepsilon \qquad (10.1)$$

思考对数的线性式

$$\Lambda_1 = q\log q - p\log p + pq\log \frac{r}{s} \qquad (10.2)$$

所以

$$\Lambda_1 = \log \frac{(p^{-1} r^q)^p}{(q^{-1} s^p)^q} = \log \frac{(x - \varepsilon)^p}{(y + \varepsilon)^q} \neq 0$$

因为

$$\max\{(x-1)^p, (y-1)^q\} < x^p = y^p + \varepsilon$$
$$< \min\{(x+1)^p, (y+1)^q\}$$

记作

$$\frac{(x - \varepsilon)^p}{(y + \varepsilon)^q} = \frac{1}{\left(1 + \dfrac{\varepsilon}{x - \varepsilon}\right)^p} \left[\left(\frac{\varepsilon}{y + \varepsilon}\right)^q + \left(1 - \frac{\varepsilon}{y + \varepsilon}\right)^q\right]$$

我将指出

$$| \Lambda_1 | \leqslant \frac{4 p^2}{t^q} \qquad (10.3)$$

这里 $t = \min\{r,s\}$. 的确,通过引理(C10.1)

$$| \Lambda_1 | \leqslant \left| \log\left(1 + \frac{\varepsilon}{x - \varepsilon}\right)^p \right| +$$

$$\left| \log\left[\left(\frac{\varepsilon}{y + \varepsilon}\right)^q + \left(1 - \frac{\varepsilon}{y + \varepsilon}\right)^q \right] \right|$$

$$\leqslant \frac{2p}{p^{-1} r^q} + \frac{2}{q^{-1} s^p} = \frac{2 p^2}{r^q} + \frac{2 q^2}{s^q} < \frac{4 p^2}{t^q}$$

通过(B1.1)记为 $x > 2, y > 2$.

若 $q \leqslant 10(\log p)$. 主张(2)为真,所以,我将假设
$q > 10(\log p)$. 当

$$t^{\frac{q}{2}} > t^{5 \log p} = p^{5 \log t} \geqslant p^{5 \log 2} \geqslant 4 p^2$$

因此

$$| \Lambda_1 | \leqslant \frac{1}{t^{q/2}} \qquad (10.4)$$

也就是

$$| \Lambda_1 | \leqslant \exp\left(-\frac{q}{2} \log t\right) \qquad (10.5)$$

在计算 $| \Lambda_1 |$ 的下限之前,我将说明

$$\max\{r,s\} \leqslant t^4 \qquad (10.6)$$

由

$$\left| \frac{q \log q}{p} - \frac{p \log p}{q} + \log \frac{r}{s} \right| \leqslant \frac{1}{pq t^{q/2}}$$

可知

$$\left| \log \frac{r}{s} \right| \leqslant \frac{1}{pq t^{q/2}} + \left| \frac{q \log q}{p} - \frac{p \log p}{q} \right|$$

$$\leqslant \frac{1}{pq t^{q/2}} + \frac{q \log q}{p} + \frac{p \log p}{q}$$

$$\leqslant 1 + \frac{2 \log p}{q} < 2$$

467

因为 $10\log p > q$，那么 $\dfrac{1}{e^2} < \dfrac{r}{s} < e^2$，所以无论 $2 \leqslant s < r < se^2 < s^4$ 或是 $2 \leqslant r < s < re^2 < r^4$. 两个例子都有 $\max\{r,s\} < t^4$. 我现在将 (C1.8) 应用于 Λ_1 的线性形式，根据

$$|\Lambda_1| > \exp(-D_1 A\log B)$$

这里 $n=3, d=1, D_1 = (16dn)^{2(n+2)} = 48^{10} = 2^{40} \times 3^{10}$. $b_1 = q, b_2 = p, b_3 = pq$，所以 $B = \max\{|b_1|, |b_2|, |b_3|\} \leqslant p^2$，$A_1 = q, A_2 = p, A_3 = \max\{r,s\}$ 且

$$A = (\log A_1)(\log A_2)(\log A_3) \leqslant (\log p)^2(\log t^4)$$

那么

$$|\Lambda_1| > \exp(-20^{40} \times 3^{10}(\log p)^2(\log t^4)(\log p^2)) \tag{10.7}$$

对比 (10.5)

$$\frac{q}{2}\log t < 2^{40} \times 3^{10} \times 8(\log p)^3(\log t)$$

因此

$$q < 2^{44} \times 3^{10}(\log p)^3 \tag{10.8}$$

（3）现在我将指出，存在 $C > 0$，使得若 p, q 是素数且 $E_{(p,q)} \neq \varnothing$，则 $C(p,q) < C$.

如前，让 $x^p - y^q \equiv \varepsilon$，其中 $\varepsilon = \pm 1, q < p, x, y \geqslant 1$，因为

$$\frac{(p^{-1}r^q + \varepsilon)^p}{(q^{-1}s^p)^q} = \frac{x^p}{(y+\varepsilon)^q} = \frac{y^q + \varepsilon}{(y+\varepsilon)^q} \neq 1$$

则对数线性形式

$$\Lambda_2 = q\log q + p\log\left(\frac{p^{-1}r^q + \varepsilon}{s^q}\right) \neq 0 \tag{10.9}$$

我将给出 $|\Lambda_2|$ 的上限. 首先，我观察到

$$\frac{(p^{-1}r^q+\varepsilon)^p}{(q^{-1}s^p)^q}=\left(1-\frac{\varepsilon}{q^{-1}s^p}\right)^q+\left(\frac{\varepsilon}{q^{-1}s^p}\right)^p$$

$$(10.10)$$

且通过引理(C10.1)

$$|\Lambda_2|=\left|\log\left[\left(1-\frac{\varepsilon}{q^{-1}s^p}\right)^q\right]\right|\leqslant\frac{2q}{q^{-1}s^p}=\frac{2q^2}{s^p}$$

$$(10.11)$$

若 $p\geqslant 22$，则 $2q^2<2p^2<2^{p/2}\leqslant s^{p/2}$，因此

$$|\Lambda_2|\leqslant\frac{1}{s^{p/2}}$$

所以

$$|\Lambda_2|\leqslant\exp\left(-\frac{p}{2}\log s\right)\qquad(10.12)$$

以确定 $|\Lambda_2|$ 的下限，我将应用(C1.8)，其中 $n=2,d=1$. 同时 $b_1=q,b_2=p$，那么 $B=p$，接着 $A_1=q$，且 $A_2=\max\{p^{-1}r^q+\varepsilon,s^q\}$，预测 A_2 是必要的. 对(10.11)

$$\left(\frac{p^{-1}r^q+\varepsilon}{s^q}\right)^p=q^{-q}\left[\left(\frac{\varepsilon}{q^{-1}s^p}\right)^q+\left(1-\frac{\varepsilon}{q^{-1}s^p}\right)^q\right]$$

因此

$$\left|\log\left(\frac{p^{-1}r^q+\varepsilon}{s^q}\right)\right|\leqslant\frac{q\log q}{p}+\frac{2q^2}{ps^p}<\frac{q\log p}{p}+\frac{1}{p}$$

$$<\frac{2^{44}\times 3^{10}(\log p)^4+1}{p}$$

所以存在 $M>0$ 为有效计算数，且可以被当作 $M>22$，使得 $2^{44}\times 3^{10}(\log p)^4+1<b$. 对每个 $p>M$. 那么，对 $p>M$

$$\left|\log\left(\frac{p^{-1}r^q+\varepsilon}{s^q}\right)\right|<1$$

那么

$$\frac{1}{e}<\frac{p^{-1}r^q+\varepsilon}{s^q}<e$$

所以 $p^{-1}r^q + \varepsilon < s^q \mathrm{e} < s^{2q}$. 当 $p > M$,这可获得 $A_2 < s^{2q}$.

应用(C1.8),其中 $p > M$

$$|\Lambda_2| \geqslant \exp(-20^{40}(\log p)(\log q)(\log s^{2q}))$$

但

$$(\log p)(\log q)(\log s^{2q}) < 2q(\log p)^2(\log s)$$
$$< 2^{45} \times 3^{10}(\log p)^5(\log s)$$

因此

$$|\Lambda_2| \geqslant \exp(-2^{85} \times 3^{10}(\log p)^5(\log s))$$

$$(10.13)$$

比较(10.12)

$$\frac{p}{2}\log s < 2^{85} \times 3^{10}(\log p)^5(\log s)$$

因此

$$p < 2^{86} \times 3^{10}(\log p)^5$$

其认为 $p > M$. 那么,存在有效可计算常数 C'' 使得 $p < C''$. 因此 $q < p < C' = \max\{M, C''\}$,且这个结论得以证明.

Tijdeman 定理的有效证明是很明显的. 假设 p, q 是奇素数,$x, y \geqslant 1$,且 $x^p - y^q = 1$. Langevin 接着 Tijdeman 的原始证明,且指出(1976a,1976b),$pq < \mathrm{e}^{245}$,且

$$x, y < \exp \exp \exp \exp 730$$

如此庞大的数字很难想象.

对于由 Mignotte 和 Waldschmit(1990,1992) 和 Blass,Glass 等(1990) 所提 的对数线性式的界限的最新改进,其可能大大降低了 p, q 的上限.

一 方 面,Glass, Meronk, Okada 和

470

Steiner(1991,仍未公布)指出,$\max\{p,q\}<1.7\times10^{28}$ 且 $\min\{p,q\}<5.43\times10^{19}$.

另一方面,Mignotte(1992a,仍未公布),获得少量更好的结论

$$\max\{p,q\}<1.06\times10^{26}$$
$$\min\{p,q\}<1.31\times10^{18}$$

此外,若 $p\equiv3(\bmod 4)$,则 $p<1.23\times10^{18}$ 和 $q<2.48\times10^{24}$. 在上述论文中,对数线性式法兼具 Inkeri(1990) 和 Aaltonen 和 Inkeri(1991) 的最新准则. Glass 等证明:若 $x^p-y^q=\pm1$,其中 $x,y\geqslant1,2<q<p$,则 $q>53$. 除下列情况外(不能排出的可能性)

$$(q,p)=(17,46\ 021),(19,137),(23,2\ 481\ 757)$$
$$(23,13\ 703\ 077),(31,2\ 806\ 861)$$
$$(41,1\ 025\ 273),(41,138\ 200\ 401)$$
$$(53,97),(53,4\ 889)$$

Mignotte(1992a) 明确研究 $X^5-Y^5=\pm1$,且指出,其无解(其中 $x,y\geqslant1$). 他也指出(1991b),$x^p-y^{19}=\pm1$,且 $x^{97}-y^{53}=\pm1$ 有唯一无价值解.

在其 1964 论文中,已经引述 Hyyrö 也思考方程 $X^U-Y^V=1$ 的一些特例,且获得下列结论.

(**C10.3**) 若 $a\geqslant2,n>5$ 是整数,方程
$$|a^U-y^n|=1$$
有至多一个正整数解 (u,y).

(**C10.4**) 如果 $a\geqslant2$ 是整数,则方程 $|a^U-y^V|=1$,在整数 $u,v\geqslant v,y>1$ 中,有至多 v 个不同的解,其中 v 表示 a 的不同素因子的数量.

应指出的是,如果 a 是素数幂,则 Gérono 结论 (B1.1) 更好.

471

Waldschmidt 运用(1990b)其最新对数线性表不等式于方程 $X^m - Y^n = k$.

（C10.5） 让 $W = 1.37 \times 10^{12}$. 假设 $k \geqslant 1, m, n$, $x \geqslant 1, y \geqslant 2$ 且 $x^m > k^2$. 若 $0 < x^m - Y^n \leqslant k$, 则 $m < W \log y$ 且 $n < W \log x$.

应注意的是 W 是不依赖于 k 的. 上述不等式的一个新的强势特征是必须由最大等式 k 的幂的不同来满足.

思考所有适当的幂的顺序, 任意指数大于 1

$$S: z_1 < z_2 < \cdots < z_i < z_{i+1} < \cdots$$

这个序列的研究等于对所有整数 $k > 1$ 的等式 $X^U - Y^V = k$ 的研究. 根据 Tijdeman 定理(C10.2)

$$\liminf_{i \to \infty} (z_{i+1} - z_i) \geqslant 2$$

关于幂的主猜想已经在 Pillai 的论文(1936, 1945)体现. (另见 Landau, 1959)

Pillai 猜想 若 $k \geqslant 2$, 存在至多有限倍自然数 (x, y, m, n), 其中 $m \geqslant 2, n \geqslant 2$, 使得 $x^m - y^n = k$.

这个猜想可重复如下：

若 $z_1 < z_2 < z_3 < \cdots$ 是所有自然数的序列, 这是正确幂, 则 $\lim_{i \to \infty} (z_{i+1} - z_i) = \infty$.

尽管众多的数学家们都有这样的想法, 但这个想法还没有被证明. 有趣的是注意到与 Hall 猜想有关的以下关系. Nair 在 1978 中表明, 如果较弱的猜想：Hall(关于平方和立方之间的差异)是真的, 那么 Pillai 猜想也是真的.

11. 密度结果

若 $k \neq 1$, 不知指数多项式丢番图方程 $X^U - Y^V =$

$k.$

在这里,我给出了关于指数族(m,n)的所有选择的关于方程族 $X^m - Y^n = k$ 的密度定理,见 Ribenboim(1986).

我从一个引理开始:

(C11.1) 引理 让 P 为 $t > 1$ 个质数的集合,且 $q = \prod_{p \in P} p$,让 $N \geqslant 1, r \geqslant 41$,且 $S_{P,r,N} = \{(n, \cdots, n_r) \mid 1 \leqslant n_i \leqslant N,$且存在 $p \in P$,使得 $p \mid n_i,$ 每个 $i = 1, \cdots, r\}$,则

$$N^r \geqslant \#(S_{P,r,N})$$
$$\geqslant N^r \left\{ 1 - \prod_{p \in P} \left(1 - \frac{1}{p^r}\right) \right\} -$$
$$2^t \{(1+N)^r - N^r\}$$

证明 第一个不等式是显而易见的,令 $\sum{}'$ 表示在属于 P 的不同素数的元组上扩展的和.

则

$$\#(S_{P,r,N}) = \sum{}' \left[\frac{N}{p}\right]^r - \sum{}' \left[\frac{N}{pp'}\right]^r +$$
$$\sum{}' \left[\frac{N}{pp'p''}\right]^r - \cdots$$
$$= -\sum_{\substack{d \mid q \\ d \neq 1}} \left[\frac{N}{d}\right]^r \mu(d)$$
$$= N^r - \sum_{d \mid q} \left[\frac{N}{d}\right]^r \mu(d)$$
$$= N^r \left\{ 1 - \sum_{d \mid q} \frac{\mu(d)}{d^r} \right\} +$$
$$\sum_{d \mid q} \left\{ \left(\frac{N}{d}\right)^r - \left[\frac{N}{d}\right]^r \right\} \mu(d)$$

但

$$\left| \sum_{d\mid q} \left\{ \left(\frac{N}{d}\right)^r - \left[\frac{N}{d}\right]^r \right\} \mu(d) \right| =$$

$$\left| \sum_{d\mid q} \left\{ \left(\frac{N}{d} - \left[\frac{N}{d}\right]\right)^r + \right.\right.$$

$$\binom{r}{1}\left(\frac{N}{d} - \left[\frac{N}{d}\right]\right)^{r-1}\left[\frac{N}{d}\right] +$$

$$\binom{r}{2}\left(\frac{N}{d} - \left[\frac{N}{d}\right]\right)^{r-2}\left[\frac{N}{d}\right]^2 + \cdots +$$

$$\left.\left.\binom{r}{r-1}\left(\frac{N}{d} - \left[\frac{N}{d}\right]\right)\left[\frac{N}{d}\right]^{r-1}\right\}\mu(d)\right|$$

$$\leqslant \sum_{d\mid q} 1 + \binom{r}{1}N\sum_{d\mid q}\frac{1}{d} + \binom{r}{2}N^2\sum_{d\mid q}\frac{1}{d^2} + \cdots +$$

$$\binom{r}{r-1}N^{r-1}\sum_{d\mid q}\frac{1}{d^{r-1}}$$

$$\leqslant \left(\sum_{d\mid q}1\right)\left\{1 + \binom{r}{1}N + \binom{r}{2}N^2 + \cdots +\right.$$

$$\left.\binom{r}{r-1}N^{r-1}\right\}$$

$$= 2^t\{(1+N)^r - N^r\}$$

同样

$$\sum_{d\mid q}\frac{\mu(d)}{d^r} = \prod_{p\in P}\left(1 - \frac{1}{p^r}\right)$$

所以

$$\#(S_{P,r,N}) \geqslant N^r\left\{1 - \prod_{p\in P}\left(1 - \frac{1}{p^r}\right)\right\} -$$
$$2^t\left[(1+N)^r - N^r\right]$$

让 $S_{P,r,N}^* = \{(n_1,\cdots,n_r) \mid 1\leqslant n_i\leqslant N,$ 且每个 $i=1,\cdots,$ r 存在 $p_i\in P$,使得 $p_i\mid n_i\}$.

则 $(n_1,\cdots,n_r)\in S_{P,r,N}^*$,当且仅当 $n_i\in S_{P,1,N}$ 对于

474

每个 $i=1,\cdots,r$，因此

$$\#(S_{P,r,N}^{*})=[\#(S_{P,1,N})]^{r}$$

让 a,b,k 是非零整数，k 可以假设以正数，对于任何整数 $m,n>1$ 思考丢番图方程

$$E_{(m,n)}:aX^{m}-bY^{n}=k \qquad (11.1)$$

让 $Z(E_{(m,n)})$ 是 $E_{(m,n)}$ 的无价值解集，即 $(x,y)\in \mathbf{Z}^{2}$ 的集合，使得 $x,y\notin\{0,1,-1\}$ 且 $ax^{m}-by^{n}=k$.

通过 $(C2.1)$，若 $m,n\geqslant 2$，且 $\max\{m,n\}\geqslant 3$，则集合 $Z(E_{(m,n)})$ 是有限的.

(C11.2) 引理 若 $m,n\geqslant 2$，且 $\max\{m,n\}\geqslant 3$，存在 $h=h_{(m,n)}\geqslant 1$，使得，当 $u,v\geqslant h$，则 $Z(E_{(um,vn)})=\varnothing$.

证明 若 $Z(E_{(m,n)})=\varnothing$，让 $h=1$. 若

$$Z(E_{(m,n)})=\{(x_1,y_1),\cdots,(x_s,y_s)\}$$

令

$$h=\max_{1\leqslant i\leqslant s}\{|x_i|,|y_i|\}$$

现在如果 $u,v\geqslant h$，且 $(x,y)\in Z(E_{(um,vn)})$，则 $ax^{um}-by^{vn}=k$，所以 $(x^{u},y^{v})\in Z(E_{(m,n)})$. 因此 $|x|^{u}$，$|y|^{v}\leqslant h\leqslant u,v$. 因此 $x,y\in\{0,1,-1\}$，这与假设是相反的.

(C11.3) 若 $N\geqslant 1$，让 $D_n=\{(m,n)\mid 1\leqslant m, n\leqslant N,$ 且 $Z(E_{(m,n)})=\varnothing\}$. 我将指出

$$\lim_{N\to\infty}\frac{\#(D_N)}{N^2}=1$$

证明 令 $p_1=2<p_2=3<p_3\cdots$ 是素数的序列. 对于 $t\geqslant 2$，令 $P_t=\{p_2,p_3,\cdots,p_t\}$. 对于 $N>1,t>2$，令 $S_{t,N}^{*}=S_{P_t,2,N}^{*}=\{(m,n)\in\mathbf{Z}^{2}\mid 1\leqslant m,n\leqslant N$ 且存在素数 $p_i,p_j\in P_t$，使得 $p_i\mid m$ 且 $p_j\mid n\}$.

对每个 $(p_i, p_j) \in P_t^2$，考虑引理（C11.2）中定义的整数 $h_{(p_i, p_j)}$ 且令 $M_t = p_t \max\{h_{(p_i, p_j)}/(p_i, p_j) \in P_t^2\}$.

对 $N > M_t$，令

$$S'_{t,N} = \{(m,n) \in S_{t,N}^* \mid M_t < m, n\}$$

$$T_{t,N} = \{(m,n) \in \mathbf{Z}^2 \mid 1 \leqslant m, n \leqslant N \text{ 且 } m \leqslant M_t \text{ 或 } n \leqslant M_t\}$$

很明确，$\#(T_{t,N}) = 2M_t N - M_t^2 < 2M_t N$，且 $S_{t,N}^* \subseteq S'_{t,N} \bigcup T_{t,N}$，因此

$$\#(S_{t,N}^*) \leqslant \#(S'_{t,N}) + \#(T_{t,N}) \leqslant \#(S'_{t,N}) + 2M_t N$$

现在我认为，$S'_{t,N} \subseteq D_N$. 的确，令 $(m,n) \in S'_{t,N}$，所以 $M_t < m, n \leqslant N$，且存在 $(p_i, p_j) \in P_t^2$，使得，$p_i h_{(p_i, p_j)} \leqslant M_t < m = p_i u$，且 $p_j h_{(p_i, p_j)} \leqslant M_t < n = p_j^v$，因此 $h_{p_i, p_j} < u, v$. 通过引理（C11.2）

$$Z(E_{(up_i, vp_j)}) = Z(E_{(m,n)}) = \varnothing$$

所以 $(m,n) \in D_n$.

因此

$$\#(S_{t,N}^*) = [\#(S_{\Gamma_t, 1, N})]^2$$

$$\geqslant \left[N\left\{1 - \prod_{j=2}^{t}\left(1 - \frac{1}{p_j}\right)\right\} - 2^{t-1}\right]^2$$

$$= \left[N\left\{1 - 2\prod_{j=1}^{t}\left(1 - \frac{1}{p_j}\right)\right\} - 2^{t-1}\right]^2$$

那么

$$\frac{\#(D_N)}{N^2} \geqslant \left[\left\{1 - 2\prod_{j=1}^{t}\left(1 - \frac{1}{p_j}\right)\right\} - \frac{2^{t-1}}{N}\right]^2 - \frac{2M_t}{N}$$

$$\geqslant 1 - 2\left[2\prod_{j=1}^{t}\left(1 - \frac{1}{p_j}\right) + \frac{2^{t-1}}{N}\right] - \frac{2M_t}{N}$$

$$= 1 - 4\prod_{j=1}^{t}\left(1 - \frac{1}{p_j}\right) - \frac{2^t + 2M_t}{N}$$

因为 $\prod\limits_p \left(1 - \dfrac{1}{p}\right) = 0$. 给出 $\varepsilon > 0$，存在 t，使得

$\prod\limits_{j=1}^{t} \left(1 - \dfrac{1}{p_j}\right) < \dfrac{\varepsilon}{8}$. 这样选择 t，让 N_0 为 $N_0 > M_t$ 且

$\dfrac{2^t + 2M_t}{N_0} < \dfrac{\varepsilon}{2}$. 最后，如果 $N \geqslant N_0$，则 $1 \geqslant \dfrac{\#(D_N)}{N^2} \geqslant$

$1 - \varepsilon$，且结论得以证明.

上述结论可以做出如下说明：

公式 $X^m - Y^n = k$ 的唯一无价值解的集合渐近密度 (m, n) 等于 1.

在 1985 中 Granville 和 Heath-Brown 已经使用这种方法来显示该集合的密度指数 $n > 2$，Fermat 方程在整数中只有无价值解为 1.

应该强调的是，给定 k，所指出的方法不允许我们断言，对于给定的一对指数 (m, n)，方程 $X^m - Y^n = k$ 有无价值解.

附录 1　Catalan 方程在其他领域的应用

Catalan 方程也被认为是 **Z** 以外的领域，下面我将给出其中的一些结果.

（A）Catalan 超数域方程

1986 年，Brindza，Györy 和 Tijdeman 研究了 Catalan 超数域方程. 令 K 为 **Q** 的 n 阶代数数域，令 A 代表代数环 K 的整数. 对于每个 $x \in K$，令 $\boxed{x}$ 表示 x 的共轭的绝对值为最大值.

扩展 Tijdeman（C10.2）定理，Brindza，Györy 和

$Tijdeman$ 证明：

（**X1.1**）　给出数域 K，存在有效可计算数 $C > 0$（由 K 而定），使得若 m,n 为自然数，$m \geqslant 2, n \geqslant 2$，且 $mn > 4$，且 $x,y \in A$ 是非单位根，满足方程

$$x^m - y^n = 1$$

则

$$\max\{\overline{|x|}, \overline{|y|}, m, n\} < C$$

不难看出，对 x,y,m,n 的限制是必要的．证明的方法涉及了 Baker 线性对数式．但正如作者所强调的那样，证明不仅仅是 Tijdeman 证明的直接扩展．

（B）Catalan 超域方程 $K(t)$ 和域 $K[t]$

Catalan 超域方程的研究或理性分数域的研究是（令人惊奇的！）与 Fermat 方程相关．

因此，我首先证明了 Greenleaf(1969) 的结论，其强化了 Liouville(1879)，Korkine(1880)，Shanks(1962) 的以前的结果，另见 Ribenboim(1979)．

（**X1.2**）　令 $n > 2$，且让 K 的特殊域不能整除 n．若 $f,g,h \in K[X]$，其中 $\gcd(f,g,h) = 1$，且 $f^n + g^n = h^n$，则 f,g,h，有 0 度．

证明　不失普遍性假设，k 是闭合代数．的确，让 $\overline{K}$ 是 K 的闭合式数．如果其指出 $f,g,h \in \overline{K}$，则 f,g，$h \in \overline{K} \cap K(x) = K$．假定存在三项多项式 (f,g,h)，其中 $\gcd(f,g,h) = 1$，$f^n + g^n = h^n$，且度数 f,g,h 的最大值 d 不等于 0．在所有的这样的三元组中，选择一个 d 的最小值．很明显，f,g,h 是成对的相对素数．k 包含 1 的 n^{th} 原始根，因为其是闭合代数，其特征不整除 n，因

478

此

$$g^n = h^n - f^n = \prod_{j=0}^{n-1}(h - \zeta^j f) \qquad (1.1)$$

这里 ζ 是 1 的 n^{th} 原始根.

由于 $K[X]$ 是唯一的因式分解域,而多项式 $h - \zeta^j f \in K[X]$ 是成对相对素数,则每一个都是 n^{th} 幂.

三个不同的多项式 $h - f, h - \zeta f, h - \zeta^2 f$ 属于由 h, f 所跨越的 $K[X]$ 的 K-子空间,因此,它们是线性相关的. 因此,存在 $c_0, c_1, c_2 \in K$,使得

$$c_0(h - f) + c_1(h - \zeta f) + c_2(h - \zeta^2 f) = 0$$

且 c_0, c_1, c_2 都不等于 0. 事实上,c_0, c_1, c_2 必须全部不同于 0,因为 f, g, h 是成对的相对素数.

让 $d_i \in K$ 成为 $c_i = d_i^n$(对于每一个 $i = 0, 1, 2$),则

$$(d_0 g_0)^n + (d_1 g_1)^n + (d_2 g_2)^n = 0$$

且 $n \deg(d_i g_i) \leqslant \max\{\deg(h), \deg(g)\} \leqslant d$. 那么 $\max\{\deg(d_i g_i) \mid i = 0, 1, 2\} < d$,且这是相矛盾的.

下一个结果是 1974 年给出的 Catalan 方程超 $K[X]$ 或 $K(X)$ 对 Nathanson 定理的扩展. 对于这个的普遍化见 Ribenboim(1984).

(X1.3) 让 $n \geqslant 3$,且让 K 是不能整除 n 的特殊域. 让 $P \in K(x)$ 为有度 $m \geqslant 2$ 的多项式,其中有不同的根. 若 $f, g \in K(X)$,$m > 2$ 或者 $m = 2$,则 $n \neq 4$,且 $P(f) = g^n$,则 $f, g \in K$.

证明 与前面的证明一样,假设 K 闭合代数不失普遍性,因为如果 $\overline{K}$ 是闭合代数 K,则 $f, g \in \overline{K} \bigcap K(x) = K$.

接下来,我观察到如果 $P(f) = g^n$ 且 $f \in K$,则 $g^n = P(f) = c \in K$. 因为 K 是闭合代数,存在 $d \in K$,

479

使得 $d^n = c = g^n$. 因此 $g \in K$, 因为 K 包含 1 的 n^{th} 根.

类似的, 若 $g = c \in K$, 让 $Q(X) = P(X) - c^n \in K[X]$. 那么, f 是多项式 $Q(X)$ 的根, 因此 $f \in K$. 因为 K 是闭合代数.

所以可以假设 $f, g \notin K$, 让

$$P(X) = a_0 X^m + a_1 X^{m-1} + \cdots + a_m$$
$$= a_0 \prod_{i=1}^{m} (X - r_i) \qquad (1.2)$$

其中, $a_0, a_1, \cdots, a_m, r_1, \cdots, r_m \in K, a_0 \neq 0$. 通过假设 $r_1, \cdots, r_m$ 是不同的, 让 $f = \dfrac{f_1}{f_0}, g = \dfrac{g_1}{g_0}$, 其中 $f_0, f_1, g_0, g_1 \in K[X], \gcd(f_0, f_1) = 1, \gcd(g_0, g_1) = 1$ 则

$$g_1^n f_0^m = (a_0 f_1^m + a_1 f_1^{m-1} f_0 + \cdots + a_{m-1} f_1 f_0^{m-1} + a_m f_0^m) g_0^n$$

因为 $\gcd(f_0, a_0 f_1^m + \cdots + a_m f_0^m) = 1$, 其遵循 $g_0^n = h f_0^m$, 其中 $h \in K[X]$, 从 $\gcd(g_0, g_1) = 1$, 其遵循

$$a_0 f_1^m + a_1 f_1^{m-1} f_0 + \cdots + a_{m-1} f_1 f_0^{m-1} + a_m f_0^m = h' g_1^n$$

其中 $h' \in K[X]$. 因此 $h h' = 1$, 且因此 $h, h' \in K$. 让 $b, e, e' \in K$ 使得 $a_0 = b^n, h = e^n$ 且 $h' = e'^n$, 则

$$(b^{-1} e' g_1)^n = \prod_{i=1}^{m} (f_1 - r_i f_0) \qquad (1.3)$$

因为元素 $r_1, \cdots, r_m$ 是不同的, 且 $\gcd(f_0, f_1) = 1$, 则多项式 $f_1 - r_i f_0 (i = 1, \cdots, m)$ 是成对的相对素数, 从 (1.3) 可得

$$f_1 - r_i f_0 = k_i^n$$

$(i = 1, \cdots, m)$, 这里 $k_i \in K[X]$.

现在假设 $m \geq 3$.

三个多项式 $f_1 - r_1 f_0, f_1 - r_2 f_0, f_1 - r_3 f_0$ 是在由 f_0, f_1 生成的 $K[X]$ 的 $K-$子空间中, 因此, 它们是线

性相关的.因此,存在 $b_i K (i=1,2,3)$,并不会等于 0,使得

$$b_1(f_1-r_1f_0)+b_2(f_1-r_2f_0)+b_3(f_1-r_3f_0)=0$$

事实上,b_1,b_2,b_3 都是不同于 0 的,因为 $\gcd(f_0,f_1)=1$.

令 $c_i \in K$,使得 $c_i^n=b_i(i=1,2,3)$,则

$$(c_1k_1)^n+(c_2k_2)^n+(c_3k_3)^n=0$$

通过 $(X1.2)$,$c_ik_i \in K(i=1,2,3)$,所以 $f_1-r_if_0 \in K(i=1,2,3)$,这意味着 $(r_1-r_2)f_0 \in K$,所以 $f_0,f_1 \in K$,因此 $f \in K$,这已经被排除.

现在假设 $m=2,n \neq 4$,所以 $g_0^n=hf_0^2,h=e^n$,因此 $f_0^2=(e^{-1}g_0)^n$.

若 n 是奇数,则对一些 $l \in K[X]$ 来说 $f_0=l^n$ 是必需的.若 n 是偶,可以说 $n=2n'$,则 $f_0=l^{n'}$,这里 $l=\pm e^{-1}g_0$,那么,在两种情况下,$f_0=l^v$,这里 $l \in K[X],v \geqslant 3$.从 (1.3) 中得,如前所述

$$f_1-r_1f_0=k_1^v,f_1-r_2f_0=k_2^v$$

这里 $k_1,k_2 \in K[X]$.因此 $(r_1-r_2)f_0=k_2^v-k_1^v$.若 $r_1-r_2=s^v$,则 $(sl)^v+k_1^v+(\rho k_2)^v=0$,这里 $\rho^v=-1$.再次,由 $(X1.2)$,$k_1,k_2,l \in K$,且这意味着 $f \in K$,已经被排除.

(C)Catalan 方程,投射变化的超函数域

Silverman 在 1982 年思考了方程 $aX^m+bY^n=c$ 的超函数域 K 的投射变化.

(X1.4) 让 K_0 是任意域,让 V 是 K_0 上的投射非奇异变量,且让 K 是 V 的函数域,给定 $a,b,c \in K,a,b,c \neq 0$,存在唯一有限对整数 $m,n \geqslant 2$.使得:

481

(1) 若 $\text{char } K_0 = p \neq 0$,则 $p \nmid m, n$.

(2) 存在 $f, g \in K \backslash K_0$,使得 $af^m + bg^n = C$.

此外,对于每对 (m, n),如上所述有有限对 (f, g),其中 $f, g \in K \backslash K_0$ 满足 $af^m + bg^n = c$,除了以下情况以外:

(1) $\dfrac{a}{c}$ 是 K 的 m 个幂,且 $\dfrac{b}{c}$ 是 K 的 n 个幂.

(2) 若 $(m, n) \in \{(2,2), (2,3), (2,4), (3,2), (3,3), (4,2)\}$,则方程定义属于 0 或 1 属于 K_0.

在上述情况 (1)、(2) 中,$K \backslash K_0$ 可能存在无限多个解.

附录 2　有 效 数 字

有效数字的研究是非常有趣的,可以制定与幂类似的这些数字的问题. 在这个简短的附录中,我将简要回顾这些问题,提供参考书目.

关于这些数字的第一篇论文是 Erdös 和 Szekeres(1935) 所写.

"有效数字"这个名字似乎是 Golomb(1970) 创造的.

若 $k \geqslant 2$,自然数 n 被称为 k-有效,如果其形式为 $n = \prod_{i=1}^{r} p_i^{e_i}$,这里 $r \geqslant 1, p_1, \cdots, p_r$ 是不同的素数,且 $e_i \geqslant k (i = 1, \cdots, r)$.

2-有效数字,简称为有效数字.

我用 W_k 表示 k-有效数字,且我记为 $W = W_2$,很

明确
$$W = W_2 \supset W_3 \supset \cdots \supset W_{12} \supset \cdots$$

且每个正确的幂都是有效数字. 而且, 如果只有 $n = a_0^k a_1^{k+1} \cdots a_{k-1}^{2k-1}$ 是 $K -$ 有效数字, 这里 a_i 是整数(不是必需的相对素数), $a_i \geq 1$. 尤其是, 有效数字是 $a_0^2 a_1^3$ 这样的形式, 此外, a_1 可以认为是自由方的.

有效数字有以下三种主要问题.

(1) 分布有效数字;

(2) 附加问题;

(3) 不同化问题.

这些问题对于适当的幂也是有意义的 —— 它们可能变得微不足道(如幂的分配)或非常困难, 且仍未解决(如 Fermat 问题和相似的问题). 不同的幂, 特别是连续的幂是本书的重点. 关于这些问题的调查, 见 Ribenboim(1988).

(A) 有效数字的分配

目的是估计集合中元素的个数 $\omega_k(x)$
$$W_k(x) = \{n \in W_k \mid 1 \leq n \leq x\} \qquad (2.1)$$
其中 $x \geq 1, k \geq 2$.

也是在 1935 年, Erdös 和 Szekeres 给出 $w_2(x)$ 的首个结果

$$w_2(x) = \frac{\zeta\left(\dfrac{3}{2}\right)}{\zeta(3)} x^{\frac{1}{2}} + O(x^{\frac{1}{3}}), \ x \to \infty \quad (2.2)$$

这里 $\zeta(s)$ 是 Riemann 第 6 个函数(希腊), 另见 Bateman(1954) 和 Golomb(1970).

为了描述最近的结果, 我介绍了与 $k -$ 有效数字相关联的 zeta 函数, 让

$$j_k(n) = \begin{cases} 1 & \text{若 } n \text{ 是 } k - \text{有效} \\ 0 & \text{其他} \end{cases}$$

系列 $\sum\limits_{n=1}^{\infty} \dfrac{j_k(n)}{n^s}$ 收敛于 $\mathrm{Re}(s) > \dfrac{1}{k}$ 且定义函数 $F_k(s)$. 此函数允许用下列 Euler 结果表述

$$F_k(s) = \prod_p \left(1 + \frac{\dfrac{1}{p^{ks}}}{1 - \dfrac{1}{p^s}} \right) = \prod_p \left(1 + \frac{1}{p^{(k-1)s}(p^s - 1)} \right) \tag{2.3}$$

这里对 $\mathrm{Re}(s) > \dfrac{1}{k}$ 有效.

以众所周知的方法, Ivić 和 Shiu 在 1982 年指出:

(X2.1) $w_k(x) = \gamma_{0,k} x^{\frac{1}{k}} + \gamma_{1,k} x^{\frac{1}{k+1}} + \cdots + \gamma_{k-1,k} x^{\frac{1}{2k-1}} + \Delta_k(x)$, 这里 $\gamma_{i,u}$ 是 $\dfrac{F_k(s)}{s}$ 的余数 $\dfrac{1}{k+i}$.

明确地

$$\gamma_{i,k} = C_{k+i,k} \frac{\Phi_k\left(\dfrac{1}{k+i}\right)}{\zeta\left(\dfrac{2k+2}{k+i}\right)} \tag{2.4}$$

这里

$$C_{k+i,k} = \prod_{\substack{j=k \\ j \neq k+i}}^{2k-1} \zeta\left(\frac{j}{k+i}\right) \tag{2.5}$$

$\Phi_2(s) = 1$ 且若 $k > 2$, 则 $\Phi_k(s)$ 有 Dirichlet 系列, 其中横坐标为 $\dfrac{1}{2k+3}$ 的绝对收敛, 且 $\Delta_k(x)$ 是误差项.

Erdös 和 Szekeres 已经考虑到这个误差项, 且指出这一点

$$\Delta_k(x) = O(x^{\frac{1}{k+1}}), \quad x \to \infty \tag{2.6}$$

让

$$\rho_k = \inf\{\rho > 0 \mid \Delta_k(x) = O(x^\rho)\}$$

Bateman 和 Grosswald 在 1958 年指出, $\rho_2 \leqslant \dfrac{1}{6}$ 且 $\rho_3 \leqslant \dfrac{7}{46}$.

更精彩的结论由 Ivic 和 Shun 给出

$$\rho_2 \leqslant 0.128 < \frac{1}{6}, \rho_3 \leqslant 0.128 < \frac{7}{46}$$

$$\rho_4 \leqslant 0.118\ 9, \rho_5 \leqslant \frac{1}{10}, \rho_6 \leqslant \frac{1}{12}, \rho_7 \leqslant \frac{1}{14}$$

$$\vdots$$

我还提到了关于这个问题的关于 Krätzel(1972) 中的工作.

推测对于每一个 k

$$\Delta_k(x) = O(x^{\frac{1}{2k}}),\ x \to \infty \qquad (2.7)$$

更具体地说, 取 $k = 2$

$$w_2(x) = \frac{\zeta\left(\dfrac{3}{2}\right)}{\zeta(3)} x^{\frac{1}{2}} + \frac{\zeta\left(\dfrac{2}{3}\right)}{\zeta(2)} x^{\frac{1}{3}} + \Delta_2(x)\ (2.8)$$

其中 $\Delta_2(x) = O(x^{\frac{1}{6}})$, 这个 $x \to \infty$.

（B）附加问题

若 $h \geqslant 2, k \geqslant 2$, 我将使用以下标记

$$\sum hW_k = \Big\{\sum_{i=1}^{h} n_i \mid 每个\ n_i \in W_k \bigcup \{0\}\Big\}$$

$$\sum hW_k(x) = \Big\{n \in \sum hW_k \mid n \leqslant x\Big\} \quad (x \geqslant 1)$$

附加问题涉及集合 $\sum hW_k$ 其与自然数集合的比较, 集合 $\sum hW_k$ 和类似问题的分布.

1975 中，Erdös 对 $\sum 2W_2$ 的分布进行了处理.

(X2.2)　$\# \sum 2W_2(x) = o\left(\dfrac{x}{(\log x)^\alpha}\right)\ (x \to \infty),$

这里 $0 < \alpha < \dfrac{1}{2}$.

特别是，$\# \sum 2W_2(x) = o(x)$，所以存在无限多个自然数，这不是两个有效数字的和.

Odoni 在 1981 年表明，没有常数 $c > 0$ 使得

$$\# \sum 2W_2(x) \sim \frac{Cx}{(\log x)^{1/2}}\quad (x \to \infty)$$

Erdös 和 Ivic 在 20 世纪 70 年代，推测出了接下来的结果，并由 Heath-Brown(1985) 证明.

(X2.3)　有一个有效可计算数 n_0，使得若 $n \geqslant n_0$，则 n 是至多三个有效数字之和.

唯一已知的 32 000 之内的数是 7，15，23，87，111，119. Mollin 和 Walsh 在 1986 年，推测没有其他数字了.

关于 3 - 有效数字的下列问题依然存在.

有无限多的自然数，不是 3 - 有效数字的和. 可能是.

（C）不同性问题

这类问题如下所示.

问题 D1　给定 $k \geqslant 2$ 以确定哪个数字 N 具有 $N = n_1 - n_2$ 的形式，其中 $n_1, n_2 \in W_k$. N 的这个表达被称为表示为 k - 有效数字的表示，或简称为 k - 有效的表示. 当 $k = 2$ 时，我只是称为有效代表. 若 $\gcd(n_1, n_2) = 1$，则表示形式称为原始. 如果 n_1 和 n_2 是适当幂

的表示,则被称为退化.

问题 D2　给定 $k \geqslant 2, N \geqslant 1$ 以确定该集合,或者只是 N 的表示(原始或不原始,退化或不退化)的数量作为 $k -$ 有效数字的差异,同样的问题如下.

问题 D3　给定整数 $N_1, N_2 \geqslant 1$ 以确定是否存在 $k -$ 有效数字 n_1, n_2, n_3,使得

$$n_2 - n_1 = N_1 \text{ 且 } n_3 - n_2 = N_2$$

在这种情况下,要研究这些数字的三倍.

也可以考虑与 $N_1, N_2, \cdots, N_r \geqslant 1$ 预先给出的几个相似的问题,但是我将表明,问题 D3 在其最简单的方案中未得以解决,且当然相当困难.

我开始讨论问题 D_1 和 D_2. 第一句话,由于 Mahler 也表明这些问题结束了与方程 $X^2 - DY^2 = C$ 的关系.

因此 Mahler 说:由于方程 $X^2 - 8Y^2 = 1$ 有无限多个整数解 (x, y),且因为数字 $8y^2$ 是有效的,则 1 被认为有无限多的退化(原始)有效的表示.

1976 年,Walker 表明,1 还具有无穷多个非退化有效(原始)表示.

1981 年,Sentance 表明,2 具有无穷多的原始退化有效的表征. 最小的是

$$2 = 27 - 15 = 70\,227 - 70\,225$$
$$= 189\,750\,627 - 189\,750\,625$$

最近,McDaniel, Mollin 和 Walsh 与 Vanden Eyden 独立出版,也几乎同时出版的各种论文结果如下,已经确定:

(X2.4)　每个自然数都有无限多个原始退化有效表征,也有无限多个原始未退化有效表征.

此外,还有一种算法来确定这样的表示.

对于上述结果的调整,详见 Mollin(1987).

Erdös 已经提问是否可以获得连续有效数字,而不是作为适应方程 $EX^2 - DY^2 = 1$ 的解.

关于连续有效数字的配对,Erdös(1976) 中有几个猜想.

第一(?)Erdös猜想[①] $\{n \mid n$ 和 $n+1$ 是有效数,$n \leqslant x\} < (\log x)^c$,这里 $c > 0$ 是常数.

其甚至还没有证明 $c' x^{\frac{1}{3}}$ 是上限(其中常数 $c' > 0$).

第二 Erdös 猜想   设有两个连续 $3-$ 有效数字.

这可以改写如下:对于每一个 $n \geqslant 1$,存在素数 p 使得 p^3 不整除 $n(n+1)$,其有趣的是 $(8,9)$ 和 $(12\,167, 12\,168)$ 的连续整数是唯一已知的范例,即一个是 $2-$ 有效数字,另一个是 $3-$ 有效数字.

第三 Erdös 猜想   令 $a_1 < a_2 < a_3 < \cdots$ 为有效数字序列,存在一个常数 $c > 0, c' > 0$,使得每一个足够大的 m,有

$$a_{m+1} - a_m > cm^{c'}$$

尤其是

$$\lim(a_{m+1} - a_m) = \infty$$

最有可能的是,这些问题很难解决.

现在我以最简单的形式考虑 D3 问题,这涉及三个连续有效数字.

Erdös 以其令人羡慕的智慧猜测:

第四 Erdös 猜想   不存在三个连续有效数字.

---

① 没有人说这是 Erdös 的第一个猜想,此处是作者自己定义的.

这当然超出了事实 Makowski(1962) 证明了这一点，不存在三个连续的完全有效数字.

再次，计算只能找到三个连续有效数字，如果其存在.

有趣的是，这个猜想与 Fermat 的最后一个定理有联系，如我继续的解释：我将指出几个陈述，其中只有最后一个是经过证明的定理，其他的为推测.

（E）不存在三个连续有效数字.

（E'）若 x 是偶数，则 $x^{2k}-1$ 是无效数（每个 $k \geqslant 2$）.

（W）存在无穷多个素数 p，使得
$$2^{p-1} \not\equiv 1(\bmod p^2)$$

（T）存在无穷多个素数 p，使得 Fermat 最终定理的第一种情况对于这个分量 p 是正确的，也就是说，若 x,y,z 是非零整数且不是 p 的倍数，则 $x^p + y^p \neq z^p$.

（T）是 Adleman，Heath-Brown 和 Fouvry(1985) 定理，其证明是困难但是必需的，除此之外，还需要筛选新的理论成果.

声明（E），（E'），（W）被推测为真实的，但尚未被证实.

Wieferich 在 1909 年，证明了著名的定理：

若 p 是奇素数，且存在非零整数 x,y,z，不是 p 的倍数，使得 $x^p + y^p = z^p$，则 $2^{p-1} \equiv 1(\bmod p^2)$.

因此 Wieferich 定理意味着 $\{p \mid p$ 奇素数，$2^{p-1} \not\equiv 1(\bmod p^2)\} \subseteq \{p \mid p$ 奇素数，对 p 来说 Fermat 最终定理第一种情况真实\}. 那么猜测（W）意味着定理（T）. 所以，（W）的证明，同样也是 Wieferich 定理证明，将提供一种新的证明过程，可能比定理（T）要更简单.

含义$(E) \Rightarrow (E')$ 目前几乎是真实的.

的确,如果 x 是偶数,$k \geqslant 2$,且 $x^{2k}-1$ 是有效数,则因为

$$x^{2k}-1=(x^k-1)(x^k+1)$$

且

$$\gcd(x^k-1, x^k+1)=1$$

必须是 x^k-1 和 x^k+1 都是有效数,对于 $k \geqslant 2$,x^k 也是有效数,所以这里应该存在三个连续有效数字.

这些陈述之间消失的联系,即含义$(E') \Rightarrow (W)$ 由 Granville 在 1986 年作出基本证明.

因此,其表明有效数字的 Fermat 最终定理之间存在着非常意想不到的联系.

数据证据表明(W)是非常合理的,事实上,唯一的素数 $p < 6 \times 10^9$,使得 $2^{p-1} \equiv 1(\mathrm{mod}\ p^2)$ 为

$$p=1\,093 \text{ 和 } p=3\,511$$

那么,对于不同的素数 $p, q_p(2) \bmod p$ 的值彼此独立. 因此,对任意 $N > 1$ 有

$$概率(q_p(2) \equiv 0(\mathrm{mod}\ p),对某些\ p \leqslant N)$$

$$=\sum_{p \leqslant N} 概率\ (q_p(2) \equiv 0(\mathrm{mod}\ p))$$

$$=\sum_{p \leqslant N} \frac{1}{p}=\log \log N+O(1)$$

(最后的总和众所周知)由于 N 趋于无穷大这表明 S 是(启发式的)无限解集. 通过素数定理 $\pi(N) \sim \frac{N}{\log N}$,因此简单启发式思考也表明该集合

$$S'=\{p \text{ 是奇素数} \mid 2^{p-1} \not\equiv 1(\mathrm{mod}\ p^2)\}$$

是无限的. 的确,让

$$S = \{p \text{ 奇素数} \mid 2^{p-1} \equiv 1 (\bmod \ p^2)\}$$

对于任意 $N > 1$，令 $S(N) = \{p \in S \mid p \leqslant N\}$ 且

$$S'(N) = \{n \in S' \mid p \leqslant N\}$$

表示 $q_p(2) = \dfrac{2^{p-1}}{p}$，根据 Fermat 小定理，$q_p(2)$ 是整数。

由于缺乏更多知识，可能会启发式假设，$q_p(2) \bmod p$ 的余数类是一种分布式

$$\frac{\sharp S(N)}{\pi(N)} \sim \frac{\log \log N + O(1)}{\dfrac{N}{\log N}} = 0$$

由 $\dfrac{S'(N)}{\pi(N)} \sim 1$ 可知其意味着不仅是 S'（启发式）为无限集，而且甚至（启发式）许多素数也在 S' 里。

事实上，也有一个愚钝的结果（不是基于任何启发式假设）支持这些猜想。

对于 $a \geqslant 2, m \geqslant 2$，思考方程

$$(E_{a,m}) : (2X)^{2m} - 1 = a^3 Y^2 \qquad (2.9)$$

对每个 $a \geqslant 2$，令

$$Q_a = \{m \geqslant 2 \mid \text{方程}(E_{a,m}) \text{ 没有整数解}\}$$

且对于每个 $m \geqslant 2$

$$R_m = \{a \geqslant 2 \mid \text{方程}(E_{a,m}) \text{ 没有整数解}\}$$

当然，猜想 (E') 对每一个 $a \geqslant 2$ 都是相同的规定，$Q_a = \{m \mid m \geqslant 2\}$，或者同样对于每个 $m \geqslant 2$ 来说，$R_m = \{a \mid a \geqslant 2\}$。

运用 Schinzel 和 Tijdeman 定理（C1.6），我证明的很清楚（Ribenboim，1992）。

对于每一个 $a \geqslant 2$，集合 Q_a 的补集是有限的。

（X2.5） 对每一个 $m \geqslant 2$，相对应的平方序列的解集 R_m 的补集等于 1。

在上述论文中充分说明了相对平方序列的均匀密度及其概念.

Erdös 猜想（E）的研究中，Mollin 和 Walsh 指出（1986a）：

（**X2.6**）　若存在三个连续有效数字，则存在一个自由方整数 $D > 0, D \equiv 7 \pmod{8}$，其中具有以下属性：存在 $\mathbf{Q}(\sqrt{D})$ 的单位 $x_k + y_k\sqrt{D} = (x + y\sqrt{D})^k$（这里 $x + y\sqrt{D}$ 表示基本单位），使得 $k \geqslant 1$，为奇数，且：

（a）x_k 是偶有效数字，且

（b）y_k 是奇数且 D 整数 y_k.

Mollin 和 Walsh 也指出若 D 不能整数 y，则满足上述（a），（b）两条件的最小奇数 k 必然非常大.

这句话导致了一个十分困难的问题，即知道 D 是否整除 y. 在这方面，为了说明问题的难点，作两个猜想.

Ankeny，Artin 和 Chowla 猜想（1952）

若 p 是素数，$p \equiv 1 \pmod{4}$ 且 $\dfrac{x + y\sqrt{p}}{2}$ 是 $\mathbf{Q}(\sqrt{p})$ 的基本单位，则 p 不能整除 y.

Mordell 猜想（1960）

若 p 是素数，$p \equiv 3 \pmod{4}$ 且 $x + y\sqrt{p}$ 是 $\mathbf{Q}(\sqrt{p})$ 的基本单位，则 p 不能整除 y.

不用说，这些猜想还没有被证明为正确的.

延续 R. Soleng（未出版的手稿）以前的工作，Stephens 和 Williams（1988）检查了 Ankeny，Artin 和 Chowla 提高至 10^9 的猜想. 另一方面，Mordell 猜想被 Beach，Williams 和 Zarnke（1971）用 $p \leqslant 7\,679\,299$ 进行了检查.

在这些计算中，D 整除 y 的许多复合值被算出，其中 D 的最小值为 46.